植物の環境応答と形態形成のクロストーク

식물 형태형성학

형태형성과 환경반응

岡　穆宏・岡田清孝・篠崎一雄 공저

대표역자 김선형

공역자 김승일・김수정

월드사이언스
WORLD SCIENCE
worldscience.co.kr

식물 형태형성학

인 쇄 | 2019년 10월 10일

발 행 | 2019년 10월 20일

저 자 | 岡 穆宏 · 岡田清孝 · 篠崎一雄

역 자 | 김선형 · 김승일 · 김수정

발행인 | 박선진

발행처 | 도서출판 월드사이언스

주 소 | 서울특별시 서초구 도구로115 (월드빌딩 1층)

등록일자 | 1988년 2월 12일

등록번호 | 제16-1601호

대표전화 | (02) 581-5811~3

팩스 | (02) 521-6418

E-mail | worldscience@hanmail.net

URL | http://www.worldscience.co.kr

정가 | 20,000원

ISBN | 978-89-5881-289-0

이 도서의 국립중앙도서관 출판시도서목록(CIP)은 서지정보유통지원시스템 홈페이지(http://seoji.nl.go.kr)와 국가자료공동목록시스템(http://www.nl.go.kr/kolisnet)에서 이용하실 수 있습니다. (CIP제어번호 : CIPCIP2019039068)

저자 서문

21세기는 생명 과학의 시대라고도 불리지만, 그 속에는 심각한 세계 식량 문제, 환경 보전, 에너지 등의 여러 문제에 대응하기 위해 식물 과학이 담당 하는 역할 및 그에 대한 기대가 매우 크다. 그 이유 중 하나는 식물이 잎과 뿌리 등의 조직을 형성하고 있는 각각의 세포가 용이하게 증식, 분화하여 개체가 되는 능력(전형성능)을 갖추고 있는 것과 환경의 변화에 대응하여 생존하기 위한 유연한 환경 반응 기구와 형질 발현 조절 능력을 갖고 있는 것 등의 우수한 특징을 갖고 있어, 지구 상의 다양한 환경의 적응하여 풍부하고 다양한 생태계를 만들고 있다. 즉, 식물 고유의 다방면에 걸치는 유용한 기능을 [보물의 산]으로서 인류의 자원 활용하려는 생각이다. 유전자 조작 실험 기술이 지난 세기 전후의 반세기 동안 급속도로 진보하여, 유용한 생물 기능을 규정하는 유전자가 단리하거나, 그 유전자를 변경하여 본래의 기능을 보다 증폭시키거나 또는 본래의 기능을 변경하여 새로운 기능을 만들어내거나, 인위적으로 발현 제어하는 것이 쉽게 행해지게 되었다. 또한, 세기가 변할 때부터, 애기장대와 벼의 게놈 DNA 배열이 결정되어, 포스트 게놈 시퀀싱 연구로써 전사체(transcriptome)와 단백질체(proteome) 등의 게놈 스케일에서의 새로운 연구도 맹렬한 속도로 진행되고 있어, 유용한 기능을 규정하는 신규 유전자를 발견하는 효율도 높아지고 있다.

본서는 이와 같은 상황을 근거로, 식물의 환경응답과 형태형성의 분자 기구에 관한 최근의 연구를 소개하는 동시에, 환경 반응이 내인성의 유전적 프로그램에 따라 규정되는 형태형성과 어떻게 연결 되어 있는가에 대한 문제를 쫒으려 한다. 특히, 근래의 연구로부터 화성과 종자의 발아 등에 걸친 빛과 식물호르몬에 대한 응답과 형태 형성에 대한 크로스토크(crosstalk)의 연구분야에 있어서 열쇠가 되는 인자 등이 동정됨으로써, 그 복잡한 문제에 대한 해결의 실마리가 보이고 있다. 제1부에서는 빛을 시작으로 해서 환경 파라미터의 변화를 식물이 감지하여 적절한 반응을 하기 위해 갖추고 있는 세포내 신호전달의 분자 기구 등 유해한 스트레스 반응, 내성 획득의 기구에 대하여 정리하였다. 제2부에서는 내인성 환경 인자로서의 다양한 식물 호르몬, 식물 기관의 발생, 분화 프로그램에 대한 작용 기구 및 식물 호르몬 사이에서 복잡하게 얽혀 있는 기능적 상관 네트워크에 대하여 서술한다. 제3부에서는 세포내 신호전달과 관련 있는 다양한 단백질 인자에 관한 최근의 연구에 대하여 정리하였다.

본서에서는 여기에서 채택한 주제들에 있어서 앞장서서 활약하고 있는 연구자들이 각각의 실험계와 아이디어를 실행함으로써 행해진 실험 성과를 제공하고, 매우 흥미로운 결과들이 소개되고 있다. 본서는 단순히 최신의 지식을 소개하는 것에 그치지 않고 새로 발생한 문제점과 장래의 연구 방향성에 대해서도 언급하고 있으므로, 학생뿐만 아니라 현역의 연구자들에게도 유익한 정보가 제공될 것이다. 식물 발달 과정 연구의 진전과 함께 이와 같은 기초 연구에서 얻어진 지식을 적극적으로 활용하여, 지구의 인구 증가에 대응한 식량 증산과 환경 보전을 가능하게 하기 위한 기반 기술을 개발에 도움이 되었으면 한다. 또한 본 서적에 기재되어 있는 집필자에 따른 연구 성과의 대부분은 문부과학성 과학진흥종합연구인 [식물의 환경응답과 형태형성의 상호조절 네트워크에 관한 연구]에서 얻어진 것이라는 것을 덧붙여 말한다.

본서의 편집에 걸쳐, 연구에 대단히 바쁜 집필자 여러분들의 협력에 매우 감사함과 동시에 기획부터 출판에 초지일관하여 신세를 진 Springer-Verlag Tokyo 제작진들에게도 대단히 감사드린다.

2003년 12월

집필자를 대표하여 "岡　穆宏"

목 차

I. 환경반응과 분자 기구

1. 광수용체와 광반응 .... 田中慎一郎 · 長谷あきら 3

2. 광굴성 .... 酒井達也 · 岡田清孝 · 高野誠 3

3. 꽃눈 형성과 화서 형태형성에 있어서 환경인자와의 상호작용 .... 鈴木光宏 · 米田好文 24

4. 빛과 색소체 분화 프로그램 .... 華岡光正 · 田中寛 37

5. 중력 감지와 형태형성 .... 加藤壮英 · 田坂昌生 49

6. 미생물 감염 반응 .... 鈴木馨 · 西内巧 · 進士藤明 59

7. 식물의 영양 결핍 반응 .... 大津 · 大鎌 · 直子 · 内藤哲 69

8. 활성 산소 반응 .... 永田俊文 · 菊池尚志 79

II. 식물 호르몬 반응과 형태형성

1. 지베렐린 반응 .... 神谷勇治 · 山口信太郎 93

2. 앱시스산 반응 .... 吉田理一郎 · 保浦徳昇 · 篠崎一雄 105

3. 브라시노스테로이드 반응 .... 坂本知昭 · 松岡信 115

4. 오옥신 반응 .... 上村正二 125

5. 사이토키닌 반응 .... 柿本辰男 · 岡穆宏 135

6. 사이토키닌의 합성과 대사 .... 柿本辰男 145

III. 세포내 신호전달에 관련된 인자와 그 기능

1. 애기장대의 His-Asp 인산 릴레이 제어 시스템 .... 岡穆宏 157

2. 고등식물의 분자시계와 유사반응 인자 .... 水野猛 167

3. COP9 시그날로좀과 형태형성, 환경 반응 .... 柘植 知彦 177

4. 스트레스 반응과 인지질 신호 .... 片桐健 · 篠崎一雄 185

5. 염 스트레스와 이온 항상성 .... 小岩尚志 195

6. 접촉 자극과 Ca^{2+} 투과 채널 .... 飯田秀利 203

7. MAP 키나아제 캐스케이드에 의한 식물의 세포질 분열의 제어 .... 征矢野敬 · 町田泰則 213

8. 세포 형태형성과 인지질 신호 .... 大橋洋平 · 青山卓史 223

9. 화성을 제어하는 유전 인자와 환경 인자의 상호작용 .... 荒木崇 233

색인 243

I. 환경 반응의 분자 기구

1. 광수용체와 광반응

田中慎一郎 · 長谷あきら

1.1 소개

동물과 달리, 이동이 불가능한 식물은 서식하고 있는 환경의 변화에 적합하게 반응하는 것이 매우 중요하다. 식물의 반응에는 시간이 많이 걸리기 때문에, 외견상으로는 환경과 관계없이 살아가는 것처럼 보이지만, 실제로는 다양한 환경 반응 기구를 갖추고 있다. 광합성을 기반으로 생활을 하는 식물에게 있어서, 빛은 매우 중요한 환경 요인 중 하나이다. 광 환경을 감지하기 위해서, 식물은 복수의 광수용 단백질을 이용하고 있다. 광수용 단백질은 빛을 흡수하고 그 성질을 바꿔 세포 내에서의 신호를 하류인자로 전달한다. 식물의 광수용체로는 피토크롬(phytochrome), 크립토크롬(cryptochrome), 포토트로핀(phototropin)의 3종류가 알려져 있다. 본 장에서는 광수용체의 성질과 그 반응 기작에 대해서 설명한 뒤, 식물 개체 수준에서의 광반응을 이해하는 데 빠질 수 없는 식물 호르몬과 빛의 관계에 대해서 서술한다.

1.2 식물의 광수용체

식물의 광반응과 동물의 광반응은 많은 점에서 다르다. 식물은 빛에 반응하여 발생, 분화의 과정, 그리고 생리상태 등을 제어한다. 동물의 시각 반응이 일시적으로 동시에 빠른 반응인 것에 비해, 식물의 광반응은 유전자 발현 패턴의 변화와 동반하는 예가 많다. 식물의 광수용체가 유전자 발현을 제어하고 있다는 설은 예전부터 있었지만, 최근에는 그 분자 기구가 점점 알려지게 되었다. 반면, 유전자 발현의 제어를 동반하지 않는 광반응도 알려져 있지만, 그 기구에 대해서는 정확히 알려져 있지 않다. 식물의 대표적인 광수용체의 구조와 생리 기능에 대해서 소개한다.

1.2.1 피토크롬

피토크롬(Phytochrome)은 열린 고리 테트라피롤 구조를 한 발색단 피토크로모빌린을 공유 결합하여, 적색광흡수형(Pr형)과 원적색광흡수형(Pfr형)의 두 가지 안정한 형태를 나타내는 가용성 색소 단백질으로, 식물의 대표적인 광수용체이다. Pr형은 적색광을 흡수하여 Pfr형으로 변환되고, Pfr형은 원적색광을 흡수하여 Pr형으로 변환된다. 생리적으로는 Pr형이 불활성형이고 Pfr형이 활성형이다—전형적인 피토크롬 반응에는 적색광, 원적색광 광가역성이 보인다. 피토크롬이 제어하는 주요 생리 반응으로는 발아, 유식물의 광 형태형성, 음지 회피 반응(다른 식물체의 음지에 들어간 식물이 나타내는 반응), 꽃눈 형성 등이 있다. 피토크롬은 일부의 녹조 및 모든 육상식물에서 확인되고 있고, 그 선조로 생각되는 분자가 남세균(시아노박테리아) 등에서 알려져 있다.

피토크롬에는 분자 종류가 존재한다(애기장대에서는 phyA~phyE). 애기장대에서는 *PHYC* 유전자 이외의 모든 피토크롬 유전자에 대해서 돌연변이체가 분리되어 있어, 그 구체적인 기능의 해석이 진행되고 있다. 이 성과를 한마디로 정리하면 다른 분자종에서도 생리적 역할에 있어서는 그다지 큰 차이가 보이지 않는다[1]. 단지, phyA의 반응은 다른 분자종에는 보이지 않는 특징을 가지고 있다. 전형적인 피토크롬 반응은 적색광과 원적색광의 가역성을 나타내지만, phyA 반응에서는 이것이 반드시 일치하지 않는다. phyA의 생리 반응은 Pr형 피토크롬의 0.1% 정도 밖에 Pfr형으로 변형되지 않는 저광량의 빛에서도 나타나고, 본래의 Pfr형을 Pr형으로 돌리는 효과를 갖은 원적색광을 지속적으로 조사하는 것에 의해서도 반응이 일어난다. 또한, phyA는 암조건에서 축적하여 Pfr형으로 변형된 후에 재빠르게 분해되는 성질을 갖고 있다. 이것들을 종합해 보면, phyA는 더욱 미약한 빛을 감지하기 위한 광수용체로 생각되지만, 그 작용의 분자 기구는 아직 잘 알려져 있지 않다.

피토크롬은 암조건에서는 주로 세포질에 분포하기 때문에, 그 신호전달은 세포질에서 전해지는 것으로 생각되어 왔다. 그러나 최근, Pfr형으로 변환된 피토크롬이 세포질로부터 핵 내로 이동하는 것[2], Pfr형 피토크롬이 PIF3 등의 전사인자와 결합하는 것 등이 알려지면서[3], 피토크롬이 핵 내 유전자 발현을 직접 제어하는 것으로 생각하게 되었다[4]. 또한, 피토크롬은 발색단과 결합하여 분광 광학적 활성을 나타내는 N말단의 도메인과 히스티딘 키나아제와의 상동 영역을 포함한 C 말단의 도메인으로 되어 있다. 전자는 센서 도메인이고, 후자는 신호전달 도메인으로 생각되지만, 최근 N말단 도메인은 독자적으로 신호전달 활성을 갖고 있는 것이 밝혀졌다[5]. N말단의 도메인이 어떠한 방식을 이용하여 전사인자로 신호를 전달하는 것인가에 대하여 앞으로의 추가 연구가 필요하다(그림 1.1a).

피토크롬은 식물의 생활환을 통하여 뿌리를 포함한 식물체의 다양한 기관과 조직에서 발현하고 있다. 이러한 것으로부터 피토크롬의 생리 반응은 기관과 조직에서 자율적으로 존재할 것으로 막연하게 생각되지만, 기관 간의 신호전달이 존재하는 것은 밝혀져 있다. 피토크롬은 꽃눈 형성의 일장에 따른 제어에 있어서 중요한 역할을 하지만, 이러한 반응에서의 수용 부위와 반응 부위는 다르다. 광수용 부위는 잎이지만, 생리 반응 부위는 경정(莖頂)이다. 피토크롬에 따른 줄기의 신장 저해의 광수용 부위가 잎에 있는 것은 부분조사 실험에서 나타난다. 이것에 대해서는 자엽의 피토크롬이 배측에서의 오옥신 공급량을 조절하고 있는 가능성을 나타내고 있다. 또한, 피토크롬에 따른 광합성계 유전자의 발현유도는 다양한 이유로부터 세포 자율적으로 생각되지만, 세포 간 신호전달도 이 반응에 기여하는 것이 밝혀져 있다. 예를 들어, 담배의 자엽의 일부에 적색광을 조사하면, 빛을 조사하지 않은 부분에서도 유전자 발현이 상승한다. 어떠한 기구로 신호가 전달되는가에 대해서는 앞으로의 연구가 필요한 부분이다.

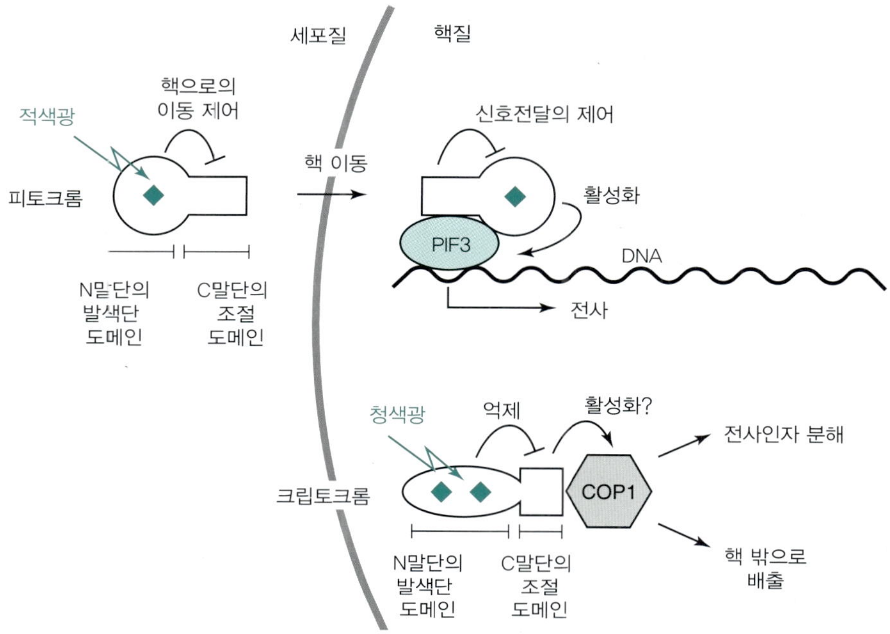

그림 1.1 광반응의 분자 기구. (a) 피토크롬의 신호전달 (b) 크립토크롬의 신호전달.

1.2.2 크립토크롬

크립토크롬(Cryptochrome)은 청색광 수용체이고, 청색광 아래에서 배축이 도장한 애기장대의 *hy4* 돌연변이체의 원인 유전자가 코딩하는 단백질로써 동정되었다[7]. 크립토크롬은 광회복효소 전체와 상동성을 나타내는 N말단의 도메인에 그것과는 관계없는 C말단 도메인이 추가된 구조를 하고 있어, N말단의 도메인에서는 프테린(pterin)과 플라빈아데닌 디뉴클레오티드(FAD)을 1분자씩 발색단으로써 비공유결합하고 있다. 애기장대에서는 *CRY1* 유전자와 *CRY2* 유전자의 2개의 크립토크롬 유전자가 존재한다. cry1이 관여하는 생리현상으로써는 유식물의 식물체의 광 형태형성(주로 배축의 신장 저해), 안토시아닌의 합성유도 등이 있다. 반면, cry2의 주된 역할이 꽃눈 형성의 제어이다. 애기장대에서는 장일 조건에서 꽃눈 형성 시기가 빨라지지만, *cry2* 돌연변이체에서는 같은 조건에서 꽃눈 형성이 느려진다. 식물체에서 크립토크롬이 발견한 후, 동물에서도 광회복효소와 상동성을 나타내는 광수용체가 존재하는 것이 밝혀져, 크립토크롬으로 이름이 지어졌다. 단, 이것들은 구조상의 해석으로부터 별도의 기원으로 알려져 있다.

크립토크롬의 신호전달 기구에 대하여, 그 분자 절편을 발현시킨 유전자 도입 식물의 해석 등에 근거하여 다음과 같은 설이 주장되고 있다[8]. 즉, 크립토크롬의 C말단 도메인은 신호를 하류인자에 전달하는 활성을 갖고 있지만, 광신호의 입력이 없는 상태에서는 N말단 도메인의 움직임에 의해 그 활성이 제어되고 있다. 여기에서 N말단 도메인이 광을 흡수하면 제어 활성을 잃게 되어,

결과로서 하류의 신호가 전달된다. C말단 도메인은 광 형태형성 제어인자로서 일하는 핵단백질 COP1과 물리적으로 상호작용하기 때문에, 크립토크롬의 신호는 COP1에 전해질지도 모른다(그림 1.1b). 또한 cry2에 따른 일장 감지에 대하여, 그 단백질량이 일장에 따라 제어되는 것이 발견되었다. 크립토크롬도 피토크롬과 같이 다양한 조직에서 발현되어, 세포 내 분포에 대해서도 cry1이 광조건에 반응하고, cry2이 항시적으로 핵 내에 분포하고 있는 것으로 알려져 있다.

1.2.3 포토트로핀

포토트로핀(Phototropin)도 청색광의 수용체이고, 굴광성을 가지지 못한 애기장대의 *nph1* 돌연변이체의 원인 유전자가 코딩하는 단백질로써 동정되었다[6]. 포토트로핀은 어느 종의 센서 단백질(또는 도메인)에 공통되어 나타나는 LOV 도메인으로 불리는 도메인을 2개 갖고 있고(LOV1, LOV2), C말단에는 세린-트레오닌 키나아제 상동성 영역을 갖는다. 2개의 LOV도메인은 각각 1분자의 플라빈(Flavin) 분자를 비공유결합하고 있다. 애기장대에는 *PHOT1* 유전자(*NPH1* 유전자와 동일)와 *PHOT2* 유전자와 같은 2개의 유전자가 존재한다. 포토트로핀이 관여하는 생리현상에는, 그 발견의 계기가 된 광굴성을 포함하여, 엽록체 광의존성 운동과 기공의 개폐가 있다[10,11]. 엽록체 광의존성 운동은 약한 빛에서는 엽록체가 세포 내 빛이 닿는 부위에 몰려들고, 강한 빛에서는 빛이 닿는 부위를 피하는 현상을 뜻한다. phot1과 phot2는 이와 같은 반응에 영향을 미치고 있다. 단지, 광굴성에 있어서는 약광에서의 반응을 이끌어내는 것이 가능한 것은 phot1뿐이다. 반면, 엽록체 광의존성 운동이 있어서는 강광에서 엽록체가 피하는 반응은 오로지 phot2에 의해 제어되고 있다.

포토트로핀의 신호전달 기구에 대해서는 아직 수수께끼가 많다. 생리학적, 생화학적 연구로부터 포토트로핀은 세포막에서 작용하고 있는 가능성이 높은 것으로 알려져 있다. 또한 포토트로핀은 유전자 발현을 직접적으로 제어하는 것이 없는 것으로 생각되어, 그 점으로 보아, 식물의 다른 광수용체와는 많이 다르다. 신호전달에는 키나아제 활성이 어떠한 형태로 관련이 있을 것으로 예상되지만, 구체적으로 어떻게 관련이 있는지는 밝혀져 있지 않다. 포토트로핀과 결합하는 신규 단백질로써 NPH3, RPT2 등이 알려져 있어, 신호전달과의 관계가 주목된다.

포토트로핀은 조직, 기관 단계의 발현 패턴에 대하여 아직 많이 조사되어 있지 않지만, *PHOT1* 유전자의 프로모터를 이용한 실험에 따르면 다양한 조직에서 발현되는 것으로 생각된다. 엽록체 광의존성 운동의 제어와 기공 개폐는 세포 자율적으로 반응하는 것으로 알려져 있다. 반면, 광굴성에 대해서도 실제로 굽어지는 부위의 가까운 곳에서의 빛 자극을 인식하는 것으로 생각되지만, 어떠한 조직에서 빛을 수용하는 지에 대해서는 많이 조사되지 않았다.

1.3 광반응과 호르몬

이제까지 설명한 것과 같이, 식물에는 다양한 광반응이 존재하고, 각종 광수용체가 그 반응을 일으키는 신호를 발생시켜 하류의 분자, 즉 전사인자에 그 신호를 전달하여 반응을 일으키는 것으로 생각된다. 이와 같이 광수용체에 따른 세포 내 신호전달기구에 대해서는 분자 레벨에서 설명이 되도록 되었다. 그러나 개체 레벨의 광반응은 복잡하여 그 전체를 이해하기 위해서는 세포 내 뿐만 아니라 조직, 기관 간의 신호전달에 대해서도 조사가 필요하다. 이와 같은 장거리 신호를 매개로 하는 인자로서는 식물 호르몬이 생각된다. 여기에서는 식물 호르몬과 광반응의 관계에 있어서 최근의 애기장대를 이용하여 얻어진 결과들을 중심으로 소개한다.

1.3.1 광반응과 오옥신

오옥신은 광굴성 반응의 연구로부터 발견된 식물 호르몬으로서, 역사적으로도 식물의 광반응과 밀접한 관계를 갖고 있는 것으로 생각되어 왔다. 오래된 연구로부터 오옥신의 합성, 수송, 감수성에 있어서 각각 빛이 관여하고 있는 것으로 알려져 있다. 여기에서는 여기에 관계되는 분자 레벨의 최근 연구를 소개한다[12].

phyB 돌연변이체는 밝은 곳에서 야생형과 비교하여 배축이 매우 길게 신장한다. *shy2* 돌연변이는 *phyB* 변이를 억압하는 돌연변이이다. *shy2* 돌연변이는 어두운 곳에서 배축이 짧고, 자엽을 부분적으로 전개시킨다. 이 돌연변이의 원인 유전자 *SHY2*를 유전자 지도 정보에 따라 클로닝하여(map-based cloning) 동정하였을 때, 콩에서 오옥신 반응성 유전자로서 연구된 *Aux/IAA* 패밀리에서 속한다고 예상되는 유전자이었고, 실제로 *SHY2* 유전자는 오옥신 반응성을 나타냈다. 또한, 다른 *Aux/IAA* 패밀리에 속하는 유전자의 돌연변이체에 있어서, 광 형태형성 반응이 이상한 경우가 있는 것으로 나타났다[13].

흥미로운 점은, phyA는 시험관 내에서 Aux/IAA 패밀리에 속하는 단백질을 인산화하는 활성이 보이는 것이다. 일반적으로 단백질의 인산화에 따라 유비키틴계에 의한 특정의 표적 단백질 분해가 이루어지는 것이 보여진다. Aux/IAA 패밀리에 속하는 단백질은 오옥신 반응에 양의 방향으로 움직이는 전사인자인 ARF와 헤테로 이량체를 형성하는 오옥신 반응성 유전자의 발현을 억제하는 역할을 하는 기능을 가지고 있고, Aux/IAA 패밀리에 속하는 단백질의 분해를 조절하는 한편, 빛이 오옥신 반응성 유전자의 발현을 변화시키는 기작들을 가지고 있다.

음지회피 반응에서 반응하는 발현이 상승하는 프로모터 cis-element 해석을 통하여 오옥신 반응성 유전자 *GH3* 패밀리에 속하는 유전자의 발현이 음지회피에 따라 유도되는 것이 밝혀졌다. 또한, 별도의 *GH3* 유전자를 과잉 발현시키면 광반응 생리 반응에 이상이 발생된다[14]. *GH3*가 어떠한 활성을 갖고 있는가에 대해서는 오랜 시간 동안 밝혀지지 않았지만, 최근 GH3 패밀리에 속하는 유전자의 몇 가지가 천연 오옥신인 인돌아세트산을 아데닐화하는 활성을 가지고 있다는 것이 밝혀졌다. 오옥신에 대한 이와 같은 화학적 변환은 오옥신으로써의 생리활성을 변화시키는 역할을 갖고 있을지도 모른다. 즉, 빛이 *GH3* 유전자의 발현조절을 통하여 활성형 오옥신의 양을 변화시키는 가능성이 있다는 것을 나타낸다.

오옥신의 수송과 빛의 관계에 대하여 AtHB2와 PIN이 주목된다. 호메오(Homeo) 도메인을 갖는 유전자인 *AtHB2* 유전자의 발현은 음지회피와 함께 유도된다. 또한, *AtHB2* 유전자를 과잉 발현시

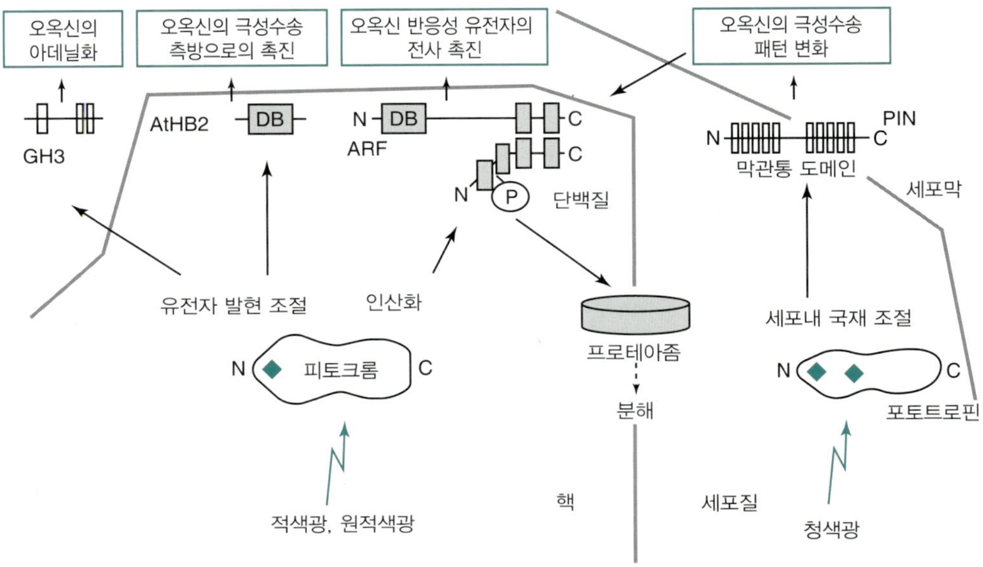

그림 1.2 광반응과 오옥신 반응의 크로스토크. DB: DNA 결합 영역.

키면 음지회피와 같은 반응이 일어나지만[15], 뿌리에 있어서는 오옥신의 측방 수송이 과잉으로 일어난 듯 한 형태가 일어난다. 이러한 결과들을 근거로 AtHB2이 오옥신의 수송을 제어하여 음지회피 반응이 관련되어 있는 가설이 주장된다. 단, AtHB2가 어떠한 분자 기구에서 오옥신 수송을 조절하는지에 대해서는 밝혀지지 않았다.

광굴성 반응에 있어서는 오래전부터 생리학적 연구 결과에 의하면 오옥신이 관여되어 있다고 보고되어 왔다. 실제로 애기장대의 광굴성 반응에 이상을 나타낸 *nph4/msg1/tir5* 돌연변이체의 원인 유전자는 오옥신 반응성 인자 유전자 *ARF* 패밀리에 속하는 유전자이다. 한편, PIN 패밀리에 속하는 단백질은 세포로부터 오옥신의 배출을 담당하는 배출 캐리어의 역할을 하는 것으로 생각된다. 흥미로운 것은 PIN3은 통상적으로 전분립을 포함한 내초세포의 측면 부분에 국재되어 있지만, 중력굴성 반응을 일으키는 듯한 자극을 가하면 국재가 변화한다[16]. 광굴성에 있어서 같은 변화가 보여지는가에 대한 여부는 밝혀지지 않았으나, 광굴성의 수용체인 포토트로핀은 PIN3의 국재를 변화시키는 것일지도 모른다.

오옥신의 특징으로써, 극성을 갖고 수송하는 성질이 밝혀져 있다. 그러므로 예부터 식물체 내에 있어서 신호전달물질로서의 역할을 갖고 있는 것이 추측된다. 오옥신과 빛의 크로스토크에서 보여지는 다양한 분자 기구는 오옥신의 이러한 특징을 생각하면 흥미롭다(그림 1.2).

1.3.2 광반응과 브라시노스테로이드

브라시노스테로이드는 고전적인 식물호르몬으로서는 교과서에 등장하지 않지만, 생리학적으로는

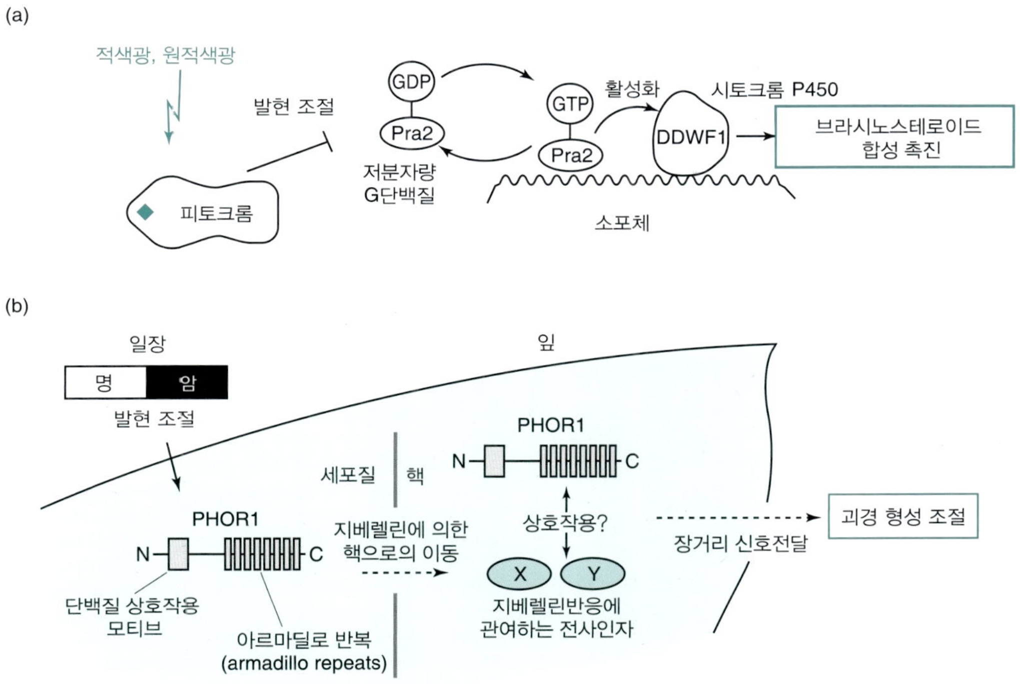

그림 1.3 광반응과 브라시노스테로이드 반응(a), 광반응과 지베렐린 반응의 크로스토크(b).

광 형태형성 반응과 밀접하게 관련되어 있다는 근거가 얻어지고 있다. 애기장대의 암조건에서의 광 형태형성을 일으키는 *det2* 돌연변이체의 원인 유전자가 브라시노스테로이드 합성에 관련되어 있는 유전자였다는 것은, 애기장대의 광 형태형성과 브라시노스테로이드의 밀접한 관계를 다시 한번 증명한 실험이다. 그렇지만 실제 광반응에 브라시노스테로이드가 어떻게 관련되어 있는가에 대해서는 아직 명확하지 않은 점이 많다.

완두의 배축에 있어서는 피토크롬에 의해 발현이 제어되는 단량체 저분자량 G 단백질을 코딩하는 유전자 *Pra2*가 동정되었다. Pra2는 시토크롬 P450 패밀리 중 하나인 DDWF1와 상호작용하여 소포체 상에 위치하고 있는 것이 밝혀졌고, 이것이 Pra2가 GTP 결합형에 있는 경우에 특이적으로 보여지는 현상이다. Pra2 및 DDWF1을 담배에서 과잉 발현시킨 식물과 안티센스에 따른 발현 억제를 시킨 식물의 연구 결과에 따라, 두 유전자 모두 세포 신장을 촉진하는 것이 판명되었다. 또한 DDWF1이 활성형 브라시노스테로이드인 브라시놀라이드(Brassinolide)의 전구체인 Castasterone의 생합성을 하고 있을 가능성이 있는 것으로 나타났다[17]. 위의 결과로부터, 빛이 *Pra2* 유전자의 발현을 억제하여, 그것에 따라 브라시노스테로이드의 양을 조절하는 모델이 생각되어진다. 이 제어가 어느 정도까지 생체 내에서 주요 조절자로서의 역할을 하는지가 흥미롭다(그림 1.3).

1.3.3 광반응과 지베렐린

광반응과 지베렐린은 오옥신과 함께, 생리학적으로 깊은 관계가 있는 것으로 알려져 있다. 피토크롬의 발현에 실마리가 된 것은 양상추에 있어서 광발아의 적색, 원적색광에 따른 제어이지만, 발아에 있어서 지베렐린이 하는 중요한 역할을 생각하면, 피토크롬이 발아에 있어서 지베렐린 합성에 관련된 유전자의 발현을 제어하는 현상은 매우 흥미롭다.

감자는 일반적으로 단일조건에서 괴경의 발달이 빠르게 진행된다. 이 현상은 지베렐린에 의해 제어된다고 밝혀졌다. 장일조건과 단일조건을 비교한 경우, 단일조건 특이적으로 발현이 유도되는 유전자를 스크리닝한 결과, 초파리의 체절의 극성을 형성한 뒤에 필요한 전사인자인 아르마딜로 반복(armadillo repeats) 모티프를 가진 감자 내재 유전자 *PHOR1*이 동정되었다[18]. 형질전환식물에 따른 기능 해석 및 BY2 세포를 이용한 세포 내 국재 해석에 의해, *PHOR1* 유전자의 발현 저하에 따른 지베렐린의 대한 반응성이 저하되는 것과, 식물에 지베렐린을 처리하면 PHOR1은 신속하게 핵 이행하는 것이 판명되었다. 이것들을 종합하여, 연구자들은 PHOR1이 지베렐린의 신호전달에 관여된 인자일 가능성에 대하여 현재도 연구를 진행하고 있다. 즉, 빛이 일장에 관하여 PHOR1의 발현을 조절하는 것으로 지베렐린에 대하여 감수성을 조절하여, 괴경 형성의 시기를 조절할 가능성이 있다는 것이다(그림 1.3).

1.3.4 유비키틴과 프로테아좀계에 따른 크로스토크

유비키틴의 결합에 따른 표적단백질의 프로테아좀(proteasome)에 의한 특이적 분해계는 포유동물부터 효모, 고등식물까지 이를 정도로 고도로 보존되어 있다. 최근, 식물에 있어서도 표적단백질의 인식에 관여하는 F-box 단백질이 광반응 또는 식물 호르몬 반응(오옥신, 지베렐린, 자스몬산)에 대한 돌연변이체의 원인 유전자로써 계속 동정되고 있다. 또한, 프로테아좀의 서브유닛 RPN10이 결핍된 경우, 앱시스산 반응에 이상이 나타나는 것도 밝혀졌다.

이와 같이, 각각의 외부 자극에 특이적인 단백질 분해 기구 사이에 상호작용이 있는지 없는지는 아직 모르지만, 그것을 시사하는 보고도 나오고 있다. 오옥신 반응에 역방향으로 제어되는 전사인자인 Aux/IAA 패밀리에 속하는 단백질은 식물에 오옥신을 가하면 SCF^{TIR1} 복합체의 움직임에 따라 인식되어 분해된다. 한편, 어두운 곳에서도 광 형태형성을 일으키는 돌연변이체의 원인 유전자의 해석에 따라, 사람과 같은 포유류 동물에 있어서도 보존되고 있는 COP9 시그날로좀(signalosome)이 동정되었다. COP9 시그날로좀이 단백질 분해에 관여하는 것은 COP9 시그날로좀이 프로테아좀의 조절 서브유닛 및 번역 개시인자와 공통의 모티프를 갖고 있는 것으로부터 추측은 되었지만, 분해의 표적이 되는 단백질의 인산화 조절이라는 가설이 어느 정도 있었기 때문에 실제의 움직임은 불분명했다. 그런데 애기장대를 이용한 해석에 따라, COP9 시그날로좀은 SCF^{TIR1}복합체 중에 Cullin과 Rub과의 결합을 해제하는 것에 의해, Aux/IAA 패밀리에 속하는 단백질의 분해를 역방향으로 억제하여 오옥신 반응을 제어하는 가능성이 제시되었다[19,20].

COP9 시그날로좀이 고등식물뿐만 아니라 포유류에 있어서도 범용 제어인자로써의 기능을 갖고 있다는 가설은 COP9 시그날로좀이 다양한 SCF 복합체의 활성을 역방향으로 조절하는 가능성과 잘 맞는다고 생각되어, 이후의 연구가 기대된다. COP9 시그날로좀은 이 움직임을 통하여 광반응과 식물 호르몬 반응의 상호작용을 실현하고 있을지도 모른다.

1.4 마무리

식물의 광수용체의 개개의 움직임과 신호전달 기구에 있어서는 최근의 분자유전학적, 분자생물학적 연구에 따라 급속하게 식견이 축적되고 있다. 또한 단편적이지만, 광반응과 식물 호르몬을 묶는 분자적 식견이 얻어지고 있다. 여기에서 광수용체가 식물 호르몬에 영향을 미치는 기구로써, 호르몬의 신호전달인자에 대하여 직접적인 상호작용과 유전자 발현 제어를 통하여 호르몬 기능의 조절 등이 생각된다. 더욱이, 후자에 대해서는 호르몬 대사와 신호전달에 직접적으로 관련된 인자(합성효소, 수송단백질 등)를 조절하는 경우와 상위의 조절인자(전사인자 등)를 조절하는 경우가 생각된다. 각각의 기구에 맞는 예가 밝혀진 것은 이미 앞서 서술한 대로 진행되어 왔으며, 빛과 식물 호르몬 반응계가 엮은 복잡한 네트워크를 가볍게 볼 수 있었다. 이 네트워크의 전모를 밝히는 것에는 이제까지의 접근에 더하여 반응이 어느 조직, 기관에서 일어나는가를 상세히 조사해 나갈 필요가 있다.

참고문헌

1. Franklin KA, Praekelt U, Stoddart WM, Billingham OE, Halliday KJ, Whitelam GC (2003) Phytochromes B, D, and E act redundantly to control multiple physiological responses in Arabidopsis. Plant Physiol. 131: 1340-1346
2. Yamaguchi R, NAkamura M, Mochizuki N, Kay SA, Nagatani A (1999) Light-dependent translocation of a phytochrome B-GFP fusion protein to the nucleus in transgenic Arabidopsis. J Cell Biol. 145:437-445
3. Ni M, Tepperman JM, Quail PH (1998) PIF3, a phytochrome-interacting factor necessary for normal photoinduced signal transduction, is a novel basic helix-loop-helix protein. Cell 95: 657-667
4. Martinez-Garcia JF, Huq E, Quail PH (2000) Direct targeting of light signals to a promoter element-bound transcription factor. Science 288: 859-863
5. Matsushita T, Mochizuki N, Nagatani A (2003) Dimers of the N-terminal domain of phytochrome B are functional in the nucleus. Nature 424: 571-574
6. Schuz I, Furuya M (2001) Evidence for type Phytochome-induced rapid signalling leading to cab::luciferase gene expression in tobacco cotyledons. Planta 212: 759-764
7. Ahmad M, Cashmore AR (1993) HY4 gene of A. Thaliana encodes a protein with characteristics of a blue-light photoreceptor. Nature 366: 162-166

8. Yang HQ, Wu YJ, Tang RH, Liu D, Liu Y, Cashmore AR (2000) The C termini of Arabidopsis cryptochromes mediate a constitutive light response. Cell 103: 815-827

9. Huala E, Oeller PW, Liscum E, Han IS, Larsen E, Briggs WR (1997) Arabidopsis NPH1: a protein Kinase with a putative redox-sensing domain. Science 278: 2120-2123

10. Kagawa T, Sakai T, suetsugu N, Oikawa K, Ishiguro S, Kato T, Tabata S, Okada K, Wada M (2001) Arabidopsis NPL1: a phototropin homolog controlling the chloroplast high-light avoidance response. Science 291: 2138-2141

11. Kinoshita T, Doi M, Suetsugu N, Kagawa T, Wada M, Shimazaki K (2001) Photl and phot2 mediate blue light regulation of stomatal opening.Nature 414: 656-660

12. 山本興太郎 (2001) 光形態形成とオーキシン. 和田正三, 徳富哲, 長谷あきら, 長谷部光泰 (監修) 植物の光センシング. 秀潤社, 東京. pp142-145

13. Tian Q, Nicholas J, Reed JW (2002) Arabidopsis SHY2/IAA3 inhibits auxin-regulated gene expression. Plant Cell 14: 301-319

14. Hsieh HL, Okamoto H, Wang M, Ang LH, Matsui M, Goodman H, Deng XW (2000) FIN219, an auxin-regulated gene, defines a link between phytochrome A and the downstream regulator COP1 in light control of Arabidopsis development. Genes Dev. 14: 1958-1970

15. Steindler C, Matteucci A, Sessa G, Weimar T, Ohgishi M, Aoyama T, Morelli G, Ruberti I (1999) Shade avoidance responses are mediated by the ATHB-2 HD-zip protein, a negative regulator of gene expression. Development 126: 4235-4245

16. Friml J, Wisniewska J, Benkova E, Mendgen K, Palme K (2002) Lateral relocation of auxin efflux regulator PIN3 mediates tropism in Arabidopsis. Nature 415: 806-809

17. Kang JG, Yun J, Kim DH, Chung KS, Fujioka S, Kim JI, Dae HW, Yoshida S, Takatsuto S, Song PS, Park CM (2001) Light and brassinosteroid signals are integrated via a dark-induced small G protein in etiolated seedling growth. Cell 105: 625-636

18. Amador V, Monte E, Garcia-Martinez JL, Prat S (2001) Gibberellins signal nuclear import of PHOR1, a photoperiod-responsive protein with homology to Drosophila armadillo. Cell 106: 343-354

19. Lyapina S, Cope G, Shevchenko A, Serino G, Tsuge T, Zhou C, Wolf DA, Wei N, Shevchenko A, Deshaies RJ (2001) Promotion of NEDD8-CUL1 conjugate cleavage by COP9 signalosome. Science 292: 1382-1385

20. Bech-Otschir D, Seeger M, Dubiel W (2002) The COP9 signalosome: at the interface between signal transduction and ubiquitin-dependent proteolysis. J. Cell Sci. 115:467-473

2. 굴광성

酒井達也 · 岡田清孝 · 高野誠

2.1 소개

빛의 조사 방향을 향하여 식물의 줄기는 신장하여, 잎은 빛을 더욱 흡수할 수 있도록 표면을 조사방향으로 향하고, 뿌리는 빛을 피하도록 흙으로 숨어든다. 빛의 조사 방향에 따라 성장 방향을 정하는 식물의 빛 반응기구를 굴광성(Phototropism)이라 한다. 굴광성을 유도하는 빛은 대부분 식물에 있어서 UV-A/청색광(파장 360~500mm 부근)을 나타내는 파장이 효과를 갖고 있다. 적색광(파장 660mm 부근)은 청색광이 유도하는 굴광성을 촉진하는 효과를 나타내지만, 대부분의 종에서는 직접적으로 굴광성을 유도하는 효과는 나타내고 있지 않다. 굴광성을 유도하는 분자기구는 자극감지기구, 신호전달기구, 편차성장을 유도하는 작용기구와 같은 3가지로 나누어 생각할 수 있다.

2.2 애기장대를 이용한 굴광성 연구

2.2.1 굴광성을 유도하는 청색광 수용체

배축의 굴광성이 이상하게 된 애기장대 변이체로써, *non-phototropic hypocotyl 1* (*nph1*), *nph2*, *nph3*, *nph4*가 분리되었다[1]. 4개의 변이체는 배축의 굴광성뿐만 아니라 뿌리의 음의 굴광성과도 이상을 나타내었다. 한편, *nph1* 돌연변이체, *nph2* 돌연변이체, *nph3* 돌연변이체는 배축의 음의 중력굴성은 야생형과 같은 표현형을 나타내었지만, *nph4* 돌연변이체는 굴중성도 이상한 표현형을 나타내었다. 이상의 결과로부터, *NPH1* 유전자, *NPH2* 유전자, *NPH3* 유전자는 굴광성을 유도하기 위한 신호전달 경로에 관여하지만, *NPH4* 유전자는 굴광성 특이적 신호전달 경로에 관여하는 것이 아니라, 굴중성도 포함하여 굴성 그 자체도 나타내는 작용기구를 하는 것이 제시되었다.

NPH1 유전자(*PHOT1* 유전자)는 1997년에 위치 추적 클로닝(positional cloning)에 따라 동정되었다(NPH1은 apoprotein의 이름이고, FMN과 결합한 광수용체는 포토트로핀으로 불렸다. 최근, NPH1이 굴광성뿐만 아니라 엽록체 광의존성 운동에도 관여하는 청색광 수용체인 것이 판명되어, 국제적인 토론을 거쳐 PHOT1로 개명되었다[2]. 동시에 NPH1의 상동성 유전자(homolog)인 NPL1은 PHOT2로 개명되었다. 유전자명은 *PHOT1*, *PHOT2*, 돌연변이체명은 *phot1*, *phot2*, apoprotein은 PHOT1, PHOT2, 광흡수 색소가 결합한 holoprotein(광수용체)는 phot1, phot2으로 각각 서술된다). 유전자 염기서열로부터 상정된 PHOT1는 분자량이 약 120,000으로, N말단에 2개의 LOV 도메인이라 불리는 서열과 C말단에는 세린-트레오닌 키나아제 도메인이 존재하고 있다. 곤충세포 내에서 PHOT1을 발현시켰을 때 각 LOV 도메인에 청색광흡수색소 FMN이 결합하

는 것, 청색광 조사에 따라 자기인산화를 하는 키나아제라는 것으로부터 PHOT1이 광굴성을 유도하는 청색광 수용체의 본체라는 것이 증명되었다[3]. PHOT1은 틀림없이 어떠한 수식을 받아, 또는 막에 위치하는 단백질에 결합하여 세포질막 내에 위치하고 있을 것이라고 생각된다.

phot1 돌연변이체는 강한 광조건에서는 배축의 굴광성을 나타낸다. 강한 광조건에서 굴광성을 유도하는 청색광 수용체의 탐색이 이루어져, PHOT1의 상동성 유전자(homolog), NPL1(PHOT2)가 그 광수용체라는 것이 보고되었다[4]. PHOT2는 분자량이 약 110,000이므로 약간 PHOT1보다 작기는 하지만, PHOT1과 같이 N말단에 FMN을 결합하는 LOV 도메인을 2개, C말단에는 키나아제 도메인을 갖고 청색광 조사에 따라 자기 인산화하는 것이 나타났다. *phot2* 돌연변이체는 다양한 파장의 빛, 강도, 조직에 있어서 어떠한 것도 정상적인 굴광성을 나타내지만, *phot1phot2* 이중변이체에서는 어느 조건에서도 대부분 굴광성을 나타내지 않는다. 즉, phot1은 phot2에 비의존적으로 굴광성을 충분히 일으키는 능력이 있다고 생각된다. 한편 phot2는 1μmol $m^{-2}sec^{-1}$ 이상의 청색광 조사에서만 한정적으로 움직이는 광수용체라는 것이 생각된다.

2.2.2 광굴성을 유도하는 신호전달인자

굴광성 이상 돌연변이체 *nph3*은 굴중성이 정상이지만, 뿌리, 배축과 함께 어떠한 빛 강도에 있어서도 굴광성을 나타내지 않는다. 또한, *nph3* 돌연변이체의 마이크로솜(microsome)을 청색광으로 조사해도 PHOT1라고 예상되는 단백질의 자기인산화가 정상적으로 일어나는 것으로부터, NPH3은 광수용체인 phot1의 하류에서 움직이는 신호전달인자인 것으로 밝혀졌다(그림 2.1). *NPH3* 유

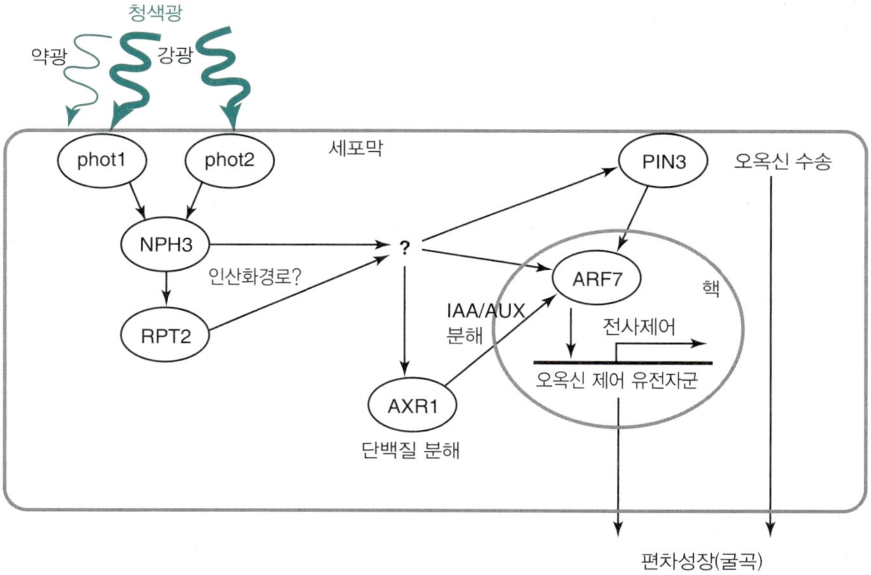

그림 2.1 굴광성을 유도하는 신호전달 경로의 유전자적 모델.

전자를 위치 추적 클로닝에 의해 결정하였을 때, N말단과 C말단에 각각 단백질간 상호작용에 관여하는 것으로 생각되고 있고, BTB/POZ 도메인과 Coiled-coil 도메인을 갖는 분자량 82,000의 단백질을 코딩하는 유전자이었다[5]. NPH3은 세포질막 내에 존재하는 phot1과 직접적으로 결합하여, phot1과 다른 단백질의 복합체를 형성시키는 발판의 역할을 하고 있는 것으로 생각되고 있다. 뿌리의 굴광성 이상 돌연변이체로써 분리된 *root phototropism 2* (*rpt2*)도 그 원인 유전자가 동정되어, NPH3과 같은 구조를 갖는 단백질을 코딩하는 유전자라는 것이 판명되었다[6]. RPT2이 NPH1-NPH3복합체에 포함되는 것인가, 그리고 NPH3와 RPT2이 phot2에 직접적으로 상호작용하는 것인가에 대해서는 밝혀지지 않았다.

2.2.3 오옥신을 통한 편차성장

배축, 화경, 뿌리의 굴성은 빛과 중력과 같은 자극을 받은 방향 또는 그 반대방향에의 성장속도에 변화를 일으키는 굴곡을 나타낸다. 그것을 편차성장이라 부른다. 1880년 다윈의 아들은 Canary grass(*Phalaris canariensis*)의 황백화식물의 굴광성은 유식물의 선단부가 매우 빛 감수성이 높은 것, 빛을 감지하고 있는 영역으로부터 떨어진 곳까지 굴곡을 나타내는 것을 밝혔다(그림 2.2). 그 실험에 의해 빛 감지 영역부터 편차성장을 나타내는 영역까지의 자극 전달물질이 있다는 것을 알

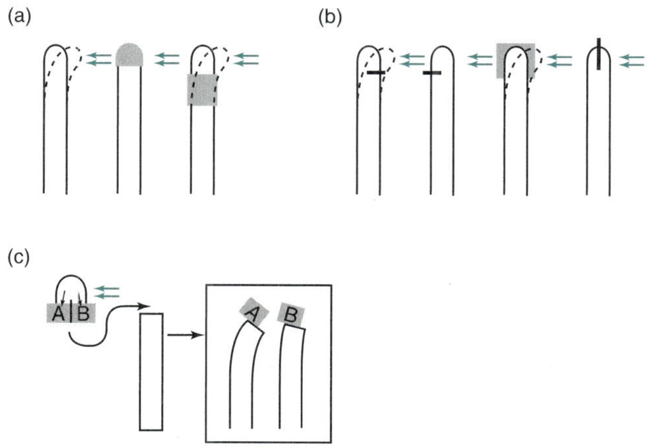

그림 2.2 Cholodny–went 가설의 확립. (a) 1880년 다윈의 실험 canary grass(Phalaris canariensis) 자엽초는 굴광성에 대해서 유식물 경단에 대해 가장 효과적인 빛 감수성을 나타냈다. 경단을 검은 종이캡으로 씌운 경우, 유식물은 광굴성을 나타내지 않는다. 반면에 신장 영역을 씌우면 광굴성을 나타낸다. (b) 1928년 Boysen-Jensen의 실험 귀리 자엽초에서는 빛을 조사한 부분으로 운모를 삽입하여도 광굴성은 유도되지만, 빛과 반대 방향으로 삽입하면 광굴성이 저해된다. 빛 조사 방향에 평행적으로 삽입하여도 광굴성은 유도되지만, 수직 방향에 삽입하면 저해된다. 이 결과들은 빛 조사 방향으로부터 반대 방향으로 가는 물질과 선단부로부터 신장 영역으로의 신장 촉진 물질의 이동이 광굴성에 필요한 것이라는 것을 나타낸다. (c) 1928년 went의 실험. 귀리 자엽초 선단을 A와 B 둘로 나뉘어진 한천 위에 두고 옆에서 빛을 조사하였다. 그 뒤 경단을 제거하고 자엽초에 2개의 한천 A와 B를 각각 올려두고 암조건에 두었다. 빛 조사의 경우 빛의 반대 방향에 존재한 한천 A는 빛 조사 방향의 한천 B보다 강하게 광굴성을 유도하였다. 즉, 한천 A에는 신장 촉진 물질이 존재하고 있다고 여겨지고 있다.

게 되었다(후에 Cholodny-went theory이라 불린다). 그 확산성 성장물질은 후에 식물 호르몬인 오옥신으로 밝혀졌다.

오옥신의 빛에 의한 불균등 분포가 굴성유도의 중요한 기구라고 생각되지만, 광수용체인 phot1과 phot2이 어떻게 오옥신 불균등 분포를 유도하는지에 대해서는 밝혀지지 않았다. 편차성장을 유도하는 오옥신의 불균등 분포의 제어기구는 최근에 애기장대에 있어서 오옥신 수송체의 기능 해석에 의해 진행되고 있다. 오옥신 수송체 단백질 PIN3의 결손 변이체는 배축, 뿌리의 굴중성 및 배축의 굴광성이 약하다[7]. PIN3이 오옥신 수송에 관여하고 있는지에 대한 생화학적 뒷받침은 되지 않았으나, PIN3을 포함한 오옥신 수송체가 빛이나 중력 자극에 의해 오옥신 불균등 분포를 유도하는 가능성이 제시되었다.

오옥신에 의한 편차 성장유도는 세포의 신장촉진에 의한 것으로 생각된다. 오옥신의 세포 신장에 있어서 움직임은 신장이 일어나는 시간에서 빠른 반응과 느린 반응으로 나누어 생각해 볼 수 있다[8]. 제1반응에서는 오옥신이 막 국재 H^+-ATPase을 활성화시켜, 세포 바깥으로 H^+을 퍼내는 작용에 의해 세포벽 영역(아포플라스트)을 산성으로 유도하여, 세포벽의 신장성을 높여 세포 신장을 촉진하는 것으로 생각되고 있다[9]. 산성에서 세포벽이 느슨해지는 것은 산성 조건에서 세포벽의 신장성을 높이는 활성을 가진 세포벽 단백질 익스팬신(expansin) 등의 효소에 의한 움직임으로 생각되고 있다[10].

제2반응의 효과는 제1반응과 다르게 신규 단백질 합성을 필요로 한다. 광굴성과 굴중성이 함께 이상한 돌연변이체 *nph4*의 원인 유전자는 오옥신에 의한 전사제어에 관여한 ARF7를 코딩하는 것이 밝혀졌다[11]. 또한, 똑같이 광굴성과 굴중성에 이상이 관찰된 *axr1* 변이체에서는 ARF 전사제어 활성을 제어하는 Aux/IAA 패밀리에 속하는 단백질의 분해에 이상이 관찰되었다[12]. 이것으로부터 오옥신의 불균등 분포에 이어서, ARF를 통한 오옥신의 전사제어 차이가 편차성장을 유도하는 기구의 하나로 생각된다(그림 2.2).

2.3 단자엽식물을 이용한 굴광성의 연구

2.3.1 굴광성의 생리학

앞서 말한 바와 같이, 식물이 빛의 방향으로 줄기를 늘리거나 잎의 표면을 향하게 하는 굴광성은 예전부터 생물학자의 흥미를 끌어, 그 매커니즘을 밝혀내기 위해 많은 연구가 진행되어 왔다. 귀리나 옥수수 등과 같은 단자엽식물의 자엽초는 구조가 단순하고 전형적인 광굴성 반응을 나타내기 때문에 생리학적인 해석에 널리 이용되어 왔다. 통상적으로 우리의 눈으로 관찰되는 광굴성은 조사 시간 의존형 광굴성(TDP, time-dependent phototropism) 또는 이차 정방향 굴성(SPPC, second-positive phototropic curvature)으로 불리는 것으로 측면으로부터의 청색광 광량에 의존하여 굽어지는 각도가 크게 된다. 덧붙여, 실험실 규모에서는 매우 약한 파장의 빛(1μmol m^{-2} 정도)에 의해 유도되는 굴곡 반응이 관찰된다. 이것은 일차 정방향 굴성(FPPC, first-positive phototropic curvature)라고 불려, 주로 자엽초의 선단부가 굴곡된다. 이 반응은 빛의 세기와 조사시간의 합산(빛의 총량)이 일정한 경우, 조사시간에 상관없이 굴곡 각도가 일정하게 된다고 하여, Bunsen-Roscoe의 상반칙(Reciprocity law)이 성립한다. 이와 같은 2종류의 광굴곡 반응은 애기장대의 배축에서도 인정되어, *phot1* 변이체에서는 어떠한 반응도 일어나지 않는 것으로부터 phot1을 통한 반응이라는 것이 밝혀졌다[1].

2.3.2 벼의 굴광성

자엽초는 단자엽식물의 유식물의 독특한 기관으로, 원통형의 칼집 모양을 하고 있어 내부의 잎을 감싸서 보호하고 있다. 벼를 밝은 곳에서 발아시키면, 자엽초의 신장은 5~10mm 정도에서 멈추어 선단 부근이 찢어져 제1엽이 빠져 나오지만, 어두운 곳에서는 내부의 잎을 감싸 안은 채로 신장하여 발아 후 1주째에는 40~50mm에 달한다. 통상적으로 광굴성의 실험에는 어두운 곳에서 발아시켜 10~15mm의 자엽초를 이용한다. 자엽초는 내외 표피의 사이에 10층 정도의 유세포가 나열된 단순한 구조를 하고 있어, 본엽과 같은 동화조직은 형성되지 않았다. 그러므로 엽록체가 관여하는 다양한 굴광성 반응은 존재하지 않고, 광조사 후의 굴곡 반응에 관한 신호전달 반응을 해석하는 경우에 좋다. 벼의 자엽초가 나타내는 굴광성은 귀리나 옥수수에 비하여 작지만, 광량의존성 등의 기본적인 반응 요소는 거의 변하지 않는다[13]. 이제까지 축적된 자엽초의 굴광성에 관한 풍부한 생리학적 식견을 분자유전학적인 해석을 발휘하는 것에는 게놈 해석을 위해 유전자원이 충실한 벼를 이용하는 것이 더욱 효율적이다. 벼는 이미 *PHOT1* 유전자, *PHOT2* 유전자가 클로닝되어 있고[14], 굴광성에 이상을 나타내는 돌연변이체도 분리되어 있어, 앞으로 이 분야에 있어서 공헌이 기대된다.

벼의 황백화식물(etiolated plant)을 자엽초와 내부의 잎으로 나누어 *PHOT1* 유전자의 발현을 조사한 결과, *PHOT1* 유전자가 자엽초에서 다량으로 발현되고 있는 반면에, *PHOT2* 유전자는 대부분 잎에서 발현되고 있었다. 황백화 식물을 어두운 곳에서 밝은 곳으로 옮기면, 자엽초에서 다량으로 존재하고 있던 *PHOT1* mRNA는 급속도로 감소했다[14]. 이와 같이 빛에 의한 *PHOT1* mRNA의 감소는 콩의 정아에서도 관찰되었다[15]. 반면, 잎에 있어서 *PHOT2* 유전자의 발현량은 점점 증가하였다[14]. 이와 같은 결과는 피토크롬의 phyA와 phyB와의 관계[16]를 연상시켜, 이 유사점으로부터 phot1이 어두운 곳 또는 약한 빛에서 주로 기능하는 고감도 포토트로핀이고, phot2가 밝은 곳에서 주로 기능하는 빛 안정 포토트로핀일 것으로 유추하는 것이 가능하다.

2.4 굴광성의 광수용체

2.4.1 포토트로핀

포토트로핀은 식물에서 현재 알려져 있는 3종류의 광수용체 중에서 최근에서야 동정되었다. 그러나 그 색소단이 결합하고 있는 LOV 도메인은 다양한 조절단백질과 센서단백질에서 빛과 산소 농

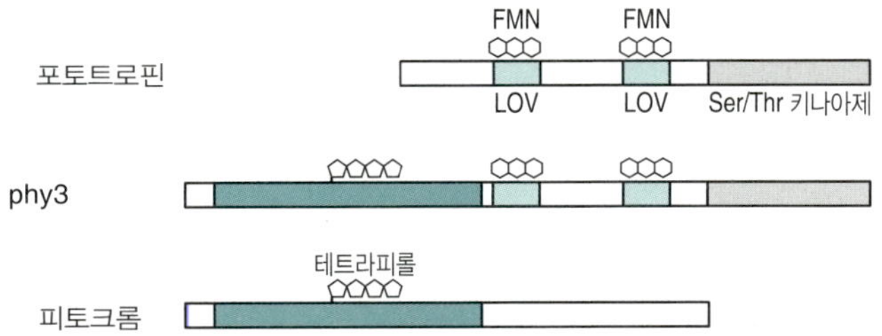

그림 2.3 포토트로핀, 양치식물의 superchrome phy3, 피토크롬의 분자 구조. 포토트로핀은 N말단측에 2개의 LOV 도메인을 갖고, 각각 청색광을 흡수하는 FMN을 1분자씩 결합하고 있다. C말단측에는 세린-트레오닌 키나아제로서 기능하는 배열을 갖고 있다. phy3은 N말단측에는 피토크롬의 광수용 도메인을 갖고 있으며, C말단측에는 포토트로핀의 배열을 갖는 키메라 단백질 구조를 갖고 있다. 문헌[26]을 변형하여 인용.

도, 전위 변화 등 외부로부터 자극을 감지하는 공통의 기능 도메인으로써 밝혀져 있기 때문에[17], 대부분의 연구자들의 흥미를 끈다. 또한, 곧바로 결정화된 것으로부터[18], X선 회절과 NMR, 분광학적 해석에 의해 구조 기능 연구가 급속도로 진전되었다.

앞서 간단히 다룬 것과 같이, 포토트로핀의 분자 구조는 2개의 LOV 도메인(LOV1, LOV2)을 갖는 청색광의 광수용 부위로써 기능하고 있는 N말단과 그것과 연결된 세린-트레오닌 키나아제 도메인으로 구성되었다[3](그림 2.3). 2개의 LOV 도메인은 각각 약 100 아미노산 잔기로 구성되어, 각각에 발색단인 FMN이 1분자 비공유결합되어 있다. FMN이 빛을 흡수하면, 4α의 탄소원자와 LOV 도메인의 시스테인 잔기(Cys39)와의 사이에서 일시적으로 공유결합이 형성되어, 그것에 의해 단백질 부분에 구조 변화가 일어나게 된다[19]. 그 결과, C말단의 키나아제 도메인이 활성화되어 신호가 하류에 전달하게 된다.

PHOT 유전자는 이제까지 애기장대(*Arabidopsis thaliana*), 벼(*Orysa sativa*), 귀리(*Avena sativa*), 옥수수(*Zea mays*), 봉작고사리(*Adiantum capillus-veneris*), 클라미도모나스(*Chlamydomonas reinhardtii*)로부터 분리되어, 모두 N말단에는 2개의 LOV도메인, C말단에는 키나아제 도메인이 존재하고 있다. 이 외의 식물에는 콩(*Pisum sativum*), 시금치(*Spinacia oleracea*), 아이스플랜트(*Mesembryanthemum crystallinum*)로부터도 부분 배열이 보고되었다[2](표 2.1). 이것들의 아미노산 배열을 기반으로 분자계통수를 작성하면, 그림 2.4와 같이 된다. 종자식물의 포토트로핀은 phot1과 phot2의 두 그룹으로 나뉘어, 쌍자엽식물, 단자엽식물 모두 두 분자종을 갖고 있는 것이 밝혀졌다.

대장균에서 애기장대의 phot1의 LOV1 도메인 및 LOV2 도메인을 발현시키면 어느 쪽도 광화학적으로 활성 단백질을 얻을 수 있지만, 그것들의 광화학적 반응의 양자수율과 반응속도론은 다르다[20]. 여기에서 LOV1 도메인 또는 LOV2 도메인의 어느 쪽의 Cys39를 알라닌으로 치환하여 광화학적으로 불활성화시킨 돌연변이체 phot1를 곤충세포에서 발현시켜 광에 의한 자기인산화 능력을 조사하면, LOV1 도메인에 변이를 갖은 phot1은 정상적인 phot1과 같은 광의존적 자기인산화가 되었으나, LOV2 도메인에 변이를 갖은 phot1은 인산화되지 않았다. 더욱이 이와 같은 변이 phot1을 *phot1* 변이체(*phot1-5*)에 도입하여 굴광성을 조사하면, LOV1 도메인에 변이를 갖은 phot1을 발현시킨 유식물은 변이가 상보적으로 회복되어 야생형과 같은 굴광성을 나타내었으나,

표 2.1 포토트로핀 패밀리.

식물종	유전자 이름		accession no.	문헌
	기존 명칭	통일 명칭		
벼	*OsNPH1a*	*PHOT1*	AB018443	Kanegae et al (2000)
벼	*OsNPH1b*	*PHOT2*	AB018444	Kanegae et al (2000)
벼	*NPH1*	*PHOT1*	CAB65325	Tyagi et al (2000)
애기장대	*NPH1*	*PHOT1*	AF030864	Huala et al (1997)
애기장대	*NPL1*	*PHOT2*	AF053941	Jarillo et al (1998)
애기장대	*NPH2*	*PHOT2*	AF053941	Jarillo et al (1998)
애기장대	*PK7, partial*	*PHOT2*	Q05999	
귀리	*NPH1-1*	*PHOT1a*	AF033096	Zacherl et al (1998)
귀리	*NPH1-2*	*PHOT1b*	AF033097	Zacherl et al (1998)
옥수수	*NPH1*	*PHOT1*	AF033263	
콩	*PsPK4*	*PHOT1*	U83281	
봉작고사리	*PHY3*	*PHY3*	AB012082	Nozue et al (1998)
봉작고사리	*NPH1*	*PHOT1?*	AB037188	Nozue et al (2000)
봉작고사리	*NPL1*	*PHOT2*		T. Kagawa
클라미도모나스	*NPH1*	*Phot*	AJ416556, AJ416557	Huang et al (2002)
콩	*PsPK5*	없음	M69034, M92989	Lin and Watson (1992)
시금치	단백질 키나아제 없음	없음	Z30332	
송엽국	단백질 키나아제 없음	없음	Z30331, Z30333	Bauer et al (1994)

문헌[2]에 의해 일부 변경하여 인용

LOV2 도메인에 변이를 갖은 phot1을 발현시키면 굴광성을 회복되지 않았다. 이와 같이, 적어도 굴광성에 관해서는 LOV2 도메인이 phot1의 주요한 광수용 부위라는 것이 밝혀졌다[21]. LOV1 도메인은 이량체 형성이나 다른 단백질과의 상호작용에 쓰이는 부위라는 가설도 있다.

LOV 도메인이 빛을 흡수하면, 포토트로핀의 자기인산화가 일어난다. 이 인산화는 신호전달에 중요한 역할을 하고 있는 것으로 생각되지만, 구체적인 기능은 아직 밝혀지지 않았다. 귀리의 phot1a에는 적어도 8군데의 자기인산화 부위가 동정되어, 청색광의 광량에 따라 인산화 되는 부위가 다른 것이 밝혀졌다[22]. 이 차이는 2종류의 광굴곡 반응(일차 방향성 굴성과 이차 방향성 굴성)에 반응하는 것으로도 생각되어 흥미롭다.

굴광성의 광수용체가 밝혀지기 전부터, 광굴곡을 나타내는 기관으로부터 만들어진 마이크로솜 부분에 청색광을 조사하면, 귀리랑 옥수수에서는 분자량 약 115,000의 단백질, 콩과 애기장대에서는 분자량 약 120,000의 단백질이 단시간에 인산화되는 것이 나타났다(후에, 애기장대에서 항체와 변이체를 이용하여, 이 인산화 단백질이 phot1이라는 것이 증명되었다[3]). 귀리의 자엽초를 장축에 따라 10등분하여, 청색광에 따라 인산화된 분자량 116,000의 단백질의 분포를 조사하면, 일차정굴곡 감수성이 가장 높은 선단 부분에서 높았고, 기부를 향하여 지수관계적으로 감소하는 것이 밝혀졌다. 또한 자엽초에 옆 방향으로부터 청색광을 조사한 뒤, 선단부의 빛을 받는 부분과 받지 않은 부분에서 분자량 116,000 단백질의 인산화를 비교하면 빛을 받은 부분에 더욱 많이 인산화되지만, 빛을 받지 않는 부분과의 차를 광량에 대하여 플롯하면 일차 방향성 굴성과 닮은 광량 의존곡선을 얻을 수 있다. 이와 같은 결과는 선단부에 있어서 분자량 116,000의 단백질의 인산화와 일차 방향성 굴성과의 관계를 시사하고 있다. 한편 기부에서 빛을 받는 부분과 받지 않는 부분에 있어서 인산화 단백질의 분포차는 조사 시간에 비례하여 커지게 되었다. 기부는 조사 시간에 의존하여 이차 방향성 굴성의 주요 부위이기 때문에, 여기에서도 분자량 116,000의 단백질의 인산화와 광굴곡 반응과의 관련성이 나타났다[23].

2.4.2 양치식물의 super-chrome, phy3

종자식물에서는 적색광은 굴광성을 유도하는 작용을 갖고 있지 않지만, 봉작고사리와 박낭고사리류(Leptosporangiatae)의 대부분은 청색광에 적색광을 더한 빛에 대하여도 굴광성을 나타낸다. 더욱이, 이 적색광의 효과는 그 직후의 원적색 광조사에 의해 효과가 나타나지 않는 결과로 보아 피토크롬이 관여하는 것으로 생각되어진다. Nozue는 봉작고사리의 피토크롬 유전자를 해석하는 과

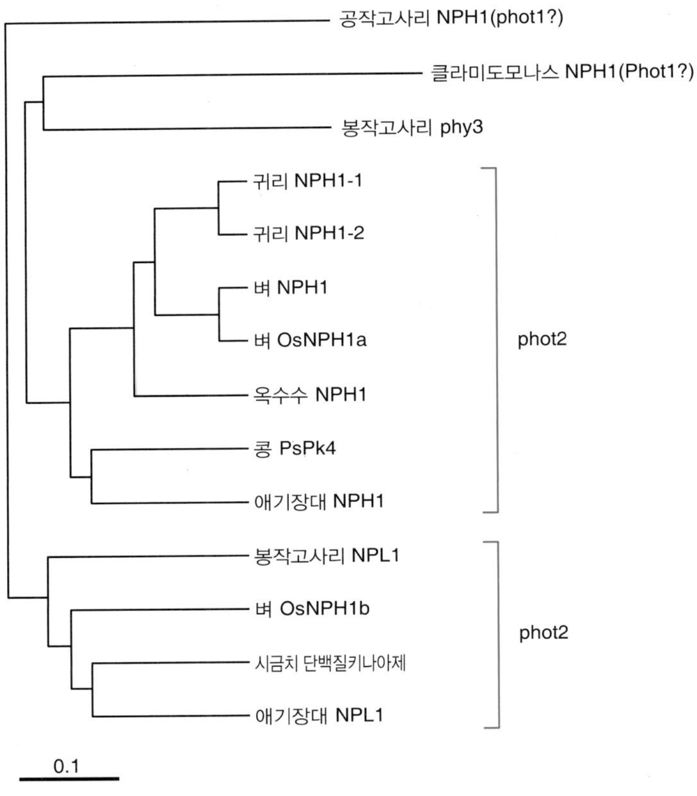

그림 2.4 포토트로핀 패밀리의 분자계통수. Clustal X ver. 1.64b를 이용하여 다중 정례를 실시하였다. 인접결합법에 의해 계통수를 계산하여 TreeView ver. 1.6.2에 의해 표시하였다. 문헌[2]에 의해 인용.

정에서 피토크롬의 발색단 결합 도메인의 하류에 포토트로핀이 융합한 듯한 큰 유전자 *PHY3*를 클로닝하였다[24]. 그들은 그 1465개의 아미노산 잔기로 구성된 유전자 산물 phy3(그림 2.3)이 피토크롬의 특징적인 적색/원적색광 영역의 차이의 스펙트럼과, LOV 도메인의 특징적인 청색광 영역의 흡수, 형광 스펙트럼의 양쪽을 나타내는 것을 증명하여, phy3이 적색광, 청색광을 함께 흡수할 만한 매우 특이적인 광수용체일 가능성을 제시하였다. 실제, 그들은 이후에 적색광에 대한 반응을 잃은 *rap* 변이체가 *PHY3* 유전자의 변이에 의한 것을 밝혀내, phy3이 봉작고사리에서 관찰된 적색광에 따른 광굴성의 광수용체라는 것이 밝혀졌다. 봉작고사리에는 phot1와 phot2도 존재하고 있어, *rap* 변이체도 청색광에 대해서는 정상적인 굴광성을 나타냈다. 그러나 약한 흰색광(10^{-3}~10^{-2} μmol m^{-2} s^{-1})에 대해서는 야생형이 정상적인 광굴성을 나타낸 것에 비해 *rap* 변이체는 거의 굴성을 나타내지 않았다. 이것은 봉작고사리에서는 청색광과 적색광이 각각 phot1과 phy3을 통하여 광굴성을 일으키고 있다고 해석이 되어, *PHY3* 유전자의 획득은 나무 아래에서의 약광 조건에서 살아가기 위한 적응전략일 것으로 추측되고 있다.

2.5 마무리

굴광성을 유도하는 신호전달 경로의 해석은 이제까지 서술해 온 것과는 전혀 다른 접근으로부터도 진행되고 있다. phot1와 phot2는 함께 광굴성뿐만 아니라 청색광에 의한 유도되는 엽록체 광의존성 운동 및 기공 개폐 운동을 제어하고 있는 것이 최근의 유전학적인 해석으로부터 밝혀졌다. 자세한 것은 다른 총설을 참고하기를 바라며, 이 결과는 굴광성을 유도하는 초기 신호전달 기구가 세포 자율적으로 유도되어 엽록체 광의존성 운동 및 기공 개폐 운동에도 보존되어 기능하고 있는 가능성을 나타내고 있다[27]. 또한 그 기능은 밝혀지지 않은 채로 포토트로핀 단백질이 단세포생물의 클라미도모나스에도 발현하고 있는 것이 밝혀지고 있다[2]. 추후, 포토트로핀의 기능에 대한 다방면적인 연구에 의해 광굴성 유도의 분자기구 해명에 비약적인 발전이 기대된다.

참고문헌

1. Liscum E, Briggs WR (1995) Mutations in the *NPH1* locus of *Arabidopsis* disrupt the percedption of phototropic stimuli. Plant Cell 7: 473-485
2. Briggs WR, Beck CF, Cashmore AR, Christie JM, Hughes J, Jarillo JA, Kagawa T, Kanegae H, Liscum E, Nagatani A, Okada K, Salomon M, Rudiger W, Sakai T, Takano M, Wada M, Watson JC (2001) The phototropin family of photoreceptors. Plant Cell 13: 993-996
3. Christie JM, Reymcnd P, Powell GK, Bernasconi P, Raibekas AA, Liscum E, Briggs WR (1998) *Arabidopsis* NPH1: a flavoprotein with the properties of a photoreceptor for phototropism. Science 282: 1698-1701
4. Sakai T, Kagawa T, Kasahara M, Swartz TE, Christie JM, Briggs WR, Wada M, Okada K (2001) *Arabidopsis* nph1 and npl1 : blue light receptors that mediate both phototropism and chloroplast relocation. Proc. Natl.

Acad. Sci. USA 98: 6969-6974

5. Motchoulski A, Liscum E (1999) *Arabidopsis* NPH3: a NPH1 photoreceptor-interacting protein essential for phototropism. Science 286: 961-964

6. Sakai T, Wada T, Ishiguro S, Okada K (2000) RPT2: a signal transducer of the phototropic response in *Arabidopsis*. Plant Cell 12: 225-236

7. Friml J, Wisniewska J, Benkova E, Mendgen K, Palme K (2002) Lateral relocation of auxin efflux regulator PIN3 mediates tropism in *Arabidopsis*. Nature 415: 806-809

8. Vanderhoef LN, Stahl CA, Lu TS (1976) Two elongation responses to auxin respond differently to protein synthesis inhibition. Plant Phyisol. 58: 402-404

9. Rayle DL, Cleland RE (1992) The acid growth theory of auxin-induced cell elongation is alive and well. Plant Physiol. 99: 1271-1274

10. Cosgrove DJ (2000) Loosening of plant cell walls by expansins. Nature 407: 321-326

11. Harper RM, Stowe-Evans EL, Luesse DR, Muto H, Tatematsu K, Watahiki MK, Yamamoto K, Liscum E (2000) The *NPH4* locus encodes the auxin response factor ARF7, a conditional regulator of differential growth in aerial Arabidopsis tissue. Plant Cell 12: 757-770

12. Gray WM, Kepinski S, Rouse D, Leyser O, Estelle M (2001) Auxin regulates SCFTIR1-dependent degradation of AUX/IAA proteins. Nature 414: 271-276

13. Neumannn R, Iino M (1997) Phototropism of rice (Oryza sative L.) coleoptiles: fluence-response relationships, kinetics and photogravitropic equilibrium. Planta 201: 288-292

14. Kanegae H, Tahir M, Savazzini F, Yamamoto K, Yano M, Sasaki T, Kanegae T, Wada M, Takano M (2000) Rice NPH1 homologues, OsNPH1a and OsNPH1b, are differently photoregulated. Plant Cell Physiol. 41: 415-423

15. Khanna R, Lin X, Watson JC (1999) Photoregulated expression of the PsPK3 and PsPK5 genes in pea seedlings. Plant Mol. Biol. 39: 231-242

16. Furuya M, Schafer E (1996) Photoreception and signalling of induction reactions by different phytochromes. Trends Plant Sci. 1: 301-307

17. Cheng P, He Q, Yang Y, Wang L, Liu Y (2003) Functional conservation of light, oxygen, or voltage domains in light sensing. Proc. Natl. Acad. Sci. USA 100: 5938-5943

18. Crosson S, Moffat K (2001) Structure of a flavin-binding plant photoreceptor domain: insights into light-mediated signal transduction. Proc. Natl. Acad. Sci. USA 98: 2995-3000

19. Salomon M, Eisenreich W, Durr H, Schleicher E, Knieb E, Massey V, Rudiger W, Muller F, Bacher A, Richter G (2001) An optomechanical transducer in the blue light receptor phototropin from *Avena sativa*. Proc. Natl. Acad. Sci. USA 98: 12357-12361

20. Kasahara M, Swartz TE, Olney MA, Onodera A, Mochizuki N, Fukuzawa H, Asamizu E, Tabata S, Kanegae H, Takano M, Christie JM, Nagatani A, Briggs WR (2002) Photochemical properties of the flavin mononucleotide-binding domains of the phototropins from *Arabidopsis*, rice, and *Chlamydomonas*

reinhardtii. Plant Physiol. 129: 762-773

21. Christie JM, Swartz TE, Bogomolni RA, Briggs WR (2002) Phototropin LOV domains exhibit distinct roles in regulating photoreceptor function. Plant J. 32: 205-219
22. Salomon M, Knieb E, von ZT, Rudiger W (2003) Mapping of low- and high-fluence autophosphorylation sites in phototropin 1. Biochemistry 42: 4217-4225
23. Salomon M, Zacherl M, Rudiger W (1997) Asymmetric, blue light-dependent phosphorylation of a 116-kilodalton plasma membrane protein can be correlated with the first- and second-positive phototropic curvature of oat coleoptiles. Plant Physiol. 115: 485-491
24. Nozue K, Kanegae T, Imaizumi T, Fukuda S, Okamoto H, Yeh KC, Lagarias JC, Wada M (1998) A phytochrome from the fern Adiantum with features of the putative photoreceptor NPH1. Proc. Natl. Acad. Sci. USA 95: 15826-15830
25. Kawai H, Kanegae T, Christensen S, Kiyosue T, Sato Y, Imaizumi T, Kadota A, Wada M (2003) Responses of ferns to red light are mediated by an unconventional photoreceptor. Nature 421: 287-290
26. Kagawa T (2003) The phototropin family as photoreceptors for blue light-induced chloroplast relocation. J. Plant Res. 116: 77-82
27. Briggs WR, Christie JM (2002) Phototropins 1 and 2: versatile plant blue-light receptors. Trends Plant Sci. 7: 204-210

3. 꽃눈 형성과 화서 형태형성에 있어서 환경인자와의 상호작용

鈴木光宏 · 米田好文

3. 소개

통상적으로 우리의 눈에 보이는 식물의 형태는 다양하다. 그 속에서도 현화식물의 지상부는 꽃, 줄기, 잎의 3가지 기관이 구성단위로서, 이와 같은 기관들의 형태형성이 식물체 전체의 형태를 결정하고 있다. 고등식물의 발생, 분화의 특징 중에서 동물의 경우와 가장 다른 것은 식물의 세포는 세포벽을 갖고 있는 것이다. 이로써 우리의 눈에 보이는 꽃, 줄기, 잎 등의 기관 분화는 주로 경정에 있는 경정분열조직에서 이루어진다. 종자식물의 발생 과정, 형태형성은 크게 2가지의 단계로 나눠진다. 한 가지의 과정은 배발생으로, 수정으로부터 자엽, 배축, 뿌리까지의 형태가 만들어지는 과정이다. 또 다른 과정은 후기 발생으로, 지상부의 구성단위인 잎, 줄기, 꽃 등이 경정분열조직에서 분화해서, 각각의 기관이 발달하는 것으로 식물체 전체의 모양이 결정된다. 경정분열조직이 이와 같은 기관을 두질서하게 분화하는 것은 아니고, 경정분열조직의 성질, 꽃눈 형성 유도의 시기, 꽃눈의 분화 패턴의 차이, 화경의 신장 정도 등에 따라 각각의 씨앗 형태가 결정되어, 다음 세대에 계승하게 된다. 또한, 식물의 생명유지 및 번식은 주위의 환경 요인을 받기 쉬워, 그것에 적응하는 능력을 갖추고 있다. 특히, 매우 예전부터 연구자들 사이에서도 영원한 테마인 꽃눈 형성이라 불리는 현상은 일장 등의 빛에 의해 영향을 받기 쉽다고 알려져 있다.

최근, 모델 식물인 애기장대(*Arabidopsis thaliana*)를 재료로 식물의 형태형성과 꽃눈 형성에 대하여 다수의 모델이 제시되어, 다른 식물에도 적용될 수 있도록 연구자들이 치열하게 경쟁하고 있다. 여기에서는 이제까지 애기장대에서 얻은 결과들을 바탕으로 그림 3.1에서 나타낸 영양성장부

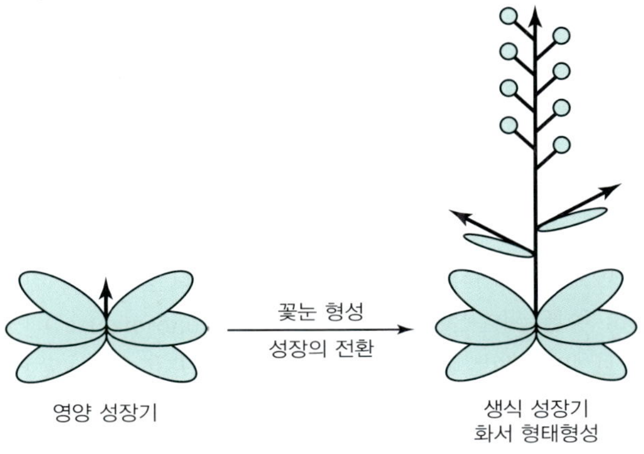

그림 3.1 애기장대의 성장 과정. 애기장대는 로제트형 식물이며, 영양성장기에는 경정 분열조직에서 로제트 잎을 지속적으로 분화한다. 꽃눈 형성이 일어나는 성장의 전환이 일어나면 경정 분열조직은 꽃눈 분열조직을 분화시켜 추대라고 불리는 화경의 신장 개시가 일어난다. 애기장대의 야생형은 무한화서이고, 총상화서라 불리는 화서 형태를 나타낸다. 화살표는 경정 분열조직을 나타내고, O는 꽃눈을 나타낸다.

터 생식성장의 전환점인 꽃눈 분화 유도, 꽃눈 형성이라 불리는 현상, 화서(꽃눈 현성 후의 형태형성 과정)의 발달 과정에 대해 설명하겠다.

3.2 꽃눈 형성

꽃눈 형성은 앞에서 설명한 것과 같이 영양성장기에서 생식성장기로 전환되는 현상인 것과 동시에 개체가 이동되지 않는 성질을 지닌 식물에게 있어서 중요한 의미를 가진다. 특히, 꽃눈 형성을 번식이라는 의미에서 생각하면, 빛과 온도 등의 주위 환경 요인의 영향을 받기 쉬운 식물에 있어서 꽃을 개화시켜서 종자를 얻는 행위는 다양한 환경에 적응하는 수단이며, 다음 세대의 자손을 남기기 위해서도 중요하다. 애기장대는 십자화과의 일년생 초본 식물로 장일조건에서 꽃눈 형성이 유도되는 장일 식물이다. 여기에서 분자유전학에 중요한 해석이 진행되고 있는 애기장대에서의 꽃눈 형성의 모델을 중심으로 어느 유전자가 환경인자에 관여하고 있는가를 설명한다.

3.2.1 애기장대에서의 4개의 경로

애기장대에서는 꽃눈 형성 개시 작용에 대한 연구가 많이 진행되었고, 많은 꽃눈 형성 개시에 관여한다고 예상된 돌연변이체의 분리와 수집이 이루어져 왔다. 또한 그와 같은 변이체를 분리하기 위한 스크리닝 조건은 장일조건 또는 단일조건에서의 꽃눈 형성의 시기와 저온(춘화) 처리, 식물 호르몬에 대한 반응성 등을 지표로 진행하여 꽃눈 형성 개시의 시기를 중심으로 그 변이체들은 2그룹으로 나누게 되었다. 한 가지는 야생형과 비교하여 꽃눈 형성 시기가 늦어지는 꽃눈 형성

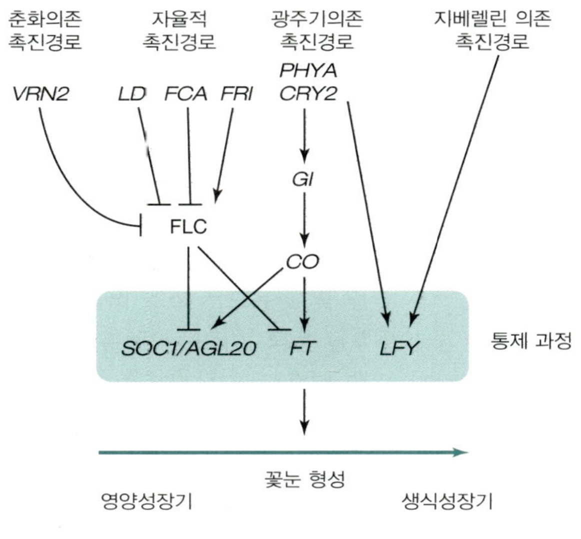

그림 3.2 애기장대의 꽃눈 형성 촉진 경로. 현재까지 밝혀진 애기장대에서의 4가지 화성 경로의 전략을 나타낸다. 각각의 화성 촉진 경로에서 작용하는 유전자 중에서 대표적인 것을 나타낸다. 각 과정의 화살표는 촉진을 나타내고 T자는 억제를 나타낸다. 문헌[1]을 변형하여 인용.

지연 변이체(late-flowering mutant)이고, 다른 한 가지는 꽃눈 형성 조기 변이체(early-flowering mutant)이다. 이와 같은 변이체 등의 해석에 의해, 현재까지의 애기장대에서는 적어도 4가지의 카테고리의 촉진 경로가 존재하고 있는 것이 밝혀졌다. 이 4가지 경로는 그림 3.2에 나타낸 것과 같이 빛, 온도 등의 환경반응과 식물 호르몬과의 관여가 큰 광주기의존촉진경로, 춘화의존촉진경로, 지베렐린의존촉진경로, 환경 요인과는 별개로 내재적으로 항상 꽃눈 형성이 촉진되는 자율적촉진경로로 나누어진다[1,2].

a. 광주기의존촉진경로

광주기의존촉진경로는 광자극을 광수용체가 받아, 일주기 생체시계의 과정을 거쳐 *CONSTANS* (CO) 유전자까지의 경로를 말한다. 적색광, 원적색광 수용체인 피토크롬의 유전자는 애기장대는 애기장대에서는 *PHYA* 유전자~*PHYE* 유전자의 5개의 유전자가 동정되었다[3]. 그리고 그 중에서 광주기의존촉진경로에 관계하고 있는 광수용체 유전자는 *PHYA* 유전자와 *PHYB* 유전자이다. 또한, 같은 방식으로 청색광 수용체인 크립토크롬 유전자는 애기장대에서 적어도 2개로서, *CRY1* 유전자와 *CRY2* 유전자(=*FHA* 유전자)가 동정되었다[3]. 이와 같은 광수용체로부터의 신호가 일주기 생체시계 관련 유전자인 *LHY* 유전자, *CCA1* 유전자, *ELF3* 유전자, *TOC1* 유전자 등을 통하여 *GI* 유전자를 촉진시켜, *CO* 유전자의 발현을 촉진한다[1,2,4]. *CO* 유전자는 징크 핑거(Zinc finger) 모티프를 가진 전사인자를 코딩하는 것으로 생각되고 있어, *CO* 유전자에 변이가 생기면 장일조건에 있어서 화성 지연이 일어난다[4].

b. 춘화의존촉진경로

춘화의존촉진경토는 꽃눈 형성 억제유전지인 *FLC* 유전자의 발현 수준을 억제하는 것으로 꽃눈 형성의 신호를 제어하는 역할을 담당한다[1,2,5]. 이 과정의 대표적인 유전자는 *VERNALIZATION1*(*VRN1*) 유전자와 *VERNALIZATION2*(*VRN2*)이다. 이 유전자들이 *FLC* 유전자의 발현을 억제하고, 자율적 촉진경로와 합류한다[1,2,5]. *VRN1* 유전자는 옥수수의 전사인자인 VIVIPAROUS1에 존재하는 B3 DNA 결합도메인을 2개, 프로테오좀 의존성 단백질 분해에 관여하는 PEST 영역을 2개, 그리고 추정 핵이행 신호를 갖는 단백질을 코딩하여 핵에 국재한다[6]. 한편, *VRN2* 유전자는 애기장대의 *FERTILIZATION-INDEPENDENT SEED2* (*FIS2*) 유전자와 *EMBRYONIC FLOWER2* (*EMF2*) 유전자들과 같이 초파리의 폴리콤 그룹 단백질(polycomb group protein, PcG) SU(Z)12와 상동성 있는 핵국재형 징크 핑거(Zinc finger) 단백질을 코딩한다[7]. *vrn1-1* 변이체 및 *vrn2-1* 변이체에서는 춘화처리에 반응하여 *FLC* 유전자의 발현 레벨이 감소하지만, 통상적인 온도로 돌아간 뒤에 *FLC* 유전자의 발현 레벨이 상승한다. 이러한 점으로 보아 *VRN1* 유전자와 *VRN2* 유전자의 기능은 *FLC* mRNA의 전사억제 자체에는 필요한 것은 아니고 오히려 *FLC* 유전자의 발현 레벨의 안정적인 억제에 필요한 것으로 판단된다[6,7]. 또한, *VRN1* 유전자의 과잉 발현체의 해석에 따라, *VRN1* 유전자는 *FLC* 유전자를 통하여 춘화처리촉진경로뿐만 아니라 꽃눈 형성 촉진경로의 제어 과정에 속하는 *SOC1/AGL20* 유전자와 *FT* 유전자의 발현을 제어하는 것이 밝혀졌다[1,2,6].

c. 지베렐린의존촉진경로

식물 호르몬은 고등식물의 형태형성 과정에 있어서 줄기의 신장과 세포 분화 등의 중요한 원인으로 있지만, 꽃눈 형성에 있어서는 특히 지베렐린이 관여하고 있는 것으로 생각되고 있다. 애기장대에서는 내재성 지베렐린의 감소가 장일조건에서 꽃눈 형성 연기를, 단일조건에서는 꽃눈 형성을 방해하는 것이 밝혀졌다. 그리고 그 지베렐린의존촉진경로에서는 꽃눈 분열조직 결정유전자 *LEAFY*(*LFY*)가 관여하고 있는 것이 밝혀졌다. Blazquez 그룹은 지베렐린 합성 결실 변이체에서 *ga1-3* 변이체에서는 단일조건에서 *LFY* 유전자의 활성이 상실된 것을 발견했다. 더욱이 *ga1-3* 변이체에 있어서 *LFY* 유전자를 과잉 발현시킨 경우, 단일조건에서의 꽃눈 형성이 부활된 것으로 보아, 지베렐린이 *LFY*의 발현을 촉진시켜 꽃눈 형성을 촉진하는 것이 밝혀졌다[1,2,8]. 또한 독보리(*Lolium temulentum*)에서도 내재성 지베렐린 양의 변화에 따라 꽃눈 형성을 제어하는 것이 밝혀져 있다. 지베렐린 제어의 활성화를 행하는 전사인자인 보리와 벼의 GAMYB을 코딩하는 유전자와 상동이 높은 *LtGAMYB* 유전자는 그 경정에 있어서 꽃눈 형성이 유도되는 과정에서 발현량이 증가되었다[9]. 실제로 *LtGAMYB* 유전자 발현량의 증가와 같은 시기에 내재성 지베렐린 양의 증가가 관찰되었다[10]. 더욱이, 애기장대에 있어서 GAMYB을 코딩하는 유전자와 상동성이 높은 *GAMYB*형의 유전자는 3가지(*AtMYB33* 유전자, *AtMYB65* 유전자, *AtMYB101* 유전자)이고, 단일조건에서 장일조건으로 옮겨진 애기장대의 경정에서는 바로 뒤 *AtMYB33* 유전자의 발현이 증가되었다. 더욱이, AtMYB33은 *LFY* 유전자의 프로모터 8염기와 특이적으로 결합하는 능력을 갖고 있는 것으로 보아, 지베렐린의존촉진경로에 있어서 GAMYB형 단백질이 꽃눈 형성에 관여하고 있다고 생각된다[11].

d. 자율적촉진경로

이제까지 서술해 온 촉진 경로 외에, 항상 꽃눈 형성이 촉진되는 경로가 있다. 자율적촉진경로에서 중요한 역할을 담당하고 있는 유전자는 *FCA* 유전자, *LD* 유전자, *FRI* 유전자, *FLC* 유전자가 있다[1,2]. 이와 같은 유전자 중에 *FRI* 유전자는 *FLC* 유전자의 발현을 촉진한다. *FRI* 유전자는 2가지의 Coiled-coil 구조를 가진 단백질을 코딩하여, 그 Coiled-coil 구조가 *FLC* 유전자의 제어에 관여하고 있는 것으로 생각된다[5,12]. 그리고 많은 연구자가 이용하는 Columbia주와 Landsberg *erecta* 주가 다른 많은 주보다도 꽃눈 형성이 빠른 것은 이 *FRI* 유전자에 변이체가 생겼기 때문이다[5]. 한편 *FCA* 유전자와 *LD* 유전자는 *FLC* 유전자의 발현을 억제하는 방향으로 작용할 것으로 생각되고 있다[1,2]. 이 자율적촉진경로는 최종적으로는 춘화의존촉진경로와 화성억제유전자인 *FLC* 유전자에서 통합되어, 제어 과정으로 신호를 전달한다[1,2,5].

3.2.2 각각의 촉진경로의 제어 과정과 꽃눈 형성

이제까지 서술해 온 4가지의 촉진경로의 신호를 제어하는 기구를 거쳐, 꽃눈 형성이 촉진된다. 이 제어기구에 매우 관여하고 있는 것으로 여겨지는 후보유전자는 *FT* 유전자, *SOC1/AGL20* 유전자,

LFY 유전자라고 생각된다[1,2,13,14]. *FT* 유전자는 포스파티딜에탄올아민(phosphatidylethanolamine, PE) 결합단백질과 상동성을 갖는 단백질을 코딩하고, 경정분열조직 유지 유전자인 *TFL1* 유전자가 코딩하는 단백질과도 상동성을 나타낸다. FT과 직접적으로 상호관계를 갖는 것은 CO이고, 광주기의존촉진경로에 의해 양의 방향으로 제어된 *CO* 유전자가 *FT* 유전자의 발현을 양의 방향으로 제어하는 것으로 밝혀졌다. *FT* 유전자의 기능 완전 결손유전체에서는 꽃눈 형성의 연기가 보이고, 반대로 *FT* 유전자의 과잉 발현체는 꽃눈 형성이 빨라지지만, 과잉 발현체에서의 조기 화성은 앞에서 서술한 광주기의존적촉진경로와는 독립적으로 일어난다[13,14]. *SOC1/AGL20* 유전자는 *MADS-box* 유전자로, 이 유전자도 *CO* 유전자에 의해 양의 방향으로 제어를 받는 한편, 꽃눈 형성 억제유전자인 *FLC* 유전자에 의해 그 발현이 억제된다[15,16].

앞에서 서술한 유전자 외에, 꽃눈 형성 촉진경로의 제어 과정에서 중요한 역할을 담당하는 것이 *FWA* 유전자이다. *FWA* 유전자의 이소적인 과잉 발현에 따라 꽃눈 형성 지연의 표현형을 나타내는 것이 알려져 있다. 최근, *PROTODERMAL FACTOR2*(*PDF2*) 유전자를 cauliflower mosaic virus 35S RNA promoter의 하류에 연결하고 애기장대의 야생형에 도입하여 과잉 발현시키면, 야생형과 비교하여 꽃눈 형성 지연이 일어나는 것이 밝혀졌다[17](그림 3.3). *PDF2* 유전자는 호메오박스(homeo-box) 유전자 중에 HD-GL2 그룹에 속하는 유전자로써, *in situ* hybridization 등의 발현 해석으로 경단분열조직의 L1층에 특이적으로 발현한다[17]. 이와 같이, 과잉 발현시킨 *PDF2* 유전자가 꽃눈 형성 촉진유전자에 대하여 음의 방향의 제어에 관계하고 있다면, 신규 꽃눈 형성 촉진인자의 동정으로 이어질 것으로 생각된다.

그림 3.3 PDF2 유전자 과잉 발현체의 표현형. (a) 발아 32일 후의 야생형 Columbia. (b) 발아 60일 후의 야생형. (c) 발아 32일 후의 PDF2 유전자 과잉발현체. (d) 발아 60일 후의 PDF2 유전자 과잉 발현체. 발아 60일 후의 야생형에서는 이미 화경이 신장하고 있지만, *PDF2* 유전자 과잉발현체에서는 아직 추대가 일어나지 않았다.

이제까지 서술한 것과 같이 현재까지의 해석에서는 빛과 온도, 식물 호르몬 등의 신호가 각각의 촉진경로로부터 꽃눈 형성 촉진경로의 제어 과정을 거쳐 꽃눈분열조직 결정 유전자인 *AP1* 유전자와 *LFY* 유전자를 양의 방향으로 제어시켜, 경단분열조직으로부터 꽃눈분열조직이 분화하는 것이 꽃눈 형성의 일련의 과정으로 생각된다.

3.3 화서 형태형성

애기장대는 앞에서 서술한 것과 같이 로제트형의 식물이기 때문에, 영양성장기부터 생식생장기로의 이행(꽃눈 형성) 후, 경단분열조직이 몇 개의 꽃눈을 형성한 후에, 어느 정도 시기가 지나면 화경이 신장하기 시작하여 추대라고 하는 현상을 관찰할 수 있다(그림 3.1). 추대 후, 화경에 있어서 꽃눈의 배열에는 일정한 규칙성이 있으며, 이 규칙성을 화서라고 부르고 있다. 애기장대의 야생형 주인 Columbia는 총상화서라고 불리는 화서 형태를 나타낸다[18,19]. 이것은 꽃눈 형성과 화경 비장 등 개개의 기관의 분화와 성장이 화서 형태형성 기구라는 과정을 거쳐 시기적으로 또는 공간적인 통솔적인 제어를 받고 있는 것을 의미한다. 이제까지 꽃눈 형성, 화경 신장이라는 기구에 결실을 나타내는 많은 변이체의 해석으로부터 꽃눈 형성 또는 화경 신장에 필요한 유전자의 역할이 밝혀졌다. 예를 들어, 꽃 기관 형성은 1991년의 ABC 모델의 주장에 따라 비약적으로 해명되었다. 애기장대의 꽃은 외측부터 꽃받침, 꽃잎, 수술, 심피로 구성이지만, 이 구성이 호메오 유전자(Homeotic gene)에 의해 전환하는 변이체를 이용하여 해명한 것이 ABC 모델이고, 이 유전자들이 꽃을 구성하는 4가지의 기관의 위치 신호를 제어하는 것을 나타낸다[20]. 그러나 ABC 모델에 관여하는 유전자 이외에도 꽃 기관의 형성에 관여하는 유전자가 클로닝되어, 이 유전자들의 기능이 어느 특정 기관에 한정적인 것이 아니라 다양한 기관의 형태형성에 있어서도 다방면으로 기능하고 있는 것이 밝혀져, 한 가지의 유전자가 식물의 형태형성 과정에 있어서 다양한 국면에서의 기능을 담당하고 있는 것과 동시에 이제까지 해석해 온 유전자 이상으로 많은 유전자군이 관여하고 있을 것으로 예상된다. 여기서 필자들은 꽃눈 형성과 화경 신장 등의 형태형성에 다양한 국면을 통합적으로 해석할 목적으로 화서의 형태라는 관점에서 화서 형태형성에서 어느 유전자가 상호작용하여 어떻게 캐스케이드(cascade)를 형성하고 있는지를 해명하려고 시도하였다.

3.3.1 무한화서와 유한화서

애기장대의 화서 형태에 대하여 서술하기 전에 간단히 화서에 대해서 설명한다. 화서는 간단히 말하면 화경에 있어서 꽃눈 배열의 규칙성이지만, 먼저 화서축의 선단에 꽃이 생기는가에 유한화서와 무한화서로 나뉜다. 그림 3.4에 나타낸 것과 같이 유한화서의 대표적이 단정화서이고, 경정분열조직이 꽃눈분열조직에 전환되어 정화(頂花)가 된다. 한편 무한화서는 화서의 선단의 형태로부터 총상화서, 산방화서, 산형화서 등으로 나뉜다. 이와 같은 화서형태는 한눈에는 전혀 다른 형태로 보이지만, 사실은 화경과 소화병의 신장과 꽃눈 분화 시기의 차이로 변화한다[18].

3.3.2 산방화서형 변이체

먼저 주목한 것이 실험실 표준 계통으로 사용되는 Landsberg *erecta*이다. Landsberg *erecta*는 십자화과에서 보여지는 것과 같이 화서선단에 꽃이 밀집하여 산방화서형으로 되는 것으로, 이와 같은 표현형을 나타내는 것이 *erecta* 변이에 따른 것이라고 생각된다. *ERECTA* 유전자는 수용체 키나아제를 코딩하고 있어, 세포 내 키나아제 도메인, 막 관통영역, 그리고 류신 반복(Leucine-rich repeat)으로 구성된 세포외 도메인의 3개의 영역으로 구성되어 막관통 영역을 걸친 세포외 도메인에서 리간드와 상호작용하여, 세포 내에서의 인산화에 의해 세포 외의 신호를 세포 내에 전달하는 세포 간 신호전달에 관여하는 것으로 생각된다[21, 22]. 수용체 키나아제가 신호전달에 관여하는 것은 1991년 이래 Clark에 의해 해석이 진행되고 있는 *CLAVATA1* 유전자 및 *CLAVATA3* 유전자의 기능에 의해 시사되고 있다[23, 24]. 또한 브라시노스테로이드의 비감수성으로 왜성 표현형을 나타내는 *bri1* 변이체의 원인 유전자는 25의 류신 반복(Leucine-rich repeat)을 갖는 수용체 키나아제를 코딩하고 있다[25]. 이 결과로부터 브라시노스테로이드의 신호전달계에 있어서도 수용체 키나아제가 관여하고 있는 것이 밝혀졌다.

필자는 이와 같은 식견을 기반으로 산방화서형 변이체(*erecta*)를 분리하고 수집하여, 그 속에서도 비교적 표현형이 알기 쉬운 2가지 유전자를 동정한 후, 산방화서 corymb의 의미를 가진 *corymbosa1* 유전자와 *corymbosa2* 유전자라고 하였다[26]. *erecta* 변이체를 포함하여 이와 같은 변이체는 화서의 선단에서 꽃이 밀집하여, 화서의 배열이 평탄하게 하는 산방화서의 표현형을 나타낸다. 여기서 야생형과의 표현형을 상세하게 해석한 경우, *er* 변이체는 세포수의 감소에 따른 소화병(小花柄)의 신장 결손, *crm1* 변이체는 세포의 신장 결손에 의한 소화병의 신장 결손, *crm2* 변이체는 꽃눈의 발달과 화경 신장 개시 지연에 의한 경정부에서의 꽃눈의 축적으로 각각의 표현형의 결손 원인은 다르다[26, 27](그림 3.5). 특히, *crm2* 변이체는 꽃눈의 발달과 화경의 신장이 시간적으로 다르기 때문에 나타나는 표현형으로, 왜성변이체라는 공간적 제어만 이상이 있는 변이체는 아니고, 형태형성의 시간적 제어(형태형성시에 관여하는 유전자의 발현에 의해 일어나는 기관 분화와 성장의 타이밍 제어)를 생각하였을 때, 유효한 변이체인 것으로 생각되어, *crm2* 변이체의 원인 유전자의 클로닝을 목표로 하였다[27]. 위치추적 클로닝(Positional cloning)의 결과, *CRM2* 유전자는 동식물 상관없이 현재까지의 해석된 기존 단백질과의 상동성을 갖지 않는 신규 단백질을 코딩하였다. *CRM2* 유전자의 발현은 매우 약하지만, 식물체 전체에 발현하고, 그 발현의 강약이 변이체의 표현형에 대응하였다. 즉, 그 *CRM2* 유전자도 다방면으로 기능하고 있다고 생각된다[27].

필자와는 별도로 Chen 그룹은 *CRM2* 유전자와 같은 좌위에 변이를 갖는 *hua enhancer1*(*hen1*) 변이체의 해석을 진행하고 있다. *hen1* 변이체는 *hua1hua2* 이중변이체의 증폭자(enhancer)를 클로닝을 목적으로 스크리닝하여 얻은 변이체이다[28]. *HUA1* 유전자와 *HUA2* 유전자는 *agamous* 변이의 약한 대립 유전자인 *ag-4* 변이의 증폭자로써 동정된 유전자이고, *hua1hua2* 이중변이체는 꽃 기관에 있어서 약한 수술로부터 꽃잎에, 심피로부터 꽃받침으로 간 듯한 변이 호메오 변이가 보인다. *hua1hua2hua3* 삼중변이체에서는 *hua1hua2* 이중변이체의 표현형보다도 강한 호메오 변이가 보이지만, 이와 같은 꽃 기관에서의 호메오 변이는 삼중변이체에서만 관찰되고, *hen1* 만의 변이에서

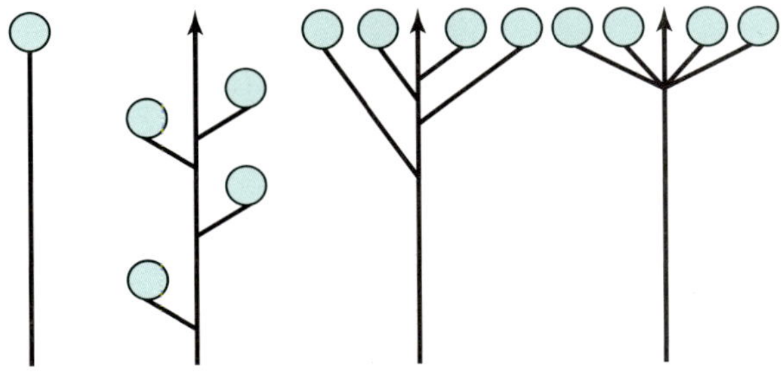

그림 3.4 화서 형태의 모식도. 화서 형태는 크게 유한화서와 무한화서로 나뉜다. 유한화서의 대표적인 예가 단정화서이고, 무한화서에는 총상화서, 산방화서, 산형화서 등이 있다. 화살표는 경정 분열조직을 나타내고, O는 화서를 나타낸다. 문헌[18]을 변형하여 인용.

잎의 크기 감소와 형태의 변화, 신장의 감소, 임성의 저하 등 다양한 국면에 결손이 관찰되었다. 이와 같은 결과를 바탕으로 *HEN1* 유전자가 꽃눈 발달의 과정에서 수술과 심피의 정체성 획득에 중요한 역할을 하는 것, 개체의 발달 과정을 통하여 다방면에 기능을 하고 있는 것을 알게 되었다[28]. CRM2/HEN1은 N말단에서 추정 핵이행 신호영역, C말단에 선충이나 초파리 등의 기능 미지 단백질과 상동인 영역을 갖는다[27,28]. *crm2-1* 변이체는 추정 행이행 신호영역의 1아미노산 잔기가 결손되어 있고, *hen1-1* 및*hen1-2* 변이체에서는 C말단의 보존 영역에 변이 부위가 존재한다. 한편으로 *hen1-1* 변이체 및 *hen1-2* 변이체에서는 C말단의 보존 영역에 위치한다[28].

더욱이, Park 그룹은 HEN1이 애기장대의 microRNA 대사에 관여하고 있는 것을 도출해냈다. 그들은 애기장대로부터 새롭게 11개의 microRNA를 나타내, 이것들의 microRNA 중에서 여러 종류의 microRNA의 축적이 *hen1-1* 변이체에서는 결실되고 있는 것이 보였다. 이 발견의 계기가 되었던 것이 *hen1-1* 변이체과 같이 다방면에서 표현형이 나타나는 *CARPEL FACTORY*(*CAF*) 유전자의 존재에서 *CAF* 유전자의 변이체와 *hen1-1* 변이체의 표현형이 발달 단계를 통해 매우 닮아 있는 것으로부터 HEN1도 microRNA 대사에 관여하고 있는 것이 아닌가 하는 가설에 근거로 도출해 낸 결과이다[29]. *CAF* 유전자는 전구체 RNA로부터 microRNA의 산출의 경과에 필요한 리보뉴클레오티드 다이서(Dicer)의 상동성유전자(homolog)이고, 이제까지 *CAF* 유전자의 변이체는 *caf* 변이체 외에도 *embryo-defective76*(*emb76*) 변이체, *short integuments*(*sin1*) 변이체 및 *suspensor1*(*sus1*) 변이체가 발견되었다. 최근 들어서, *CAF* 유전자는 *DICER-LIKE1* (*DCL1*)이라 불려, 이것에 의해 애기장대에 있어서 microRNA 대사가 주목받게 되었다[30]. 이와 같이 변이체의 표현형이 같은 성질을 갖는 경우, 같은 기구가 존재하고 있다는 가설이 증명되었다는 것으로 현재 필자들이 해석하고 있는 화서 형태형성 변이체의 해석이라 하는 분자유전학적 수법을 이용하는 것은 형태형성기구를 해명에 있어서 가장 유효한 수단이라고 생각된다.

또한, 현재까지 화서형이 변화했거나 *erecta*의 표현형을 갖는 변이체가 분리되었다. 예를 들어, *compact inflorescence*(*cif*) 변이체는 화경의 절간이 극단으로 짧아지고, 화경이 어느 정도까지 신장한 후에 화경선단에서 화서를 형성한다[31]. 또한, activation T-DNA tag line으로부터 단리된 우성변이체인 *sturdy* 변이체는 화경의 비장과 꽃의 형태 등에 다방면으로 표현형을 나타내어, 화서의 선단의 표현형을 관찰하면 *erecta*와 같은 산방화서의 표현형을 나타낸다. 이 유전자의 과잉 발

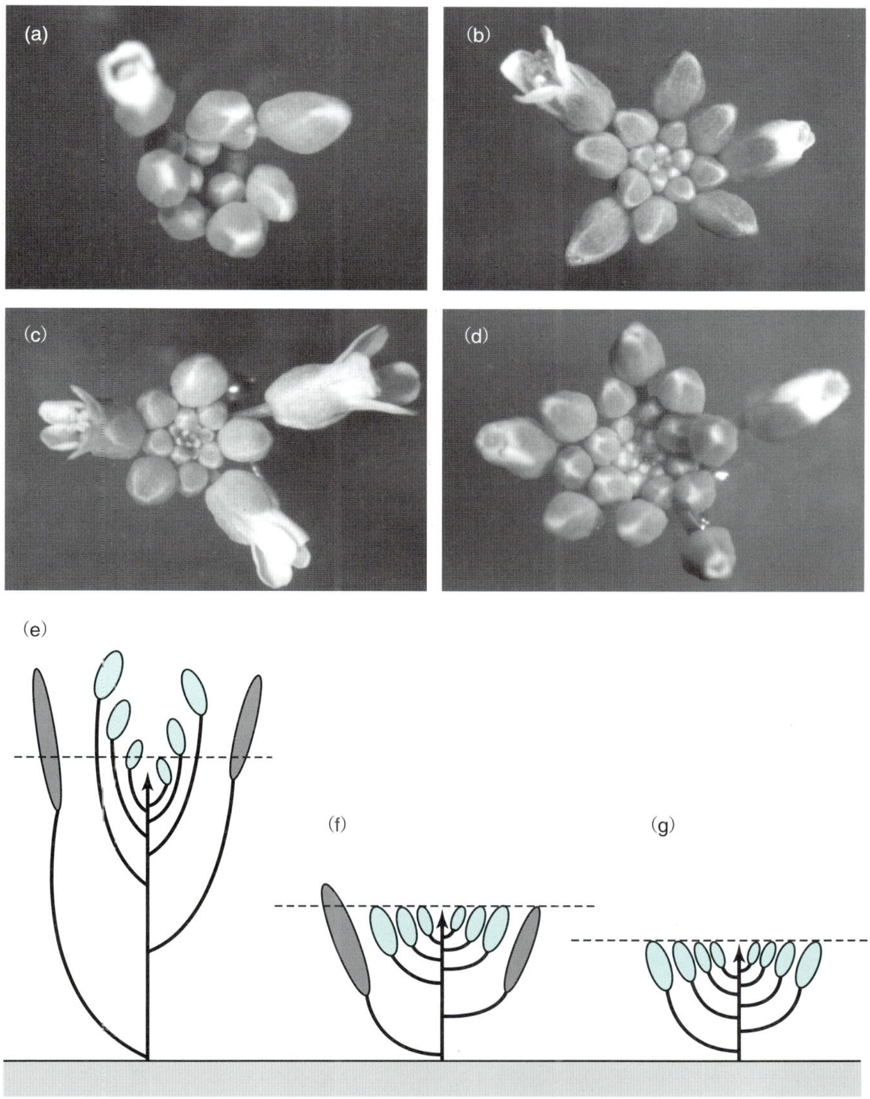

그림 3.5 산방화서 변이체의 표현형과 모식도. a~d는 야생형(Columbia)와 산방화서 변이체의 화서 선단의 모습. (a) 야생형. (b) *erecta* 변이체. (c) *corymbosa1* 변이체. (d) *corymbosa2* 변이체. e~f는 야생형(Columbia)와 산방화서 변이체의 모식도에서 꽃의 수가 같을 때의 화경절간과 꽃자루의 모습을 나타낸다. (e) 야생형. (f) *erecta* 변이체와 corymbosa1 변이체. (g) *corymbosa2* 변이체. 화살표는 경정 분열조직을 나타내고 O는 꽃눈을 나타낸다. 문헌[27]을 변형하여 인용.

현의 정도가 강할수록 *sturdy* 변이체의 표현형이 강하게 되는 경향이 있어, *STURDY* 유전자는 paratin과 같은 단백질을 코딩하는 것이 밝혀졌다. 애기장대에서는 STURDY 외에 3개의 paratin과 같은 단백질(AtPLP1, AtPLP2, AtPLP3)가 밝혀져 있다[32]. 또한, Walker의 연구실에서는 *erecta* 변이체와 같은 표현형을 나타내어, 새로운 변이체의 원인 유전자 *elk*(*electa-like*)을 5개 클로닝하여, 그 중 *ELK4/AGB1* 유전자는 헤테로 삼량체 G 단백질 β 서브유닛으로 생각되는 단백질을 코딩한다. *agb1-1* 변이체는 꼬투리의 표현형이 가장 *er* 표현형과 유사하지만, 소화병의 길이는 오히려 *er* 변이체와는 반대로 살짝 길다. 이와 같은 식견으로 *ELK4/AGB1* 유전자는 기관의 형태형성에 관여하고 있어 헤테로 삼량체 G 단백질을 통하여 신호전달이 애기장대에 있어서 중요한 역할을 하고 있는 것으로 생각된다[33].

이와 같이 산방화서라 불리는 하나의 지표에 지나지 않는 화서형에 주목해도, 다양한 결손 원인을 갖는 변이가 존재하고 여러 유전자가 관여하고 있는 것으로부터, 화서 형태형성 과정에 유전자 간의 신호 네트워크가 존재하고 있음을 살펴볼 수 있다. 이후는 산방화서의 변이체뿐만 아니라 화서형이 다양한 형태로 변화한 변이체를 달리하여 해석을 진행할 것이다.

3.4 마무리

애기장대의 게놈 프로젝트가 끝나고, 위치 추적 클로닝(positioning cloning)과 유전자 파손 식물의 단리, 형질전환식물에 따른 해석 등의 역유전학적인 수법이 비약적으로 성과를 올리고 있다. 지금 꽃눈 형성과 광환경 반응에 관하여 식견은 많이 밝혀진 것과 동시에, 빛과 온도에 대한 환경 반응과 지베렐린 등의 식물 호르몬과의 관계는 종자 발아와 줄기 신장에 있어서 해명되고는 있지만, 필자의 연구 주제인 화서 형태형성에 어느 정도 관여하는지에 대해서는 아직 미지수이다. 이제까지 서술한 것과 같이, 변이체의 표현형으로부터 그 원인 유전자로 향하여 해석하는 종래의 유전학적 수법을 이용하여, 어디까지나 표현형에 착목하는 것으로 식물의 꽃눈 형성과 형태형성이라 하는 현상과 그에 관여하는 유전자의 역할의 네트워크 기구를 해명하는 것이 문제 해명의 지름길이 되지 않을까 생각된다.

참고문헌

1. Araki T (2001) Transition from vegetative to reproductive phase. Curr. Opin. Plant Biol. 4: 63-68
2. 倉田哲也, 中川繭, 米田好文, 荒木崇 (2001) 花芽と花序の文化. 日向康吉(編) 花 : 性と生殖の分子生物学.学会出版センター, 東京. pp25-40
3. Lin C (2000) Photoreceptors and regulation of flowering time. Plant Physiol. 123: 39-50
4. Putteri J, Robson F, Lee K, Simon R, Coupland G (1995) The *CONSTANS* gene of *Arabidopsis* promotes flowering and encodes a protein showing similarities to zinc finger transcription factors. Cell 80: 847-857
5. Mischaels SD, Amasino RM (1999) FLOWERING LOCUS C encodes a novel MADS domain protein that acts as a repressor of flowering. Plant Cell 11: 949-956
6. Levy YY, Mesnage S, Mylne JS, Gendall AR, Dean C (2002) Multiple roles of *Arabidopsis* VRN1 in vernalization and flowering time control. Science 297: 243-246

7. Gendalll AR, Levy YY, Wilson A, Dean C (2001) The VERNALIZATION2 gene mediates that epigenetic regulation of vernalization in *Arabidopsis*. Cell 107: 525-535

8. Blazquez MA, Green R, Nilsson O, Sussman MR, Weigel D (1998) Gibberellins promote flowering of *Arabidopsis* by activating the LEAFY promoter. Plant Cell 10: 791-800

9. Gocal GFW, Poole AT, Guler F, Watts RJ, Blundell C, King RW (1999) Long-day up-regulation of a *GAMYB* gene during *Lolium temulentum* inflorescence formation. Plant Physiol. 1999: 1271-1278

10. King RW, Moritz T, Evans LT, Junttila O, Herlt AJ (2001) Long-day induction of flowering in *Lolum temulentum* involves sequential increase in specific gibberellins at the shoot apex. Plant Physiol. 127: 624-632

11. Gocal GFW, Sheldon CC, Gubler F, Moritz T, Bagnall DJ, MacMillan CP, Li SF, Parish RW, Dennis ES, Weigel D, King RW (2001) *GAMYB*-like genes, flowering, and gibberellin signaling in *Arabidopsis*. Plant Physiol. 127: 1682-1693

12. Johanson U, West J, Lister C, Michael S, Amasino R, Dean C (2000) Molecular analysis of FRIGIDA, a major determinant of natural variation in *Arabidopsis* flowering time. Science 290: 344-347

13. Kobayashi T, Kaya H, Goto K, Iwabuchi M, Araki T (1999) A pair of related genes with antagonistic roles in mediating flowering signals. Science 286: 1960-1962

14. Kardailsky I, Shukla VK, Ahn JH, Dagenais H, Chistensen SK, Nguyen JT, Chory J, Harrison MJ, Weigel D (1999) Activation tagging of the floral inducer FT. Science 286: 1962-1965

15. Samach A, Onouchi H, Gold SE, Ditta GS, Schwarz-Sommer Z, Yanofsky MF, Coupland G (2000) Distinct roles of CONSTANS target genes in reproductive development of *Arabidopsis*. Science 288: 1613-1616

16. Lee H, Suh S-S, Park E, Cho E, Ahn JH, Kim S-G, Lee JS, Kwon YM, Lee I (2000) The AGAMOUS-LIKE 20 MADS domain protein integrates floral inductive pathways in *Arabidopsis*. Genes Dev. 14: 2366-2376

17. Abe M, Katsumata H, Komeda Y, Takahashi T (2003) Regulation of shoot epidermal cell differentiation by a pair of homeodomain protein in Arabidopsis. Development 130: 635-643

18. 米田好文, 鳥居啓子 (1994) 茎形成の遺伝的制御. 渡邊昭, 福田裕穂, 島本功, 内藤哲 (監修) 植物の形を決める分子機構. 秀潤社, 東京. pp34-40

19. Weberling F (1981) Morphology of Flowers and Inflorescences. Cambridge University Press, Cambridge

20. Coen ES, Meyrowitz EM (1991) The war of the whorls: genetic interactions controling flower development. Nature 353: 31-37

21. Torii KU, Mitsukawa N, Oosumi T, Matsuura Y, Yokoyama R, Whittier RF, Komeda Y (1996) The *Arabidopsis ERECTA* gene encodes a putative receptor protein kinase either extracellular leucine-rich repeats. Plant Cell 8: 735-746

22. Yokoyama R, Takahashi R, Kato A, Torii KU, Komeda Y (1998) *The Arabidopsis ERECTA* gene is expressed in the shoot apical meristem and organ primordial. Plant J. 15: 301-310

23. Clark SE, Williams RW, Meyerowitz EM (1997) The CLAVATA1 gene encodes a putative receptor kinase that controls shoot and floral meristem size in *Arabidopsis.* Cell 89: 575-585

24. Fletcher JC, Brand U, Running MP, Simon R, Meyrowitz EM (1999) Signaling of cell fate decisions by

CLAVATA3 in *Arabidopsis* shoot meristems. Science 283: 1911-1914

25. Li J, Chory J (1997) A putative leucine-rich repeat receptor kinase involved in brassinosteroid signal transduction. Cell 90: 929-938
26. Komeda Y, Takahashi T, Hanzawa Y (1998) Development of inflorescences in *Arabidopsis thaliana*. J. Plant Res. 111: 283-288
27. Suzuki M, Takahashi T, Komeda Y (2002) Formation of corymb-like inflorescences due to delay in bolting and flower development in the *corymbosa2* mutant of *Arabidopsis*. Plant Cell Physiol. 43: 298-306
28. Chen X, Li J, Cheng Y, Jia D (2002) *HEN1* functions pleiotropically in *Arabidopsis* development and acts in C function in the flower. Development 129: 1085-1094
29. Park W, Li J, Song R, Messing J, Chen X (2002) CARPEL FACTORY, a Dicer homolog, and HEN1, a novel protein, act in microRNA metabolism in *Arabidopsis thaliana*. Curr. Biol. 12: 1484-1495
30. Schauer SE, Jacobson SE, Meinke DW, Ray A (2002) DICER-LIKE1 : blind men and elephants in *Arabidopsis* development. Trends Plant Sci. 7: 487-491
31. Goosey L, Sharrock R (2001) The *Arabidopsis compact inflorescence* gene: phase-specific growth regulation and the determination of inflorescence architecture. Plant J. 26: 549-559
32. Huang S, Cerny RE, Bhat DS, Brown SM (2001) Cloning of an *Arabidopsis* patatin-like gene, *STURDY*, by activation T-DNA tagging. Plant Physiol. 125: 573-584
33. Lease KA, Wen J, Li J, Doke JT, Liscum E, Walker JC (2001) A mutant *Arabidopsis* heterotrimeric G-protein β subunit affects leaf, flower, and fruit development. Plant Cell 13: 2631-2641

4. 빛과 색소체 분화 프로그램

華岡光正 · 田中寛

4.1 소개

식물은 동물과 같이 최적의 환경을 찾아 스스로 이동할 수 없기 때문에, 주위의 다양한 환경 정보를 신호로 받아들여, 유연히 적응하는 기구를 갖추고 있다. 그 중에서도 광신호는 특히 중요한 역할을 하고 있어, 식물의 발생과 분화 또는 형태형성이 광에 의해 크게 제어를 받고 있는 예가 사례가 지금까지 다수 보고되었다.

색소체는 식물세포에 있어서 극히 중요한 역할을 하는 세포내 소기관(organelle)의 총칭이며, 그 중 엽록체가 대표적이다. 색소체는 주위의 환경 변화에 반응하는 것으로 구조와 기능의 다른 다양한 형태로 분화한다. 특히, 미분화된 원색소체 또는 암소에서 존재하는 에티오플라스트(Etioplast)로부터 광합성 기관인 엽록체로의 분화의 경우에는 빛이 필요로 하는 것이 알려져 있어, 빛은 색소체의 분화에 있어서도 중요하다.

색소체는 핵과는 다른 독자의 게놈을 갖고 있어, 광합성을 시작으로 색소체의 기능에 관여하는 유전자가 존재하고 있다. 색소체 유전자의 발현은 세포의 분화, 발달 또는 빛 등의 환경 변화의 신호에 응답하여 다양한 스텝으로 조절을 받는다. 여기에서는 이것들 중에 특히 색소체 유전자의 전사제어에 관해서 필자가 얻은 연구 성과를 중심으로 소개하고, 빛에 의존한 색소체 분화 분자 기구에 대해 서술한다.

4.2 색소체의 분화

식물세포에 특유의 세포내 소기관인 색소체는 이중의 포막(외막, 내막)으로 감싸져, 분열에 의해 증식한다. 세포당 개체 수는 세포의 분화 단계와 주위의 환경 조건에 의존하여 크게 변동한다. 또한, 조직과 기관의 분화에 따라 각각 특징적으로 기능을 갖는 다양한 형태로 분화하는 것이 알려져 있다.

분열조직 등의 미분화된 세포에는 원색소체(Proplastid)가 존재하고 있다. 원색소체는 소형으로 내막 구조도 발달되어 있지 않아, 다양하게 분화하고 있는 색소체의 전구체이다. 한편 형태상으로는 원색소체에 유의하지만, 뿌리의 유조직 등에 증식, 분화가 끝난 흰색의 세포에 존재하는 색소체를 백색체라고 한다. 이와 같은 색소체에는 지질, 아미노산, 포르피린(porphyrin) 화합물의 합성 등 기초적인 대사가 이루어지고 있다고 생각된다. 그 중에, 전분의 합성과 저장에 관여하는 아밀로플라스트(amyloplast)는 자엽, 배유, 괴경 등의 저장기관의 세포에 존재하고 있어, 그 내부의 대부분은 전분립으로 구성되어 있다. 또한, 유색체는 빨간색과 주황색, 노란색을 나타내는 색소체이고, 클로로필(chlorophyll)은 존재하지 않지만, 카르티노이드(carotenoid)를 대량으로 합성하고 축적하고 있어, 토마토와 고추의 과실과 당근의 뿌리 등에서 보인다.

엽육세포는 광합성 조직의 녹색의 세포 중에서는 처음으로 원색소체가 엽록체로 분화한다. 엽록체에서는 내막계(틸라코이드)가 발달하여, 클로로필 등의 광합성 색소가 축적되어, 광합성을 일으킨다. 한편으로 암소에서는 클로로필의 합성이 억제되어, 틸라코이드의 발달도 저해된다. 이와 같이 엽록체에의 발달이 저해된 색소체는 에티오플라스트(etioplast)라 불린다. 에티오플라스트는 내막계의 전구체인 소포의 덩어리를 가져, 광 조사에 의해 빠르게 엽록체로 분화한다. 엽록체의 가장 중요한 기능의 하나는 광합성이지만, 그 안에서도 질소와 황산의 동화, 전분, 지방산, 아미노산, 더욱이 색소의 합성계 등 식물에 있어서 중요한 몇 가지 대사경로가 엽록체에 존재하고 있어, 식물의 독립영양성을 유지하는 데 중요하다.

색소체는 이와 같은 다양한 기능을 하는 세포내 소기관의 총칭으로 각각의 분화 형태의 사이에 상호 변환이 가능하다. 색소체의 기능 분화는 각각의 색소체에 있어서 특징적인 기능과 대사경로의 선택적인 활성화 또는 억제에 의해 일어난다. 이와 같은 분화에 따라 기능 발현조절에는 다수의 스텝이 존재하지만, 그 중에서도 각 기능에 관여된 일련의 유전자군의 특유적인 발현 제어는 특히 중요한 역할을 하고 있는 것으로 생각된다. 이후에는 광조사에 의한 색소체에서 엽록체로의 분화 과정에 초점을 맞추어, 광에 의존한 색소체 유전자의 전사제어에 관여하여 최근 얻은 식견을 중심으로 소개한다.

4.3 색소체 유전자와 그 전사 장치

4.3.1 색소체 DNA

색소체에는 독자의 게놈 DNA와 그 유전정보의 발현계가 존재하고 있다. 고등식물의 색소체 DNA의 전염기배열은 1986년 담배에서 처음으로 해독되었고, 벼, 옥수수, 밀, 애기장대 등에서도 연달아 밝혀졌다. 육상식물의 색소체 DNA는 120~216kbp의 이중환형 DNA으로 약 120종류의 유전자가 코딩되었다. 그 중에서는 광합성과 지방산을 합성에 관여하는 효소의 유전자를 시작으로 NAD(P)H 탈수소효소(dehydrogenase)와 ATP 의존형 단백질분해효소(protease)를 구성하는 단백질을 코딩하는 유전자, 더욱이 rRNA, tRNA, ribosome 단백질과 RNA 중합효소가 있다. 색소체의 유전자 발현에 관여하는 단백질을 코딩하는 유전자 등이 포함되어, 색소체의 기능과 밀접하게 관련되고 있다.

색소체 유전자군의 분자계통학적 해석부터 색소체의 선조는 남세균(시아노박테리아)의 선조 중에 하나로써, 그 세포내 공생에 의해 생긴 것으로 추정되고 있다. 하지만 색소체 게놈에는 광합성 관련 유전자를 포함하여 남세균의 게놈에 유래하는 유전자 중 일부만이 남아 있다. 색소체의 기능에 필요한 나머지의 대부분 유전자는 핵의 게놈에 코딩되어 있다. 이 유전자는 진화의 과정에 색소체로부터 핵으로 이행하여 결합한 것으로 생각되고 있다[2]. 그러므로 색소체의 분화와 발달 과정과 다양한 환경 변화(빛 등)에 대한 반응으로 색소체 기능 전체의 균형을 맞추기 위해서는 핵과 색소체로 나뉘어 코딩된 유전자의 발현을 통일적으로 제어할 필요가 있다. 그러므로 양쪽 유전자계의 사이에서 서로 신호를 전달하기 위한 상호작용 기능이 존재할 것으로 생각되고 있다[3]. 그러나 그 상세한 분자기구에 대해서는 아직 명확하지 않은 점이 많다.

4.3.2 색소체 RNA 중합효소

색소체는 세포의 분화에 따라 원색소체로부터 엽록체와 아밀로플라스트 등으로 형태, 구조를 바꿔 기능도 변화시킨다. 그때, 색소체 DNA 자체에 포함된 유전정보는 일정한 것으로, 색소체 게놈 상의 코딩된 유전자는 분화의 단계와 빛 등의 환경조건에 따라 다른 발현 제어를 받는 것으로 생각된다. 그 제어기구는 세포내 공생설을 밝혀내는 것처럼 세균의 시스템과 유사점이 많이 보인다.

색소체 유전자의 발현은 복제, 전사, 전사 후, 번역, 번역 후의 각 스텝에서 제어되지만[4], 최근에는 전사 단계에서의 제어의 중요성을 나타내는 대부분의 결과가 보고되고 있다. 그 예로써, 색소체 유전자의 전사에 관여하는 RNA 중합효소에 관해서는 핵에 코딩된 RNA 중합효소(NEP, nuclear-encoded plastid RNA polymerase)와 색소체에 코딩된 RNA 중합효소(PEP, plastid-encoded plastid RNA polymerase)의 적어도 2종류가 존재하는 것이 밝혀졌다[5](그림 4.1).

a. NEP

1997년 애기장대에서 2종의 RNA 중합효소를 코딩하는 핵유전자가 분리되어, 그 유전자 산물이

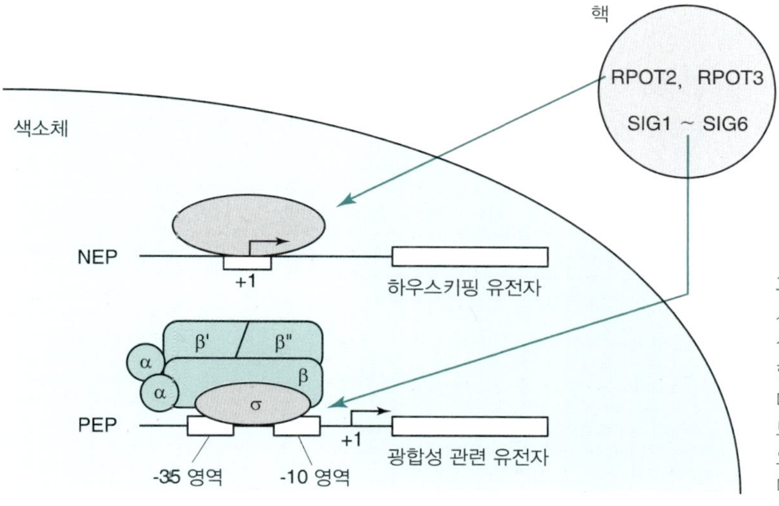

그림 4.1 색소체 유전자의 전사에 관여된 RNA 중합효소. 고등식물의 색소체에는 2종의 RNA 중합효소 NEP와 PEP가 존재하고 있다. PEP의 서브유닛 중에서 프로모터를 인식하여 전사 개시에 필요한 σ 인자는 핵에 코딩되어 있다.

각각 색소체와 미토콘드리아에 수송된다는 것이 밝혀졌다[6]. 이것들은 박테리오파지 T7의 RNA 중합효소에 구조상 닮아 있고, 전사 기능에 관여하는 영역은 효모, 사람을 비롯한 진핵생물의 미토콘드리아 RNA 중합효소에 잘 보존되어 있다. 현재까지 애기장대에서 3종의 파지 타입의 중합효소가 동정되었다. 그 중 RPOT1는 미토콘드리아로, RPOT3은 색소체로 각각 수송되고, RPOT2는 색소체와 미토콘드리아의 양방향으로 수송되는 것이 밝혀졌다 [7]. NEP에 의해 전사되는 색소체 유전자는 전사(*rpo* 유전자군), 번역(*rps15* 유전자 등)에 걸친 색소체의 유전자 발현에 관여하고 있는 것과 지방산 합성에 관여하고 있는 *accD* 유전자 등 색소체의 하우스키핑(housekeeping) 유전자가 많이 포함되어 있다[8].

b. PEP

PEP는 복수의 서브유닛으로부터 구성되어 있다. PEP의 코어 구조는 세균의 RNA 중합효소와 유의하지만, 그 중 β' 서브유닛에 대응한 부분이 β' 서브유닛과 β'' 서브유닛에 나뉘어 있어, $\alpha_2\beta\beta'\beta''$로 불리는 특징적인 구조를 갖고 있다. 각 서브유닛을 코딩하는 *rpoA* 유전자, *rpoB* 유전자, *rpoC1* 유전자, *rpoC2* 유전자는 색소체 게놈 상에 코딩되어 있다. 이 *rpo* 유전자군의 유전자 파손체를 이용한 해석으로부터 PEP는 주로 *psbA* 유전자, *psbD* 유전자, *rbcL* 유전자를 비롯한 광합성 유전자의 전사에 관여하고 있는 것으로 나타나, 하우스키핑 유전자의 전사에 관여하는 NEP와 역할 분담을 할 것으로 추측된다[8].

많은 광합성 유전자의 프로모터에는 세균에서 가지고 있는 코어 프로모터 영역, 예를 들자면 5, −35 영역(TTGACA) 및 −10 영역(TATAAT)에 비슷한 배열이 포함되어 있다. 이러한 영역은 *in vitro* 전사계를 이용한 분석과 색소체 형질 전환 기술을 이용한 *in vivo*에서의 연구를 통해 그 중요성이 입증되었다.

4.3.3 σ 인자

세균의 RNA 중합 효소와의 상동성으로부터 유추하면 PEP에 의한 프로모터 인식 및 전사 시작은 σ 인자를 통해 이루어질 것으로 예상된다. 색소체 σ 인자의 존재는 여러 식물 종으로부터 면역학적 또는 생화학적으로 나타나고 있었지만, σ 인자를 코드하는 유전자는 색소체 DNA에 존재하지 않고, 핵에 코딩하고 있는 것이 예상된다.

σ 인자를 코딩하고 있는 핵유전자는 1996년 단세포 붉은 조류에서 처음 분리되었다[9,10]. 이어 고등식물에서도 σ 인자 유전자가 클로닝되어, 애기장대의 경우 6종류가 존재하는 것이 밝혀졌다[11-13]. 각 σ 인자의 일차 구조를 비교한 결과, 프로모터 인식에 관여하는 보존 영역 2.4 및 보존 영역 4.2 등 대장균 σ^{70} 형의 σ 인자에서 고도로 보존된 도메인이 모두 포함되어 있는지가 밝혀져서(그림 4.2), 이것은 색소체 σ 인자가 PEP의 서브유닛으로써 세균에 있어서 core 프로모터 영역에 있는 −35 영역 및 −10 영역의 인식에 관여하고 있음을 강력히 나타내고 있다[14].

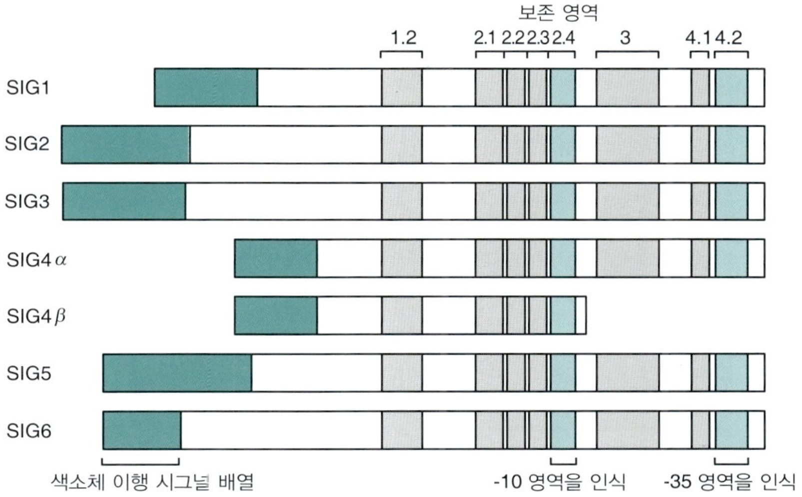

그림 4.2 애기장대의 σ 인자의 구조. 6종류의 σ 인자는 모두 진정세포의 σ^{70} 패밀리에 속하고, 프로모터 인식 등에 관여한 도메인도 잘 보존되어 있다. 그 중, SIG4에 관해서는 길이가 다른 2종류의 전사산물이 있으며, 보존영역 3 이후가 결손된 단백질 SIG4β가 나타날 가능성이 시사되고 있다.

4.4 광에 의한 전사 제어와 색소체 분화

4.4.1 σ 인자의 광유도와 광합성 유전자의 발현

고등식물이 빛에 의존하는 녹화 과정에서 색소체는 원색소체와 에티오플라스트에서 엽록체로 분화한다. 그때, 핵에 코딩된 많은 광합성 관련 유전자의 전사가 활성화되는데, 이것은 피토크롬 등의 관여하는 광 신호전달에 의해 유도를 받고 있는 것으로 생각된다. 동시에 색소체 게놈에 코딩되어 있는 광합성 관련 유전자의 전사량도 빛에 강하게 의존하여 증가하지만, 이 광응답 전사에 핵에 코드되어 σ 인자가 관여하고 있을 가능성이 각 σ 인자 유전자의 발현이 빛으로 유도된 결과로부터 밝혀졌다[11-17]. 이것은 빛에 의한 엽록체로의 분화할 때, σ 인자가 핵에서 색소체에 광 신호를 전달하는 역할을 담당함으로써, 핵과 색소체로 나뉘어 코드된 광합성 유전자의 협조적 발현을 가능하게 하고 있는 것을 나타내고 있다. 최근 들어, σ 인자 유전자의 하나인 *SIG5* 유전자의 발현이 청색광에 의해 특히 강하게 발현 유도를 받는 것으로 나타나고 있으며, 푸른빛의 신호와 색소체 유전자의 발현 제어와의 관계가 밝혀지고 있다[15].

자연계에서는 광합성계는 태양의 조사에 의존하기 때문에 낮에 작동하고 있다. 광화학계 복합체의 구축도 거기에 대응하기 때문에 일주기 리듬(circadian rhythm)을 나타낸다. 특히 핵 게놈에 코드되어 있는 클로로필 a/b 결합 단백질의 유전자 *CAB*의 전사 활성은 일주기 리듬 영향을 강하게 받고 있는 것으로 알려져 있다. σ 인자의 발현은 일찍이 언급한 바와 같이 전사 수준에서 빛의 영향을 강하게 받지만, 일부 σ 인자는 일주기 리듬에 의한 제어를 받는 것으로 나타나고 있다[16,17]. 색소체 유전자 중에서, 예를 들어 *psbD* 유전자의 발현은 선택적으로 일주기 리듬에 따른 제어를 받고 있기 때문에[18], σ 인자를 통한 색소체 유전자 발현의 일주기 리듬에 의한 제어의 가능성을 강하게 나타내고 있다.

4.4.2 엽록소 합성에 있어서 σ 인자 SIG2의 역할

엽록체는 엽록소 합성의 장소이기도하다. 헴 합성 및 엽록소 합성에 있어서 전구체는 δ-aminolevulinic acid(델타 아미노렌불린산)이지만, 식물(엽록체)에서 있어서 δ-aminolevulinic acid(델타 아미노렌불린산)은 글루타민산 환원에 의해 합성된다. 이때 기질인 글루타민산은 $tRNA^{glu}$과 결합하여 처음 활성화되는 것은 알려져 있다(그림 4.3).

필자를 포함한 연구팀은 애기장대의 activation T-DNA 태그 라인을 탐구하고 있었을 때, *SIG2* 유전자의 보존 영역 3에 위치하는 영역에서 T-DNA가 삽입된 돌연변이 *sig2-1*를 취득했다[19]. 이 돌연변이는 pale-green(밝은 녹색)의 표현형을 보여, 엽록체의 구조를 전자 현미경으로 관찰한 결과, 틸라코이드 막 및 그 그라나 구조의 발달이 야생형에 비해 현저히 미숙이며, 엽록체로의 분화가 불완전한 것으로 예상됐다. 또한 엽록소 함량이 적고, 이것이 pale-green의 표현형을 나타내는 원인인 있는 것으로 생각되었다.

sig2-1 돌연변이는 σ 인자의 하나인 *SIG2* 유전자에 T-DNA 삽입한 개체이기 때문에, 색소체 유전자의 전사가 어떤 변이의 영향을 받고 있는 것으로 예상된다. Northern blot 분석에 의해 중요한 색소체 유전자에 대한 전사량을 비교한 결과, 광합성 유전자에 대해서는 야생형과 돌연변이 사이에 큰 차이는 보이지 않았다. 한편, 일부 색소체 tRNA 유전자의 발현이 돌연변이로

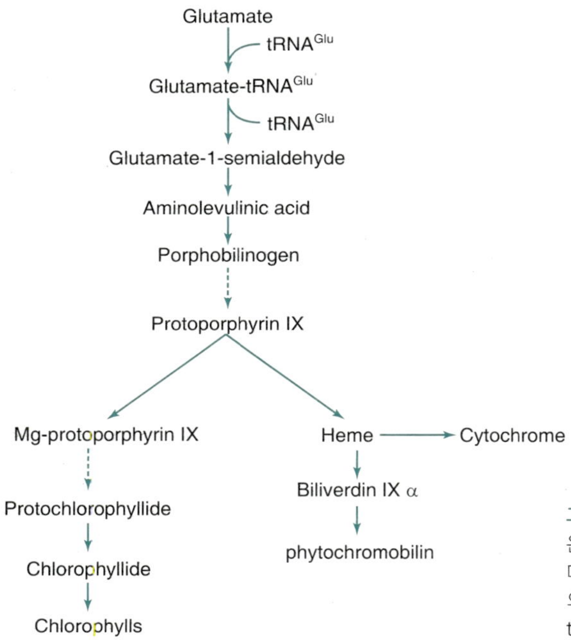

그림 4.3 색소체의 클로로필 합성 경로. 점선은 다단계 단계로 이루어진 반응 경로를 보여준다. 식물에서는 델타아미노렌불린산은 글루타민산의 환원에 의해 합성되는데, 기질인 글루타민산은 tRNAGlu과 결합하여 처음으로 활성화된다.

```
A.thaliana   TTCATTATATTGACAATTTAAAAAAACTGATCATACTATGATCATAGTATGATGG
N.tabacum    TCGATTATATTGACAATTTCAAAAAACTGATCATACTATGATCATAGTATGATGG
S.oleracea   TCGATTATATTGACAATTTCAAAAAACTGTTCATACTATGAACATAGTATGATGG
O.sativa     TCGAGTATATTGACAATTCCAAAAAACTGCTCATACTATCATTATAGTATAATGA
T.aestivum   TCGAGTATATTGACAATTCCAAAAAACTGCTCATACTATGATTATAGTATAATCA
Z.mays       GAAGAGTATATGACAATTCCAAAAAACTGCTCATACTATCATTATAGTATAAAGA

공통염기배열  tcgattatatTGACAATTtcAAAAAACTGcTCATACTATgAtcATAGTATgAtgg
                        -35           18nt        -10
```

그림 4.4 색소체 *trnE* 유전자 프로모터의 구조. 애기장대 *trnE* 유전자의 전사개시점의 상류영역의 염기배열을 단백질, 시금치, 벼, 밀, 옥수수의 상동영역과 비교하였다. 공통 염기배열을 가장 아래에 나타내고, 대문자 및 소문자는 6종류의 식물종 간에서 모두 또는 부분적으로 일치한 염기를 나타낸다. 화살표는 애기장대에서의 5′말단의 위치를 나타낸다. 세균형 프로모터 배열의 −35 영역 및 −10 영역을 밑줄로 나타냈다.

크게 억제되는 것을 발견했다[20]. 이러한 영향을 받은 tRNA 유전자의 일부는 앞서 언급한 엽록소 합성의 전구체로서도 이용할 수 있는 tRNA^{Glu}을 코드하는 *trnE* 유전자도 포함되어 있다. 그러므로 *sig2-1* 돌연변이에 있어서는 tRNA^{Glu}의 양이 야생형보다 적었던 결과, δ-aminolevulinic acid(델타 아미노렌불린산)과 엽록소의 양의 감소가 일어날 것으로 예상되며, 그 결과 pale-green의 표현형을 나타내는 것으로 생각된다. *sig2-1* 돌연변이체에서는 색소체의 광합성 단백질의 축적량이 야생형과 비교하여 매우 감소하는 것도 확인되었다. tRNA의 발현량이 줄어든 결과, 단백질 생합성과 엽록소 합성이 함께 저하됨에 따라 엽록체로의 정상적인 분화가 방해될 것으로 생각된다.

4.4.3 SIG2에 의해 인식되는 프로모터 구조

필자들은 또한 tRNA^{glu} 코딩하고 있는 *trnE* 유전자에 대해서 전사개시점 수준에서의 해석을 행하고 있다. *trnE* 유전자의 전사개시점은 성숙 tRNA^{glu}보다 26bp 상류에 위치하는 것을 밝혀내어, 그 전사 산물량은 *sig2-1* 돌연변이에 있어서 감소하고 있는 것으로 나타났다. 또한 전사개시점 상류의 염기배열을 비교한 결과, 세균에 있어서 core 프로모터 영역인 −35 영역 및 −10 영역에 매우 유의한 배열이 존재하고 있다는 것이 밝혀졌다[21](그림 4.4).

애기장대 *trnE* 유전자의 프로모터 배열을 다른 식물 상동 영역의 서열과 비교한 결과, *trnE* 프로모터인 영역 부근의 염기서열은 6종류의 식물에서 고도로 보존되어 있는 것으로 나타났다. 특히 세균형 프로모터인 배열 −35 영역 및 −10 영역과 spacer 영역의 배열은 거의 동일하고, 전사개시점 부근의 배열도 잘 보존되어 있었다(그림 4.4). 이 때문에 다른 식물 종에서도 애기장대와 마찬가지로 PEP-SIG2 전효소(holoenzyme)가 *trnE* 유전자 프로모터 서열의 인식에 관여하고 있을 가능성이 강하게 나타나고 있다.

이상의 결과에서 고등식물의 색소체 σ 인자 SIG2는 일부 tRNA의 전사에 관여해서, 색소 체내의 단백질 합성과 엽록소 합성에 중요한 역할을 함으로써, 빛에 의존하는 정상적인 엽록체 분화와 발달에 기여하고 있는 것으로 생각된다.

4.5 색소체 신호에 의한 색소체 분화 제어

색소체 유전자의 빛 특이적인 전사 제어에 σ 인자가 관여하고 있음을 지금까지 설명하였다. σ 인자뿐만 아니라 색소체의 기능을 제어하는 요인의 대부분은 핵 게놈에 존재하고, 세포 분화 및 환경 변화의 신호로 핵에 의해 색소체 기능 발현의 조절을 하고 있는 것으로 예상된다. 최근의 다양한 연구를 통해 색소체의 정보를 신호로 핵에 전달함으로써 핵에 코드된 무리의 색소체 단백질의 발현을 제어하고 있을 가능성을 강하게 시사하는 결과가 나타나고 있다. 이러한 색소체에서 핵에 전달되는 신호는 색소체 신호로 불리며, 최근에 들어서 특히 주목 받고 있다.

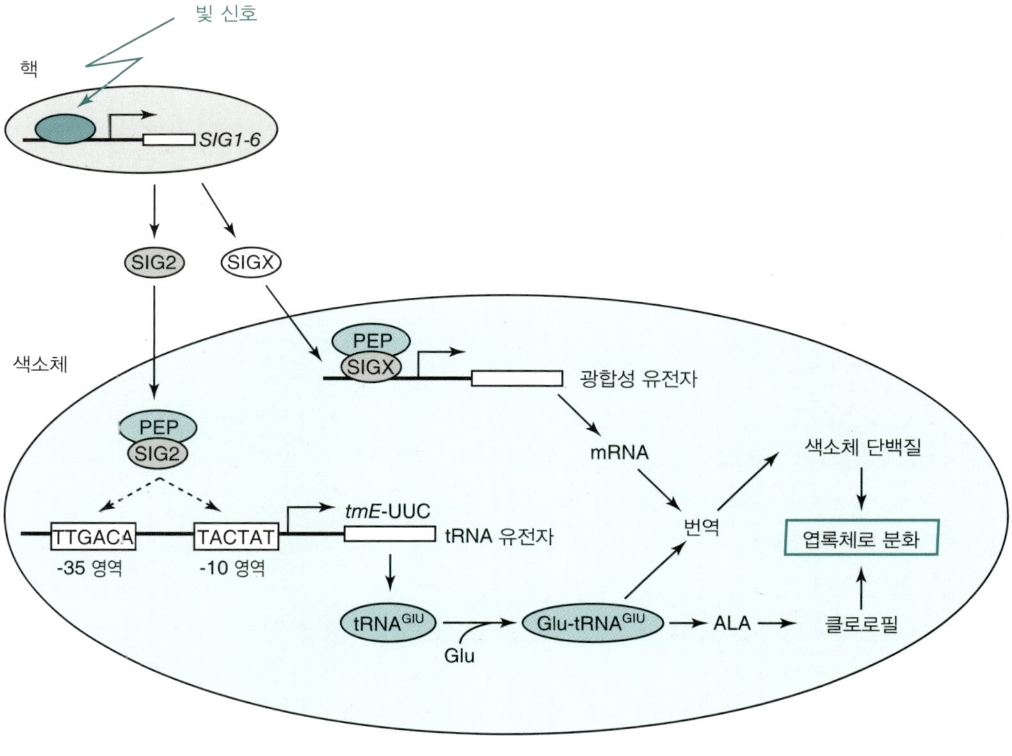

그림 4.5 색소체 분화 과정 내 핵에서 코딩되는 σ 인자의 역할 모델. PEP의 프로모터 인식에 관여하는 σ 인자는 빛에 강하게 의존한 발현하는 모습을 나타내어, 광합성 관련유전자의 전사를 나타낸다. 그 중에서도 SIG2는 tRNAGlu의 발현 제어를 통해 클로로필 합성과 색소체 단백질 합성에 관여하고 있기 때문에, 빛에 의한 엽록체로의 분화에 기여하고 있다고 생각된다. ALA : 델타아미노렌불린산.

노르플루라존(Norflurazon)과 같은 카로티노이드 합성 저해제에 의해 엽록체 기능을 저해하면 광조사에도 불구하고 핵에 코드되어 있는 *LHCB* 유전자, *RBCS* 유전자와 같은 광합성 유전자의 전사량이 현저하게 감소하는 것이 밝혀져 있다. 이것은 핵이 색소체에서 어떠한 신호를 받는 것으로 색소체의 상태에 관여하고 있을 가능성을 제시하고 있다. 이 색소체 신호의 실체를 밝히기 위해, 애기장대에 있어서 유전학적 해석이 전개되어, *CAB* 유전자 및 *RBCS* 유전자의 전사량이 노르플루라존(norflurazon)을 첨가해도 감소하지 않는 *gun*(*genomes uncoupled*) 돌연변이체를 얻었다[22]. *gun* 돌연변이체는 이제까지 *gun1~gun5* 돌연변이체의 5종류가 취득되어 있지만, 최근 그중 *GUN5* 유전자가 Mg-chelatase의 H 서브유닛을 코딩하고 있음이 밝혀지고 있다[23]. Mg-chelatase는 엽록소 합성의 과정에 있어서 protoporphyrin IX에 Mg^{2+}을 배위시키는 중요한 역할을 갖고 있다. 그러므로 chelatase의 결실에 의해 엽록소 합성 중합체의 밸런스가 맞지 않을 것으로 예상되어, Mg-protoporphyrin IX 등의 중간체가 신호의 일부로서 기능을 하고 있을 가능성이 제시되고 있다. 실제로, 야생형 애기장대로부터 제조된 원형질체(protoplast)에 Mg-protoporphyrin IX을 얻은 핵에 코딩되어 있는 *LHCB* 유전자의 전사가 제어되고 있음이 나타나고 있다[24]. 최근 들어, *gun2 ~ gun5* 돌연변이는 같은 신호전달 경로에 관여하는 것으로 나타나고 있으며, 엽록소 합성과 색소체 신호에 관련이 깊은 것으로 생각된다.

앞서 말한 *sig2-1* 돌연변이는 특히 발달 초기에 엽록소 양이 현저하게 감소하고 있기 때문에, 그 합성 중간체의 양이 야생형에 비해 감소해 있을 가능성이 높다. 따라서 이 양의 차이가 색소체부터 핵에의 신호전달에 있어서 어떠한 변화를 일으키는 것이 예상된다. *sig2-1* 돌연변이체에 있어서 엽록체로의 분화가 방해되는 원인 중 하나는 이와 같이 색소체부터 핵으로의 신호전달의 문제가 관계하고 있을지도 모른다.

엽록체으로의 분화에는 광 신호가 필수이지만, 색소체 신호 등의 빛에 의존하지 않는 신호에 의해 조절도 중요한 역할을 하고 있는 것으로 생각된다. 이와 같이 색소체의 분화, 발달은 다양한 신호에 제어되고 있으며, 항상 엄밀한 제어를 받으며 진행되고 있다.

4.6 마무리

빛에 의한 엽록체로의 분화는 핵 게놈과 색소체 게놈으로 나뉘어 코드된 일군의 유전자가 협조적으로 발현하여 진행된다. σ 인자는 핵에서 색소체로 광 신호를 전달 인자의 하나로서 기능하는 것으로 간주된다. 특히 SIG2는 $tRNA^{Glu}$의 발현 제어를 통해 엽록소의 합성에도 영향을 미치고 있을 가능성이 높다(그림 4.5). σ 인자는 여러 종류가 존재하기 때문에 σ 인자 간의 상세한 역할 분담이 예상되지만, 각 σ 인자의 특이적인 기능에 대해서는 아직 의문 사항이 많이 남아 있다. 필자들은 현재 애기장대의 σ 인자에 대해 T-DNA 삽입 돌연변이와 RNAi에 의한 유전자 기능 파괴체의 구축과 분석을 진행하고 있으며, σ 인자에 의한 조절기구의 전체 상을 분명히 하는 것으로, 복잡하게 제어되는 색소체 분화의 분자 메커니즘을 이해하기 위해 노력하고 있다.

참고 문헌

1. Shinozaki K, Ohme M, Tanaka M, Wakasugi T, Hayashida N, Matsubayashi T. Zaita N, Chunwong Yamaguchi-Shinozaki K, Ohto C, Torazawa K, Meng BY, Sugita M, Deno H, Kamogashira T, Yamada K, Kusuda Takaiwa F, Kato A, Tohdoh N, Shimada H, Sugiura M (1986) the complete nucleotide sequence of the toba chloroplast genome : its gene organization and expression. EMBO J. 5 : 2043-2049
2. Martin W, Herrmann RG (1998) Gene transfer from organelles to the nucleus: how much, what happens, and why? Plant Physiol. 118: 9-17
3. Goldschmidt-Clermont M (1998) Coordination of nuclear and chloroplast gene expression in plant cells. Int. Rev. Cytol. 177: 115-180
4. Sugita M, Sugiura M (1996) Regulation of gene expression in chloroplasts of higher plants. Plant Mol. Biol. 32: 315-326
5. Hess WR, Börner T (1999) Organellar RNA polymerases of higher plants. Int. Rev. Cytol. 190: 1-59
6. Hedtke B, Börner T, Weihe A (1997) Mitochondrial and chloroplast phage-type RNA polymerases in *Arabidopsis*. Science 277: 809-811
7. Hedtke B, Börner T, Weihe A (2000) One RNA polymerase serving two genomes. EMBO Rep. 1: 435-440
8. Legen J, Kemp S, Krause K, Profanter B, Herrmann RG, Maier RM (2002) Comparative analysis of plastid transcription profiles of entire plastid chromosomes from tobacco attributed to wild-type and PEP-deficient transcription machineries. Plant J. 31: 171-188
9. Liu B, Troxler RF (1996) Molecular characterization of a positively photoregulated nuclear gene for a chloroplast RNA polymerase sigma factor in *Cyanidium caldarium*. Proc. Natl. Acad. Sci. USA 93: 3313-3318
10. Tanaka K, Oikawa K, Ohta N, Kuroiwa H, Kuroiwa T. Takahashi H (1996) Nuclear encoding of a chloroplast RNA polymerase sigma subunit in a red alga. Science 272: 1932-1935
11. Isono K, Shimizu M, Yoshimoto K, Satoh K, Yokota A, and Kobayashi H (1997) Leaf-specifically expressed genes for polypeptides destined for chloroplasts with domains for σ70 factors of bacterial RNA polymerases for *Arabidopsis thaliana*. Proc. Natl. Acad. Sci. USA 94: 14948-14953
12. Tanaka K, Tozawa Y, Mochizuki N. Shinozaki K. Nagatani A, Wakasa K. Takahashi H (1997) Characterization of three cDNA species encoding plastid RNA polymerase sigma factor in Arabidopsis thaliana: evidence for the sigma factor heterogeneity in higher plant plastids. FEBS Lett. 413: 309-313
13. Fujiwara M, Nagashima A, Kanamaru K, Tanaka K, Takahashi H (2000) Three new nuclear genes, sigD, sigE and sigF, encoding putative plastid RNA polymerase sigma factors in *Arabidopsis thaliana*. FEBS Lett. 481: 47-52
14. Allison LA (2000) The role of sigma factors in plastid transcription. Biochimie 82: 537-548
15. Tsunoyama Y, Morikawa K, Shiina T, Toyoshima Y (2002) Blue light specific and differential expression of a plastid sigma factor, Sig5 in *Arabidopsis thaliana*. FEBS Lett. 516: 225-228
16. Kanamaru K, Fujwara M, Seki M, Katagiri T, Nakamura M, Mochizuki N, Nagatania A, Shinozaki K, Tanaka

K. Takahashi H (1999) Plastidic RNA polymerase sigma factors in *Arabidopsis*. Plant Cell Physiol. 40: 832-842

17. Morikawa K, Ito S, Tsunoyama Y, Nakahira Y, Shiina T, Toyoshima Y (1999) Circadian-regulated expression of a nuclear-encoded plastid sigma factor gene (*sigA*) in a rat, in wheat seedlings. FEBS Lett. 451: 275-278
18. Nakahira Y, Baba K, Yoneda A, Shiina T, Toyoshima Y (1998) Circadian clock-regulated transcription of the *psbD* light-responsive promoter (*psbD* LRP) in wheat chloroplasts. Plant Physiol. 118: 1079-1088
19. Shirano Y, Shimada H, Kanamaru K, Fujiwara M, Tanaka K, Takahashi H, Unno K, Sato S, Tabata S, Hayashi H, Miyake C, Yokota A, Shibata D (2000) Chloroplast development in *Arabidopsis thaliana* requires the nuclear-encoded transcription factor sigma B. FEBS Lett. 485: 178-182
20. Kanamaru K, Nagashima A, Fujiwara M, Shimada H, Shirano Y, Nakabayashi K, Shibata D, Tanaka K, Takahashi H (2001) An *Arabidopsis* sigma factor (SIG2) -dependent expression of plastid-encoded tRNAs in chloroplasts. Plant Cell Physiol. 42: 1034-1043
21. Hanaoka M, Kanamaru K, Takahashi H, Tanaka K (2003) Molecular genetic analysis of chloroplast gene promoters dependent on SIG2, a nucleus-encoded sigma factor for the plastid-encoded RNA polymerase, in *Arabidopsis thaliana*. Nucleic Acids Res. In press
22. Susek RE, Ausubel FG, Chory J (1993) Signal transduction mutants of Arabidopsis uncouple nuclear CAB and RBCS gene expression from chloroplast development. Cell 74: 787-799
23. Mochizuki N, Brusslan AJ, Larkin R, Nagatani A, Chory J (2001) Arabidopsis genome uncoupled 5 (GUN5) mutant reveals the involvement of Mg-chelatase H subunit in plastid-to-nucleus signal transduction. Proc. Natl. Acad. Sci. USA 98: 2053-2058
24. Strand A, Asami T, Alonso J, Ecker J, Chory J (2003) Chloroplast to nucleus communication triggered by accumulation of Mg-protoporphyrinIX. Nature 421: 79-83

5. 중력 감지와 형태형성

加藤壮英 · 田坂昌生

5.1 소개

식물의 형태 만들기가 동물과 가장 다른 점은 유식물 이후의 형태 만들기가 그 식물의 생육 환경 조건에 따라 크게 좌우된다는 점이다. 중력 자체는 변화하지 않기 때문에 환경 요인으로 인식하기 어렵다. 그러나 중력도 식물의 형태 만들기에 영향을 미치는 어엿한 환경 인자이다. 사실 지상의 식물이 뿌리를 땅속(양의 중력 방향)에 고정시켜, 지상부를 대기 중(음의 중력 방향)에 무성하게 성장시키는 과정은 뿌리 및 지상부 각각의 기관이 중력 방향을 인식하고 그것을 기준에 합당한 방향으로 성장시켜 나가는 메커니즘을 갖추고 있기 때문이다. 여기에서는 최근의 분자 유전학적 접근에서 얻은 지식에 오랜 연구 결과를 정리하여 중력 자극의 감수와 응답에 초점을 맞춰서 중력 자극과 식물의 성장에 대해 다룬다.

5.2 중력 자극과 형태 만들기

5.2.1 중력 자극

빛은 식물의 성장에 영향을 미치는 환경 요인의 대표격이다. 강도, 파장, 명과 암, 해당 방향 등 많은 매개 변수를 갖는다. 한편, 중력은 지구상의 어느 곳에서든지 지구 중심 방향(아래쪽)에 1g라는 일정한 크기를 가진다. 그러나 중력(g)은 가속도이며, 실제 중력 자극은 질량(m)에 비례하는 힘(mg)에서 지구의 중심을 향한 벡터 양이다. 그래서 식물의 각 기관에 축을 설정하면, 이 축 방향이 변화할 때, 기관에게 중력 방향은 상대적으로 변화한 것이다. 결과적으로 기관에 새로운 중력 자극이 주어진 것이다. 식물은 중력 자극을 받으면 기관 굴곡(굴중성 반응)시키고, 경우에 따라서는 새로운 기관을 형성(중력 형태형성)한다. 중력 자극은 식물의 형태 만들기에 적극적으로 영향을 주고 있는 요인인 것이다.

5.2.2 굴중성 반응

굴중성 반응이란 뿌리는 양의 중력 방향으로, 지상부는 음의 중력 방향으로 기관을 굴곡시켜 기관의 성장 방향을 변화시키는 반응이다(그림 5.1a). 이 반응은 1) 중력 감수 세포에서의 중력 자극 감수, 2) 신호의 발생과 전달, 3) 세포 간의 신호전달, 4) 신장 기관의 편차 성장하는 단계로 나누

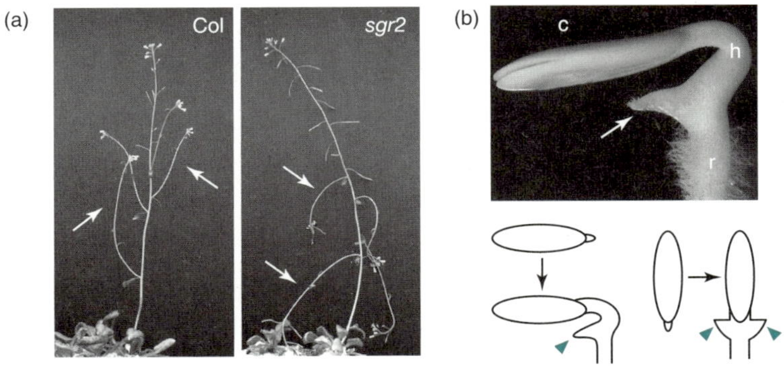

그림 5.1 (a) 애기장대의 화경. 야생형(Col)에서는 측지(화살표)도 음의 중력 방향으로 신장하지만, 화경의 굴중성 변이체 sgr2에서는 측지가 처진다. (b) 오이의 발아 3일 후 황화 배축에서 페그(화살표) 형성. 종피는 제거하고 있다. 종자를 수평으로 둔 경우와 수직으로 둔 경우의 페그(화살표) 형성. C는 자엽. h는 배축, r은 뿌리를 표시한다.

어 생각할 수 있다. 세포 수준에서 자극 수용이 결국 기관 수준으로 반응하기 때문에, 굴중성 반응은 항상 고차 신호전달계이다. 지금까지의 연구 결과에 따라 중력 감수에 대하여 전분 평형석 가설(starch statolith hypothesis; 전분이 축전된 색소체인 아밀로플라스트(amyloplast)가 중력의 변화를 감수하고 중력 방향으로 침강하는 것), 굴성 응답에 Cholodny-went 가설이라는 두 가지 가설이 제시도고 있다[1,2]. 최근 애기장대를 이용한 분자유전학적 분석에서 이 두 가설을 강력히 뒷받침하는 결과를 얻게 되었다. 또한 3)의 단계에 포함되는 것으로 간주되는 오옥신의 편차분포 형성에 관여하는 분자의 실체도 보여 왔다.

5.2.3 중력 형태형성

중력 자극에 의존한 형태형성이 일어나는 예로써, 박과 식물의 페그(peg) 형성이 있다. 발아의 경우, 뿌리와 하배축의 경계부에 페그(peg)라 불리는 돌기 모양의 기관이 형성된다. 그 형성된 위치는 중력 방향에 따라 결정된다. 편평한 오이의 씨앗을 수평(넓은 면이 아래로 되도록)으로 하여 발아시키면, 뿌리는 양의 중력 방향으로 신장을 시작하기 때문에 배축이 굴곡한다. 굴곡의 오목한 곳의 뿌리와 배축의 경계부에 페그(peg)가 형성된다. 재미있는 것은 종자를 세로로 놓거나 비중력 조건에서 씨앗을 발아시키면 페그(peg)가 2개 형성된다. 이 때문에 중력 자극은 페그(peg)의 형성 과정 자체에는 필요없지만, 원래 2개 형성되는 페그(peg)에 대해 한쪽의 페그(peg) 형성을 억제하고 있음을 알 수 있다[3](그림 5.1b). 페그(peg) 형성은 굴성 반응과 다른 중력 자극 응답도 요구되지만, 페그(peg)가 형성되는 영역에 침몰하는 아밀로플라스트(amyloplast)를 가진 세포가 존재하는 것 또는 오옥신에 의해 발현이 유도되는 *CS-IAA1* 유전자가 페그(peg) 형성에 맞추어 발현 되는 점에 의해 굴중성 반응에 나와 있는 단계 중 처음 세 단계는 서로 비슷한 메커니즘이 작동하는 것으로 생각된다. 따라서 이후 분석이 진행되고 있는 굴중성 반응의 분석에서 얻은 지식을 중심으로 설명하고자 한다.

5.3 중력 감지 기구 메커니즘

5.3.1 중력 감지 세포

식물은 중력 자극을 어떻게 감수할 수 있는가. 고등동물은 개체의 평형을 갖추기 위해 특수화된 반고리관과 같은 감각기관을 갖추고 있다. 반면, 식물은 중력에 반응하기 때문에 특별한 감각기관을 갖지 않고 있다. 대신, 중력에 반응할 수 있는 각 기관이 중력에 대한 감수세포를 갖추고 있다. 또한, 감수성 세포는 기관마다 적절한 배치를 하기 위하여 각 기관이 독립적으로 평형 균형의 차이를 감지하고 반응할 수 있다. 또한 고등식물의 경우 어떤 기관의 감지 세포도 중력 방향으로 침강할 수 있는 아밀로플라스트를 가지고 있으며, 아밀로플라스트가 평형석의 역할을 할 것으로 생각된다.

5.3.2 지상부의 중력 감지 조직

쌍떡잎식물인 애기장대는 로제트식물이며, 생식성장기가 되면 줄기잎(경생엽, cauline leaf), 꽃차례로 측생기관을 발달시키면서 꽃자루가 위쪽으로 똑바로 신장한다. 따라서 꽃자루를 옆으로 쓰러뜨리면 단시간에 음의 중력 방향(위쪽)으로 굴곡하여, 꽃자루 끝은 다시 위로 향한다.

꽃자루의 구조를 관찰하면, 외부에서 1층의 표피 세포, 2~3층의 외피 세포, 1층의 내피 세포, 그리고 중심에 관다발 조직을 포함하는 중심주가 동심원 형태로 존재하고 있다. 꽃자루의 내피 세포에 중력 방향으로 침강하는 아밀로플라스트(amyloplast)가 존재하고 있어, 세포가 중력 감지 세포로 작동한다고 생각된다. 이 분포 패턴은 슈트(shoot) 정단부에서 바닥까지 계속되어 꽃자루의 긴 영역이 중력을 감수할 수 있게 한다.

한편, 외떡잎식물에서 슈트(shoot)의 조직 구조는 쌍떡잎식물의 것과 다르고, 엽침(pulvini)이라고 불리는 기관에서만 굴곡이 보인다. 엽침(Pulvini)은 잎의 기부에 존재하고, 줄기의 발생 사이에 신장하는 것은 아니지만, 새로운 중력 자극을 받으면 편차 성장을 나타낸다. 엽침(Pulvini)에도 중력 방향으로 침강하는 아밀로플라스트(amyloplast)가 존재하여 감수 조직으로도 작용하고 있다.

5.3.3 지상부의 중력 감지 세포

오래전부터 다양한 식물을 이용한 해부학적 지식에 근거해서 볼 때, 최근의 애기장대를 이용한 분자유전학적 분석에 의해 내피 세포가 중력 감수 세포임을 알 수 있다. 꽃자루, 배축의 음의 굴중성 반응을 전혀 보이지 않는 *sgr1*(*shoot gravitropism1*) 돌연변이 및 *sgr7* 돌연변이체는 뿌리와 지상부에서 내피 세포층이 결실되어 있다. 이러한 돌연변이는 뿌리 동심원 상의 조직 분포 패턴에 이상을 나타내는 *scr* 돌연변이 및 *shr* 돌연변이와 각 대립 유전자에 해당하는 것이었다. 이러한 변이의 원인 유전자는 모두 GRAS 패밀리에 속하는 전사인자의 단백질을 코딩하여, 내피 세포층의 형성과 분화에 관여하는 것으로 나타났다. 이 결과는 내피 세포가 굴중성 반응에 필수임을 보여주고 있다[4-6](그림 5.2).

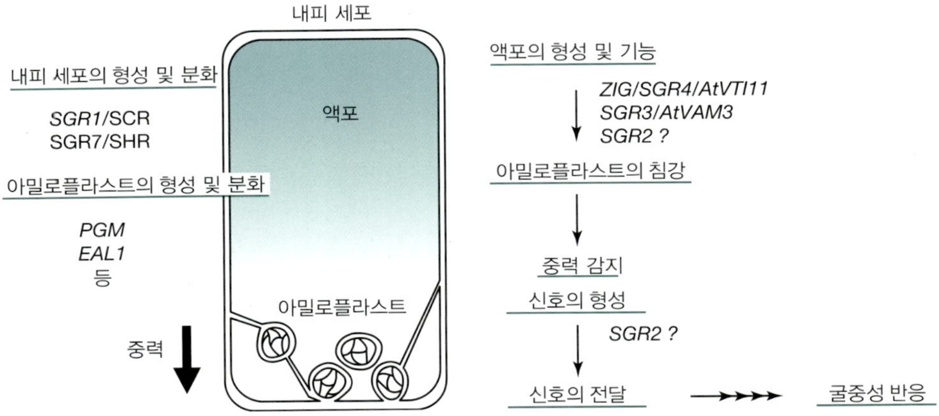

그림 5.2 애기장대 꽃자루의 내피 세포(중력 감지 세포)의 굴중성 반응의 관여. 애기장대 꽃자루의 굴중성 돌연변이체의 연구로부터 밝혀진 유전자와 그 기능.

5.3.4 액포와 아밀로플라스트의 존재 양식

sgr2 돌연변이, *sgr3* 돌연변이, *zig/sgr4* 돌연변이는 꽃자루의 굴중성 돌연변이로 분리되었다. 이러한 돌연변이는 공통적으로 아밀로플라스트 침강에 이상이 관찰되었다. 직립한 야생형 꽃자루에서 아밀로플라스트는 거의 내피 세포의 바닥 쪽에 정착하고 있다. 또한, 전자현미경으로 관찰하면 그들은 액포에 침투한 세포질 중에 분포하여, 액포막에 휩싸인 상태에서 세포 중을 부유하고 있다. 한편, 이러한 돌연변이에서는 아밀로플라스트는 액포막에 싸여 있지 않고, 내피세포의 아래쪽(중력 방향)뿐만 아니라 위쪽이나 측면에서 세포질로부터 세포막으로 밀어 붙여져 있는 것과 같이 존재하고 있다[7-9].

흥미롭게도 *ZIG/SGR4* 유전자, *SGR3* 유전자는 각각 AtVTI11, AtvAM3을 코딩하고 있다. 이들은 모두, 전액포(prevacuolar compartments, PVC)를 통해 액체 소포로 향하는 소포체 수송에 관여하는 SNARE 복합체 성분이다. 또한 矢野는 꽃자루 내피 세포(중력 감지 세포)에서 ZIG/SGR4과 SGR3이 같은 SNARE 복합체에 포함되는 것을 나타내고, 두 유전자가 내피 세포에서 액포의 형성과 기능에 작용하고, 꽃자루의 굴중성 반응에 관여하고 있다는 것을 나타냈다[7,8].

한편, *SGR2* 유전자는 포스파티딘산(phosphatidic acid) 선택적 포스포 리파아제 A_2(phospholipase A1)과 비슷한 구조를 가진 단백질을 코딩하고 있다. 액포에 국재하여 인지질 대사효소에 있는 것이 기대되는 것으로부터, 액포막의 조성, 유동성을 제어할 가능성이 높다. 무엇보다 중력 감지 후의 신호 발생에 관여할 가능성도 있다고 생각된다[7,9](그림 5.2).

5.3.5 뿌리의 중력 감지 세포

뿌리는 지상부에 비해 간단한 구조이다. 뿌리 끝에 분열조직을 갖고, 새로 만들어낸 세포는 신장하고 각 조직으로 분화된다. 지면에 달라붙어 있는 뿌리의 오래된 부분은 이미 신장이 끝났고, 토양 속에서 작용하고 있는 것은 아니다. 하지만 근단 부근의 젊은 부분은 신장 방향의 자유도를 갖는다. 그 신장 방향은 중력뿐만 아니라 다양한 환경 요인에 의해 제어되고 있다. 분열 조직의 선단에는 근관라고 불리는 조직이 존재해서, 분열 조직을 보호하고 있다. 이 근관에는 중력 방향으로 침강하는 아밀로플라스트를 포함한 중축(Columella) 세포가 존재한다. 이것이 뿌리의 중력 감지 세포로서 기능한다. 즉, 슈트(shoot)의 감지 세포가 광범위하게 존재하는 반면, 뿌리의 감지 세포는 뿌리 끝에 밖에 없다[1,2].

5.4 오옥신의 편차 분포에 관여하는 분자 기구

중력 자극을 받은 식물은 기관의 신장 방향을 변화시키거나 새로운 기관을 형성한다. 중요한 것은 최종 반응이 기관 수준에서 일어날 것이다. 즉, 어떠한 신호가 중력 감지 세포로부터 세포 밖으로 발신되어 그 신호가 주변 세포에 전해지면, 그 신호에 대해 여러 조직이 협조하면서 결국 중력 방향에 대한 반응이 이루어진다. 예전부터의 생리적 분석을 통해 세포 간의 신호전달에 대표적인 식물 호르몬인 오옥신이 관여하고 있다는 것을 알게 되었다. 최근의 분자유전학적 해석에 의해 그것을 뒷받침하는 많은 발견이 보고되고 있다.

5.4.1 오옥신의 편차 분포와 시각화

식물의 성장 인자로 알려진 오옥신이지만, 그것은 발견된 곳부터 생산된 장소와 성장효과가 나타난 곳이 다르다. 즉, 확산성 인자인 것으로 나타나 있었다. 그로 인해 "굴중성 반응을 나타내는 기관에 있어서 새로운 중력 자극을 받으면, 오옥신이 그 기관의 안에서 비대칭으로 분포한다. 그것이 기관의 편차적인 성장을 촉진시켜, 최종적으로 기관이 굴곡한다"라는 Cholodny-went 가설이 인정받게 된 것이다.

옥수수의 엽침(Pulvini)과 자엽초를 재료로, 새로운 중력 자극을 가한 후의 기관 내에서의 유리 인돌아세트산의 분포는 가스 크로마토그래피 질량 분석을 이용하여 측정되었다. 실제 어느 기관에서도 유리 인돌아세트산의 분포가 시간과 함께 변화하여 위쪽과 아래쪽에서 유리 인돌아세트산이 편차적으로 분포하고 있는 것으로 나타났다[10,11]. 그러나 기관에서 오옥신의 공간적 분포를 상세하게 보는 것은 매우 어렵다. 그래서 오옥신의 분포를 시각화하기 위해 오옥신에 의해 재빨리 유도되는 유전자 군이 이용되어 왔다. 그 유전자의 프로모터에 리포터 유전자[많은 β-글루쿠론산분해효소(β-glucuronidase)를 코드하는 GUS 유전자]를 연결하여, 레포터의 발현에서 오옥신의 분포가 짐작할 수 있게 되었다. 오옥신 반응의 시스 배열을 기본으로 만들어진 인공 프로모터 *DR5*를 이용하여 애기장대의 뿌리의 근단과 배축에서 중력 자극에 의한 오옥신의 편차 분포가 있음을 알게 되었다[12,13]. 최근 *DRS-GFP* 융합유전자도 만들어 살아 있는 상태에서 근단에서 오옥신의 분포의 변화를 모니터할 수 있게 되었다[14]. 그러나 전사를 과정 중의 여러 가지 반응성과 β-글루쿠론산

분해효소(β-glucuronidase) 및 GFP의 안정성을 고려하면, β-글루쿠론산분해효소(β-glucuronidase) 활성 및 GFP 발현의 변화가 유리 인돌아세트산의 분포의 변화를 정확히 측정할 수 없는 문제점도 안고 있다.

5.4.2 오옥신의 편차 분포를 만들어내는 분자 실체

오옥신 수송 억제제를 이용한 많은 생리 실험을 통해 중력 자극으로 유도된 오옥신 편차 분포에 오옥신의 극성 수송이 관여하는 것으로 판단된다. 지상부(주로 경단)에서 합성된 오옥신은 슈트(shoot) 및 뿌리를 아래(지하부 방향, 하향 이동)로 극성 수송된다. 그리고 근단의 표피세포에서 구정적(지상부 방향, 상향 이동)으로 수송시킨다. 그 극성 수송은 뿌리의 굴중성에 관여할 것으로 표시된다. 세포막에 이와 같은 오옥신 극성 수송을 담당할 수송체의 존재가 예상되지만, 애기장대의 뿌리 굴중성에 이상을 나타내는 *aux1* 변이체와 *eir1/agr1/pin2* 변이체, 꽃자루의 오옥신의 극성 수송에 이상을 나타내는 *pin1* 변이체의 해석으로부터 그 분자의 실체가 밝혀져 왔다.

AUX1은 미생물의 아미노산 투과효소와 유사하며, 오옥신의 유입 캐리어인 것이 몇 가지의 실험에서 나타났다. 뿌리의 원생 체관 세포는 AUX1이 기부쪽(위쪽)에 극성을 갖고 존재했지만, 근관, 표피에서는 극성을 갖지 않고 발현한다. 세포막을 투과하는 오옥신인 나프탈렌 아세트산이 *aux1* 돌연변이의 굴중성을 회복시켰다. 이것은 굴중성에 필요한 극성 수송의 분자기구에 AUX1이 적극적으로 관여하고 있지 않다는 것을 의미한다[2,15](그림 5. 3).

한편 *PIN* 유전자 및 *EIR1/AGR1/PIN2* 유전자는 미생물의 저분자화합물의 수송체와 닮은 단백질을 코딩하고 있다. *pin1* 돌연변이의 꽃대에서 오옥신 극성 수송 능력이 저하하는 것, PIN1이 물관 유조직 세포의 기부측(아래쪽)으로 국재하는 것, *eir1/agr1/pin2* 돌연변이는 유입된 인돌아세트산을 유지하는 것 등의 다수의 데이터는 이 유전자 패밀리가 오옥신의 배출 캐리어인 것을 강하게 시사한다. 그리고 EIR1/AGR1/PIN2는 뿌리의 표피 세포의 기부측(위쪽)에서 국재하고 있어, 뿌리의 굴중성에 관여하는 근단에서 위쪽으로 오옥신 극성 수송에 관여하는 것으로 판단되어진다[2,16](그림 5.3).

또한, *PIN1* 유사 유전자 중 하나인 *PIN3* 유전자는 배축에서는 내피 세포에서 발현하고 뿌리에서는 중축(Columella) 세포에서 발현하고 있다. PIN1와 PIN3은 함께 중력 감지 세포로 작용한다. 배축의 내피 세포에서 PIN3는 중심 주측(안쪽)과 기부측(아래쪽)의 원형질 막에 존재하고 있고, 중축(Columella) 세포에서는 국재하지 않고 원형질막에 균일하게 존재하고 있다. 재미있게도 중력 자극을 가하면 중축(Columella) 세포에서는 새로운 중력 방향(아래쪽)의 원형질막에 PIN3가 빠르게 위치를 바꾸는 것이 나타났다. 트랜스포존(Transposon) 삽입에 의한 *pin3* 돌연변이는 뿌리와 배축의 굴중성 반응이 약간 약해지는 것으로부터도 중력 자극이 감지 세포에서의 배출 캐리어의 국재화를 변화시킨 결과를 바탕으로 오옥신 극성수송계를 제어하고 있을 가능성이 있을 것으로 판단된다[13](그림 5.3).

애기장대의 게놈에는 *PIN1* 유사 유전자가 8개 존재하고, *AUX1* 유사 유전자가 4개 존재한다. 또한 최근 ABC 트랜스포터로 분류되는 일부 유전자 산물이 오옥신의 수송에 관여하여 실제로 생리

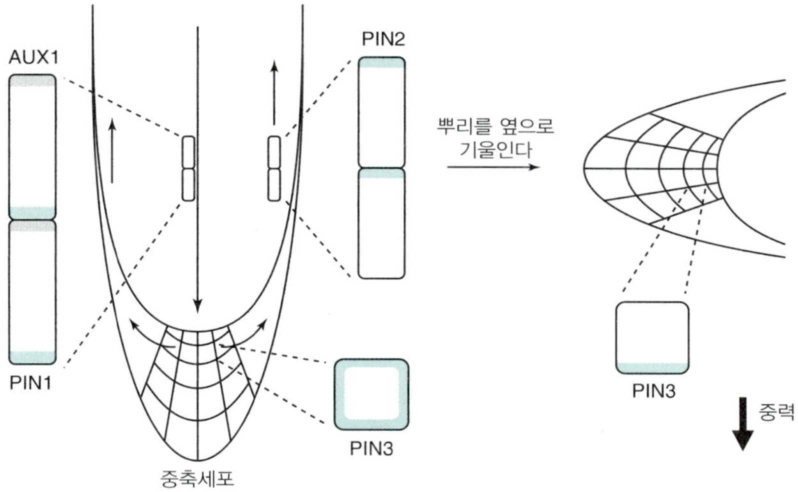

그림 5.3 근단의 오옥신. 극성 수송과 캐리어. 오옥신은 중심주를 구정적으로 극성 수송하여, 근단에서 구기적인 극성 수송으로 변화한다. AUX1은 유입 캐리어이고, PIN1, PIN2, PIN3은 배출 캐리어이다. 이들은 오옥신 극성 수송에 관여하는 것으로 생각된다. PIN3은 통상적으로 중축세포의 원형질막에 균일하게 존재하고 있지만, 중력 방향의 변화에 의해 재빠르게 중력 방향으로 국재를 변화시킨다.

기능도 나타내고 있다. 이러한 분자가 오옥신의 극성 수송에 어떻게 관여하고, 얼마나 분자가 굴중성에 관여하는지에 대해 기대된다.

5.5 중력 자극에 의해 발현이 변화하는 유전자

식물은 중력에 의한 자극을 받으면 새로운 기관 형성과 기관의 신장 방향의 변화를 일으킨다. 이것은 이러한 현상을 실행하기 위한 유전적 프로그램이 작동한다는 것을 의미한다. 그러면 중력 자극에 의해 어떤 유전자가 유도되는 것일까. Feldman 그룹은 DNA 마이크로 어레이를 이용하여 중력 자극을 주는 것으로 발현에 변화가 나타나는 유전자군의 분류 작업을 수행하였다[17]. 중력 자극 후 15분에서 39개의 유전자, 30분에서 141개의 유전자에서 유의한 발현의 변화가 있었다. 또한 141개의 유전자 중 55개 유전자는 기계적인 자극에 의해서도 유도된다. 발현에 변화를 나타낸 가운데 칼모듈린, Na^+/H^+ 교환 단백질, 익스팬신(Expansin), 오옥신 유도 단백질 등 이전보다 중력 자극에 유도되는 것으로 알려져 있던 유전자도 포함되어 있다. 그러나 흥미로운 것은, 시토크롬 P450과 글루타티온 S-전이 효소 등 급격한 활성 산소 발생과 생체 방어에 관여하는 유전자군이 큰 그룹으로 유도된 것이다(표 5.1). 옥수수에서 중력 자극과 오옥신에 의해 뿌리에 편차적인 활성 산소 종이 발생하고, 또한 활성 산소 종이 뿌리 굴곡을 유도하는 것으로 보고되고 있다[18]. 이러한 현상이 정말 중력 자극의 신호전달에 깊이 관여하고 있는 것일까? 향후 전망이 흥미롭다.

표 5.1 중력 자극에 의한 발현량이 변화한 141개 유전자.

분류 (%)	유전자 수
활성효소 스트레스·상해반응	32 (22.7)
대사	21 (14.9)
전사	12 (8.5)
세포벽·세포막	10 (7.1)
신호 전달	9 (6.4)
열쇼크단백질	6 (4.3)
에틸렌반응배열결합인자	6 (4.3)
Ca^{2+} 결합 단백질	3 (2.1)
에너지	2 (1.4)
세포골격	1 (0.7)
미지·미분류 단백질	39(27.7)

중력 자극에 의한 2배 이상의 변화를 나타낸 유전자
문헌[17]를 변형하여 인용

5.6 마무리

지금까지의 설명으로부터 중력 자극이 식물의 형태 만들기에 기여하는 환경 요인 중 하나임을 알 수 있었다고 생각한다. 최근의 분자유전학적 방법에 의해 굴중성 반응의 분자 메커니즘에 대해 많은 것을 밝혀 왔다. 그러나 이러한 결과는 중력 반응성에 있어서 일부에 불과하다. 새로운 관련 인자의 탐색은 물론, 중력 반응의 보다 정밀한 관찰, 중력 자극에서 일어나는 세포 내 행동 양상 관찰 등 살아 있는 상태에서의 상세한 분석이 향후 발전에 중요할 것이다.

참고 문헌

1. Tasaka M. Kato T. Fukaki H (2000) Genetic regulation of gravitropism in higher plants. Int. Rev. Cytol. 206: 135-154
2. Boonsirichai K, Guan C, Chen R, Masson PH (2002) Root gravitropism : an experimental tool to investigate basic cellular and molecular processes underlying mechanosensing and signal transmission in plants. Annu. Rev. Plant Biol. 53: 421-47
3. Takahashi H (1997) Gravimorphogenesis : gravity-regulated formation of the peg in cucumber seedlings. Planta 203: S164-S169
4. Fukaki H, Wysocka-Diller J, Kato T, Fujisawa H, Benfey PN, Tasaka M (1998) Genetic evidence that the endodermis is essential for shoot gravitropism in *Arabidopsis thaliana*. Plant J. 14 : 425-430
5. Di Laurenzio L, Wysocka-Diller J, Malamy JE, Pysh L, Helariutta Y, Freshour G, Hahn MG, Feldmann KA, Benfey PN (1996) The SCARECROW gene regulates an asymmetric cell division that is essential for

generating the radial organization of the *Arabidopsis* root : Cell 86 : 423-433

6. Helariutta Y, Fukaki H, Wysocka-Diller J, Nakajima K, Jung J, Sena G, Hauser MT, Benfey PN (2000) The *SHORT-ROOT* gene controls radial patterning of the *Arabidopsis* root through radial signaling. Cell 101: 555-567
7. Morita MT, Kato T, Nagafusa K, Saito C, Ueda T, Nakano A, Tasaka M (2002) Involvement of the vacuoles of the endodermis in the early process of shoot gravitropism in *Arabidopsis*. Plant Cell 14: 47-56
8. Yano D, Sato M, Saito C, Sato MH, Morita MT, Tasaka M (2003) A SNARE complex containing and SGR3/AtVAM3 and ZIG/VTI11 in gravity-sensing cells is important for *Arabidopsis* shoot gravitropism. Proc. Natl. Acad. Sci. USA 100: 8589-8594
9. Kato T, Morita MT. Fukaki H, Yamauchi Y, Uehara M, Nihama M, Tasaka M (2002) SGR2, a phospholipase-like protein, and ZIG/SGR4, a SNARE, are involved in the shoot gravitropism of *Arabidopsis*. Plant Cell 14: 33-46
10. Long JC, Zhao W, Rashotte AM, Muday GK, Huber SC (2002) Gravity-stimulated changes in auxin and invertase gene expression in maize pulvinal cells. Plant Physiol. 128: 591-602
11. Philippar K, Fuchs I, Luthen H, Hoth S, Bauer CS, Haga K, Thiel G, Ljung K, Sandberg G, Bottger M, Becker D 100 : 8589 -8594 protein, and ZIG / SGR4, a SNARE, are involved in the shoot
12. Muday GK, DeLong A (2001) Polar auxin transport : controlling where and how much. Trends Plant Sci. 6: 535-542
13. Friml J, Wisnlewska J, Benkova E, Mendgen K, Palme K (2002) Lateral relocation of auxin efflux regulator PIN3 mediates tropism in *Arabidopsis*. Nature 415: 806-808
14. Ottenschlager I, Wolff P, Wolverton C, Bhalerao RP, Sandberg G, Ishikawa H, Evans M, Palme K (2003) Gravity-regulated differential auxin transport from columella to lateral root cap cells. Proc. Natl. Acad. Sci. USA 100 : 2987- 2991
15. Marchant A, Kargul J, May ST, Muller P, Delbarre A , Perrot-Rechenmann C, Bennett MJ (1999) AUX1 regulates root gravitropism in *Arabidopsis* by facilitating auxin uptake within root apical tissues. EMBO J. 18: 2066-2073
16. Friml J (2003) Auxin transport-shaping the plant. Curr. Opin. Plant Biol 6 : 7-12
17. Moseyko N, Zhu T, Chang HS, Wang X, Feldman LU (2003) Transcription profiling of the early gravitropic response in *Arabidopsis* using high- density oligonucleotide probe microarrays. Plant Physiol. 130: 720- 728
18. Joo JH, Bae YS, Lee JS (2001) Role of auxin-induced reactive oxygen species in root gravitropism. Plant Physiol. 126: 1055-1060

6. 미생물 감염 반응

鈴木馨 · 西内巧 · 進士藤明

6.1 소개

식물을 둘러싼 환경에는 매우 다양한 미생물이 존재하므로, 식물은 미생물과 필연적으로 상호작용을 하며 생육하고 있다. 식물의 발생, 분화, 성장은 미생물과의 상호작용에 영향을 받고 있다. 최근 식물의 미생물 감염 방어 반응과 식물의 성장 제어 및 상호 관계를 보여주는 연구 결과가 보고되고 있다. 여기에서는 최근 이러한 연구 동향과 필자들의 연구 내용을 바탕으로 식물의 미생물 감염 방어 반응과 성장 제어 시스템과의 상호작용에 대해 설명하고자 한다.

6.2 미생물 감염에 대한 식물의 방어 응답 및 신호전달 기구

식물의 감염 방어 반응의 신호전달 체계를 그림 6.1에 정리하였다.

6.2.1 식물의 감염 방어 기구

식물이 미생물의 침입을 방지하기 위해 가지고 있는 방어 기구의 제1은 통상의 발생, 성장에 따라 구성적으로 형성되는 표피 조직의 세포벽 및 그곳에 축적된 항균성 펩티드, 단백질, 이차 대사산물 등의 물리적, 화학적 장벽이다. 대부분의 미생물은 이 장벽 때문에 식물 조직을 감염시킬 수 없다. 이러한 구성적인 방어 기구에 대해, 각각의 세포가 침입해 온 미생물을 인식하고 항균성의 물리적, 화학적 환경을 재구축하고 저항하는 유도성 방어 기구도 존재한다[1].

식물의 유도성 방어 응답은 미생물 유래 물질(엘리시터, Elicitor)을 식물 세포가 감지하는 것으로 시작한다. 엘리시터로는 올리고당, 펩타이드 또는 단백질, 지질 등이 알려져 있다. 특이적인 상호작용의 경우에는 특정 미생물에 특유한 성분을 특정 저항성 유전자를 가진 식물 품종만이 인식한다. 반면, 비특이적인 상호작용의 경우에는 병원성, 비병원성에 관계없이 미생물 유래의 일반적인 성분이 엘리시터로 인식된다.

식물, 미생물의 상호작용이 특이적 또는 비특이적인 데도 불구하고, 유도된 방어 응답은 기본적으로 거의 공통적으로 나타나고 있다. 이는 세포 내로 이온의 유입, 세포외 pH의 알칼리화, 활성 산소 및 활성 질소의 발생, 방어 유전자의 발현, 세포벽 및 조직의 강화 및 항균 물질의 생산, 에틸렌, 자스몬산, 살리실산 등의 2차 신호 물질의 생성 등이다. 활성 산소 및 활성 질소와 2차 신호

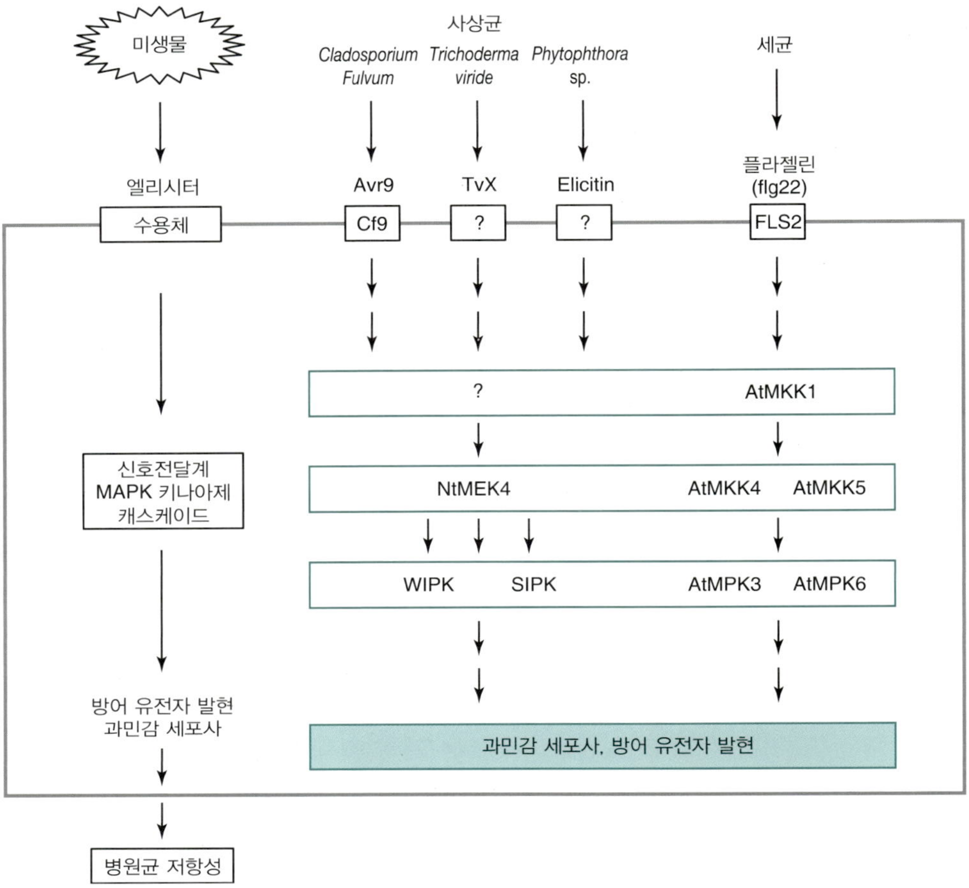

그림 6.1 식물의 감염 방어 반응의 신호 전달계. 미생물 감염에 대한 유도성 저항 반응에서는 식물이 미생물과의 상호작용에 의해 발생한 엘리시터를 특이적으로 수용체에서 인식하면, 세포내 신호전달계가 활성화되어 하류에 병원균의 침입 신호가 전달되어, 과민감 세포사와 방어 유전자 발현 등의 방어 반응이 유도되어 병원균에 대한 저항성이 생긴다. 엘리시터 신호전달계에서는 MAP 키나아제 캐스케이드가 중심으로 역할을 담당하고 있는 것이 밝혀지고 있다.

물질은 하류의 다양한 유전자 발현을 통한 방어 반응의 유도를 제어하고 있다. 또한 이러한 방어 응답과 함께 급속한 프로그램 세포사가 일어나는 경우를 과민감 반응이라고 부른다[1]. 일반적으로 과민감 반응이 일어나는 저항 반응은 그것이 발단이 되어, 떨어진 조직에서 각종 미생물에 대하여 저항(전신 획득 저항성)이 광범위하게 유도된다. 한편, 비병원성 종류의 토양 미생물은 식물에 대해, 과민감 반응을 동반하지 않는 광범위의 미생물종에 대한 저항성(유도성 전신 저항성)을 전신으로 유도한다. 이와 같은 토양미생물은 식물생장촉진균으로 알려져 있다.

6.2.2 엘리시터 신호전달계

식물 세포에 있어서 감염 방어 반응의 신호전달계는 세포막 또는 세포질에 존재하는 수용체가 엘리시터를 특이적으로 인식하는 것으로 시작된다고 여겨지고 있다. 특이적 상호작용과 비특이적 상호작용 구분 없이, 엘리시터 신호전달계에는 Ca^{2+}와 키나아제 등 공통의 인자가 기능하고 있다[2].

특이적 상호작용의 엘리시터 수용에 관여하는 저항성 유전자 가운데는, 벼의 *Xa21* 유전자와 토마토의 *Pto* 유전자 등과 같이, 막 관통형 키나아제 및 세포질 형 키나아제를 코딩하는 것이 알려져 있다. 또한 비숙주저항성 엘리시터에 대한 막관통형 수용체 키나아제로써, 세균의 플라젤린(flagellin, 세균 편모를 구성하는 단백질)에서 유래한 보존성이 높은 배열을 가진 펩티드성 엘리시터 flg22에 대해 비반응성의 애기장대 돌연변이 *fls2*의 분석에서 원인 유전자 *FLS2*가 동정되었다[3].

MAP 키나아제 캐스케이드(cascade)는 상류로부터 MAP 키나아제 키나아제 키나아제(MAPK-KK), MAP 키나아제 키나아제(MAPKK), MAP 키나아제(MAPK)라는 세 가지의 키나아제가 순차대로 특이적 인산화하는 것으로 활성화 신호를 전달한다. 식물에서 MAP 키나아제 캐스케이드는 감염 방어 응답을 시작으로, 염, 활성 산소, 부상 등의 스트레스 반응, 세포 분열의 제어와 식물 호르몬에 대한 응답 등 신호전달기구에서 중요한 기능을 담당하고 있다[4]. 식물은 엘리시터 처리에 응답하여 분자량 42,000~47,000의 MAP 키나아제가 활성된다. 감염 신호전달계에서 SIPK 및 WIPK의 참여가 담배에서 확인되었다. 또한 SIPK 및 WIPK을 활성화하는 MAPKK으로는 Nt-MEK2이 확인되었으며, NtMEK2 → SIPK / WIPK → 방어 반응을 유도하는 신호전달 체계가 제안되었다. 현재 NtMEK2의 상류에서의 작동 MAPKKK는 불분명하다. 애기장대에서 AtMPK3는 WIPK의 이종상동성유전자(ortholog)이고 AMPK6는 SIPK의 이종상동성유전자(ortholog)라고 생각되며, fig22에 응답하여 그 수용체인 FLS2의 하류에서 AMEKK1 → AtMKK4/5 → AtMPK3/6라는 MAP 키나아제 캐스케이드를 통해 하류의 방어 유전자 발현이 유도되는 것이 제시되고 있다[3].

식물의 감염 방어 반응시에는 에틸렌, 자스몬산, 살리실산 등의 이차 신호 물질이 생성된다. 이들은 방어 유전자 발현의 조절 등을 통해 방어 응답을 유도한다[5]. 에틸렌은 주로 감염 부위 주변의 국소적인 반응에 관여하고 있으며, 살리실산은 전신 획득 저항성의 유도에 관여하고, 자스몬산 및 에틸렌은 유도성 전신 저항성 유도에 관여하고 있다.

6.3 미생물 감염 반응과 성장 제어기구의 상호작용

미생물 감염에 대한 식물의 반응의 분자 기구에 관한 연구는 농업의 중요성과 연구의 용이성 등으로부터 병징과 과민 반응을 지표로 한 분석이 주로 이루어져 왔다. 그러나 환경에 있는 미생물의 대부분이 식물에 병징을 일으키지 않는 것을 감안할 때, 식물과의 상호작용이 있어도 병징 등의 인과 관계의 명확한 변화가 식물에 보이지 않는 경우도 많다고 생각할 수 있다. 한편, 일상적으로 존재하는 환경 미생물과 식물과의 상호작용은 식물의 성장과 구성적인 방어기구의 제어에 있어서도 중요한 영향을 미치고 있다고 생각된다.

6.3.1 엘리시터에 의한 세포 증식의 억제

담배 배양 세포를 이용한 엘리시터 신호전달계, 제어 유전자의 전사 제어기구, 과민감세포사에 유도기구 등의 연구가 진행되고 있다. 그 속에서 *Trichoderma viride* 유래의 자일란 분해효소(Xylanase)를 엘리시터로 처리하여, 세포 증식의 억제와 함께 사이클린(Cyclin) 유전자의 발현이 억제되는 것을 발견했다. 특히 사이클린 B(M기 특이적 사이클린) 유전자는 전사가 제어된다. 이 유전자의 M기에서의 특이적인 발현은 Myb형 전사인자에 의해 제어된다는 것이 보고되고 있다[6]. 엘리시터는 M기 특이적 사이클린 유전자 프로모터 중의 Myb 인식 배열을 통해 전사활성을 억제하는 것이 보였다. 또한, 이 배열을 통해 전사를 제어하는 *myb* 유전자 자체의 발현도 제어한다. 사이클린 A 및 사이클린 D의 발현도 제어되는 것을 보이지만, 이 발현 제어기구의 상세한 것은 불분명하다. 이와 같은 엘리시터 신호전달계의 어느 단계에서, 세포 증식의 신호전달계에 대하여 제어적으로 움직이는 기구가 존재하는 것으로 생각된다(그림 6.2c).

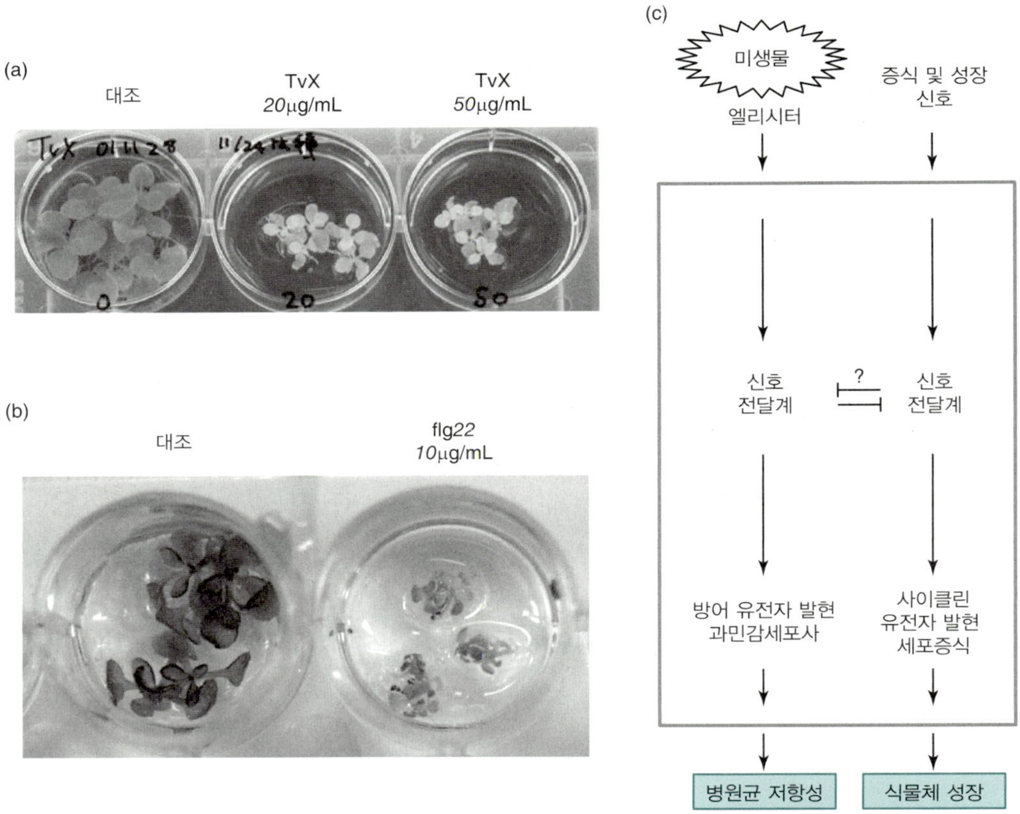

그림 6.2 엘리시터에 의한 증식·성장 억제. *Trichoderma viride* 유래의 자일란 분해효소(TvX), 또는 fla22를 엘리시터로서 담배의 유식물(a)과 애기장대의 종자(b)에 처리하면 성장이 현저히 억제된다. 이와 같은 엘리시터를 처리하는 것으로 식물이 방어 반응을 유도하는 동시에, 사이클린 유전자의 발현과 세포 증식 및 성장이 억제된다. 엘리시터를 수용하여 활성화하는 신호전달계에 의해 증식과 성장을 억제하는 신호전달계의 과정을 억제하는 기구가 존재하고 있는 것으로 생각된다(c). 반대 방향의 억제 기구에 대해서는 명확하지 않으나, 음의 크로스토크가 시사되고 있다.

6.3.2 엘리시터에 의한 성장 억제

식물에서 감염 방지 반응의 분자 메커니즘 연구는 주로 성숙 잎에서 이루어지고 있다. 배양 세포에서 세포 증식의 엘리시터에 의한 정지는 성숙 잎의 방어 반응과는 다른 현상이 관찰될 것으로 생각된다. 식물의 성장에 엘리시터가 어떤 작용을 하는지에 대해 담배 유식물에서 *Trichoderma viride* 유래 자일란분해효소(Xylanase)의 영향을 분석한 결과, MAP 키나아제의 활성화 및 방어 유전자의 발현 유도가 일어나는 것과 함께 성장 억제 효과를 보였다(그림 6.2a). 또한, 배양 세포와 마찬가지로 사이클린 유전자의 발현 억제가 보였다. 엘리시터에 의해 식물의 생육이 억제되는 예는 flg22를 애기장대에 처리한 경우도 나타나고 있다(그림 6.2b)[4]. 이 응답에는 FLS2 수용체가 관여하고, 방어 반응의 유도 및 일반적인 신호전달계 하류로 제어되고 있다. *Trichoderma viride*는 매우 광범위하게 토양에 생육하는 부패균이며, 자체의 생육에 필요한 영양분을 얻기 위해 자일란분해효소 등의 효소를 분비하여 고사한 식물의 세포벽을 분해하지만 정상적인 조건에서는 식물에 거의 감염되지 않는다. 이처럼 보편적으로 존재하는 미생물이 생산하는 물질은 엘리시터 활성을 갖고, 식물 방어 반응을 유도하는 동시에 식물의 성장을 제어할 수 있는 능력을 갖고 있다. 이와 같이 자연 환경에서 식물과 미생물 사이에 상호작용이 있을 것으로 생각된다.

6.3.3 방어 반응 제어 및 성장 제어의 상호작용

애기장대 돌연변이의 일부에서는 지속적인 방어 응답 또는 병원균에 대한 저항력을 보여주는 예가 알려져 있다. 이러한 돌연변이는 동시에 왜성 또는 생육 저해를 나타내는 경우가 많이 보고되고 있다. 이들은 방어 응답 제어 및 성장 제어의 상호작용의 존재를 나타내는 동시에 그 분자 메커니즘을 해명하는 열쇠가 될 것으로 보인다(그림 6.2c).

애기장대 돌연변이에서 본 방어 응답과 성장 제어의 상호작용을 그림 6.3에 정리하였다.

a. 병해 저항성 돌연변이의 성장 억제

지속적인 질병 저항 또는 방어 응답을 보여 높은 살리실산 함량을 나타내는 *cpr*(*constitutive express or of PR genes*) 돌연변이는 왜성이며, 감염 방어 응답 과정에서 살리실산을 통한 성장 억제적인 제어 메커니즘의 존재가 예상된다[7]. *cpr5* 돌연변이는 살리실산을 분해하여 그 함량을 저하시키는 *nahG* 유전자의 도입에 의해 왜성 형질은 회복하지 않는다[8]. 또한 노화가 촉진된 *hys1*(*hypersenescence1*) 돌연변이는 *cpr5* 돌연변이 대립유전자이며, 당에 의한 성장 억제가 민감하다[9]. 한편, 살리실산에 의한 *PR* 유전자의 발현 유도가 보이지 않는 돌연변이인 *npr1*(*no expressor of PR genes*) 돌연변이의 복귀 돌연변이로써 분리된 *sni1*(*suppressor of npr1, inducible 1*) 돌연변이는 살리실산 함량은 야생형과 손색없는 수준이지만, 왜성 형질을 보여 비친화성의 세균을 감염시키는 것으로 살리실산의 양이 증가하고, *PR* 유전자의 발현 상승과 저항성 증강이 유도된다[10]. SNI1은 전신 획득 저항성 유도 억제 인자이며, 감염 방어 반응시 살리실산의 하류에서 기능 억제되는 것으로 생각된다. 따라서 살리실산에 의한 성장 억제는 SNI1 기능 억제에 의한 것일지도 모른다.

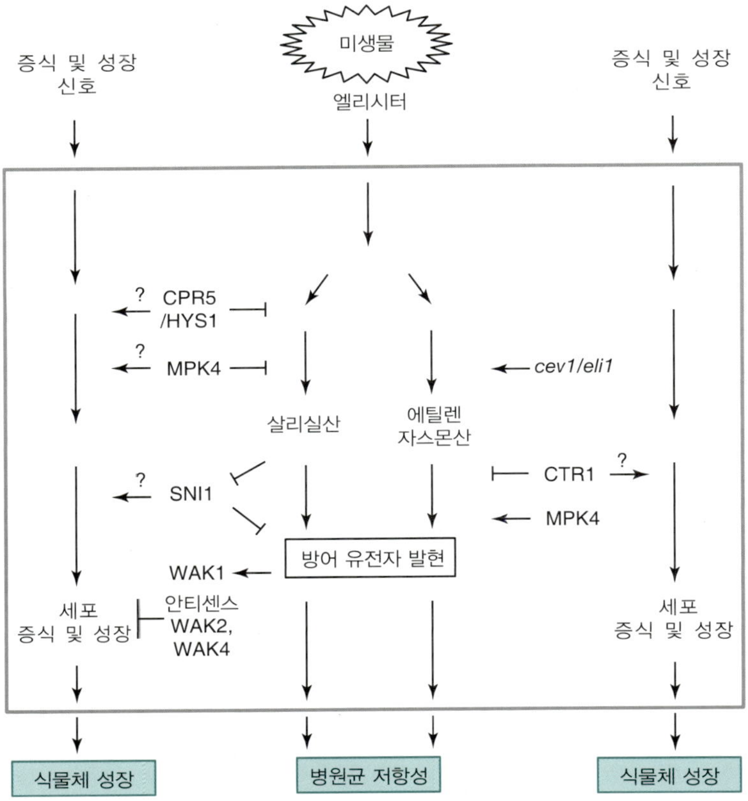

그림 6.3 방어 반응과 성장 제어의 크로스토크. 표시되어 있는 방어 유전자 발현과 저항성을 나타낸 돌연변이체는 성장이 억제되어 있어, 방어 반응과 성장 제어가 다양한 과정에서 크로스토크되어 있다. CPR5/HYS1, MPK4, SNI1, CTR1 등은 본래 방어 반응의 신호전달계를 억제하면서 성장을 조절하는 기능을 갖고 있을지도 모른다. 또한 *cev1/eli1* 유전자와 *WAK* 유전자 등 세포벽 구조의 변화를 통한 성장 제어와 방어 반응의 크로스토크가 보여진다.

b. 세포벽 합성의 돌연변이에 있어서 성장 억제 및 방어 반응

애기장대의 셀룰로오스 합성효소를 코딩하는 *CESA3* 유전자의 돌연변이인 *cev1*(*constitutive expression of VSP1*) 돌연변이는 안토시아닌의 축적, *VSP1* 유전자, *Thi2.1* 유전자, *PDF1.2* 유전자, *CHI-B* 유전자 등 자스몬산 및 에틸렌에 의해 유도되는 방어 유전자의 항상적인 발현과 흰가루병에 대하여 저항성을 나타내는 동시에 왜성 형질을 나타내었다[11]. 이와 같은 표현형은 자스몬산 생합성 및 에틸렌 생합성의 활성화 및 신호전달계를 통해 있는 것이 나타나고 있다[12]. 또한, *CESA3* 유전자의 돌연변이인 *eli1*(*ectopic lignification*) 돌연변이도 왜성 형질과 항상적인 방어 유전자의 발현을 나타내는 것과 동시에 셀룰로오스 합성이 억제되고, 이소적인 리그닌이 생성됨을 나타내었다[13]. 셀룰로오스 합성 억제제 처리에 의해서도 *cev1* 돌연변이와 같은 표현형을 보여, 다른 셀룰로오스 합성 유전자 *CESA1* 돌연변이인 *rsw1* 변이체에서도 낮은 셀룰로오스 축적과 왜성 형질을 나타내고, 동시에 *VSP* 유전자의 지속적인 발현을 보인다[14]. 세포벽 합성의 이상이 신호가 되어, 에틸렌과 자스몬산의 합성 유도를 통해 성장과 분화를 제어하는 동시에 병원균에 대해 방어 반응화하는 메커니즘의 존재가 예상된다. 그렇다면 세포벽 구조의 변화가 어떻게 신호로써 전달되는 것일까? 그 후보로 WAK 키나아제 패밀리가 생각되고 있다[15]. WAK1는 막 관통형 키나아제이며, 세포외 도메인이 직접적으로 세포벽의 펙틴과 물리적으로 결합하고 있다. WAK1의 발현은 병원균 감염 및 살리실산에 의해 유도된다. 또한 WAK2 및 WAK4의 표현을 각각의 안티센스 RNA를 발현시켜 억제하면 세포의 신장, 비대를 억제하고, 전체적으로 성장이 억제되는 것으로 나타났다[16,17]. WAK 기능에 대한 자세한 내용 불분명하지만, 일반적인 발현, 성장 또는 병원균의 침입 등에 따른 세포벽의 구조 변화에 관여하고 성장과 생체 방어 응답을 제어하고 있을 가능성도 생각할 수 있다.

6.3.4 수용체 키나아제에 의해 발생, 성장 제어 및 방어 반응

막 관통형 수용체 키나아제는 큰 유전자군을 형성하고 있으며, 다양한 내생, 외생 신호를 전달하여 발생, 성장, 생체 방어 등의 제어에 참여하고 있다. 예를 들어, CLAVATA1(CLV1)는 경단의 형성과 유지에 BRI1과 BAK1과의 상호작용을 통해 브라 시노스테로이드를 수용할 수 있는 것으로 나타나고 있다[18]. 최근 전신 획득 저항성과는 다른 기구에서 브라시노스테로이드가 식물 병해저항성을 유도하는 것으로 보고되고 있다[19]. 토마토에서 부상 응답 내인성 신호인 시스테민(systemin) 수용체로 확인된 수용체 키나아제 SR160/tBRI1는 BRI1과 상동성이 높고, 시스테민와 브라시노스테로이드 모두의 수용체로서 기능할 가능성이 제시되었다[20]. 식물에 대한 미생물의 공생의 상호작용에도 몇 가지의 수용체 키나아제가 관여하고 있는 것이 밝혀지고 있다. 뿌리혹박테리아 및 수지상채 균근의 공생에는 콩과 식물의 벌노랑이(*Lotus japonicus*) 및 메디카고(*Medicago truncatula*)의 NORK 및 SYMRK라고 불리는, CLV1과 상동성을 나타내는 막 관통형 수용체 키나아제가 필요하다[21,22]. 또한 왜성이며, 과잉으로 뿌리혹을 형성하는 벌노랑이 돌연변이의 원인 유전자로 확인된 *HAR1* 유전자는 CLV1과 상동성이 높은 수용체 키나아제를 코딩하고 있다[23,24].

6.3.5 방어 반응 및 성장 제어의 크로스토크

애기장대의 감염 방어 반응과 성장의 제어에서, MAP 키나아제 캐스케이드를 통해 상호작용의 존재가 나타나고 있다. 지속적인 에틸렌 응답을 나타내는 애기장대의 *ctr1* 돌연변이는 에틸렌 유도성의 방어 유전자가 지속적으로 고발현하고 동시에 극단적인 왜성을 나타낸다[25]. CTR1는 에틸렌 신호에 의해 그 활성이 억제됨으로써 하류 전달계가 활성화된다. 최근 에틸렌에 의해 CTR1가 비활성화되면, 그 하류에서 SIPK의 이종상동성유전자(ortholog)인 AtMPK6이 활성화되어 에틸렌 신호를 전달하고 있는 것으로 밝혀졌다[26]. AtMPK4을 코드하는 유전자의 돌연변이 *mpk4*는 높은 살리실산 함량과 함께 지속적인 방어 유전자 발현 및 전신 획득 저항이 보인다[27]. AtMPK4가 세포내 살리실산 수준을 억제함으로써 저항성을 억제하는 방향으로 제어하고 있다고 생각된다. CTR1과 AtMPK4 모두 그 활성형이 촉진되는 방향으로 제어하는 신호전달계는 불분명하지만, 성장을 제어하는 관계에 주목하고 있다.

6.4 마무리

자연 환경의 식물은 감염과 공생 등 특수 관계뿐만 아니라 필연적으로 다양한 미생물과의 상호작용을 하면서 생육하고 있다. 이러한 의미에서, 감염 방어 반응과 공생 등도 일상적으로 상주하는 균과의 상호작용과 함께 더욱이 특이적인 상호작용이 일어나고 있는 것이다. 이러한 상주하는 균과의 상호작용의 분자 기구에 대해서는 연구가 크게 진전되지 않는다. 하지만 특이적인 상호작용의 분자 기구에 대한 연구의 진전과 함께 보다 보편적인 식물-미생물 상호작용의 기구에 관해서도 식견이 축적되고 있다. 앞으로는 게놈 정보에 기반한 접근과 이제까지의 다양한 각도에서 본 식물과 미생물의 상호작용을 해석하는 것이 자연 환경 조건에서의 상호작용의 분자 메커니즘을 이해하는 데 중요할 뿐만 아니라 식물 기능을 자연 환경에서 효율적으로 이용할 수 있는 기술 개발을 위해서도 중요하다.

참고 문헌

1. 分子レベルから見た植物の耐病性 (1997) 山田哲治, 島本功, 渡辺雄一郎 (監修) 秀潤社, 東京
2. Romeis T (2001) Potein kinases in the plant defense response. Curr. Opin. Plant Biol. 4: 407-414
3. Gomez-Gomez L, Goller T (2002) Flagellin perception: a paradigm for innate immunity. Trends Plant Sci. 17: 251-256
4. Suzaki K (2002) MAP kinase cascades in elicitor signal transduction. J. Plant Res. 115: 237-244
5. Kunkel BN, Brooks DM (2002) Cross talk between signaling pathways in pathogen defense Curr. Opin. Plant Biol. 5: 325-331
6. Ito M, Araki S, Matsunaga S, Itoh T, Nishihama R, Machida Y, Doonan JH, Watanabe A (2001) G2/M-phase-specific transcription during the plant cell cycle is mediated by c-myb-like transcription factors. Plant Cell 13: 1891-1905
7. Bowlling SA, Guo A, Cao H, Gordon S, Klessing DF, Dong X (1994) A mutation in *Arabidopsis* that leads to constitutive expression of systemic acquired resistance. Plant Cell 6: 1845-1857
8. Kink V, Bouyer D, Schobinger U, Bechtold N, Herzog M, Bonneville JM, Hulskamp M (2001) CPR5 is involved in cell proliferation and cell death control and encodes a novel transmembrane protein. Curr. Biol. 11 : 1891-1895
9. Yoshida S, Ito M, Nishida I, Watanabe A (2002) Identification of a novel gene HYS1 / CPR5 that has a repressive role in the induction of leaf senescence and pathogen-defense responses in *Arabidopsis thaliana*. Plant J. 29: 427-437
10. Li X, Zhang Y, Clarke JD, Li Y, Dong X (1999) Identification and cloning of a negative regulator of systemic acquired resistance, SNI1, through a screen for supressors of npr1-1. Cell 98: 329-339

11. Ellis C, Turner JG (2001) The *Arabidopsis* mutant cev1 has constitutively active jasmonate and ethylene signal pathways and enhanced resistance to pathoens. Plant Cell 13: 1025-1033

12. Elis C, Karafyllidis I, Wasternack C, Turner JG (2002) The *Arabidopsis* mutant cev1 links cell wall signaling to jasmonate and ethylene responses. Plant Cell 14: 1557-1566

13. Cano-Delgado A, Penfield S, Smith C, Catley M, Bevan M (2003) Reduced cellulose synthesis invokes lignification and defense responses in Arabidopsis thaliana. Plant J. 34: 351-362

14. Arioli T, Peng L, Betzner AS, Burn J, Wittke W, Herth W, Camilleri C, Höfte H, Plazinski J, Birch R, Cork A, Glover J, Redmond J, Williamson RE (1998) Molecular analysis of cellulose biosynthesis in Arabidopsis. Science 279: 717-720

15. Verica JA, He Z-H (2002) The cell wall-association kinase (WAK) and WAK-like kinase gene family. Plant Physiol. 129: 455-459

16. Wagner TA, Kohorn BD (2002) Wall-associated kinases are expressed throughout plant development and are required for cell expansion. Plant Cell 13: 303-318

17. Lally D, Ingmire P, Tong H-Y, He Z-H (2001) Antisense expression of a cell wall-associatied protein kinase, inhibits cell elongation and alters morphology. Plant Cell 13: 1317-1331

18. Shiu SH, Bleeker AB (2003) Expansion of the receptor-like kinase / pelle gene family and receptor-like proteins in *Arabidopsis*. Plant Physiol. 132: 530-543

19. Nakashita H, Yasuda M, Nitta T, Asami T, Fujioka S, Arai Y, Sekiyama K, Takatsuto S, Yamaguchi I, Yoshida S (2003) Brassinosteroid functions in abroad range of disease resistance in tobacco and rice. Plant J. 33: 887-898.

20. Montoya T, Nomura T, Farrar K, Kaneta T, Yokota T, Bishop GB (2002) Cloning the tomato Curl3 gene hilights the putative dual role of the leucine-rich repeat receptor kinase tBRI1/SR160 in plant steroid hormone and peptide hormone signaling. Plant Cell 14: 3163-3176

21. Endre G, Kereszt A, Kevei Z, Mihacea S, Kalo P, Kiss GB (2002) A receptor kinase gene regulating symbiotic nodule development. Nature 417: 962-966

22. Stracke S, Kistner C. Yoshida S, Mulder L, Sato S, Kaneko T, Tabata S, Sanfal N, Staugaard J, Szczyglowski K, Parniske M (2002) A plant reptor-kinase required for both bacterial and fungal symbiosis. Nature 417: 959-962

23. Nishimura R, Hayashi M, Wu G-J, Kouchi H, Imaizumi-Anraku H, Murakami Y, Kawasaki S, Akao S, Ohmori M, Nagasawa M, Harada K, Kawaguchi M (2002) HAR1 mediates systemic regulation of symbiotic organ development. Nature 420: 426-429

24. Krusell L, Madsen JH, Sato S, Aubert G, Genua A, Szczyglowski K, Duc G, Kaneko T, Tabata S, de Bruijn F, Pajuelo E, Sandal N, Stougaard J (2002) Shoot control of root development and nodulation is mediated by a receptor-like kinase. Nature 420: 422-426

25. Kieber JJ, Rothenberg M, Roman G, Feldmann KA, Ecker JR (1993) CTR1, a negative regulator of the ethylene response pathway in *Arabidopsis*, encodes a member of the raf family of protein kinases : Cell 72: 427-4241

26. Ouaked F, Rozhon W, Lecourieux D, Hirt H (2003) a MAPK pathway mediates ethylene signaling in plants. EMBO J. 22: 1282-1288

27. Petersen M, Brodersen P, Naested H, Andreasson E, Lindhart U, Johansen B, Nielsen HB, Lacy M, Austin MJ, Parker JE, Sharma SB, Klessig DF, Martienssen R, Mattsson O, Jensen AB, Mundy J (2000) *Arabidopsis* MAP kinase 4 negatively regulates systemic aquired resistance. Cell 103: 1111-1120

7. 식물의 영양 결핍 반응

大津(大鎌) 直子 · 内藤哲

7.1 소개

고등식물의 생육은 표 7.1에 표시한 14개의 원소가 필수이다. 이 원소는 단백질, 핵산, 세포벽, 세포막 등의 구성 요소로서 식물체를 구성하며, 다른 효소 활성과 이온 밸런스의 유지에도 필요하다. 이러한 원소가 결핍된 환경에서 성장이 저해되며, 표 7.1과 같이 다양한 결핍 증상이 나타난다[1]. 많은 원소에 공통적으로 관찰되는 증상은 황백화(chlorosis)이지만, 이는 엽록체가 많은 단백질을 포함하고 있기 때문이다. 황백화 현상은 엽록체 단백질을 구성하는 원소와 단백질 합성을 담당하는 효소 등에 포함되는 원소의 결핍시에 관찰된다. 반대로, 인 부족에서는 엽록체가 감소하지 않고 생육이 억제되므로 잎이 진한 녹색이 된다. 결핍 증상이 나타나는 부위는 원소의 식물체 내에서의 이동 용이성에 기인한다고 생각된다. 이동하기 쉬운 원소는 어린잎에 영양이 다시 전류하기 때문에, 결핍 증상은 성숙 잎에서 나타난다. 반면, 이동하기 어려운 원소는 새로운 잎이나 성장점에서 결핍 증상이 주로 나타난다.

표 7.1 고등식물의 필수 원소와 특이적인 결핍 증상.

원소	형태 변화
질소	황백화(성숙잎)
황	황백화(성숙잎, 어린잎)
인	잎의 짙은 녹색
마그네슘	황백화와 괴사(성숙잎)
칼슘	과실의 괴사
칼륨	황백화랑 괴사(성숙잎)
철	황백화(어린잎)
망간	엽맥 간의 황백화(어린잎)
구리	잎의 위축과 괴사(어린잎), 괴사(성장점)
아연	절간의 길이 감소, 황백화, 괴사
니켈	엽맥 간의 황백화, 괴사
몰리브덴	황백화(어린잎), 유관속의 발달 저해
붕소	잎의 위축, 불임, 괴사(성장점과 어린잎), 줄기의 괴열
염소	잎의 위축과 괴사(어린잎), 줄기의 과열

생육 저해를 제외함
문헌[1]으로부터 인용

결핍 증상은 각각의 원소의 기능과 밀접한 관련이 있지만, 이것에 대해서는 훌륭한 종합 논문 등을 참고해 주기 바란다[1]. 최근 식물 게놈 해석의 진전에 의해 영양 결핍 조건의 형태 변화에 대한 유전자 수준에서의 연구 결과가 축적되고 있다. 여기에서는 이러한 최근의 연구 결과를 중심으로 소개하고자 한다.

7.2 뿌리의 형태 변화

7.2.1 질소 결핍 조건

질소는 단백질로 식물체를 구성하는데, 그 결핍 조건에서는 성장이 매우 저해되지만, 저해의 정도는 지상부보다 지하부에서 작게 나타난다[1]. 이 슈트(shoot)/뿌리의 건중량 비의 감소는 황 결핍과 인 결핍, 철 결핍 조건에서도 관찰되어, 적은 영양을 효율적으로 흡수하기 위한 적응 반응으로 생각된다.

질소 결핍 조건에서 뿌리의 성장저해에 대해서는 애기장대를 이용한 아래의 실험들로부터 환원질소가 아닌 아세트산이 신호로 작용하는 것으로 추측된다[2]. 아세트산 환원효소가 결핍된 돌연변이와 형질전환체를 질소 충분 조건에서 재배하면, 단백질과 글루타민 등의 아미노산 함량은 질소 결핍 조건에서의 야생형과 동등하거나 또는 조금 감소해 있지만, 아세트산을 과잉으로 축적시킨다. 그리고 이 식물에서는 슈트/뿌리의 건중량비가 질소 결핍에서 재배한 야생형보다 4배 이상이 되어 있어, 지상부의 아세트산 농도와 강한 상관관계가 있다. 또한 슈트/뿌리의 건중량비의 증가와 함께, 지상부에서는 당이 증가하고 뿌리의 성장은 감소했다. 이 때문에 당 농도 변화가 아세트산에 반응한 슈트/뿌리의 건중량비의 변화의 요인인 것으로 추측된다. 질소 결핍에 노출된 뿌리에 부분적으로 아세트산을 가하면, 그 부분에서만 측근 신장이 촉진된다. Zhang과 Forde는 애기장대를 이용한 실험을 통해 부분적으로 아세트산 첨가에 의한 측면 뿌리 신장에 *ANR1* 유전자가 필요하다는 것을 나타내었다[3]. *ANR1* 유전자는 뿌리에서 특이적으로 발현하는 유전자이며, *MADS-box family* 유전자와 상동성을 갖는다. MADS-box family는 진핵생물에 보편적으로 존재하는 전사인자이며, 형태형성에 기여한다. *ANR1* 유전자의 발현은 아세트산에 의해 유도되는데, 인산과 칼륨(포타슘)은 유도되지 않는다. 안티센스 RNA 발현과 co-suppression에 의한 *ANR1* 유전자의 발현이 억제된 계통에서는 부분적인 아세트산 첨가에 의한 측면 뿌리 신장이 관찰되지 않았다. *ANR1* 유전자는 고등식물에서 영양에 대한 반응으로 형태형성을 제어하는 유전자로 처음 동정하였다. Zhang 등은 측근의 신장은 세포 신장이 아니라 세포 수의 증가가 원인이라는 것을 더욱더 밝혔다. 또한 오옥신은 측근 신장을 촉진하는 것이 알려져 있지만, 애기장대의 오옥신 내성 돌연변이체인 *aux1* 돌연변이, *axr2* 돌연변이, *axr4* 돌연변이에 대해서도 아세트산 응답을 조사한 결과, *axr4* 돌연변이는 측근의 신장은 관찰되지 않았다. *arx4* 돌연변이는 다른 두 돌연변이와 달리, 에틸렌과 사이토키닌에 대한 감수성은 변화하지 않기 때문에, 측근 형성에 아세트산 반응의 경로는 일부 오옥신에 의한 경로와 겹친다는 결과가 밝혀졌다(그림 7.1).

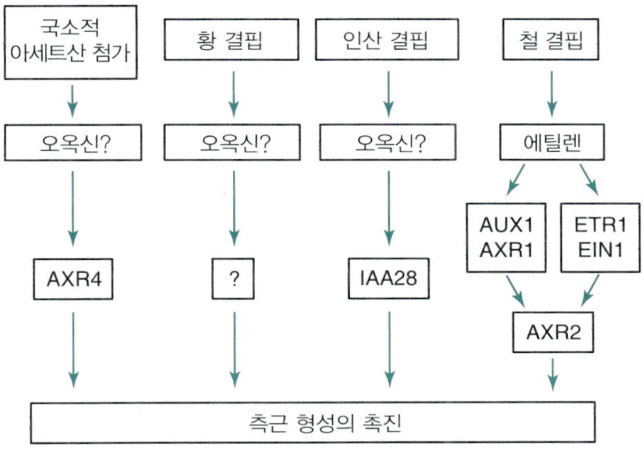

그림 7.1 영양조건에 의한 측근 형성의 제어와 식물 호르몬. 뿌리에 국소적으로 아세트산을 처리하거나 황결핍, 인산 결핍, 철 결핍의 환경에 있을 경우, 측근의 형성이 촉진된다. 이러한 반응에 있어서 오옥신이 신호전달로 관여하고 있는 것이 밝혀지고 있다. 현시점에서는 관여하는 인자들이 미지의 경로에 있으며, 이곳에 나타낸 것이외의 인자 또는 미지의 경로도 있을 것으로 생각된다.

7.2.2 황 결핍 조건

황 결핍 조건에서도 측근의 신장이 촉진되어 슈트/뿌리의 건중량비가 감소한다. Kutz 그룹은 황에 의한 측근 신장의 제어에도 오옥신이 관여한다는 것을 밝혀냈다[5](그림 7.1). 그들은 애기장대에서 인돌-3-아세토니트릴(Indole-3-acetonitrile, IAN)에서 인돌-3-아세트산(Indole-3-acetic acid, IAA)을 합성하는 Nitrilase(NIT1)으로의 활성이 황 결핍 조건에서 증가하는 것을 관찰했다. 또한, nitrilase(NIT1)을 코딩하는 유전자 *NIT3*의 프로모터 활성을 알아보기 위해 *NIT3p::uidA*(GUS) 형질전환체의 *GUS* 유전자를 관찰한 결과, 황 결핍에 의한 뿌리 선단이나 측근 원기의 *GUS* 활성이 관찰되었다.

7.2.3 인 결핍 조건

인 결핍의 뿌리 형태 변화에 대해서도 오옥신과의 관계가 애기장대를 이용한 다음의 실험에서 밝혀졌다[6]. 인 결핍 조건에서는 주근의 신장이 억제되는 반면, 측근의 수와 신장이 촉진된다. 합성 오옥신인 2,4-디클로로 페녹시 아세트산(2,4-dichlorophenoxyacetic acid, 2,4-D)을 배지에 첨가하면, 인 결핍 조건과 마찬가지로 주근 신장의 억제와 측근 밀도의 증가가 관찰된다. 2,4-D의 뿌리 형태 변화에 대한 효과는 인 결핍 조건에서는 10^{-10}M이라는 농도에서 관찰되며, 인 충분 조건에서는 10^{-8}M 이상이 아니면 관찰되지 않았다. 이 때문에, 인 결핍 조건에서는 오옥신에 대한 감도가 높아지고 있음이 시사된다. 에틸렌과 사이토키닌도 뿌리의 형태를 변화시키지만, 에틸렌의 전구체인 1-아미노 시클로 프로판-1-카복실산과 사이토키닌인 제아틴에 대한 감수성은 인 결핍에 의한 변화가 없었다. 오옥신은 새로운 잎이나 생장점에서 합성되어 수송되는데, 오옥신 수송 저해제인 2,3,5-트리요오도벤조산(2,3,5-Triiodobenzoic Acid, TIBA)으로 처리하면 측근이 감소했다. 인 충분 조건에서는 10^{-6}M의 2,3,5-트리요오도벤조산(2,3,5-Triiodobenzoic Acid, TIBA) 처리에 의해 측면 뿌리가 전혀 형성되지 않게 되었지만, 인 결핍 조건에서는 50% 감소에 그쳤다. 또한 오옥신 수송의 돌연변이인 *aux1* 돌연변이, *eir1* 돌연변이는 인 충분 조건은 야생형보다 측근 수가 감소했지만, 인 결핍 조건에서는 야생형과 차이가 없었다. 이러한 결과도 인 결핍 조건에서 오옥신에 대한 감수성이 높아진 것을 나타내고 있다. 오옥신 내성의 돌연변이체인 *arx1* 돌연변이, *arx2* 돌연변이, *arx4* 돌연변이는 인 조건에 관계없이 뿌리의 형태는 야생형과 같았기 때문에, 이러한 변이 유전자는 인에 의한 뿌리의 형태형성의 제어에는 필요없다고 생각되었다. 한편, *iaa28* 돌연변이는 오옥신에 의한 주근 신장 억제에 대한 내성을 나타내는 돌연변이이지만, 이 돌연변이는 측근의 형태가 현저히 저해되었다. *iaa28* 돌이변이에 있어서 측근 형성은 인 결핍에 의한 회복을 하지 않았던 결과에 의해, 인에 의한 뿌리의 형태형성의 제어에는 *IAA28* 유전자가 필요하다는 것이 생각되었다(그림 7.1).

7.2.4 철 결핍 조건

철 결핍 조건에서도 측근 형성이 촉진되지만, Schmidt와 Schikora는 철에 따라 측근 형성에 식물 호르몬이 관여하는 것을 애기장대를 이용하여 나타내었다[7]. 그들은 오옥신 수송 저해제와 에틸렌 합성 억제제로 처리하면 철 결핍에 의한 측근 형성이 크게 억제되는 것을 관찰하였다. 한편, 에틸렌을 과잉으로 축적하는 돌연변이 *eto3*에서는 철 충분 조건도 결핍 조건에서도 똑같이 야생형보다 측근 수가 증가했다. 이러한 경향은 에틸렌 전구체인 1-아미노시클로프로판-1-카르본산에서 처리한 경우에도 관찰되었다. 또한, 오옥신과 에틸렌에서 내성을 나타내는 *axr1* 돌연변이와 *axr2* 돌연변이, 오옥신 비감수성 돌연변이인 *aux1* 돌연변이 및 에틸렌 비감수성 돌연변이인 *etr1* 돌연변이와 *ein2* 돌연변이를 철 결핍 조건에서 재배했는데, 측근의 형성이 크게 저해되었다. *ETR1* 유전자와 *EIN2* 유전자는 에틸렌의 신호전달에 중요한 역할을 하여, *AUX1* 유전자와 *AXR1* 유전자는 *ETR1* 유전자와 *EIN2* 유전자와는 다른 경로로 에틸렌의 신호전달 기능한다. 이 두 경로는 합류하여 *AXR2* 유전자에 연결된다(그림 7.1). *AXR2* 유전자는 측근 형성에 필요한 유전자로 에틸렌과 오옥신이 *AXR2* 유전자에 의한 측근 형성에 필요하다. 즉, 철 결핍에 의한 뿌리의 발달에는 이러한 에틸렌 신호에서 기능하는 유전자가 필요하다는 것을 알았다. 이와 비슷한 실험을 인 결핍 조건에서도 실행하였으나, 인 결핍에 의한 뿌리의 발달은 이러한 유전자를 필요로 하지 않았다.

세계에 널리 존재하는 알칼리성 토양에서, 철은 대부분 3가의 불용체로서 존재하므로 그대로는 식물이 흡수할 수 없다. 식물은 철의 흡수 메커니즘에 따라 두 가지로 분류된다. 양성자를 뿌리로부터 방출하여 Fe^{3+}를 Fe^{2+}로 환원하여 흡수하는 전략 1인 식물과 무지네산(mugineic acid)을 뿌리로부터 방출하여 Fe^{3+}과 복합체를 형성시켜 흡수하는 전략 2의 식물이다[1]. 전략 1의 식물이 철 결핍에 내성을 나타내며, 전략 2 식물에서는 철 결핍 조건에서의 측근 발달이 거의 관찰되지 않는다. 철 결핍 조건에서는 전략1의 식물에서만 에틸렌 함량이 증가한다[8].

무지네산은 메티오닌으로부터 합성되는데, 그 중간체의 하나로 니코티아나민(Nicotianamine)이 있다. 니코티아나민은 무지네산을 합성할 수 없는 전략 1 식물에서도 존재하지만, 이 식물은 니토티아나민 아미노기 전이효소(Nicotianamine aminotransferase) 활성이 없기 때문에, 무지네산에 반응하지 않는다. Takahashi 등은 담배(전략 1 식물)에서 보리(전략 2 식물)의 니코티아나민 아미노기전이효소를 강제발현시켜 니코티아나민의 기능을 조사하였다[9]. 이 형질전환 담배에서는 니코티아나민이 검출한계 이하까지 크게 감소하여, 새로운 잎의 엽맥 간의 황백화와 생식기관의 형태 이상 등 금속 결핍조건에서의 증상이 관찰되었다. 이 형질전환 담배의 새로운 잎과 생식기관에서는 철과 구리, 아연, 망간의 농도가 낮았었다. 또한 니코티아나민과 철을 공급하면 형태 이상이 회복한 결과로부터, 니코티아나민은 식물체 내에 있어서 금속 원소의 수송을 담당하고 있다고 생각된다.

7.3 붕소의 세포벽 구성요소로서의 기능

칼슘과 붕소는 세포벽의 구성요소이다. 칼슘과 붕소의 결핍 조건에서는 과실과 줄기의 파열, 잎의 위축 등의 괴사가 일어난다. 칼슘이 펙틴을 가교하여 세포벽을 보강하는 것은 비교적 오래전부터 알려져 왔으나[1], 붕소가 세포벽의 구성 요소임을 알게 된 것은 1990년대에 들어서 부터이다.

Matoh 그룹은 담배 배양 세포에 전 붕소의 98%가 세포벽에 존재하고 있음을 밝혀냈다[10]. 그 후 세포벽의 붕소는 펙틴의 종류인 Rhamnogalacturonan-II(RG-II)의 2분자를 가교하고 있는 것이 밝혀졌다[11-13]. Ishii 등은 Rhamnogalacturonan-II(RG-II)의 이량체 형성과 붕소 결핍에 있어서 세포벽 구조의 이상과의 상관을 나타냈다[14]. 또한 붕소에 의한 Rhamnogalacturonan-II(RG-II)의 가교에 결손을 가진 돌연변이 *mur1*를 이용한 연구를 통해, 이 가교가 정상적인 생육에 필수적임을 지적했다[15]. 높은 붕소요구성의 애기장대 돌연변이 *bor1-1*에서는 붕소 결핍 조건에서 어린잎의 전개가 억제되는데(그림 7.2), 어린잎에서는 세포 신장이 억제되는 현상을 보였다[16]. 이 돌연변이의 원인 유전자는 붕소를 아포플라스트로 물관에 배출하는 운반체(transporter)를 코딩하고 있다[17]. 물관을 통해 뿌리로부터 지상부로의 붕소 수송이 감소하면, 세포 신장에 필요한 붕소를 확보할 수 없는 것이 *bor1-1* 돌연변이의 형태 이상의 원인으로 생각된다.

그림 7.2 고농도 붕소 요구성 돌연변이체 *bor1-1*. 붕소 3μM에서 4주간 처리한 *bor1-1* 돌연변이체(왼쪽)와 야생형(오른쪽). *bor1-1* 돌연변이체에서는 어린 잎의 전재가 억제되고 있다. 三輪京子의 촬영.

7.4 황 결핍에 있어서 노화(senescence) 반응을 유도하는 자스몬산

DNA 마크로어레이와 DNA 마이크로어레이는 동시다발적으로 다양한 유전자 발현을 분석하기 위한 효과적인 수단이다. 영양에 반응한 식물의 유전자 발현 분석에서도 이 방법이 이용되고 있다. Hirai 등은 애기장대를 황 결핍 조건에 노출시키고, DNA 마이크로 어레이 분석을 실시한 결과, 자스몬산 합성에 관련된 효소의 유전자와 자스몬산 유도 유전자의 발현이 황 결핍에 의해 유도되는 것을 밝혔다[18]. Nikiforova 그룹도 DNA 마이크로어레이 법에서 황 결핍에 반응하는 유전자를 분석하고, 자스몬산 합성 유전자가 유드되는 것을 발견했다[19]. 자스몬산을 배지에 첨가하면 노화가 발생하고, 또한 노화가 보이는 잎에서는 자스몬산이 증가한다[20]. 황 결핍에 의해 일어나는 노화에서 자스몬산이 관여할 가능성이 있을 것으로 생각된다.

7.5 영양에 반응 한 유전자 발현 제어 기구

DNA 마이크로어레이 분석에 통해, 영양 조건에 따라 발현 제어를 받는 유전자가 밝혀지고 있다. 그러나 유전자가 어떻게 환경에 따른 영양에 반응하고 제어하는지에 대해서는 밝혀지지 않은 부분이 많다. 필자들은 황 영양 반응성 프로모터에 *GFP* 유전자를 붙인 키메라 유전자를 도입하여, 황 영양에 의한 유전자 발현 제어를 간편하게 관찰할 수 있는 형질전환 애기장대를 구축하였다. 황 반응성 프로모터로는 콩 종자 저장 단백질인 β-콘글리시닌(β-conglycinin) β-서브유닛의 유전자의 프로모터를 이용하였다. 이 프로모터는 황 결손에 의해 활성화된다[21]. 이 형질전환 애기장대에서는 황 결핍에 의한 외견적인 증상이 관찰되기 전 GFP 형광이 증가했다[22]. GFP 형광은 황백화가 나타나기 시작할 때와 같이, 잎의 주변부부터 증가하는 것으로, 황 결핍에 의한 황백화가 일어나는 과정에서 발현이 변화하는 유전자인 것으로 생각된다[22](그림 7.3). 이 형질전환체를 다시 돌연변이 유도 처리하여 황이 풍부한 조건에서도 GFP 형광 강도가 높아지는 돌연변이를 분리한 결과, 황 대사계 유전자의 발현이 높아지면서, *O*-아세틸세린(acetyl serine)의 농도가 높아지고 있는 것으로 나타났다. *O*-아세틸세린(acetyl serine)은 시스테인의 전구체이며, 황 부족에 의해 농도가 증가한다[23]. 또한 배지에 *O*-아세틸세린(acetyl serine)을 첨가하면 황 결핍 유도 유전자의 발현이 증가하기 때문에, *O*-아세틸세린(acetyl serine)은 황 결핍에 따라 유전자 발현을 제어하는 신호 물질로 간주되고 있다. 필자들이 단리한 돌연변이의 분석 결과는 이와 같은 생각을 강하게 지지하고 있다. Hirai 등에 의한 DNA 마이크로어레이 분석은 *O*-아세틸세린(acetyl serine)에 대한 응답도 검토되고 있으며, 황 결핍과 *O*-아세틸세린(acetyl serine)에 대한 반응에 긍정적인 상관관계가 있다는 것을 나타내고 있다[18]. 이러한 결과를 볼 때, 황 결핍에 의해 제어를 받는 유전자의 대부분은 *O*-아세틸세린(acetyl serine)에 의해 제어된다는 것을 알 수 있다.

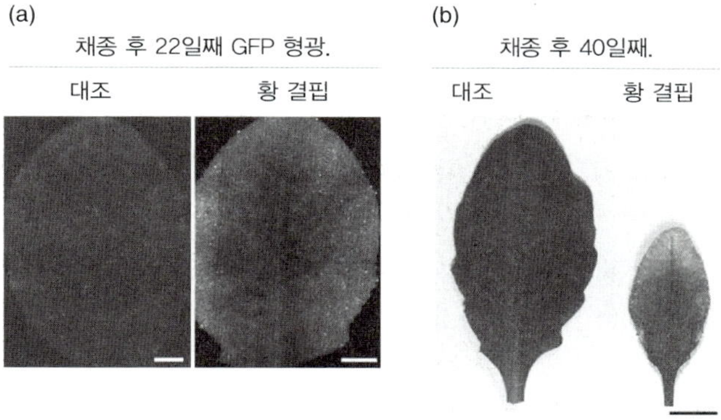

그림 7.3 황결핍에 반응하여 GFP 형광 강도가 증가하는 형질전환 애기장대. 형질전환 애기장대 NOB7은 *GFP* 유전자를 콩 β-콘글리시닌(conglycinin) β 서브유닛 유전자의 프로모터 제어에 의한 키메라 유전자를 갖는다. (a) SO4-2를 1500μM(대조) 또는 15μM(황결핍)에서 22일간 재배하고, GFP 형광을 촬영하였다. 황 결핍에 의한 GFP 형광이 특히 잎의 가장자리에서 증가하고 있다. 스케일 바는 1mm. (b) 같은 처리에서 40일간 재배한 모습. (a)를 촬영한 22일에서는 황백화가 관찰되지 않았지만, 40일째에는 잎의 가장자리에서 황결핍의 증상인 황백화가 관찰되었다. 스케일 바는 5mm. 문헌[22]의 허가를 받고 게재.

7.6 마무리

식물이 영양 결핍 조건에 노출되면 유전자 발현, 대사산물 농도, 식물 호르몬 농도 등에 다양한 변화가 발생한다는 것이 밝혀졌다. 그리고 이러한 제어는 한 방향이 아니라 서로 작용하는 네트워크를 형성하고 있는 것으로 알려져 있다. 이 네트워크를 밝히기 위해서는 다방면에서의 접근이 필요하다. 식물 게놈이 해독되고, 분석 기기가 발달한 지금에는 영양 결핍 반응의 제어에 대한 있어서 연구에 새로운 전개가 기대된다.

영양 결핍 증상은 식물에서 나오는 sos 신호라고 할 수 있다. 생물은 항상성 유지 메커니즘이 구비되어 있지만, 이를 유지하는 것이 곤란하게 되었을 때 유도되는 것이다. 지금까지는 눈에 보이는 결핍 증상이 나타나기 전까지 항상성 유지기구를 관찰할 수 없었지만, 현재 우리는 유전자와 대사산물의 변화로 이를 관찰할 수 있는 기술을 가지고 있다. 식물로부터 비명이 나오기 전에 내면의 목소리에 귀를 기울이는 것이 중요할 것이다.

참고 문헌

1. Marschner H (1995) Functions of mineral nutrients: Macronutrients. In: Mineral Nutrition of Higher Plants, 2nd edition. Academic Press, London. pp229-404
2. Sheible W-R, Lauerer M, Schulze E-D, Caboche M, Stitt R (1997) Accumulation of nitrate in the shoots acts as a signal to regulate shoot:root allocation in tobacco. Plant J. 11: 671-691

3. Zhang H, Forde BG (1998) An *Arabidopsis* MADS box gene that controls nutrient-induced changes in root architecture. Science 279: 407-409

4. Zhang H, Jennings A, Barlow PW, Forde BG (1999) Dual pathways for regulation of root branching by nitrate. Proc. Natl. Acad. Sci. USA 96: 6529-6534

5. Kutz A, Müller A, Hennig P, Kaiser WM, Piotrowski M, Weiler EW (2002) A role for nitrilase 3 in the regulation of root morphology in sulphur-starving *Arabidopsis thaliana*. Plant J. 30: 95-106

6. López-Bucio J, Hemández-Abreu E, Sánchez-Calderón L, Nieto-Jacobo MF, Simpson J, Herrera-Estrella L (2002) Phosphate availability alters architecture and causes changes in hormone sensitivity in the *Arabidopsis* root system. Plant Physiol. 129: 244-256

7. Schmidt W, Schikora A (2001) Different pathways are involved in phosphate and iron stress-induced alterations of root epidermal cell development. Plant Physiol. 125: 2078-2084

8. Romera FJ, Alcantara E, De La Guardia MD (1999) Ethylene production by Fe-deficient roots and its involvement in regulation of Fe-deficiency stress responses by strategy I plants. Ann. Bot. 83: 51-55

9. Takahashi T, Terada Y, Nakai I, Nakanishi H, Yoshimura E, Mori S (2003) Role of Nicotianamine in the intracellular delivery of metals and plant reproductive development. plant Cell 15: 1263-1280

10. Matoh T, Ishigaki K, Mizutani M, Matsunaga W, Takabe K (1992) Boron nutrition of cultured tobacco BY-2 cells. I. Requirement for and intracellular localization of boron and selection of cells that tolerant low levels of boron. Plant Cell Physiol. 33: 1135-1141

11. Kobayashi M, Matoh T, Azuma J (1996) Two chains of rhamnogalacturonan II are cross-linked by borate-diol ester bonds in higher plant cell walls. Plant Physiol. 110: 1017-1020

12. Ishii T, Matsunaga T (1996) Isolation and characterization of a boron-rhamnogalacturonan-II complex from cell walls of sugar beet pulp. Carbohyd. Res. 284: 1-9

13. O'Neill MA, Warrenfeltz D, Kates K, Pellerin P, Doco T, Darvill AG, Albersheim P (1996) Rhamnogalacturonan-II, a pectic polysaccxharide in the walls of growing plant cells, forms a dimer that is covalently cross-linked by a borate ester. J. Biol. Chem. 271: 22923-22930

14. Ishii T, Matsunaga T, Hayashi N (2001) Formation of ramnogalacturonan II-borate dimer in pectin determines cell wall thickness of pumpkin tissue. Plant Physiol. 126: 1698-1705

15. O'Neill MA, Eberhard S, Albersheim P, Darvill AG (2001) Requirement of borate cross-linking of cell wall rhamnogalacturonan II for *Arabidopsis* growth. Science 294: 846-849

16. Takano J, Yamagami M, Noguchi K, Hayashi H, Fujiwara T (2001) Preferential translocation of boron to young leaves in *Arabidopsis thaliana* regulated by the BOR1 gene. Soil Sci. Plant Nutr. 47: 345-357

17. Takano J, Noguchi K, Yasumori M, Kobayashi M, Gajdos A, Miwa K, Hayashi H, Yoneyama T, Fujiwara T (2002) *Arabidepsis* boron transporter for xylem loading. Nature 420: 337-340

18. Hirai MY, Fujiwara T, Awazuhara M, Kimura T, Noji M, Saito K (2003) Global expression profiling of sulfur starved *Arabidopsis* by DNA macroarray reveals the role of *O*-acetyl-L-serine as a general regulator of gene expression in response to sulfur nutrition. Plant J. 33: 651-663

19. Nikiforova V, Freitag J, Kempa S, Admik M, Hesse H, Höfgen R (2003) Transcriprome analysis of sulfur depletion in *Arabidopsis thaliana*: interlacing of biosynthetic pathways provides response specificity. Plant J. 33: 633-650

20. He Y, Fukushige H, Hildebrand DF, Gan S (2002) Evidence supporting a role of jasmonic acid in *Arabidopsis* leaf senescence. Plant Physiol. 128: 876-884

21. Hirai MY, Fujiwara T, Chino M, Naito S (1995) Effects of sulfate concentration on the expression of a soybean seed storage protein gene and its reversibility in transgenic *Arabidopsis thaliana*. Plant Cell Physiol. 36: 1331-1339

22. Ohkama N, Goto DB, Fujiwara T, Naito s (2002) Differential tissue-specific response to sulfate and methionine soybean seed storage protein promoter region in transgenic *Arabidopsis*. Plant Cell Physiol. 43: 1266-1275

23. Kim H, Hirai MY, Hayashi H, Chino M, Naito S, Fujiwara T (1999) Role of *O*-acetyl-1-serine in the coordinated regulation of the expression of a soybean seed storage-protein gene by sulfur and nitrogen nutrition. Planta 209: 282-289

8. 활성산소 반응

永田俊文 · 菊池尚志

8.1 소개

유산소 호흡을 획득한 생물은 미토콘드리아에 의한 에너지 생성계의 최종 환원 물질로서 산소를 사용한다. 그 결과로서 불완전 환원체인 활성산소 발생의 문제가 발생하게 되었다. 또한 활성산소는 방사선이나 자외선, 환경 물질의 섭취 등에 의한 생체 내의 물의 화학 분해 등에 의해서도 생성되어, 산화적 스트레스를 생물체에 제공한다. 이에 대항하여 생체의 산화 환원 상태를 정상적인 상태로 되돌리기 위해 생물은 다양한 활성산소 소거계를 발달시켜 왔다. 그리고 제어가 가능하게 되면 다음 단계로 활성산소의 높은 반응성과 매우 짧은 수명을 활용하여 생체 방어와 신호전달 물질로서 적극적으로 이용하게 되었다. 식물에서도 활성 산소의 제어에 관한 이 두 기구, 즉 활성산소에 의한 산화 스트레스의 제거계(활성산소 제거 시스템)와 활성산소를 신호전달 물질로 사용하는 생체 제어계(활성산소 이용 시스템)가 밀접하게 엮어서 존재하고 있다. 애기장대에 방사선 대량 조사를 통한 활성산소의 인위적 발생에 의해 식물체에 유도된 변화의 생리적, 생화학적, 분자 유전학적 분석을 통해서 식물의 활성 산소의 제어기구에 대해 설명하고자 한다.

8.2 활성산소와 생물

활성산소라고 불리는 단어는 1956년 하만 등에 의해 주장되어 프리 라디칼 이론으로 등장했다. 그 이후, "생체 내의 산소가 프리 라디칼 반응에 의해 부대 전자를 유지한 형태가 되고, 강력한 반응성으로 생체와 DNA를 손상시켜 각종 병해의 원인이 된다"는 이론에 근거한 연구가 동물을 대상으로 발전되어, 암과 생활 습관병의 원인 물질로서 현재는 일반적으로 알려져 있다. 활성산소에는 수퍼옥사이드(O_2^-) 과산화수소(H_2O_2), 히드록시라디칼(· OH), 일중항 산소($^1O_2$), 지질라디칼(LOO · , L · , LOOH, LO ·) 등이 있다. 활성산소는 산소, 오존, 물, 불포화 지방산 등의 생체물질의 산화환원반응에 있어서 불완전 환원체로서, 자기산화반응, 효소적 산화반응, 광화학반응, 물리화학적 반응 등에 생성되어, 에너지적으로 불안정하기 때문에 2μs~0.5ms의 짧은 수명을 나타내지만, 강한 반응성으로 생체 물질을 산화시킨다[1]. 따라서 활성산소 생성에 제거 시스템이 대응할 수 없는 경우, 생체는 산화스트레스 상태가 된다[1]. 동물의 경우 발암, 노화, 동맥 경화, 염증, 신경 질환, DNA 손상 등을 일으키게 된다. 활성산소에 대한 방어 시스템으로는 1) 항산화 효소 [각종 과산화물제거효소(superoxide dismutase, Mn- SOD, Zn-SOD, Fe-SOD 등)], 글루타치온 과산화효소(Glutathion peroxidase), 과산화효소분해효소(catalase) 등의 효소군 및 2) 항산화 물질

[(아스코르빈산(Ascorbic acid, 비타민 C), 유비퀴논(Ubiquinone), 시스테인(Cysteine), β-카로틴(β-carotene), 토코페롤(tocopherol, 비타민 E), 글루타치온(Glutathion), 페리틴(Ferritin), 알부민(Albumin) 등의 저분자 물질]이 존재하고 있어, 생체 내의 생활 산소를 재빠르게 소거해야 할 산화 스트레스에 대응하여 생성 및 발현된다. 또한, 활성산소를 이용하기 위해 적극적으로 생산하는 시스템으로는 NAD 탈수소효소(dehydrogenase), 잔틴산화효소(Xanthine oxidase), P450, NADPH 산화효소(oxidase) 등이 있고, 이들은 신호전달 인자, 산화기질, 항균 물질로서 활성 산소를 합성하여 이용하고 있다[2].

식물은 동물과 마찬가지로 산소 호흡의 전자 전달계에 기인하는 O_2^-의 발생 이외에 광합성의 전자전달계에 의해 생성되는 $^1O_2$와 광호흡이 실시되는 퍼옥시좀에서 발생하는 H_2O_2 등과 같이 환원되어야 할 활성산소가 항시적으로 다량 존재하고 있어, 엽록체의 분석에서 일반적으로 생체내 활성산소 농도는 O_2^-가 40uM, H_2O_2가 0.5uM인 것으로 보고되고 있다. 식물에서도 기본적인 항산화효소는 동물과 마찬가지로 존재한다. 그리고 저분자 항산화 물질은 특히 비단백질인 Ascorbic acid, β-carotene, Polyphenol, Catechin의 세포 내의 축적이 특징적이다. 또한, 활성산소 이용 시스템으로는 동물처럼 NADPH oxidase 등을 이용하는 한편, pH 의존성 세포벽 과산화효소(Peroxidase), Germin Oxalate oxidase, 아민산화효소(Amine-oxidase) 등을 이용하여, 스트레스 대응, 병해저항성, 발생 제어 등을 하고 있는 것이 보고되고 있다[3-7]. 이때 생체 내의 활성산소 농도는 O_2^-가 240~720uM, H_2O_2가 5~15uM이다.

8.3 활성산소의 스트레스로 인한 발생

환경 스트레스(강한 빛, 높은 습도, 상해, 염해, 중금속, 낮은 산소, 자외선 조사 등)나 질병 감염 등 다양한 상황에서 활성산소가 발생하거나 생성된다. 그리고 활성산소의 발생 현상은 직접적인

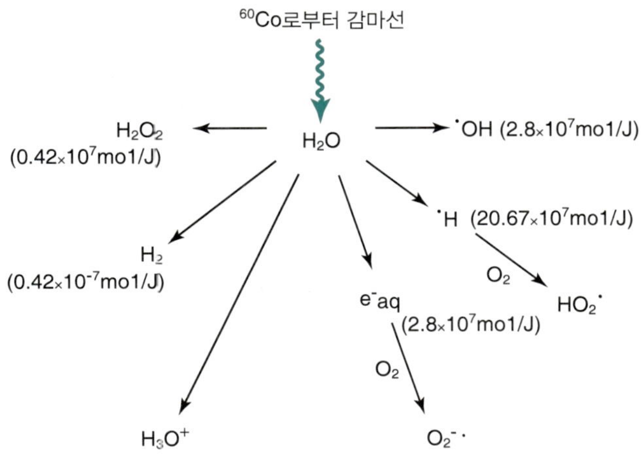

그림 8.1 ^{60}Co에 의한 물의 방사화학 분해.

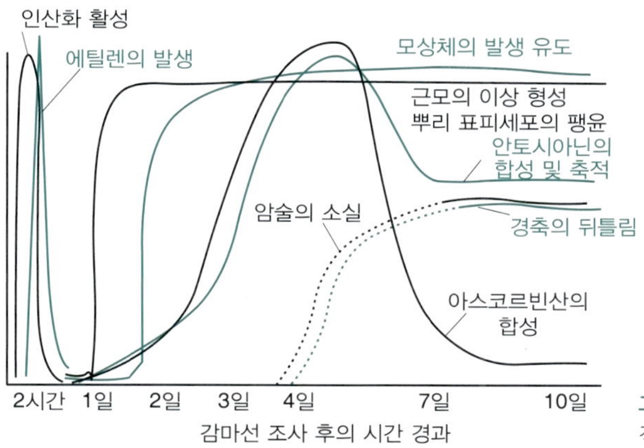

그림 8.2 감마선 조사 후의 애기장대의 생리·생화학적 변화.

것(광합성 반응, 호흡, 물리 화학 반응 등으로 순간적으로 발생)과 간접적인 것(활성산소 합성 시스템 유전자의 발현 등으로 수분~수 시간 동안 발생)으로 분류할 수 있다[9-17]. 일반적으로 발생하는 활성산소는 생체 내에서 항상 존재하는 항산화 물질에 의해 신속하게 소거되지만, 상해나 질병 등에 의해 유도된 활성산소는 신호전달에 이용된다. 존재 시간이 매우 짧다는 활성산소의 특징은 국소성의 신호전달 물질로서 유용성이 높은 것을 의미하고, 이것은 앞서 언급한 제한된 영역에 생기는 스트레스에 대응하는 시스템에 응용되는 이유라고 생각할 수 있다. 그리고 활성산소를 생성하고 이용하려면 생체 내부의 소거기구의 제어가 전제가 되어야 한다. 따라서 산화 환원 제어 시스템과 신호전달계의 두 현상은 활성산소 분석에 필수적인 요소이다. 필자들은 인위적으로 활성산소를 식물체 내에 발생시킬 목적으로 ^{60}Co에서 발생하는 감마선을 애기장대에 조사하였다. 일반적으로 식물은 동물에 비해 방사선에 대한 내성이 10~100배나 높고, 특히 종자 상태에서의 허용량은 크다. 감마선 조사에 의해 생체내 물이 방사선 분해를 일으켜 활성산소가 발생하고 산화 스트레스와 신호전달 인자로 작용한다(그림 8.1). 발아 2주 후의 식물에 1~2kGy의 방사선을 조사한 후 일반 배양 환경에서 성장시켜 생리·생화학적 변화를 분석한 결과, 수 시간~3일 사이에 안토시아닌(Anthocyanin)의 합성 및 축적, 아스코르빈산(Ascorbic acid)의 합성, 모상체(trichome)의 발생 유도, 에틸렌의 발생, 줄기의 비틀림, 수술의 소실, 근모의 이상 형성, 뿌리 표피 세포의 팽창이 분석되었다[18,19](그림 8.2). 이러한 현상을 식물의 활성 산소 반응 기구의 한 예로 하여, 식물의 활성산소 반응계 시스템 대해 설명하고자 한다.

8.4 식물의 항산화 방어 반응기구

첫 번째로, 식물의 산화 환원 제어 시스템(항산화 방어 반응기구)에 대해 고찰한다. 동물과 다른 식물은 산화적 스트레스로부터 능동적으로 이탈할 수 없기 때문에, 대량의 활성산소가 생체 내에 발생하는 장소에 대한 대응이 필수적이다. 또한 특수 조직만이 생체 물질의 합성 및 저장을 담당하고 있는 동물과 비교하면, 식물은 에너지 공급을 포함하여 기본적으로 개별 세포의 생체 물질 합성 능력과 저장 능력이 크다. 이러한 특징에 의해, 항산화 물질의 합성 및 축적이 식물에서 발달하고 있는 것으로 알려졌다. 특히, 폴리페놀(Polyphenol)계 색소, 아스코르빈산(Ascorbic acid) 등의 저분자 항산화 물질의 합성 및 대량 축적은 많은 식물에서 보고되고 있다. 감마선의 조사 실험에서는 조사 3일 후부터 식물체의 잎과 줄기 조직에서 안토시아닌의 축적이 관찰되었다. 안토시아닌의 축적은 활성산소 스트레스로부터 5일 후에 최대치(일반적으로 10~20배)로 된 뒤, 일반적으로 5~6배의 양이 조직 중에 지속적으로 유지된다(그림 8.3). 안토시아닌의 축적은 건조, 강한 빛, 고온, 저온, 높은 습도, 높은 산소 농도, 낮은 이산화탄소 농도, 자외선 조사, 오존 노출, 병해 감염 등 다양한 스트레스에서 보고되고 있다[20,21]. 이러한 환경 조건은 직접적(활성산소의 발생, 활성산소 환원 기구의 효율 저하) 및 간접적(방어 반응 및 신호전달 시작을 위한 활성산소의 생산)으로 활성산소 스트레스를 발생시키는 것으로 추측되어, 안토시아닌은 활성산소 소거 기능에 의해 항산화 물질로 합성이 유도되는 것으로 밝혀지고 있다[22-24]. 또한, 아스코르빈산(Ascorbic acid)도 안토시아닌과 같이 항산화 물질로 합성 유도된다[25,26]. 아스코르빈산은 항산화 저분자 물질로 직접적으로 활성 산소와 반응, 환원하여 산화 스트레스를 소거한다[27-29]. 아스코르빈산의 축적은 활성산소 스트레스로부터 4일 후 최대치(평소의 5~10배)가 된 후, 1주일 후에는 일반 함유치로 돌아오는 것이 관찰되었다(그림 8.3).

전자스핀공명법을 이용하여 활성산소 소거 기능을 측정한 결과, 보통의 활성산소 소거 기능의 주요 물질은 아스코르빈산인 것으로 밝혀졌다. 감마선 조사 후, 활성산소 소거 기능이 빠르게 상승하고 5일째에 정상 수치의 5~6배가 되고 정점을 찍은 후에도 보통 값의 2~3배를 유지한다. 이때, 아스코르빈산 및 안토시아닌의 합성과 축적량은 품종에 따라 차이가 있으며, Landsberg *erecta*에서는 보통의 조건과 감마선 조사한 조건에서 Columbia보다 안토시아닌의 함량이 약 2배이며, 반대로 Columbia 주에서는 보통의 조건과 감마선 조사한 조건에서 Landsberg *erecta*의 약 2배 정도 높은 아스코르빈산을 나타내었다(그림 8.3). 그리고 산화 스트레스 경우에 아스코르빈산과 안토시아닌의 합성과 축적이 유효한지 여부를 확인하기 위한 목적으로, 야생형과 안토시아닌 돌연변이(*tt2* 돌연변이, *tt3* 돌연변이, *tt4* 돌연변이, *tt5* 돌연변이, *ttg1* 돌연변이) 그리고 아스코르빈산 돌연변이(*vtc1*-1 돌연변이)에 감마선 조사 후 생물 활성을 조사한 결과, 야생형에서만 잎의 전개, 성장과 개화가 관찰되고, 또한 감마선 조사 이전에 아스코르빈산을 흡수시킨 돌연변이 생물 활성이 상승한 결과로부터, 이러한 물질의 활성산소 스트레스에 대한 유효성을 나타냈다(표 8.1).

활성산소 스트레스의 경우, 아스코르빈산과 안토시아닌 중에 어느 쪽이 주요 항산화 물질로 유도되어 축적되는지에 대해 동일한 식물 종에서도 품종에 따라 차이가 있는 것이 흥미롭다. 아스코르빈산과 안토시아닌은 화학적 구조가 다르기 대문에 산화 반응 기작도 다를 것으로 예상된다. 또한, 토코페롤(Tocopherol)과의 공역(공동으로 작용)에 의해 쉽게 환원체에 돌아가고 분해 반응도 쉬운 아스코르빈산에 비해 안토시아닌은 분해하기 어렵다는 특징이 있으며, 잎 색깔에 변화를 유발하기 위해 광합성 능력에도 영향을 미친다. 따라서 강한 빛의 환경처럼 활성산소 스트레스가 지속적인 경우에는 안토시아닌과 같은 안정적인 항산화 물질의 경우가 유리한 한편, 일시적인 환

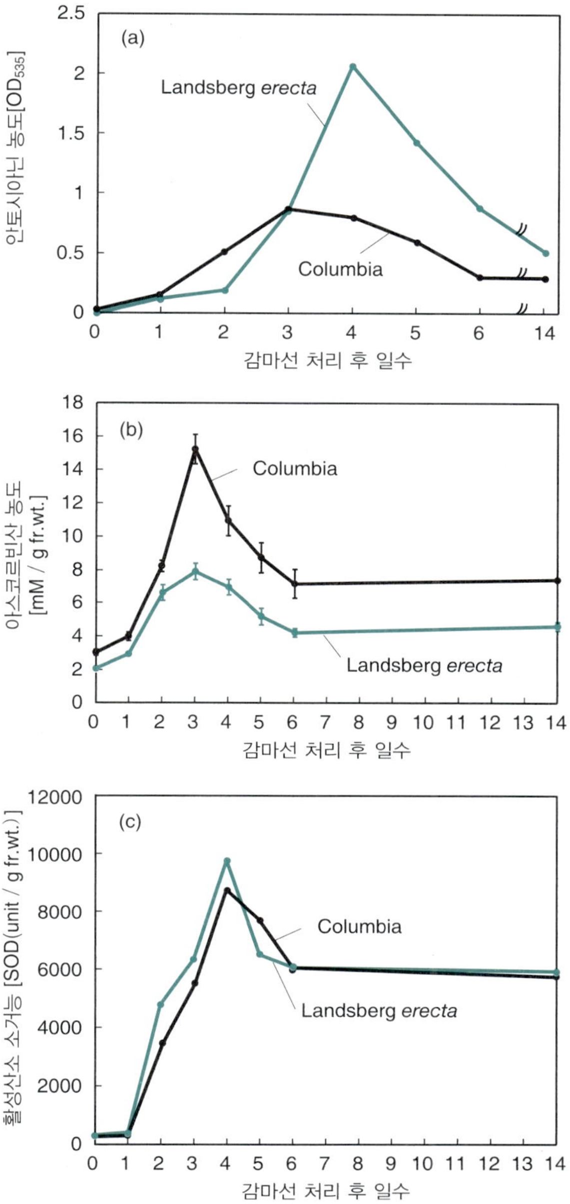

그림 8.3 감마선에 의해 유도된 항산화물질의 축적과 활성산소 소거능의 변화. (a) 안토시아닌의 축적. (b) 아스코르빈산의 축적. (c) 활성산소 소거능의 변화. 문헌[19] 인용.

경 스트레스 경우에는 아스코르빈산과 같이 분해가 쉬운 항산화 물질이 적합하다고 생각된다. 실제로 강한 빛에 의한 활성산소 스트레스가 지속적인 열대의 식물은 안토시아닌 함량이 많은 것이 관찰되어 있다. 환경 변화에 의한 활성산소 스트레스로부터 이동할 수 없는 식물은 이러한 저분자 항산화 물질의 합성 유도 체계를 발달시키는 것으로 산화 스트레스로부터 생체를 방어하고 있다

표 8.1 감마선 조사 후의 생물 활성

종	생중량 (g)	전개된 잎 수 (%)							개화의 비율 (%)
		5이하	6	7	8	9	10	11이상	
Columbia	0.126 ± 0.051	0	0	0	0	0	23	77	95
Landsberg *erecta*	0.150 ± 0.095	0	7	9	0	21	15	48	95
Columbia, 감사선 조사	0.114 ± 0.050	0	0	3	29	43	13	12	92
Landsberg *erecta*, 감사선 조사	0.118 ± 0.091	0	5	26	26	16	22	5	95
Landsberg *erecta*, 1 mM n-PG, 감사선 조사	0.130 ± 0.050	0	0	6	10	36	40	8	95
Landsberg erecta, 1 mM 아스코빈산 흡수 , 감사선 조사	0.127 ± 0.080	0	5	5	12	30	28	20	91
tt3 돌연변이체, 감사선 조사	0.021 ± 0.012	33	19	33	10	5	0	0	5
tt4 돌연변이체, 감사선 조사	0.029 ± 0.018	17	30	17	30	6	0	0	0
tt5 돌연변이체, 감사선 조사	0.033 ± 0.022	29	18	25	18	0	7	32	0
ttg1-1 돌연변이체, 감사선 조사	0.022 ± 0.028	57	13	9	4	13	4	0	0
vtc1 돌연변이체	0.138 ± 0.100	0	0	0	4	0	10	86	88
vtc1 돌연변이체, 감사선 조사	0.016 ± 0.012	71	18	11	20	5	3	0	0

30일간의 평균값

고 생각되며, 이러한 것이 방사선 조사 등의 활성산소 스트레스에 대하여 식물이 동물보다 저항성이 높은 이유 중 하나가 될 수 있다고 추측된다.

8.5 식물의 활성산소 신호전달기구

두 번째로, 식물의 활성산소 이용 신호전달기구의 해석에 대해 고찰한다. 동물의 경우는 적극적으로 활성산소를 생성하고 신호전달 등에 이용하는 시스템으로 식세포 NADPH 산화효소, NF-κB 신호전달계, 티로신 키나아제 및 MAP 키나아제 시스템, 아포토시스(Apoptosis, 세포자살) 등이 보고되고 있다. 식물에서도 NADPH 산화효소와 MAP 키나아제는 존재한다. 그리고 상해나 질병 저항 반응, 잎, 뿌리 등 각 기관의 발생 제어에 관해서는 동물보다 적극적으로 활성산소를 신호전달 물질로 활용하고 있다. 이와 같은 시스템으로 보아, 식물은 각 기관의 독립성이 동물에 비해 현저히 높기 때문에 암, 순환기 및 신경 기관의 질병과 같은 활성산소에 의한 부정적인 피드백이 생기기 어렵고 저분자 항산화 물질의 세포내 비축이 많고, 자발적으로 생산하는 활성산소의 제거에 대해 강력한 시스템을 가지게 되었다.

이후로는 활성산소의 인위적 발생에 의한 식물의 활성산소 이용 신호전달기구의 해석에 대한 예를 나타낸다. 발육 또는 발생 분화 중간에 감마선을 조사 처리한 식물체의 조직에서 비정상적인 발육과 기관 분화가 관찰된다. 이 조직은 활성산소를 신호 인자로 사용하는 발생계의 작동에 기인하는 것으로 추측된다. 조사시에 발육 전개 중의 잎 조직에서는 표면의 돌기 구조인 모상체(trichome)가 보통 1.5~2배나 형성되는 것이 관찰되었다(그림 8.4a). 조사 24시간 후부터 전개 잎의 표면에 모상체가 발생하여, 3일째에는 모상체의 형성을 종료한다. 다소 불완전한 형태의 비율이 높지만, 95% 이상의 모상체는 정상적인 형태로 존재한다. 또한 모상체의 생성밀도는 증가하지만 각각의 간격은 정상 잎과 마찬가지로 규칙적으로 존재하며, 인접한 모상체와 일정한 거리를 유지되고 있다.

뿌리 조직의 분열 조직에서는 비정상적인 형태형성이 유도되는 것이 관찰되었다. 감마선 조사시에는 분열 중의 뿌리 부분과 측근부의 신장 영역에 있어서 조직의 팽창과 근모의 과잉 형성이 관찰되었다. 조사 18시간 후부터 통상적으로는 근모를 형성하지 않는 뿌리 관 부근의 표피 세포가 근모로 분화를 시작하여, 60~72시간 안에 근모 완전히 세포로 분화한다. 동시에 외피 세포의 팽창이 신장 영역에 발생하는 것도 관찰된다(그림 8.4b). 뿌리 세포의 용적 증대와 근모의 형태형성은 NADPH 산화효소 Rhd21에 의해 생산되는 활성산소에 의해 유도되는 것이 밝혀졌다[30]. 발생 분화시의 뿌리 세포의 신장부에서는 Rhd2에 의해 활성산소가 발생하여, 몇 단계를 겪은 후에 세포막 상의 과분극형 Ca^{2+} 채널의 활성을 증가시키는 것에 의해 세포 내의 Ca^{2+}의 유입을 추진하

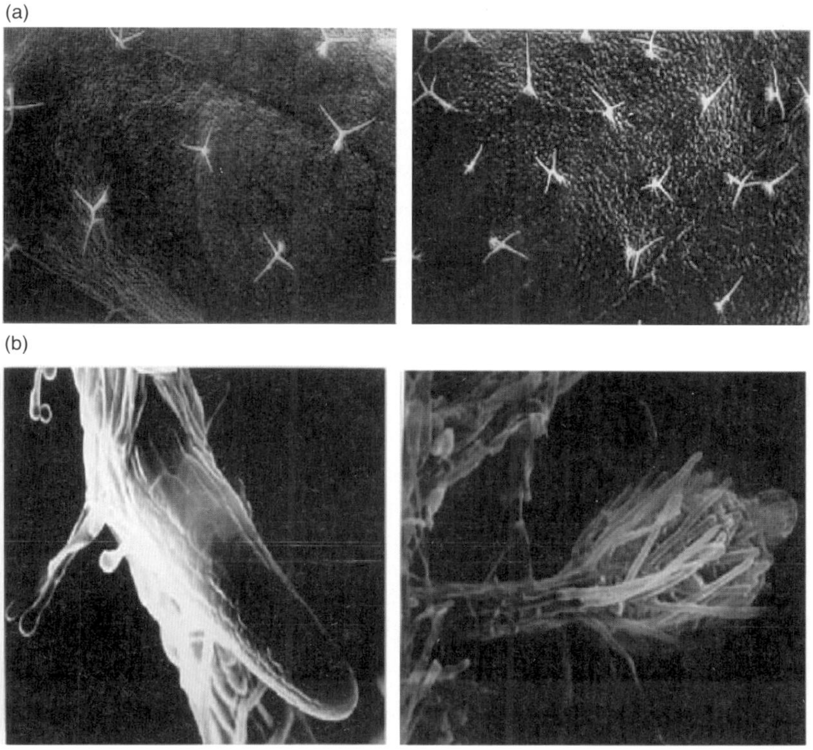

그림 8.4 감마선 처리에 의해 유도된 형태형성 변이. (a) 잎 표면의 변화. 왼쪽: 무처리, 오른쪽: 감마선 처리 후 3일차. (b) 뿌리의 변화. 왼쪽: 무처리, 오른쪽: 감마선 처리 후 3일차.

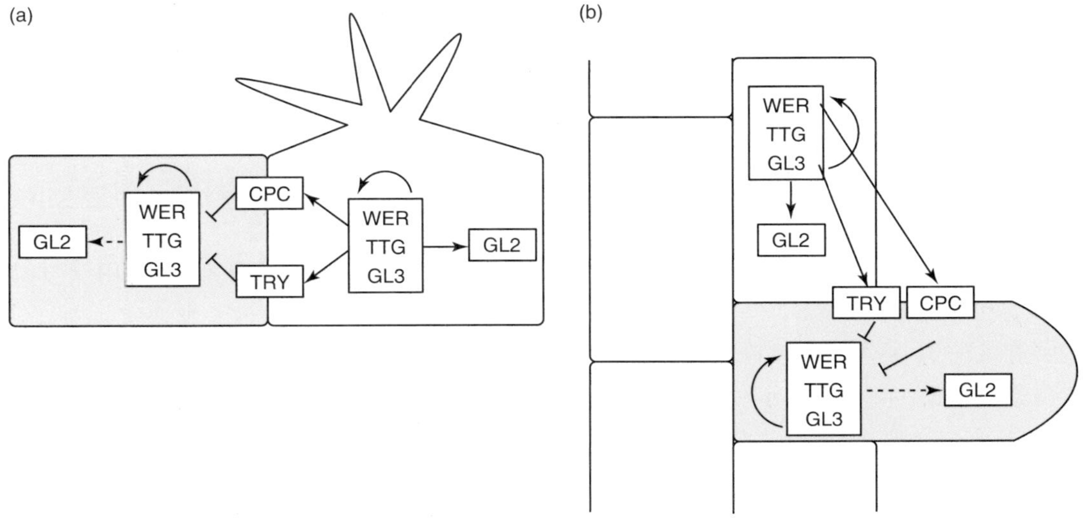

그림 8.5　모상체 (a)와 근모 (b)의 분화 유도 기구. 문헌[31]을 변형하여 인용.

여, 세포의 신장과 근모의 분화를 유도한다. 활성산소의 대량 발생에 의한 신호 인자의 증가로 인해 뿌리 기관의 발생 제어 기구가 과잉 작동된 된 것으로 추측된다. 그리고 근모 형태형성과 모상체(trichome)의 분화는 일반적인 유전자(*TTG1* 유전자, *GL2* 유전자, *GL3* 유전자, *CPC* 유전자 *TRY* 유전자) 및 유사한 유전자(근모 분화는 *WER* 유전자, 모상체 분화는 *GL1* 유전자)에 의한 매우 유사한 제어기구에 의해 유도되어 있기 때문에[31], 뿌리 조직과 유사한 활성산소를 통해 발생 제어기구가 잎 조직에서도 이용되고 있을 가능성이 추측되었다(그림 8.5). 근모와 모상체는 조직학적으로는 동떨어진 기관이지만, 표층 세포가 분화되어 돌출 기관을 형성하는 것은 동일하기 때문에, 비슷한 제어기구에 의해 유도되는 것으로 생각할 수 있다. 또한 *TTG1* 유전자는 근모, 모상체(trichome)의 형성 유도뿐만 아니라 안토시아닌의 합성 유도계의 제어 유전자로도 판명되었다[32]. 따라서 활성산소를 엘리시터(Elicitor)로 하는 특정 전사조절시스템은 “WD40 단백질 → MYB (MYC) → 호메오도메인(homeodomain) 단백질”과 같은 계층 구조의 제어기구를 활용하고 있을지도 모른다

또한, 조사 7~10일 후부터 추대 및 화기의 형태형성이 진행되지만, 진피의 발육이 정상적인 것에 비해, 다른 꽃받침 조각, 꽃잎, 수술의 분화 발육이 선택적으로 억제되고, 특히 수술은 대부분 소멸된다. ABC 모델 중 B의 유전자(*PI* 유전자, *AP3* 유전자, *UFO* 유전자)의 제어에 활성산소의 발생이 억제적으로 작용하고 있을 가능성이 추측된다. 또한, 조사 후 7일째 정도부터 식물체가 성장을 재개하여 줄기가 신장하고 있는 때에는, 줄기 조직이 오른쪽 방향으로 뒤틀리는 현상이 관찰되었다. 표층 미소관의 배향 제어기구가 활성산소에 의해 신장 축에 직각 방향에서 어긋난 결과, 식물체가 뒤틀리게 되었다고 추측된다. 이 현상은 성장점뿐만 아니라 감마선 조사시에 성장을 완료한 줄기 영역에서 관찰되었다. 표층 미세소관의 배향은 가소성이며, 세포 분화, 각종

스트레스, 식물 호르몬 등에 의해 다시 배향이 일어날 수 있는 것이 판명되어[33,34], 감마선 조사에 의해 생기는 뒤틀림은 무작위가 아닌 모든 시계 방향이기 때문에, 어떠한 배향제어기구의 작용이 예상된다. 이러한 반응도 활성산소 소거제의 사전 공여에 의해 억제되므로, 활성산소에 의한 제어가 예상되었다.

또한 감마선 조사 후 몇 시간 이내에, 에틸렌의 발생과 생체내 단백질 인산화 활성의 상승이 측정되었다. 이들은 활성산소 스트레스에 대응하는 방어 반응과 신호전달계의 일차적인 반응이라고 추측된다. 감마선 조사 1시간 후에 에틸렌의 방출이 유도되었다. 에틸렌 방출은 2시간 이내에 종료하여 이후의 생성은 측정되지 않았지만, 3~7일 후 잎과 뿌리 기관의 팽창을 가져왔다. 이 에틸렌의 발생은 방어 반응의 신호전달계를 시작했다고 생각할 수 있어, 활성산소의 발생을 감지하는 스트레스 대응 신호전달계 또는 상해, 산화 스트레스 등에 대응하는 앱시스산(ABA) 생합성 등에 의한 에틸렌 생합성계의 유도가 추측된다. 또한 감마선 조사에 단백질의 인산화 능력을 측정한 결과, 조사 15분 후부터 급상승하고 45분 후에 하강한 것이 분석되었다. 이러한 것보다 활성산소의 발생과 이와 관련된 스트레스에 대응하는 단백질이 인산화 반응이 매우 빠른 단계로 진행되어, 이후의 생리·형태적 변화를 유도하고 있다고 추측된다. 이러한 결과로부터, 활성산소의 신호전달계는 빠른 것으로는 조사 후 즉시 시작할 수 있는 것이 판명되었고, 수일간의 시간 경과를 거쳐 상기의 현상과 같은 측정 가능한 특성을 관찰할 수 있으 것으로 추측된다. 즉, 유전자 및 단백질의 발현 제어의 단계에서 조절 기구는 스트레스로부터 수 시간 후에 시작되어, 많은 스트레스 대응 반응이 시작되고 있는 것으로 추측된다.

또한, 병해 저항성, 상해, 열 스트레스 등에 대한 일련의 방어 반응이 활성산소를 통하여 시작되는 것도 많이 보고되고 있다[35-39]. 질병 저항성의 발현의 경우, *avr/R* 유전자의 신호전달계를 거쳐, 살리실산의 합성, 세포 사멸 등과 함께 H_2O_2 등 활성산소가 합성되어 *ndr1* 유전자, *npr1* 유전자, 살리실산 생합성 유전자, *PR* 유전자 등의 발현을 제어하고 있다. 다른 스트레스 반응에 있어서도 초기 단계에서 활성산소는 합성되어 MAP 키나아제, 살리실산, 오옥신, 에틸렌 등 다양한 신호전달계를 시작한다. 또한 식물의 NADPH 산화 효소 자체의 구조를 유지하고 있는 것이 밝혀져 있다[40]. 효소 활성 유닛인 $gp^{95}phox$ 서브유닛에는 EF 핸드(많은 칼슘 결합 단백질에서 발견되는 구조적 도메인)가 2개 존재하고 있는 것으로부터, Ca^{2+} 신호전달계가 활성산소의 생성을 제어한다는 것이 밝혀졌다.

이러한 활성산소는 다방면에 걸쳐 신호전달 인자로 이용되고 있어 향후 연구의 진전에 따라 관여하는 것들이 새롭게 해명될 것으로 예상된다.

8.6 마무리

활성산소 제어 시스템과 신호전달계는 동물보다 식물에서 응용면이 많다고 생각된다. 그 이유는 식물의 경우가 활성산소 스트레스에 노출되는 빈도가 높고, 그것에 대응하기 위해 저분자 항산화 물질의 합성 및 저장 기구가 발달되어 있기 때문에, 자발적으로 생성된 신호 용도의 활성산소 소거능도 높고, 활성산소를 보다 안전하게 사용 가능하다는 점을 들 수 있다. 또한 활성산소의 신호전달 물질로서의 특징은 수명이 짧다는 것과 강력하고 비특이적인 반응이다. 따라서 세포 사이의 거리 이상의 신호전달 물질로는 사용 불가능하기 때문에 발생하는 세포 자체가 반응 가능한 발생 · 분화 및 생리 반응을 제어하거나 더욱 넓게 작동하는 신호전달계를 작동시켜서 광범위한 신호전달을 가능하게 할 것으로 시사된다. 실제 활성산소가 생물에 미치는 영향은 활성산소의 스트레스에 대응한 신호전달계에 유래하는 현상과 활성산소의 생성에 의한 세포내 산화 반응 등 이차적인 신호전달에 의한 간접적인 반응에 유래하는 현상이 혼합된 것으로 생각된다. 이와 관련하여 더 자세한 분석이 필요하며, 평행 또는 교착한 몇 개의 제어 시스템의 정리도 필수적으로 생각된다.

여기서 애기장대의 활성산소 반응을 중심으로 언급했지만, 벼의 감마선 조사의 결과에서도 안토시아닌 합성, 잎 표면의 모상 기관의 발현 유도, 분열 성장 부분의 증가 등이 분석되어, 활성산소 스트레스에 의한 유도 현상의 공통성이 확인되었다. 따라서 활성산소 반응계는 많은 식물 종에서 기본적으로 보존되어 있을 것으로 추측된다. 또한 동물과 식물에 공통적으로 있어, 활성산소 수용체 또는 활성산소 신호 일차 수용 기구는 아직 불분명하지만, 이후의 연구의 중심적인 문제 중 하나이다. 그리고 활성산소 제어 시스템을 밝혀서, 보다 강력한 제어 시스템을 식물에 도입하는 것으로, 미래 식물의 재배 한계 등의 생육 환경 조건에 의한 속박을 경감하는 것과 같이 응용면에서의 발전도 기대할 수 있다.

참고 문헌

1. Vranova E, Inze D, Breusegem FV (2002) Signal transduction during oxidative stress. J. Exp. Bot. 53 : 1227-1236
2. 酸化ストレス·レドックスの生化学(2000)日本生化学会(編)共立出版, 東京
3. Zamyatnina VA, Bakeeva LE, Aleksandrushkina NI, Vanyushin BF (2002) Apoptosis in the initial leaf of etiolated wheat seedlings: influence of the antioxidant ionol (BHT) and peroxides. Biochemistry 67: 212-221
4. Ren D, Yang H, Zhang S (2002) Cell death mediated by MAPK is associated with hydrogen peroxide production in *Arabidopsis*. J. Biol. Chem. 277: 559-565
5. Wa G, Shortt BJ, Lawrence EB, Leon J, Fitzsimmons KC, Levine EB, Raskin I, Shah DM (1997) Activation of host defense mechanisms by elevated production of H_2O_2 in transgenic plants. Plant Physiol. 115: 427-435
6. Rodriguez AA, Grunberg KA, Taleisnik EL (2002) Reactive oxygen species in the elongation zone of maize leaves are necessary for leaf extension. Plant Physiol. 129: 1627-1632
7. Joo JH, Bae YS, Lee JS (2001) Role of auxin-induced reactive oxygen species in root gravitropism. Plant Physiol. 126: 1055-1060
8. Mittler R (2002) Oxidative stress, antioxidants and stress tolerance. Trends Plant Sci. 7: 405-410
9. Mullineaux P, Ball L, Escobar C, Karpinska B, Creissen G, Karpinski S (2000) Are diverse signaling pathways integrated in the regulation of arabidopsis antioxidant defence gene expression in response to excess

excitation energy? Philos. Trans. R. Soc. Lond. B Biol. Sci. 355: 1531-1540

10. Jiang M, Zhang J (2002) Water stress-induced abscisic acid accumulation triggers the increased generation of reactive oxygen species and up-regulates the activities of antioxidant enzymes in maize leaves. J. Exp. Bot. 53: 2401-2410

11. Munne-Bosch S, Jubany-Mari T, Alegre L (2003) Enhanced photo- and antioxidative protection, and hydrogen peroxide accumulation in drought-stressed *Cistus clusi* and *Cistus albidus* plants. Tree Physiol. 23: 1-12

12. Mitova V, Guy M, Tal M, Volokita M (2002) Response of the cultivated tomato and its wild salt-tolerant *Lycopersicon pennelli* to salt-dependent oxidative stress: increased activities of antioxidant enzymes in root plastids. Free Radic. Res. 36: 195-202

13. Guan LM, Scandalios JG (2000) Hydrogen-peroxide-mediated catalase gene expression in response to wounding. Free radical. Biol. Med. 28: 1182-1190

14. Schutzendubel A, Polle A (2002) Plant responses to abiotic stresses: heavy metal-induced oxidative stress and protection by mycorrhization. J. Exp. Bot. 53: 1351-1365

15. Blokhina OB, Chirkova TV, Fagerstedt KV (2001) Anoxic stress leads to hydrogen peroxide formation in plant cells. J. Exp. Bot. 52: 1179-1190

16. Green R. Fluhr R (1995) UV-B-induced PR-1 accumulation is mediated by active oxygen species. Plant Cell 7: 203-212

17. Munne-Bosch S, Alegre L (2002) Plant aging increases oxidative stress in chloroplasts. Planta 214: 608-615

18. Nagata T, Todoriki S, Masumizu T, Suda I, Furuta S, Du Z, Kikuchi S (2003) Levels of active oxygen species are controlled by ascorbic acid and anthocyanin in *Arabidopsis* J. Agric Food Chem. 51: 2992-2999

19. Nagata T, Todoriki S, Hayashi T, Shibata Y, Mori M, Kanegae H, Kikuchi S (1999) Gamma-radiation induces leaf trichome formation in *Arabidopsis*. Plant Physiol. 120: 113-120

20. Logemann E, Tavernaro A, Schulz W, Somssich IE, Hahlbrock K (2000) UV light selectively coinduces supply pathways from primary metabolism and flavonoid secondary product formation in parsley. Proc. Natl. Acad. Sci. USA. 97: 1903-1907

21. Diallinas G, Kanellis AK (1994) A phenylalanine ammonialyase gene from melon fruit: cDNA cloning, sequence and expression in response to development and wounding. Plant Mol. Biol. 1: 473-479

22. Sanz MJ, Ferrandiz ML, Cejudo M, Terencio MC, Gil B, Bustos G, Ubeda A, Gunasegaran R, Alcaraz MJ (1994) Influence of a series of natural flavonoids on free radicals generating systems and oxidative stress. Xenobiotica 24: 689-699

23. Decharneux T, Dubois F, Beauloye C, Wattiaux D, Coninck S, Wattiaux R (1992) Effect of various flavonoids on lysosomes subjected to an oxidative or an osmotic stress. Biochem. Pharmacol. 44: 1243-1248

24. Rice-Evans CA, Miller NJ, Paganga G (1996) Structure-antioxidant activity relationship of flavonoids and phenolic acids. Free Radic. Biol. Med. 20: 933-956

25. Kirino Y, Kwan T (1972) ESR studies of ascorbic acid free radicals. Chem. Pharmacol. Bull. 20: 2651-2660

26. Vaughan WM, Henry JI, Commoner B (1973) Radiosensitivity and the ascorbic acid electron spin resonance doublet. Biochem. Biophys. Acta 329: 159-162

27. Bierski BHG (1982) Chemistry of ascorbic acid radicals. Am. Chem. Soc. 81-98

28. Coudert P, Leal F, Duroux E, Rubat C, Couquelet J (1996) Effect on free radical processes of some ascorbic acid analogues. Biol. Pharmacol. Bull. 19: 220-223

29. Ghosh MK, Chattopadhyay DJ, Chatterjee IB (1996) Vitamin C prevents oxidative damage. Free Radic. Res. 25: 173-179

30. Foreman J, Demidchik V, Bothwell JH, Mylona P, Miedema H. Torres MA, Linstead P, Costa S, Brownlee C, Jones JD, Davies JM, Dolan L (2003) Reactive oxygen species produced by NADPH oxidase regulate plant cell growth. Nature 422: 442-446

31. Schellmann S, Schnittger A, Kirik V, Wada T, Okada K, Beermann A, Thumfahrt J, Jurgens G, Hulskamp M (2002) TRIPTYCHON and CAPRICE mediate lateral inhibition during trichome and root hair patterning in *Arabidopsis*. EMBO J. 21: 5036-5046

32. Walker AR, Davison PA, Bolognesi-Winfield AC, James CM, Srinivasan N, Blundell TL, Esch JJ, Marks MD, Gray JC (1999) The TRANSPARENT TESTA GLABRA1 locus, which regulates trichome differentiation and anthocyanin biosynthesis in *Arabidopsis*, encode a WD40 repeat protein. Plant Cell 11: 1337-1350

33. 柴岡弘郎 (1995) 植物の形の制御と微小管蛋白質核酸酵素 40:33-42

34. 橋本隆 (2002) 微小管と細胞伸長蛋白質核酸酵素 47: 1620-1625

35. Grant JJ, Loake GJ (2000) Role of reactive oxygen intermediates and cognate redox signaling in disease resistance. Plant Physiol. 124: 21-29

36. Numberger T, Scheel D (2001) Signal transmission in the plant immunity response. Trends Plant Sci. 6: 372-379

37. Iba K (2002) Acclimative response to temperature stress in higher plants: approaches of gene engineering for temperature tolerance. Annu. Rev. Plant Biol. 53: 225-245

38. Ren D, Yang H, Zhang S (2002) Cell death mediated by MAPK associated with hydrogen peroxide production in *Arabidopsis*. J. Biol. Chem. 277: 559-565

39. Overmyer K, Brosche M, Kangasjarv J (2003) Reactive oxygen species and hormonal control of cell death. Trends Plant Sci. 8:335-342

40. Keller T, Damude HG, Werner D, Doerner P, Dixon RA, Lamb C (1998) A plant homolog of the neutrophil NADPH oxidase gp91 phox subunit gene encodes a plasma membrane protein with Ca^{2+} binding motifs. Plant cell 10: 255-266

II. 식물 호르몬 반응과 형태형성

1. 지베렐린 반응

神谷勇治 · 山口信太郎

1.1 소개

지베렐린(gibberellin, GA)은 디테르펜(Diterpene)에 속하는 화합물군이며, 식물의 많은 생리 현상에 관여하는 성장 호르몬이다. 지베렐린의 생리 작용은 그 생합성에 결함을 가진 돌연변이와 지베렐린 생합성 저해제를 이용하여 상세하게 조사되었다. 예를 들어, 애기장대에서 지베렐린은 종자 발아 줄기의 신장 성장, 잎의 확대, 꽃눈 형성, 종자의 성숙 등에 필요한 호르몬으로 알려져 있다. 지금까지의 연구를 통해 식물 호르몬의 생합성과 신호의 양자를 조절함으로써, 성장, 분화, 노화 등의 유전적 발생 프로그램의 진행과 환경 요인(온도, 빛, 물 등)에 대한 반응을 하는 것으로 생각된다. 지베렐린의 형태형성에 미치는 작용은 생활 환경의 다양한 측면에서 보이지만, 필자들은 주로 애기장대의 발아 종자에 착안하여 연구를 진행해 왔다. 여기에서 지베렐린의 생합성의 개요와 그 조절 기구에 대해 다룬 다음, 지베렐린 신호전달 경로에 관한 최근의 연구에 대해 설명하고자 한다.

1.2 지베렐린의 생합성

지베렐린의 생합성은 그림 1.1에 표시된 것과 같이 크게 세 단계로 이루어진다. 제1단계는 제라닐제라닐 이인산(Geranylgeranyl diphosphate, GGDP)부터 *ent*-copalyl diphosphate(CDP)를 경유하여 *ent*-kaurene(카우렌)까지 합성하고, 제2단계는 카우렌부터 GA_{12}까지, 제3단계는 GA_{12}에서 활성형의 GA_4가 생성하는 과정이다. 필자는 이와 같은 생합성 경로의 연구와 효소의 성질을 밝혀냈다. 또한, 테르펜화합물에서 지베렐린 생합성에 중요한 역할을 하는 효소(ent-copalyl diphosphate 합성효소(CPS)와 카우렌 합성효소(KS, Kaurene synthase)가 색소체에 존재한다는 것을 밝혔다. 최근에는 색소체 내의 제라닐제나릴 이인산은 종래까지 생각되어 왔던 메발론산 경로에 의해 생합성되는 것이 아니라, 세균 유래의 메틸에리트리톨 인산(methylerythritol phosphate, MEP) 경로에 의해 주로 생합성된다는 것이 밝혀졌다[1]. 제2단계는 소포체막에 존재하는 시토크롬 P450 모노산소화효소(monooxygenase)에서 촉매된, 비수용성 카우렌이 카우렌산을 통해 지베렐린 골격으로 변환하는 단계이다. 이 P450은 3단계의 반응을 수행하는 다기능 효소로서, 두 가지 P450에 의해 총 6단계의 산화가 진행된다. 제3단계의 반응을 촉매하는 효소는 세포질 용해효소이며, 2-oxoglutaric acid를 기질로 하는 산화효소이다.

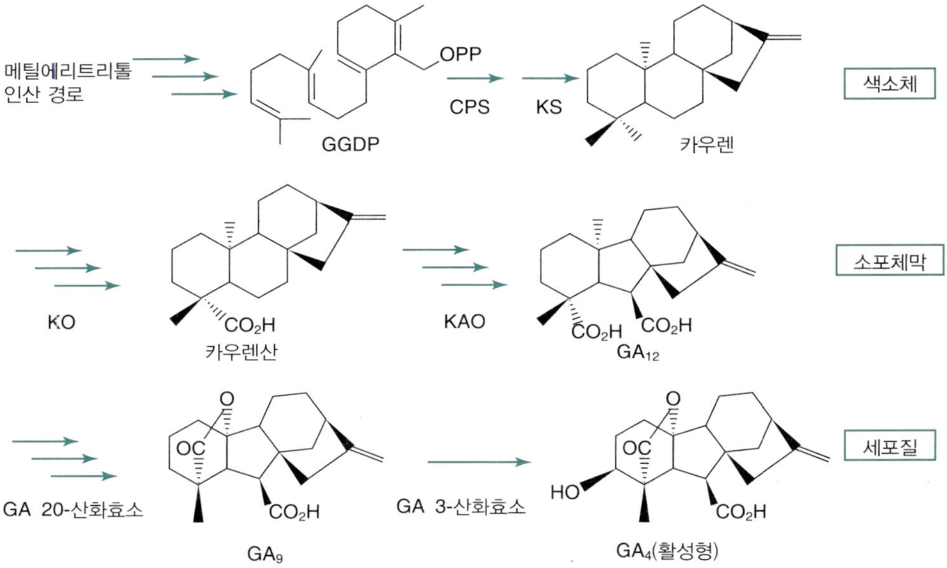

그림 1.1 애기장대에서의 주요한 지베렐린 생합성 경로. GGDP : 제라닐제라닐 이인산, CPS : *ent*-copalyl diphosphate 합성효소, KS : *ent*-카우렌 합성효소, KO : *ent*-카우렌 산화효소, KAO : *ent*-카우렌산 산화효소.

지베렐린 생합성효소의 유전자는 *ent*-copalyl diphosphate 합성효소를 클로닝하고, 지베렐린 20-산화효소를 클로닝한 것으로 시작하여, 2000년 2월에는 기능 발현이 어려웠던 P450 산화효소 유전자의 클로닝과 그 기능이 입증되었다. 또한, 제라닐제라닐이인산에서 GA_4에 이르는 생합성 유전자가 애기장대에서 확인되었다. 애기장대에서는 이미 전체 게놈 유전자 서열이 밝혀졌기 때문에, 앞으로는 생합성 효소를 코딩하는 유전자 패밀리 전체의 성질도 밝혀질 것으로 생각된다. 그러나 각 생합성 효소가 식물체의 어떤 조직에 분포하고, 외적 또는 내적 요인에 의해 생합성이 어떻게 조절되는지에 대해서는 미지의 부분이 많기 때문에, 현재까지도 연구 과제이다. 지베렐린은 보통의 식물체에서는 생체 중 1g당 수 ng에서 pg 수준에서 존재하고, 호르몬으로 생리 작용을 나타낸다. 식물체 내의 지베렐린의 미량 분석은 가스 크로마토그래피-질량 분석기 등을 이용하여 정량한다.

1.2.1 빛에 의한 지베렐린 생합성의 조절

애기장대의 종자 발아는 적색광/근적외선의 광수용체인 피토크롬을 통해 빛에 의해 제어된다. 활성형의 피토크롬을 갖지 않는 종자는 어두운 곳에서는 발아하지 않는다. 지베렐린의 활성화에 중요한 지베렐린 3-산화효소는 애기장대의 게놈 정보에서 적어도 4종류가 존재한다. 발아 종자에서는 이 중에 2개의 유전자, *AtGA3ox1* 유전자와 *AtGA3ox2* 유전자(이전에는 *GA4* 유전자와 *GA4H* 유전자라고 불리었다)가 주로 발현하고 있다. *AtGA3ox1* 유전자는 적색광으로 발현이 유도되어, 지베렐린 자체의 활성에 의해 발현이 억제된다[2]. (부정적인 피드백, 그림 1.2). 한편, 발아 종자

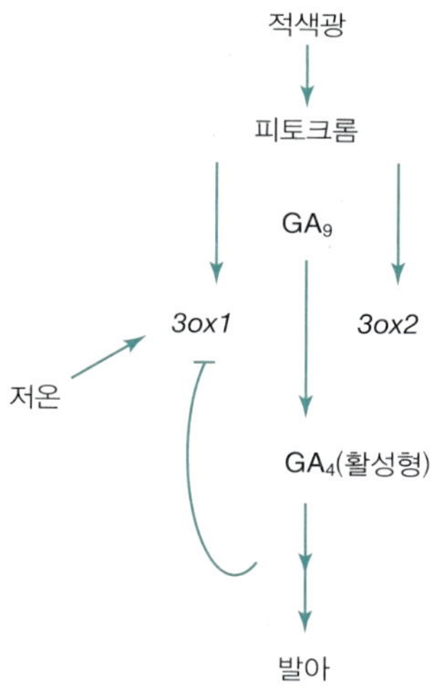

그림 1.2 애기장대 종자 발아 과정에서 지베렐린의 생합성 제어. *3ox1* : *AtGA3ox1* 유전자, *3ox2* : *AtGA3ox2* 유전자, 화살표는 양의 방향을 나타내고, T 자는 음의 제어를 나타낸다.

에서만 주로 발현하는 *AtGA3ox2* 유전자는 *AtGA3ox1* 유전자와 같이 적색광에서 발현이 유도되는데, 지베렐린에 의한 부정적인 피드백 제어를 받지 않는다(그림 1.2). 피토크롬 결실 돌연변이를 이용한 분석으로부터 *AtGA3ox2* 유전자는 phyB에 의해, 그리고 *AtGA3ox1* 유전자는 phyA, phyB 이외의 피토크롬을 통해 적색광 유도를 받는 것으로 밝혀졌다[2]. 이처럼 이 2개의 유전자가 다른 양식으로 제어되는 것으로부터, *AtGA3ox1* 유전자와 *AtGA3ox2* 유전자가 발아 종자들 가운데 다른 세포에서 발현하고 있을 가능성도 추측되어진다. 그러나 그림 1-3에 나타낸 바와 같이, *AtGA3ox1* 유전자, *AtGA3ox2* 유전자의 mRNA는 모두 배축 피층, 내피 세포에 주로 축적하는 것이 *in situ* hybridization(가시적 분자결합화)에 의해 밝혀졌다[3]. 이러한 유전자는 활성형 지베렐린의 생성에 직접적으로 관여하는 지베렐린 3-산화효소를 코딩하는 것으로부터, 이 유전자가 발현하는 배축 내피와 피층 세포는 애기장대의 발아 종자의 지베렐린 합성 부위인 것으로 예상된다.

1.2.2 지베렐린 생합성의 항상성 유지

제라닐제라닐 이인산은 다른 디테르펜과 카로티노이드와 공통의 전구체이기 때문에, 제라닐제라닐 이인산에서 카우렌으로의 변환 과정은 지베렐린 생합성에서 하나의 제어 단계인 것으로 추측된다. 실제, 제라닐제라닐 이인산에서 ent-copalyl diphosphate으로 변환을 촉매하는 ent-copalyl diphosphate 합성효소(그림 1.1)를 코딩하는 *AtCPS* 유전자는 식물의 각 성장 단계에서 엄격하게 조절되는 것으로 알려져 있다. 카우렌 생합성에 관여하는 ent-copalyl diphosphate 합성효소, 카우렌 합성효소가 식물체 내에서 과잉 생산된 경우, 하류의 지베렐린의 축적량에 미치는 영향을 평가하기 위해 *AtCPS* 유전자, *AtKS* 유전자 또는 이들 두 유전자를 동시에 강제 발현하도록 형질전환체를 만들었다[4]. 이러한 형질전환체는 모두 야생형과 다름없는 표현형을 나타내었지만, ent-copalyl diphosphate 합성효소 또는 ent-copalyl diphosphate 합성효소와 카우렌 합성효소를 과잉 발

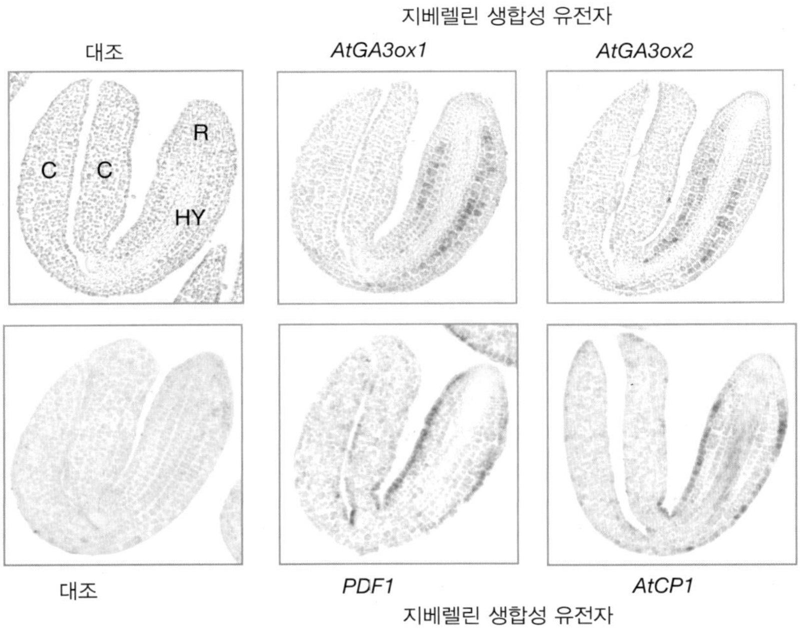

그림 1.3 애기장대 발아 종자에서 지베렐린 생합성 유전자와 지베렐린 유도성 유전자의 발현 부위. 지베렐린 생합성 효소 유전자의 mRNA는 배축의 피층와 내피에 주로 존재하고 있다(상단). *PDF1* 유전자, *AtCP1* 유전자는 지베렐린에 의해 발현이 유도되는 유전자이지만, 발현 부위는 지베렐린 생합성효소 유전자와는 다르다(하단). C : 자엽, HY : 배축, R : 유근.

표 1.1 ent-copalyl diphosphate 합성효소 및 카우렌 합성효소의 과잉 발현 형질전환 식물의 지베렐린 생산량.

	내생량(ng/g 생중량)				
	カウレン	GA_{12}	GA_{24}	GA_9	GA_4
야생형	4	36	55	2.0	3.9
ent-copalyl diphosphate 합성효소 과잉발현체	4034	258	195	1.5	3.1
카우렌 합성효소 과잉발현체	3	39	54	1.2	4.5
ent-copalyl diphosphate 합성효소/카우렌 합성효소 과잉발현체	7551	303	200	1.4	2.9

현시킨 경우에는 카우렌의 발현량이 야생형과 비교하여 1,000배 상승되었다. 한편, 카우렌 합성효소만을 과잉 발현시킨 경우에는 카우렌의 발현량이 야생종과 차이가 없었다(표 1.1).

이상의 결과는 카우렌 생합성의 율속 과정이 ent-copalyl diphosphate 합성효소에 있고, 카우렌 합성효소에 있는 것이 아니라는 것을 나타낸다. ent-copalyl diphosphate 합성효소를 과잉 생산하는 형질전환 식물은 약 1,000배의 카우렌을 축적하는 데도 불구하고, 지베렐린을 과잉 생산하고 있는 듯한 도장형(웃자란)의 표현형을 나타내지 않는다. 실제로 이러한 형질전환 식물은 야생형과 거의 같은 수준의 활성형 지베렐린(GA)이 존재하는 것이 밝혀졌다(표 1.1). 이상의 결과는 지베렐린 생합성의 초기 단계를 인위적으로 증가시켜도 하류의 생합성 경로에 있어서 어떠한 항상성 유지 메커니즘에 의해 활성형 지베렐린의 양이 일정하게 유지되는 것을 보여주고 있다. 표 1.1에 나타낸 바와 같이, 약 1,000배 축적된 카우렌이 GA_{12} 단계에서 약 10배까지 조절되며, GA_4의 전구체인 GA_9의 내생량은 형질전환 식물과 야생종에서 거의 차이가 나지 않았다. 이 때문에 P450에 있는 카우렌 합성효소(KO)과 카우렌 산화효소(KAO)가 내생 지베렐린의 100배의 저하에 관여하고 있는 것으로 보인다. 앞으로 이 항상성 유지의 메커니즘을 해명하기 위해서는 이러한 효소 유전자의 조절기구를 상세하게 조사할 필요가 있다. 최근 카우렌 산화효소 유전자를 표적으로 하는 bZIP형 전사인자 RSG가 다카하시에 의해 밝혀졌다[5]. 카우렌산은 지베렐린 외에도 카우레노라이드(kaurenolides)라고 불리는 화합물군에 포함될 수도 있다. 애기장대에서 카우레노라이도 생합성 대사 경로는 대부분 밝혀져 있지 않았지만, 과잉으로 합성된 카우렌 해독 대사에 이러한 시스템이 사용되고 있을 가능성도 있다.

1.2.3 저온에 의한 발아 촉진과 지베렐린의 생합성 조절

종자 저온 처리를 하면 발아가 촉진될 수 있다. 이 저온 처리는 적층법으로 불리며, 실험실에서 종자의 동조 발아를 위해 냉장고에서 저온 처리하는 방법이 이용되고 있다. 최근 필자들의 연구에 의해, 이 저온 처리가 애기장대의 발아 종자에서 특정 지베렐린 생합성 유전자를 바로 제어할 수 있음이 밝혀졌다[6]. 그림 1.4와 같이 발아 종자에서 주요한 두 가지의 지베렐린 3- 산화효소 유전자 중, *AtGA3ox1* 유전자는 저온처리에서 현저하게 발현이 유도되었지만, *AtGA3ox2* 유전자는 유도되지 않았다. GA_{12}를 GA_9에 변환하는 지베렐린 20-산화효소는 애기장대에서 5가지가 알려져 있지만, 그 중 적어도 두 유전자(*A1GA20ox1* 유전자, *AtGA20ox2* 유전자)의 유전자 발현이 저온에 의해 활성화된다. 내성 지베렐린의 정량 분석을 실시한 결과, *AtGA3ox1* 유전자의 발현 유도에 따라 저온 처리 후 활성형 지베렐린의 양이 증대하는 것이 밝혀졌다. 또한, 몇몇의 지베렐린 유도성 유전자의 mRNA 양이 같은 저온 처리에 의해 현저히 증가하는 것으로 나타났다.

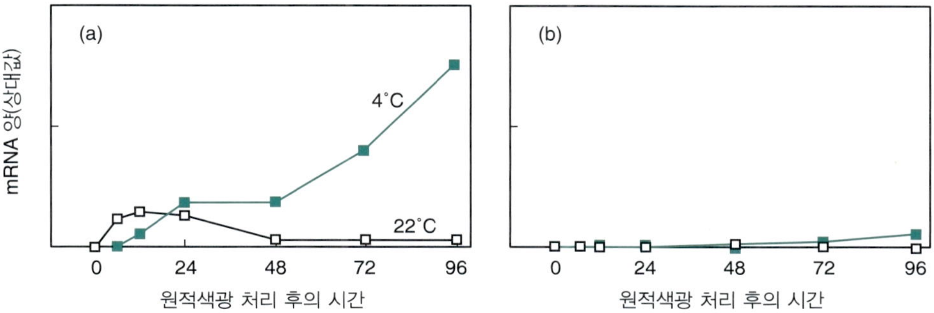

그림 1.4 저온처리에 의한 *AtGA3ox1* 유전자의 발현 유도. 피토크롬의 효과를 제거하기 위해, 이 실험에서는 종자를 외적색광 처리 후, 암조건에서 4℃ 또는 22℃에서 배양했다. *AtGA3ox1* 유전자는 저온에 의해 극적으로 발현량이 증가하였지만, 같은 조건에서 *AtGA3ox2* 유전자는 저온에서 반응하지 않았다.

저온에 의한 활성형 지베렐린의 증가 및 지베렐린 유도성 유전자의 발현량의 증대는 *AtGA3ox1* 유전자의 T-DNA 삽입 돌연변이에서는 인정되지 않았다. 따라서 저온처리에 의한 *AtGA3ox1* 유전자의 발현유도를 통해 활성형 지베렐린 레벨의 상승은 저온에 의한 발아능의 촉진에 필요한 것이라는 것을 나타낸다. 애기장대의 종자 발아 과정에서 지베렐린 생합성 제어기구를 그림 1.2에 정리하였다. *AtGA3ox1* 유전자는 적어도 세 가지의 내외적 요인에 의한 복잡한 제어를 받는 것으로 밝혀졌다. 이 결과는 발아를 결정하는 중요한 환경 요인인 빛과 온도에서 유래하는 신호가 *AtGA3ox1* 유전자를 통해 지베렐린의 양을 결정하는 것을 의미하고 있다. 저온과 적색광은 상가적으로 *AtGA3ox1* mRNA 양을 증가시킨 것으로 빛과 온도의 신호는 독립적으로 *AtGA3ox1* 유전자의 발현을 조절하는 것으로 생각된다. *AtGA3ox2* 유전자는 지베렐린 자신의 활동에 의한 부정적인 피드벅 제어를 받지 않기 때문에, 발아 과정에서 활성형 지베렐린 양의 증가에 의해 중요한 의미를 가질가능성이 있다.

1.3 지베렐린 신호전달 경로

지베렐린이 어떤 메커니즘으로 인식되고 그 신호가 어떻게 전달되는가에 대해 아직까지 불분명한 점이 많다. 그러나 최근의 분자유전학적 방법을 이용한 연구에 의해, 지베렐린의 신호전달 경로의 열쇠가 되는 제어인자가 동정되기 시작했다. 또한, 유전자 발현의 변화를 전체적으로 해석하는 것이 가능한 마이크로어레이법이 개발됨에 따라서, 지베렐린에 대한 반응이 분자 수준에서 상세하고 구체적으로 설명하였다.

1.3.1 유전학적 방법에 의한 지베렐린 신호전달 인자의 동정

지베렐린의 생합성 경로의 해명과 생합성 효소 유전자의 동정에는 지베렐린에 반응하여 성장을 회복하는 왜성 돌연변이가 중요한 역할을 한다. 한편, 지베렐린에 비감수성의 왜성 돌연변이는 지베렐린의 반응 기구에 어떤 결함이 있는 것으로 생각된다. 또한 그와는 반대로, 지베렐린에 관계없이 항시적으로 지베렐린에 반응하듯이 행동하는 도장형 돌연변이가 존재한다[7]. 그 중 하나로, 벼의 *slender rice 1*(*slr1*) 돌연변이가 있다. *slr1* 돌연변이는 지베렐린을 항상 외부에서 주입시키는 것과 같이 도장하는 왜성의 돌연변이이며, 종자 발아 과정에서는 지베렐린 비존재 하에서도 지베렐린 유도의 α-아밀라아제 유전자가 발현하고 있다. 야마구치 등의 그룹에 의해 SLR1는 애기장대에서 이미 동정된 GAI, RGA와 상동을 갖는 GRAS 패밀리라고 불리는 제어 단백질임이 밝혀졌다[8]. Tai-ping Sun과 마츠오카 등의 연구에 의해, RGA/SLR1는 지베렐린에 반응하여 신속하고 특이적인 분해를 하는 것이 밝혀졌다[9,10]. 그래서 RGA/SLR1는 지베렐린 부재에는 지베렐린 신호전달 경로에 억제적으로 작용하고 있으며, 지베렐린은 RGA/SLR1을 분해하여, 그 억제를 해제하고 신장과 성장 등의 생리작용을 일으킨다는 가설이 인정받기 시작했다. 이와 같은 단백질 도메인 분석 등의 결과에서, N말단 근처의 DELLA 도메인이라고 불리는 영역이 지베렐린 분해에

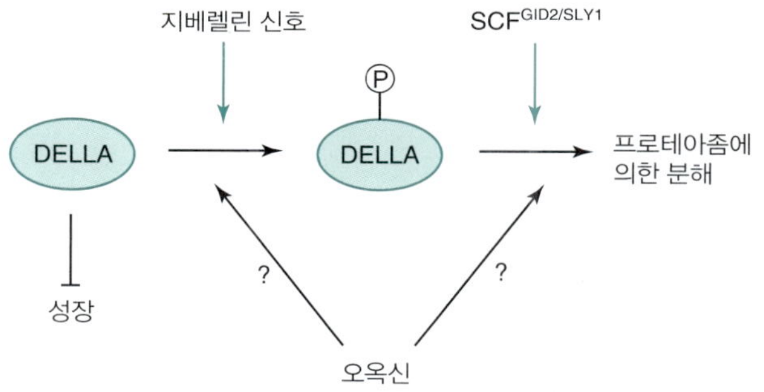

그림 1.5　DELLA 단백질을 통한 지베렐린의 신호전달 경로의 모델. DELLA 단백질은 성장을 억제하지만, 지베렐린 신호가 입력되면 인산화된다. 인산화된 DELLA 단백질은 SCFGID2/SLY1의 작용에 의해 프로테아좀에 의해 분해된다. 애기장대의 SLY1는 벼의 GID2와 같은 작용을 하는 것으로 추측된다. 애기장대의 뿌리에서는 DELLA 단백질의 하나인 RGA가 지베렐린 신호에 의해 분해되지만, 그 과정에는 오옥신이 필요한 것으로 밝혀졌다.

필수라는 것을 나타내므로, DELLA 영역을 가지는 GRAS 패밀리의 구성은 DELLA 단백질이라고 불리게 되었다.

단백질이 프로테아좀이라고 불리는 분해 장치에 의해 특이적 분해를 받는 것은 다양한 생물종에서 알려져 있다. 식물에서는 오옥신 신호전달을 담당하는 일군의 단백질인 AUX/IAA 패밀리가 프로테아좀에 의한 분해를 받는 것이 알려져 있다. 마츠오카 등의 연구 그룹은 지베렐린 비감수성의 왜성 돌연변이 분석을 진행하여, 최근 *gid2* 돌연변이라고 불리는 왜성의 돌연변이의 원인 유전자를 동정하였다[11]. 매우 흥미롭게도, *GID2* 유전자는 F-box 도메인을 갖는 단백질을 코딩하는 것이 증명되었다. F-box 도메인은 어떠한 종의 유비퀴턴 리가아제 복합체를 구성하는 단백질에 존재하여, 표적 단백질은 이 유비키틴화를 지표로 프로테아좀에 의해 분해를 받는 것이 알려져 있다. 따라서 GID2는 지베렐린 신호 전자전달 경로상에서 어떠한 단백질의 분해에 관여하고 있을 가능성이 있다. 지베렐린에 반응하여 적극적으로 분해를 받을 SLR1은 GID2가 관여하는 프로테아좀의 표적단백질 후보이다. 실제로 SLR1을 immunoblot으로 살펴보면, 인산화된 SLR1로 간주되는 분자종이 *gid2* 돌연변이에 있어서 축적되는 것이, 야생형에서는 나타나지 않는 것으로 보아 그림 1.5에서 나타는 것과 같은 모델이 주장되고 있다. 지베렐린 신호는 부정적인 제어인자인 DELLA 단백질을 분해하는 것에 의해 전달되지만, 그 분해에는 지베렐린 신호에 의존적인 인산화가 필요하다. 인산화된 DELLA 단백질은 아마도 GID2을 포함한 복합체에 의해 유비퀴틴화되어 프로테아좀에 의한 분해를 받게 된다. 애기장대의 *sleepy*(*sly1*) 돌연변이는 벼의 *gid2* 돌연변이와 유사한 지베렐린 비감수성의 왜성 돌연변이이다. 최근 *SLY1* 유전자가 클로닝되어, *GID2* 유전자와 같이 F-box 도메인을 갖은 단백질을 코딩한다는 것이 밝혀졌다[12](그림 1.5). Ross 그룹의 연구에 의해, 완두콩의 절간 신장 과정에 있어서 지베렐린 생합성이 오옥신의 극성 수송에 크게 의존하고 있는 것으로 밝혀졌다[13]. 한편, Harberd 등의 최근 연구에 의해, 애기장대의 뿌리에서는 오옥신이 지베렐린에 의한 RGA의 분해에 필요한 것으로 나타났다[14](그림 1.5). 이러한 결과는 명백히 드러나지 않은 두 성장 호르몬의 상호작용을 해명하는 실마리가 될 중요한 발견이다. 한편, Haberd 등의 연구 결과는 지베렐린의 신호를 특이적으로 규정하는 것으로 생각되는 RGA의 분해가 실제로는 오옥신에서도 의존한다는 것을 밝혀냈다. 향후 지베렐린 수용체의 해명 등에 의해 여러 호르몬의 상호작용과 개별 호르몬에 특이적인 작용의 이해가 진행될 것으로 기대된다.

1.3.2 DNA 마이크로어레이에 의한 지베렐린 반응 유전자의 동정

지베렐린의 신호는 DELLA 단백질의 분해 등을 통해, 최종적으로 일련의 유전자 발현의 변화를 일으키는 것으로 생각된다. 이 지베렐린 의존적인 유전자 발현의 변화를 망라적으로 분석하는 것은 지베렐린에 의해 일어나는 구체적인 생화학 반응과 세포 반응을 추측하는 것에 도움이 될 것으로 생각된다. 지베렐린에 의해 제어되는 대부분의 생리 현상은 지베렐린 이외의 인자(다른 호르몬과 빛 등)에 따라 조절되는 경우가 많다. 따라서 지베렐린에 반응하는 유전자의 일부는 지베렐린에 의해 유일하게 제어되는 것이라기보다는 다른 호르몬과 같은 많은 요인에 의해 제어를 받고 있다고 생각하는 것이 자연스러울 것이다. 지베렐린에 반응하는 유전자를 집단으로 하고 식별하는 것은 지베렐린에 특이적인 반응을 규정하거나, 지베렐린과 다른 신호와의 상호작용을 이해하는데 중요하다.

필자 등은 올리고 DNA를 probe로서 이용하는 affymetrix의 GeneChip을 이용하여 종자 발아 과정에서 지베렐린 반응 유전자군을 발견하였다[15]. 지베렐린의 생합성 돌연변이인 *ga1-3* 돌연변이 종자에 활성형 GA_4를 처리한 경우와 처리하지 않는 경우에서 유전자 발현의 차이를 검출한 결과, 약 8,200개의 유전자 중 357개의 유전자가 지베렐린 반응 유전자로 확인되었다. 이 유전자가 실제로 내생 지베렐린 양의 변화에 대응하여 발현하는지 여부를 검토했다. 첫째, 야생형 종자 발아 과정에서 내생 지베렐린 양의 변화를 분석한 결과, 작은 뿌리가 종피에서 출현하기 직전에 활성형 지베렐린의 양이 현저하게 높아지는 것으로 나타났다(그림 1.6). DNA 마이크로어레이에 의해 동일한 야생형 종자의 발아 과정에 약 8,200개의 유전자 발현을 조사한 결과, 많은 지베렐린 반응 유전자가 활성형 지베렐린 양의 변화와 함께 발현량이 변동되는 것이 밝혀졌다(그림 1.6). 그러나 일부 지베렐린 반응 유전자의 시간적 발현 패턴은 활성형 지베렐린 양의 변동과 상관관계가 나타나지 않았다. 이 유전자들은 지베렐린에 반응하지만, 다른 요인에 의해서도 제어되는 것으로 생각된다.

앞에서 언급한 바와 같이 활성형 지베렐린을 직접적으로 생성하는 지베렐린 3-산화효소를 코딩하는 *AtGA3ox1* 유전자, *AtGA3ox2* 유전자는 발아 종자에 있어서 주로 배축의 피층, 내피 세포층에서 발현하고 있다(그림 1.3). 지베렐린의 생합성 부위와 반응 부위를 비교하기 위해 *in situ* hybridization에 의한 일부 지베렐린 반응성 유전자의 발현 세포를 조사한 결과, 한 반응 유전자는 예상되는 지베렐린 생합성 부위와는 다른 세포에 주로 발현하고 있음이 밝혀졌다(그림 1.3). 이 결과는 지베렐린 자체 혹은 지베렐린에서 유래한 이차적인 신호가 다른 세포에 전달된 것을 의미하고 있다. 벼, 보리 등 곡물의 발아 종자에서는 배의 특정세포에서 생산된 지베렐린이 호분층 세포에서 α-아밀라아제 유전자를 활성화하는 것으로 알려져 있으며, 유사한 지베렐린 신호 세포/조

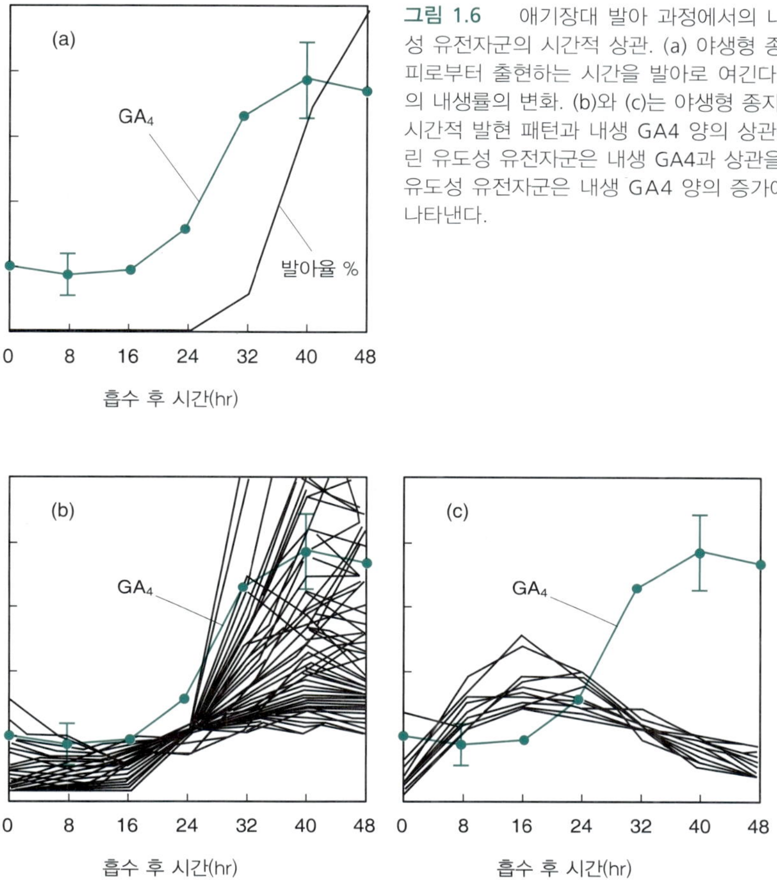

그림 1.6 애기장대 발아 과정에서의 내생 지베렐린 양과 지베렐린 반응성 유전자군의 시간적 상관. (a) 야생형 종자의 흡수 후의 발아율(유근이 종피로부터 출현하는 시간을 발아로 여긴다)의 변화와 활성형 지베렐린 GA4의 내생률의 변화. (b)와 (c)는 야생형 종자에서 지베렐린 유도성 유전자군의 시간적 발현 패턴과 내생 GA4 양의 상관을 나타낸다. (b) 그룹 1의 지베렐린 유도성 유전자군은 내생 GA4과 상관을 나타낸다. (c) 그룹 2의 지베렐린 유도성 유전자군은 내생 GA4 양의 증가에 앞서 발현량이 증가하는 경향을 나타낸다.

직 간 이행이 애기장대의 종자 발아 과정에도 존재할 것으로 예상된다.

지베렐린 반응성 유전자를 다수 식별함으로써, 이러한 유전자의 프로모터에 높은 빈도로 출현하는 배열, 즉 지베렐린 응답성과 관련한 시스(*cis*) 영역의 후보를 모색하는 것이 가능해졌다. 통계학적 분석 결과, 지베렐린에 의해 발현이 억제되는 유전자의 프로모터 영역에서는 앱시스산(ABA) 반응에 관련된 시스 배열로 확인된 ABRE가 존재하였고, 애기장대 전체 유전자의 프로모터인 영역에 비해 상당히 높은 확률로 존재하는 것이 밝혀졌다. 정량적 RT-PCR 분석 결과, ABRE을 통해 ABA 반응에 중요한 역할을 하는 두 전사인자인 ABI3 및 ABI5의 mRNA 양이 지베렐린 처리에 의해 감소하는 것을 나타냈다. 따라서 지베렐린에 의해 ABRE을 갖는 유전자군의 발현 억제에는 ABI3 및 ABI5의 mRNA의 감소가 관여할 가능성이 있다. 또한 동일한 실험 조건에서는 지베렐린에 의한 내인성 ABA 양의 저하는 없었다. DNA 마이크로어레이 결과에서 지베렐린-ABA의 상호작용뿐만 아니라, 지베렐린에 의한 오옥신의 생합성, 수송 관련 유전자의 활성화, 에틸렌 합성, 반응 유전자의 발현 유도가 밝혀졌기 때문에, 호르몬 간의 새로운 상호관계의 존재가 시사되었다. 또한 비교적 짧은 시간에 발현량이 변화하는 전사인자의 단백질을 코딩하는 유전자의 존재도 밝혀졌다. 앞으로 지베렐린 처리에서 이 유전자들의 역할은 유전학적으로 동정된 지베렐린 신호인자들과의 관계를 포함하여 연구되어야 한다.

1.4 마무리

필자의 연구를 포함한 최근 연구로부터 지베렐린의 생합성이 발아 종자에서는 온도, 빛 등의 환경 요인에 의해 조절된다는 것이 밝혀졌다. 또한 지베렐린 신호전달기구에 관여하는 새로운 유전자도 밝혀졌다. 특히 주목할 점은 애기장대의 거의 모든 유전자를 포함한 DNA 마이크로어레이 결과로부터 지베렐린과 다른 호르몬과의 상호관계에 대해 유전자 수준에서 해석이 가능하게 된 것이다. 앞으로는 생리현상과 결합된 호르몬의 상호관계의 연구가 더욱 발전할 것으로 보인다.

참고 문헌

1. Kasahara H, Hanada A, Kuzuyama T, Takagi M, Kamiya Y, Yamaguchi S (2002) Contributions of the mevalonate and methylerythritol phosphate pathways to the biosynthesis of gibberellins in *Arabidopsis*. J. Biol. Chem 277: 45188-45194
2. Yamaguchi S, Smith MW, Brown RG, Kamiya Y, Sun T (1998) Phytochrome regulation and differential exprssion of gibberellin 3ß-hydroxylase genes in germinating *Arabidopsis* seeds. Plant Cell 10 : 2115-2126
3. Yamaguchi S, Kamiya Y, Sun T (2001) Distinct cell-specific expression pattern of early and late gibberellin biosynthetic genes during *Arabidopsis* seed germination. Plant J. 28: 443-453
4. Fleet CM, Yamaguchi S, Hanada A, Kawaide H, David CJ, Kamiya Y, Sun T (2003) Overexpression of AtCPS and AtKS in Arabidopsis thaliana confers increased ent-kaurene production but no increase in bioactive gibberellins. Plant Physiol. 132: 830-839
5. Fukazawa J, Sakai T, Ishida S, Yamaguchi I, Kamiya Y, Takahashi Y (2000) Repression of shoot growth, a bZIP transcriptional activator, regulates cell elongation by controlling the level of gibberellins. Plant Cell 901-915.
6. Yamauchi Y, Ogawa M, Kuwahara A, Hanada A, Kamiya Y, Yamaguchi S (2004) Activation of the gibberellin biosynthesis and response pathways by low. Temperature during imbibitions of *Arabidopsis* Seeds. Plant Cell in press
7. Olszewski N, Sun TP, Gubler F (2002) Gibberellin signaling : Biosynthesis, catabolism and response pathways. Plant Cell 14 Suppl: S61-80
8. Ikeda A, Ueguchi-Tanaka M, Sonoda Y, Kitano H, Koshioka M, Futsuhara Y, Matsuoka M, Yamaguchi J (2001) Slender rice, a constitutive gibberellin response mutant, is caused by a null mutation of the *SLR1* gene, an ortholog of the height-regulating gene *GAI/RGA/RHT/D8*. Plant Cell 13: 999-1010

9. Silverstone AL, Jung HS, Dill A, Kawaide H, Kamiya Y, Sun TP (2001) Repressing a repressor : Gibberellin-induced rapid reduction of the RGA protein in *Arabidopsis*. Plant Cell 13: 1555-1566

10. Itoh H, Ueguchi-Tanaka M, Sato Y, Ashikari M, Matsuoka M (2002) The gibberellin signaling pathway is regulated by the appearance and disappearance of SLENDER RICE1 in nuclei. Plant Cell 14: 57-70

11. Sasaki A, Itoh H, Gomi K, Ueguchi-Tanaka M, Ishiyama K, Kobayashi M, Jeong DH, An G, Kitano H, Ashikari M, Matsuoka M (2003) Accumulation of phosphorylated repressor for gibberellin signalling in an F-box mutant. Science 299: 1896-1898.

12. McGinnis KM, Thomas SG, Soule JD, Strader LC, Zale JM, Sun TP, Steber CM (2003) The *Arabidopsis SLEEPY1* gene encodes a putative F-box subunit of an SCF E3 ubiquitin ligase. Plant Cell 15: 1120-1130

13. Ross JJ, O'Neill DP, Smith JJ, Kerckhoffs LH, Elliott RC (2000) Evidence that auxin promotes gibberellin A1 biosynthesis in pea. Plant J. 21: 547-552

14. Fu X, Harberd NP (2003) Auxin promotes Arabidopsis root growth by modulating gibberellin response. Nature 421: 740-743

15. Ogawa M, Hanada A, Yamauchi Y, Kuwahara A, Kamiya Y, Yamaguchi S (2003) Gibberellin biosynthesis and response during *Arabidopsis* seed germination. Plant Cell 15: 1591-1604

2. 앱시스산 반응

吉田理一郎 · 保浦徳昇 · 篠崎一雄

2.1 소개

앱시스산(ABA)은 종자의 형성과 휴면, 발아 제어, 건조, 저온, 또는 염 스트레스 등과 같은 수분 스트레스에 대한 적응과 관련된 중요한 식물 호르몬이다. 식물은 스트레스 조건을 마주하면 특이적 조직 또는 단계에서 앱시스산을 합성하여, 각각의 특이적인 유전자 발현과 생리 반응을 유도하는 것이 알려져 있다. 기공의 폐쇄는 앱시스산의 대표적인 생리 반응으로 많은 연구 결과가 축적되어 있고, 다수의 신호 인자가 확인되었다[1,2]. 또한, 최근에는 게놈 정보가 충실한 애기장대를 이용한 분자 유전학적 방법을 중심으로 한 앱시스산의 합성, 신호전달에 관한 연구가 빠르게 진전되고 있다[1,2](그림 2.1). 이에 따라 지금까지 앱시스산의 관계에 대해 거의 알려지지 않았던 액아의

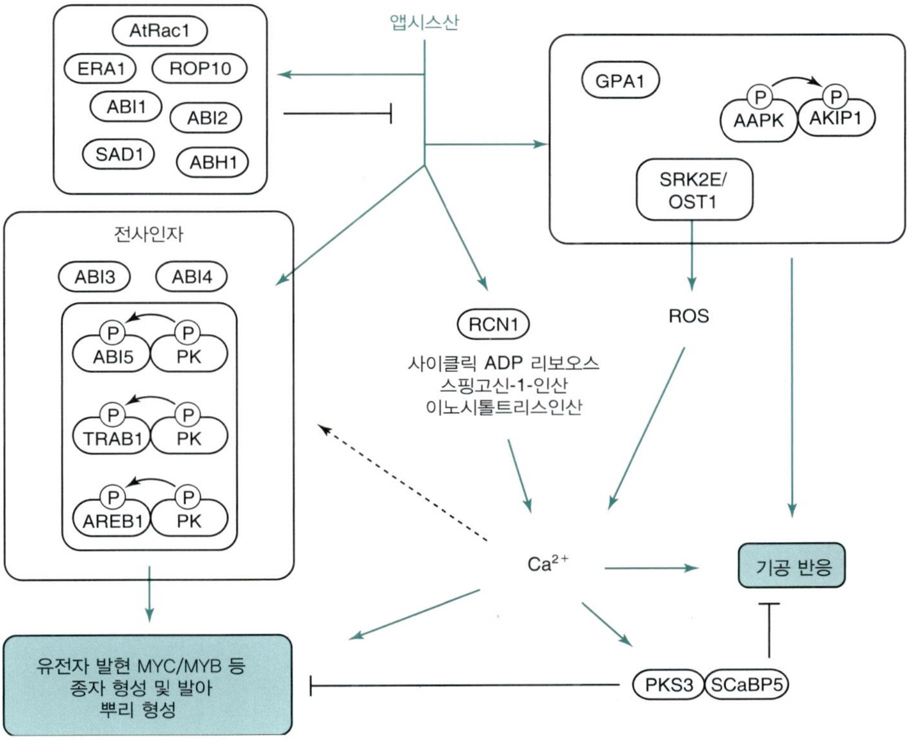

그림 2.1 앱시스산 신호전달의 네트워크. 생리적·분자 생물학적·유전학적 분석에 의해 밝혀진 신호 인자와 그 기능적 위치 관계를 표시하였다. T자는 신호전달을 음의 제어하는 것을 나타내고, 점선은 간접적으로 증명되어진 경로를 나타낸다.

휴면과 뿌리의 성장 등 성장 제어에도 연구가 진행되고 있다. 앱시스산 연구가 가장 활발히 진행되고 있는 종자 성숙과 스트레스 반응을 주로 설명하고, 그 생합성 경로, 신호전달 경로와 식물 성장 제어의 참여에 대해서 최근 연구 결과를 중심으로 소개하고자 한다.

2.2 스트레스 반응과 앱시스산

식물의 수분 스트레스 적응에는 앱시스산이 중요한 역할을 하고 있다. 특히, 건조 스트레스에 합성되는 앱시스산이 기공의 폐쇄에 강하게 관여하는 것은 가장 자세하게 알려진 생리현상 중 하나이다[1,2](그림 2.1). 분자 수준의 연구에서도 1) 담배와 토마토, 옥수수, 애기장대 등의 앱시스산 결핍 돌연변이가 급속의 습도 저하에 적응하지 못하고, 그 결과 말라버린다. 2) 앱시스산 합성 경로의 유전자를 과잉 발현시킨 식물체가 건조 내성을 나타내는[3] 등 중요성이 입증되고 있다. 또한 최근 급속히 보급되고 있는 DNA 마이크로어레이 분석 방법을 이용한 연구에서도 건조 유도성 유전자와 염스트레스 유도성 유전자의 다수 또는 저온 유도 유전자의 일부가 앱시스산 유도 유전자과 공통적으로 발현된다는 연구 결과를 얻을 수 있었다[4]. 이러한 결과는 식물의 수분 스트레스에는 앱시스산이 유전자 레벨에서 반응하는 것을 보다 명확히 나타내는 결과들이다. 이와 같은 게놈적인 분석방법은 단기간에 보다 많고 신규의 정보를 얻는 것이 가능하기 때문에, 추후 연구의 진전에 중요한 역할을 할 수 있을 것으로 기대된다.

2.3 종자의 성숙과 앱시스산

종자의 성숙과 앱시스산의 관련은 예부터 그 중요성이 지적되고 있으며, 종자 성숙 과정에 있어서 앱시스산의 증가가 종자의 휴면을 촉진하는 것이 명백하게 밝혀졌다[1,5]. 앱시스산 함량이 저하되고 있는 옥수수의 앱시스산 결핍 돌연변이에서는 종자의 휴면이 저하되기 때문에 이삭에서 발아하는 현상(이삭 발아)이 나타난다. 한편, 애기장대의 앱시스산 결핍 돌연변이에 있어서도 일반 식물과 비교하여 발아 시기가 빨라지는 것으로 알려져 있다[5]. 또한, 애기장대에서는 앱시스산의 존재에서도 발아해 버리는 앱시스산 비감수성 돌연변이(ABA insensitive, *abi*)로 *abi3* 돌연변이, *abi4* 돌연변이, *abi5* 돌연변이가 발견되었지만(그림 2.1), 이 돌연변이에서는 일반적으로 종자 성숙 과정에 증가해야 할 종자 저장 단백질 유전자의 발현이 저하되고 있는 것으로 나타나고 있다. 또한 종자 형태형성의 돌연변이인 *lec1* 돌연변이 또는 *fus3* 돌연변이와 앱시스산 결실 돌연변이 및 *abi3* 돌연변이, *abi4* 돌연변이, *abi5* 돌연변이와의 이중 돌연변이를 이용한 분석에서 씨앗의 형성 및 휴면에 부모 식물체에서 합성된 앱시스산과 종자에서 합성된 앱시스산 모두가 한다는 것이 나타나고 있다[1]. 이러한 *abi3* 돌연변이, *abi4* 돌연변이, *abi5* 돌연변이의 원인 유전자는 이미 클로닝되고, *abi3* 돌연변이와 *abi5* 돌연변이에 대해서는 추후 이야기할 bZIP형의 전사인자인 것으로 밝혀졌고, *abi4* 돌연변이에 대해서는 DNA와 결합하는 AP2 도메인을 가진 전사인자인 것으로 밝혀졌다[1].

2.4 앱시스산 합성 경로와 분해계

앱시스산은 카로티노이드로부터 C_{11}-C_{12} 사이의 산화 개열에 의해 생성된 C15-크산토신(Xanthoxin)을 거쳐 합성하지만, 최근 그 생합성 경로의 효소 유전자가 돌연변이 분석으로부터 발견되고 있

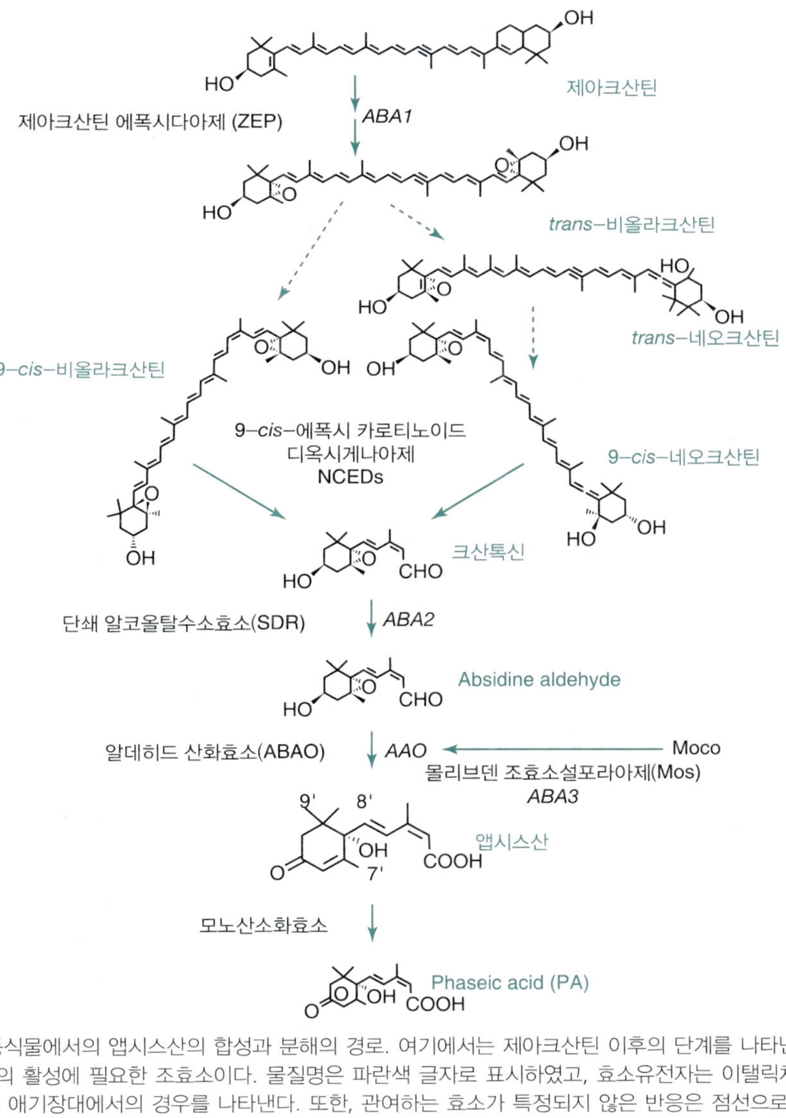

그림 2.2 고등식물에서의 앱시스산의 합성과 분해의 경로. 여기에서는 제아크산틴 이후의 단계를 나타낸다. Moco는 알데히드 산화효소의 활성에 필요한 조효소이다. 물질명은 파란색 글자로 표시하였고, 효소유전자는 이탤릭체로 표시하였다. 또한, 돌연변이는 애기장대에서의 경우를 나타낸다. 또한, 관여하는 효소가 특정되지 않은 반응은 점선으로 나타내었다.

다(그림 2.2). 현재 앱시스산 합성 경로의 효소는 그림 2.2에 나타낸 바와 같이, 5개 효소의 유전자가 클로닝되어 있다[1,2,6]. 그 중 9-시스-에폭시 카로티노이드 디옥시게나아제(9-cis-epoxycarotenoid dioxygenase, NCED)는 카로티노이드로부터 합성된 9-시스-네오크산틴(9-cis-neoxanthin) 및 9-시스-비올라크산틴(9-cis-violaxanthin)의 C_{11}-C_{12}를 산화 개열하는 것에 의해 크산톡신(Xanthoxin)를 합성하는 효소로써, 앱시스산 생합성 경로의 최초의 율속 단계에 있는 것이 밝혀졌다[2,6]. 애기장대에는 다른 단계를 매개하는 효소인 제아크산틴 에폭시다아제(Zeaxanthin epoxidase; ZEP), 단쇄 알코올탈수소효소(Short-chain alcohol dehydrogenase; SDR), 몰리브덴 조효소 설포라아제(Molybdenum cofactor sulfurase, Mocos 또는 ABA3)를 코딩하는 유전자가 각각 하나씩 존재하는 것에 반해, 9-시스-에폭시 카로티노이드 디옥시나아제(9-cis-epoxycarotenoid dioxygenase)를 코딩하는 유전자는 *AtNCED2* 유전자, *AtNCED3* 유전자, *AtNCED5* 유전자, *AtNCED6* 유전자, *AtNCED9* 유전자에서 5개의 패밀리를 형성하고 있다[6]. 이것은 건조 스트레스 또는 종자에서 발현하는 *AtNCED* 유전자가 존재하는 것으로 밝혀져 있다[3]. 알데히드 산화효소(AO)를 코딩하는 유전자 *AAO*도 패밀리를 형성하고 있어, NCED 패밀리와 같이 다른 조직과 단계에서 발현하는 것으로 나타났다[6]. 이 NCED 유전자 패밀리와 AAO 유전자 패밀리의 발현이 스트레스 반응과 종자의 성숙, 휴면 등의 특이적인 생리 반응에 대하여 내인성의 앱시스산 양을 조절하고 있을 가능성이 높으므로, 그 상세한 기능 분담에 대한 추가 연구가 필요할 것이다.

이와 같이 앱시스산 생합성 경로의 효소 유전자가 발견되어 그 전체가 밝혀지고 있지만, 분해 시스템에 대해서는 분석이 늦어지고 있기에 이 효소 유전자는 아직 클로닝되고 있지 않다. 앱시스산은 식물체 내에서 8번 메틸기가 모노산소화효소(monooxygenase)에 의해 산화된 후, Hydroxymethyl를 거쳐 (−)-Phaseic acid(PA)에 대사되고, 이 물질이 환원을 받아 Dihydrophaseic acid(DPA)과 epi-Dihydrophaseic acid이 되는 것이 밝혀졌다[5]. 현재, 앱시스산의 8번 메틸기를 산화하는 모노산소화효소(monooxygenase)를 코딩하는 유전자의 클로닝을 향한 분석이 진행되고 있고, 유전자가 발견되었다는 연구 결과 보고도 있다. 향후 분해 시스템을 포함한 내인성 앱시스산 양의 조절 메커니즘이 밝혀질 것으로 기대된다. 또한, 앞서 말한 바와 같이, 앱시스산 합성과 분해를 담당하는 핵심 효소 유전자는 전사 수준에서 조절될 가능성이 높으므로, 향후 그 전사 제어 시스템의 분석이 연구 과제가 될 것이다.

2.5 앱시스산의 신호전달 메커니즘

지금까지 애기장대를 이용한 연구를 중심으로 기공의 폐쇄와 종자 등의 앱시스산 특이적인 생리 응답 또는 앱시스산 유도성 유전자의 전사를 조절하는 시스(*cis*) 배열, 트랜스(*trans*) 인자의 분석이 많이 진행되었다(그림 2.1). 그러나 식물 세포가 앱시스산을 어떻게 수용하고 인식하고, 어떤 전달 경로를 거쳐 특이적인 반응으로 이어질지는 아직 불분명하다. 이제까지 앱시스산 신호전달 기구에 대한 연구는 크게 생리적, 유전학적, 분자생물학적인 접근으로부터 전개되었으나, 여기에서는 이 연구들로부터 얻은 견해를 중심으로 앱시스산의 신호전달의 초기 과정에서 기능하고 있는 것으로 생각되는 신호 인자에 대해서 기술한다. 또한 앱시스산의 신호전달에서는 인지질도 크게 관여하고 있지만, 그 대사계 유전자 등에 관한 기술은 다른 문헌을 참고하기 바란다.

2.5.1 Ca^{2+}에 의한 제어

앱시스산 신호전달의 2차 메신저로, Ca^{2+}의 관여가 이전부터 강하게 지적되어 왔다. 특히, 기공 반응에 주목한 연구가 많아 앱시스산에 의한 세포질 Ca^{2+}의 증가와 기공 폐쇄와의 관련성에 대하여 억제제와 바이오이미징 기술, 앱시스산 감수성 돌연변이 등을 이용하여 상세하게 분석되어 왔다. 이 세포질 Ca^{2+}의 동원을 유도하는 인자로서, 이노시톨-1,4,5-트리스인산(Inositol trisphosphate, IP_3), 사이클릭-ADP-리보오스(Cyclic-ADP-Ribose), 스핑고신-1-인산(Sphingosine-1-phosphate, S1P), 그리고 최근에는 활성산소가 그 중요한 후보로 보고되고 있다[1](그림 2.1). 앱시스산에 의한 Ca^{2+}의 동원은 세포막 또는 액포막에 존재하는 Ca^{2+} 채널이 위와 같은 요인에 의해 활성화되는 것에 기인한다고 생각된다. 그러나 세포질 Ca^{2+}의 증가가 어떠한 구조에 유인되고, 어떻게 하류 신호 인자에 전해지거나, 그리고 Ca^{2+} 비의존적 앱시스산 신호전달 경로와 어떻게 협조하여 기능하는지는 앞으로의 과제이다.

2.5.2 단백질 인산화를 통한 앱시스산 신호전달

앱시스산의 신호전달에 관련된 다양한 인자(그림 2.1) 중에서도, 단백질 인산화를 담당하는 역할이 가장 크다. 이제까지 다양한 의견이 제시되었지만, 특히 앱시스산 비감수성 돌연변이인 *abi1* 돌연변이와 *abi2* 돌연변이의 원인 유전자가 단백질 인산 가수분해효소 2C(PP2C)인 것이 가장 큰 증거이다[1]. 최근 잠두콩의 공변세포의 앱시스산에서 실제로 활성화되는 키나아제 AAPK(ABA-activated protein kinase)가 확인되었다[1]. 공변세포를 이용한 기능 분석 결과, AAPK는 앱시스산에 의한 기공의 폐쇄에 강하게 관여하는 것으로 나타났고, 크게 주목을 받았다(그림 2.1). 애기장대에서도 배양 세포에서 있어서 앱시스산 특이적 키나아제 활성이 검출되고, AAPK과 같은 유형의 SNF1 유사 키나아제(SnRK2)가 그 중요한 후보로 주목받았다. SnRK2은 애기장대 게놈에 10개가 존재하지만(SRK2A~SRK2J), 그 중 4개가 앱시스산에 의한 특이적인 활성화를 나타내는 것으로 밝혀졌다. 그 중에서도 강한 활성화를 나타낸 SRK2E 유전자 파괴 돌연변이인 *srk2e*는 앱시스산에 의한 기공 폐쇄가 제대로 이루어지지 않고, 급격한 습도 저하에 감수성을 보였다. 그러나 종자 발아시 앱시스산 감수성에는 변화가 보이지 않기 때문에, SRK2E가 공변세포의 앱시스산 반응에 기능하고 있음이 보고되었다(그림 2.1). 또한, SRK2E는 앱시스산에 의한 기공 반응에 비감수성을 나타내는 애기장대 돌연변이 *ost1*의 원인 유전자와 동일이다[8]. OST1/SRK2E는 공변세포 내 활성산소의 생성에 기여하는 것을 나타내고 있으며, 앱시스산 신호전달 경로의 상위 수준에서 기능을 가지고 있다고 추정할 수 있다. 또한 애기장대 SnRK3 패밀리에 속하는 PKS3은 광범위한 앱시스산의 반응을 부정적으로 제어하는 것으로 보고되었다[9](그림 2.1). 또한 단백질 인산 가수분해효소 2A(PP2A)인 애기장대 RCN1도, 기공 폐쇄 또는 종자 발아의 신호전달에 관여하는 것으로 보고되고 있다[10]. 앞으로 기존의 인자와 기능적인 상호 관계와 신규 신호 인자의 동정에 의해, 단백질 인산화를 통한 신호전달계의 추가적인 연구가 기대된다.

2.5.3 G 단백질

애기장대의 GTPase인 AtRac1[1], ROP10[11]는 공변세포 또는 종자 발아에 있어서 앱시스산 반응을 부정적으로 제어하는 것이 밝혀졌다(그림 2.1). 동물 세포에서는 GTPase인 Ras가 파르네실전달효소(FTase)의 표적이 되는 것이 알려져 있지만, 식물 세포에는 Ras와 같은 GTPase는 존재하지 않는다. 앱시스산 고감수성 돌연변이 *era1*의 원인 유전자인 *ERA1*은 파르네실전달효소 β-서브유닛을 코딩하고 있는 것으로부터[1], AtRac1 또는 ROP10이 ERA1을 직접적인 표적으로써 기능하는 것도 기대된다. 또한 애기장대 *GPA1* 유전자는 삼량체 G 단백질 α-서브유닛을 코딩하고 있지만, 그 유전자 파괴 돌연변이에서는 앱시스산에 의한 공변세포의 이온채널 조절이 비정상적인 것도 보고되고 있다[1].

2.5.4 RNA 결합성 단백질

최근, 앱시스산 신호전달에 영향을 미치는 새로운 인자로 RNA 결합성 단백질이 주목받고 있다. 애기장대의 *ABH1* 유전자, *SAD1* 유전자는 앱시스산 고감수성 돌연변이의 원인 유전자로 확인되었다[1]. ABH1는 mRNA의 캡에 결합하는 단백질, SAD1은 저분자 리보핵산 단백질(Sm성 단백질)인 것으로 보고되었다(그림 2.1). 이러한 단백질은 전사 후 mRNA의 안정성, 처리, 핵 수용체의 활성 조절 등에 관여하는 것으로 생각되고 있지만, 앱시스산의 신호의 어떤 과정에서 기능하고 있는지 분명하지 않다. 이러한 RNA 결합단백질은 AAPK에 특이적으로 결합하는 단백질인 AKIP1로서도 발견되었다[12]. AKIP1는 AAPK에 의해 인산화되는 것으로 밝혀졌고, 인산화된 AKIP1은 건조 내성에 역할을 하는 데하이드린(dehydrin)의 mRNA와 특이적으로 결합하는 것도 밝혀졌다.

2.5.5 앱시스산 수용체

앱시스산의 수용체 유전자는 아직 확인되고 있지 않다. 공변세포와 종자의 호분층 세포를 이용한 실험으로부터 앱시스산의 수용체는 세포막과 세포 내에 존재하고 있는 것이 알려져 있다. 그러나 최근 수용체 키나아제의 하나를 코딩하는 애기장대 *RPK1* 유전자의 발현을 제어하면, 발아에 있어서 앱시스산 감수성 및 특이적인 유전자 발현이 저하하는 것이 밝혀졌다[13]. 이것은 RPK1이 앱시스산 수용체로써 기능하는 가능성을 나타내고 있어 매우 흥미롭다. 또한, 최근에 완두의 표피세포로부터 앱시스산 결합성 단백질이 정제되었다[14]. 완두의 공변세포의 원형질체에 그 단백질을 확인하는 특이적 항체를 전처리하는 경우, 앱시스산에 의해 인지질 가수분해효소 D의 활성화가 저하되고 있는 것으로부터, 그 단백질이 세포막 근저에서 기능하고 있는 것이 추측된다. 이후 관련 유전자의 동정이 매우 기대된다. 앱시스산의 수용체는 세포와 생육 단계에 따라 다른 가능성도 있을 것으로 생각된다. *srk2e/ost1* 돌연변이에서는 공변세포의 앱시스산 반응이 잃게 되지만, 종자 발아의 억제에 관한 야생형과 동등한 감수성을 나타내고 있다. *SRK2E/OST1* 유전자는 종자에서도 발현하고 있는 것으로부터, 공변세포와 종자에서는 부분적으로 다른 신호 전달 캐스케이드(cascade)를 구성하고 있을 가능성이 있다. 수용체를 포함하여, 앱시스산 신호전달의 발견에는 더욱더 인자의 탐색이 필요하다. 이 때문에, 종자 발아 이후의 인정되는 앱시스산 특이적 표현형을 지표로 한 신규 돌연변이의 스크리닝과 기존의 신호인자의 결합단백질에 대한 동정 등이 필요하다.

2.6 앱시스산 신호전달을 통한 전사 제어기구

다양한 앱시스산 유도 유전자의 프로모터 분석으로부터, 앱시스산에 의한 전사 제어에 관여하는 시스(*cis*) 배열인 ACGT을 중심으로 하는 배열ACGTGG/T(C)가 앱시스산 반응배열인 ABRE(ABA responsive element)로서 밝혀졌다. 이 배열은 1 복사만으로는 작동하지 않아, 2 복사 이상의 ABRE이 존재하거나 복합 배열라고 불리는 CE1(TGCCACCGG)와 같은 배열이 필요하다는 것을 나타내고 있다[15]. 또한 ABRE은 (G)C/ACACGTGG/T(C) 같은 팔린드롬(palindrome)형 배열의 경우에는, 중심인 ACGT이 다른 염기에 치환이 되어도 ABRE로서 기능을 하는 것이 나타나고 있다[16]. 이 ABRE에 결합하는 단백질로서 AREB/ABF가 애기장대에서 분리되었다[17,18]. 이 단백질은 bZIP형의 DNA 결합도메인을 가지고 있으며, N말단 측에 3개, C말단에 1개의 보존 배열을 가지고 있다. 반면, 다른 방법으로도 ABRE 배열에 결합하는 단백질이 발견되고 있다. 옥수수의 이삭 발아 돌연변이의 하나로 배아의 앱시스산 감수성이 저하된 돌연변이 *vp1*의 원인 유전자 *VP1* 및 애기장대 *abi3* 돌연변이 원인 유전자 *ABI3*는 높은 상동성을 나타내어, 함께 전사 조절 인자 역할을 하고 있는 것이 알려져 있다[1]. 이 VP1/ABI3은 종자에서 종자 저장 단백질을 포함한 앱시스산 유도 유전자의 전사를 제어하고, 거기에 ABRE이 끼어 있는 것으로 알려져 있었다. 이 VP1와 결합하는 단백질로 TRAB1이 발견되었다. TRAB1는 ABRE 배열에 결합하고, AREB/ABF과 높은 상동성을 나타내고 있었다[19]. AREB/TRAB1은 *in vitro* 및 *in vivo*에 있어서 ABRE 배열에 결합하는 것과 그 발현 제어에는 앱시스산의 존재가 중요하다는 것이 밝혀졌다[17, 19]. 또한 TRAB1은 *in vivo*에서 앱시스산에 의해 실제로 인산화되는 것도 나타나서[20], 이후 이 인산화를 제어하는 상류인자의 탐색 및 그 앱시스산 신호전달에 대한 관심이 기대된다(그림 2.1). 한편, 애기장대 *abi5* 돌연변이 원인 유전자 *ABI5*도 AREB/TRAB1과 높은 상동성을 나타내는 bZIP형의 전사인자인 것이 확인되었다. 애기장대 게놈 중에는 13개의 bZIP형 전사인자 패밀리가 존재하고 있는 것이 알려져 있다. 애기장대의 종자에서는 주로 ABI5가 ABI3과 결합하여 앱시스산 유도 유전자의 발현을 제어하는 것으로 간주되고 있지만[5], 식물체에서는 AREB와 결합하는 단백질의 유무 등과 같이, 앱시스산 유도 유전자의 발현을 어떻게 억제하고 있는지가 흥미를 갖게 한다. 또한, 앱시스산에 의한 유전자 발현에는 앱시스산 유도성의 전사인자인 MYC과 MYB가 협조적으로 작용하고 있는 것도 밝혀져 있다[21].

2.7 식물의 성장과 앱시스산

2.7.1 당 반응과 앱시스산

고농도의 포도당과 설탕 등의 당이 종자의 발아를 억제하는 것으로 알려져 있지만, 억제에 감수성을 나타내지 않는 돌연변이인 *gin1/sis4* 돌연변이 및 *gin6/sis5* 돌연변이가 선발되었다[1,22]. 흥미로운 것은 그 원인 유전자를 조사한 결과, 각각 *ABA2* 유전자와 *ABI4* 유전자와 동일한 유전자라는 것이다. 더욱이, *aba1* 돌연변이와 *abi5* 돌연변이도 비슷하게 당에 의해 감수성이 저하되는 것이 밝혀졌다[1,22]. 또한 당에 의해 유도되는 유전자의 일부는 앱시스산 유도성인 것으로 보고되고 있다[22]. 이러한 결과는 당 신호와 앱시스산의 상호작용하고 있을 가능성을 시사하고 있어서, 향후의 연구 성과가 기대된다.

2.7.2 액아의 휴면과 앱시스산

정아우세를 나타내는 식물의 성장 제어가 오옥신과 사이토키닌의 밸런스에 의해 조절된다는 것은 널리 알려져 있지만, 액아의 휴면에 앱시스산이 관여한다는 연구 결과가 보고되고 있다. 휴면 상태에 있는 액아에서는 앱시스산의 축적을 보이는 것과 그 시기에 VP1/ABI3 유전자의 이종상동성 유전자(ortholog) 발현을 특이적으로 상승시키는 것으로 밝혀졌다[23].

2.7.3 뿌리의 성장과 앱시스산

앱시스산을 식물체에 과다하게 가하면 뿌리의 성장이 억제되는 것은 비교적 잘 알려져 있지만, 측근의 형성 과정에도 앱시스산이 관여하고 있다는 연구 결과가 보고되었다. 야생형 식물체에서는 배지 중의 아세트산 농도가 높아지면 측근의 형성이 억제되지만, 앱시스산 결실 돌연변이 및 앱시스산 비감수성 돌연변이에서는 이 과정이 약해진다. 또한 앱시스산을 가하면 측근의 기부에 발현하는 오옥신 유도성의 유전자의 발현이 억제되는 것도 나타나고 있다[24]. 한편, 뿌리의 수분 굴성에도 앱시스산이 관여하고 있는 것이 보고되고 있다[25].

2.8 마무리

이 장에서 설명한 바와 같이, 앱시스산은 식물의 환경 스트레스 반응 및 내성 획득, 기공 폐쇄, 종자의 성숙, 휴면, 발아 제어 등 다양한 생리, 성장의 제어에 관련되어 있다는 객관적 사실을 설명하고 있다. 최근 앱시스산의 합성, 분해 신호전달, 유전자 발현에 관련된 분자 수준에서의 연구가 많이 진전되어, 각각의 반응에 관여하는 유전자들이 공개되고 있다. 또한 애기장대, 벼의 전체 게놈 염기 서열이 결정되고, 앱시스산의 합성, 분해, 신호전달, 유전자 발현에 관여하는 유전자의 대부분이 패밀리로 중복되는 것이 밝혀졌다. 이러한 패밀리 유전자는 서로 다른 조직과 단계에서 기능 분담할 것이라고 추측되고 있다. 향후 앱시스산의 생리 반응에 관여하는 유전자 네트워크를 규명하면 복잡한 호르몬 반응 경로가 이해될 것으로 생각된다. 또한 앱시스산 및 다른 호르몬 반응의 상호관계에 대한 보고도 이루어지고 있지만, 그에 관련된 인자에 대해서도 서서히 밝혀질 것으로 기대된다.

참고 문헌

1. Finkelstein RR, Gampala SS, Rock CD (2002) Abscisic acid signaling in seeds and seedlings. Plant Cell 14 Suppl : S15-S45
2. Xiong L, Schumaker KS, Zhu JK (2002) Cell signaling during cold, drought, and salt stress. Plant Cell 14 Suppl: S165-S183
3. Iuchi S, Kobayashi M, Taji T, Naramoto M, Seki M, Kato T, Tabata S, Kakubari Y, Yamaguchi-Shinozaki K, Shinozaki K (2001) Regulation of drought tolerance by gene manipulation of 9-cis-epoxycarotenoid dioxygenase, a key enzyme in abscisic acid biosynthesis in *Arabidopsis*. Plant J. 27 : 325-333
4. Seki M, Ishida J, Narusaka M, Fujita M, Nanjo T, Umezawa T, Kamiya A, Nakajima M, Enju A, Sakurai T, Satou M, Akiyama K, Yamaguchi-Shinozaki K, Carninci P, Kawai J, Hayashizaki Y, Shinozaki K (2002) Monitoring the expression pattern of around 7,000 *Arabidopsis* genes under ABA treatments using a full-length cDNA microarray. Funct. Integr. Genet. 2: 282-291
5. Nambara E, Marion-Poll A (2003) ABA action and interactions in seeds. Trends Plant Sei 8 : 213-217
6. Seo M, Koshiba T (2002) Complex regulation of ABA biosynthesis in plants. Trends Plant Sci 7: 41-48
7. Yoshida R, Hobo T, Ichimura K, Mizoguchi T, Takahashi F, Alonso J, Ecker JR, Shinozaki K (2002) ABA-activated SnRK2 protein kinase is required for dehydration stress signaling in *Arabidopsis*. Plant Cell Physiol. 43 : 1473-1483
8. Mustilli A, Merlot S, Vavasseur A, Fenzi F, Giraudat J (2002) *Arabidopsis* OST1 protein kinase mediates the regulation of stomatal aperture by abscisic acid and acts upstream of reactive oxygen species production. Plant Cell 14: 3089-3099
9. Guo Y, Xiong L, Song CP, Gong D, Halfter U, Zhu JK (2002) A calcium sensor and its interacting protein kinase are global regulators of abscisic acid signaling in *Arabidopsis*. Dev Cell 3: 233-244
10. Kwak JM, Moon JH, Murata Y, Kuchitsu K, Leonhardt N, DeLong A, Schroeder JI (2002) Disruption of a guard cell expressed protein phosphatase 2A regulatory subunit, RCN1, confers abscisic acid insensitivity in *Arabidopsis*. Plant Cell 14: 2849-2861
11. Zheng ZL, Nafisi M, Tam A, Li H, Crowell DN, Chary SN, Schroeder Jl, Shen J, Yang Z (2002) Plasma membrane-associated ROP10 small GTPase is a specific negative regulator of abscisic acid responses in *Ara-*

bidopsis. Plant Cell 14: 2787-2797 1

12. Li J, Kinoshita T, Pandey S, Ng CK-Y, Gygl SP, Shimazaki K, Assmann SM (2002) Modulation of an RNA-binding protein by abscisic-acid-activated protein kinase. Nature 418: 793-797

13. 刑部祐理子, 関原明, 篠崎一雄, 篠崎和子 (2002) 形質転換植物体によるABA誘導性受容体型キナーゼRPK1のABAシグナル受容機構の解析. 日本植物生理学会2002年度年会および第42回シンポジウム

14. Zhang DP, Wu ZY, Li XY, Zhao ZX (2002) Purification and identification of a 42-kilodalton abscisic acid-specific-binding protein from epidermis of broad bean leaves. Plant Physiol. 128: 714-725

15. Shen Q, Ho TH (1995) Functional dissection of an abscisic acid (ABA) -inducible gene reveals two independent ABA-responsive complexes each containing a G-box and a novel cis-acting element. Plant Cell 7 : 295-307

16. Hobo T, Asada M, Kowyama Y, Hattori T (1999) ACGT-containing abscisic acid response element (ABRE) and coupling element 3 (CE3) are functionally equivalent. Plant J. 19: 679-689

17. Uno Y, Furihata T, Abe H, Yoshida R, Shinozaki K, Yamaguchi-Shinozaki K (2000) *Arabidopsis* basic leucine zipper transcription factors involved in an abscisic acid-dependent signal transduction pathway under drought and high-salinity conditions. Proc. Natl. Acad. Sci. USA 97: 11632-11637

18. Choi H, Hong J, Ha J, Kang J, Kim SY (2000) ABFs, a family of ABA-responsive element binding factors. J. Biol. Chem. 275: 1723-1730

19. Hobo T, Kowyama Y, Hattori T (1999) A bZIP factor, TRAB1, interacts with VP1 and mediates abscisic acid-induced transcription. Proc. Natl. Acad. Sci. USA 96: 15348-15353

20. Kagaya Y, Hobo T, Murata M, Ban A, Hattori T (2002) Abscisic acid-induced transcription is mediated by phosphorylation of an abscisic acid response element binding factor, TRAB1. Plant Cell 14: 3177-3189

21. Abe H, Urao T, Ito T, Seki M, Shinozaki K, Yamaguchi-Shinozaki K (2003) Arabidopsis AtMYC2(bHLH) and AtMYB2(MYB) function as transcriptional activators in abisicsic acid signaling. Plant Cell 15: 63-78

22. Finkelserin RR, Gibson SI (2002) ABA and sugar interactions regulating development : cross-talk or voices in a crowd? Curr. Opin. Plant Biol. 5:26-32

23. Shimizu- Sato S, Mori H (2001) Control of outgrowth and dormancy in axillary buds. Plant Physiol. 127: 1405-1413

24. De Smet I, Signora L, Beeckman T, Inze D, Foyer CH, Zhang H (2003) An abscisic acid-sensitive checkpoint in lateral root deveopment of *Arabidopsis*. Plant J. 33: 543-555

25. Takahashi N, Goto N, Okada K, Takahashi H (2002) Hydrotropism in abscisic acid, wavy, and gravitropic mutants of *Arabidopsis thaliana*. Planta 216: 203-211

3. 브라시노스테로이드 반응

坂本知昭 · 松岡信

3.1 소개

브라시노스테로이드(BR)는 스테로이드 골격을 갖는 식물의 생리 활성 물질의 총칭으로, 1979년에 유채(*Brassica napus*)의 꽃가루에서 처음으로 브라시놀라이드(Brassinolide)가 분리되어, X-선 결정 구조 분석에 의해 그 화학 구조가 밝혀졌다. 그 후 피자식물뿐만 아니라 나자식물, 조류, 양치류에 이르는 수많은 식물 종에서 40종 이상의 브라시노스테로이드가 분리되어 동정되었다. 천연 브라시노스테로이드 중에서 브라시놀라이드가 가장 강한 생리 활성을 나타내며, 그 선구자인 카스타스테론(Castasterone)도 활성형의 브라시노스테로이드인 것으로 밝혀졌다. 하지만 브라시노스테로이드가 미량으로도 강한 생리 활성을 나타냈음에도 불구하고 최근에 이르기까지 식물 호르몬으로 널리 인정되지 않았다. 그러나 애기장대(*Arabidopsis thaliana*) 등 여러 식물 종에서 생합성 및 신호전달에 관련된 돌연변이가 발견되면서 그 원인 유전자의 클로닝 기능 분석이 진행됨에 따라 브라시노스테로이드가 식물의 성장 제어에 필수적인 역할을 하는 것으로 인정받게 되었다. 현재 브라시노스테로이드는 줄기와 세포의 신장, 빛 형태형성, 유관속의 분화 및 스트레스 내성 등에 관여한 내인생 성장 조절 물질로서 6번째 식물 호르몬에 추가되었다.

3.2 브라시노스테로이드 생합성 경로

일일초(*Catharanthus roseus*)의 배양세포를 이용한 생화학적 연구와 애기장대 등의 돌연변이를 이용한 유전학적 연구를 통해, 추정 생합성 경로가 알려졌다(그림 3.1). 메발론산에서 캄페스테롤(Campesterol)이 합성되는 과정에서, *FACKEL* 유전자(C_{14}-환원 효소를 코딩), *DWARF7/STE1* 유전자(C_5-불포화효소를 코딩), *DWARF5* 유전자(C_7-환원효소를 코딩), *DWARF1/DIM* 유전자(C_{24}-환원 효소를 코딩)의 4종류의 효소유전자가 클로닝되었다. 캄페스테롤은 DWARF6/DET2(C_5-환원 효소)에 의해 캄페스테롤에 대사된 후, 조기 C_6 산화 경로 및 후기 C_6 산화 경로로 나뉘어, P450 모노산소화효소인 DWARF4(CYP90B, C_{22}-수산화효소), DWARF3 / CPD(CYP90A, C_{23}-수산화효소), DDWF1(CYP92A6, C_2-수산화효소)에 의해 순차적으로 대사된다. 후기 C_6 산화 경로에서 생성된 중간 산물은 DWARF(CYP85, C_6-산화효소)에 의해 C_6의 산화를 받고 조기 C_6 산화 경로와 합류하여 브라시놀라이드로 변환된다[1].

최근 애기장대와 일일초에서 내인성 브라시노스테로이드를 분석한 결과, 새 브라시노스테로이드가 다수 확인되면서 새로운 조기 C_{22} 산화 경로의 존재가 확인되었다[2]. 또한 *ROT3/CYP90C1* 유

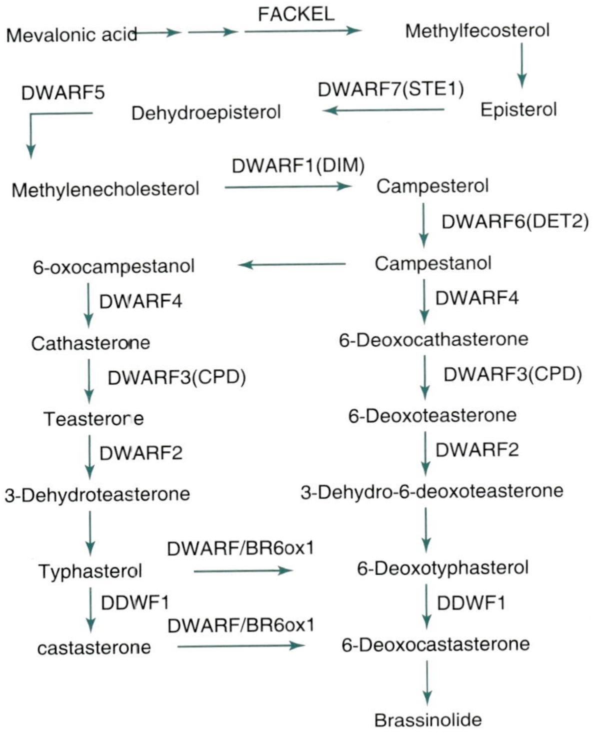

그림 3.1 브라시노스테로이드의 추정 생합성 경로. 브라시놀라이드는 메발론산으로부터 식물 스테롤인 캄페스테롤을 거쳐 합성된다. DWARF2은 벼, DDWF1은 콩, DWARF는 토마토, 그 밖은 애기장대로부터 유전자가 클로닝된 효소이다. ( ) 안은 병용되는 이름. 캄페스테롤로부터 브라시노라이드로의 왼쪽 경로는 조기 C6 산화경로이고, 오른쪽 경로는 후기 C6 산화경로로 불린다.

전자와 *CYP90D1* 유전자 등도 생합성에 관여하고 있다고 생각되지만 생화학적 기능이 특정되어 있지 않은 효소 유전자들이 클로닝되었다. 한편, 완두콩(*Pisum sativum*)의 DDWF1에 해당하는 효소 유전자는 애기장대 게놈에서 찾아낼 수 없었다. 그 밖에도 불분명한 부분이 많이 남아 있어 향후 애기장대 이외의 식물에서 연구를 진행한다면 다른 대사 경로와 새 생합성 효소가 발견될 가능성이 있다.

지베렐린 생합성효소 유전자와 마찬가지로 일부 브라시노스테로이드 생합성효소 유전자의 발현은 피드백 제어를 받고 있다. 애기장대의 *CPD* 유전자, *DWARF4* 유전자, *BR6ox1* 유전자, *ROT3*/*CYP90C1* 유전자, *CYP90D1* 유전자의 발현량은 브라시노스테로이드 처리에 의해 급격히 감소하지만, 브라시노스테로이드 비감수성의 *bri1* 돌연변이는 변화하지 않았기 때문에, 이러한 효소 유전자의 발현은 브라시노스테로이드 신호전달계를 통해 조절되는 것으로 생각된다.

3.3 브라시노스테로이드의 수용체와 신호전달

현재까지 공개된 브라시노스테로이드의 신호전달계의 대한 개관을 그림 3.2에 나타내었다. 신호전

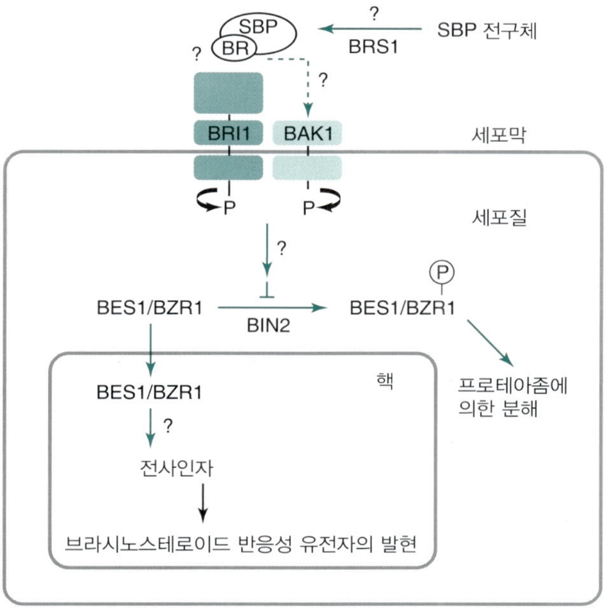

그림 3.2 브라시노스테로이드 신호 전달계의 모델. 브라시노스테로이드는 세포막에 존재하는 수용체 BRI1와 직접적으로 또는 간접적으로 결합한다. 브라시노스테로이드가 존재하지 않을 때 BIN2는 BES1/BZR1을 분해한다. 브라시노스테로이드가 존재할 경우에는 BES1/BZR1가 분해하지 않고 핵으로 이동하여, 브라시노스테로이드 반응성 유전자의 발현을 유도한다. SBP : 스테로이드 결합단백질, BR : 브라시노스테로이드.

달 인자로 가장 먼저 분리된 BRI1(BRASSINOSTEROID INSENSITIVE 1)는 N말단 측에 신호 펩타이드, 류신-지퍼(Leucine-zipper) 영역, 25개의 류신 반복배열(Leucine-rich repea)을 포함한 세포외 도메인을 갖고, 인접한 막 관통 도메인, C말단에 세포내 키나아제 도메인을 갖는다. 이 구조는 막 관통형 수용체 키나아제의 특징이고, 세포외 가용성 리간드와 상호작용하여 세포 내의 단백질을 인산화하는 것에 의해, 세포 밖에서 세포 안으로 신호를 전달하는 것으로 생각되고 있다. BRI1는 세포막에 국재되어 있는 브라시놀라이드를 결합하는 것으로 나타나고 있어, 21번째와 22번째의 류신 반복배열(Leucine-rich repeat) 사이에 존재하는 70 아미노산 잔기로 구성되는 특징적인 도메인(70-amino-acid island)과 류신 반복배열이 브라시놀라이드의 수용에 중요한 역할을 하고 있다[4].

일반적으로 류신 반복배열은 단백질-단백질 상호작용에 관여하고 있기 때문에, 브라시놀라이드는 스테로이드 결합단백질을 통해 BRI1와 결합하고 있을 가능성이 있다. BRS1(BRI1 suppressor dominant 1)는 분비성 세린카르복시펩티다아제를 코딩하고 있고[5], 애기장대 게놈에 존재하는 복수의 스테로이드 결합단백질과 같은 단백질에는 세린카르복시펩티다아제에 의한 처리를 받는 영역이 존재했다. 이러한 증거로부터 브라시놀라이드는 BRS1에 의해 처리된 스테로이드 결합단백질과 결합하고, 브라시놀라이드-스테로이드 결합단백질 복합체로 BRI1 류신 반복배열과 상호작용하고 있다고 생각된다. 이 경우, 70-amino-acid island는 류신 반복배열의 입체 배치를 조절하고, 브라시놀라이드-스테로이드 결합단백질 복합체와의 상호작용에 기여하고 있을 가능성이 있다.

동물의 많은 수용체 키나아제는 리간드와의 상호작용에 의해 이합체를 형성하고, 자기 인산화에 의해 세포 내 키나아제를 활성화시킨다. BRI1는 호모이합체를 형성하지만, BRI1과 비슷한 류신 반복배열 수용체 키나아제를 코딩하는 BAK1(BRI1 associated receptorkinase 1)는 BRI1과 이종이합체를 형성한다[6,7]. BAK1은 BRI1에 비해 류신 반복배열이 5개로 극단적으로 짧고, 70-amino-acid Island도 부족하지만, 발현은 BRI1와 같이 모든 기관에서 관찰되어 세포막에 국재하고 있다. 더욱이 BRI1와 BAK1는 상호인산화하지만, 세포 외 도메인의 대부분을 갖지 않는 BAK1의 기능적 위치 지정은 명확하지 않다. 리간드의 결합에 의해 BRI1-BAK1 이종이합체 형성이 안정화하여, 상호인산화가 일어나는 세포 외 키나아제가 활성화된다는 가설[6]과 리간드는 BRI1에 결합하여 BRI1에 의해 인산화되는 BAK1이 표적 분자를 인산화한다[7]는 2개의 가설이 제시되고 있다. 돌연변이의 표현형 등에서 BRI1는 수용체로서 주요 역할을 하고 있지만, BAK1의 역할은 BRI1만큼 결정적이지 않다고 생각된다. BAK1와 같은 단백질은 애기장대 게놈에서 수십 개가 발견되었으며, 그들과의 기능적 중복도 포함하여 향후 분석이 기대된다.

BRI1 또는 BRI1-BAK1에 의한 인산화의 표적 분자는 찾지 못하였다. 그러나 그 하류에 존재하는 부정적인 제어 인자로서 GSK3과 높은 상동성을 나타내는 세린-트레오닌 키나아제인 BIN2(BRASSINOSTEROID INSENSITIVE 2)가 발견되었다. 동물의 Wnt/wingless 신호전달계에서 GSK3는 리간드 비존재 하에서 β-카테닌(catenin)을 인산화하여 프로테아좀에 의한 분해로 이끈다. 리간드가 수용체와 결합하면 GSK3는 인산화를 받아서 불활성화되고, β-카테닌(catenin)을 인산화할 수 없다. 인산화되지 않은 β-카테닌(catenin)은 축적하게 되어, 핵 내로 이동하여 특정 유전자의 전사 조절에 관여한다.

BES1(BRI1-EMS-suppressor 1)과 BZR1(brassinazole resistant 1)은 유사한 핵 단백질을 코딩하고 있으며, 이들은 모두 BIN2에 의해 인산화된다[8,9]. BIN2의 활성과 BES1/BZR1의 양은 반비례 관계가 있고, 프로테아좀 억제제 처리에 의해 인산화된 BZR1이 축적된다. 브라시노스테로이드 처리는 BES/BZR1의 인산화 상태를 급격히 변화시키고, 인산화되지 않고 축적한 BES1/BZR1은 핵 내로 이행했지만, 이에 따른 브라시노스테로이드 반응성 유전자의 발현 유도가 관찰되었다.

이와 같이, BIN2와 BES1/BZR1의 관계는 Wnt/wingless 신호전달계의 GSK3과 β-카테닌(catenin)의 관계에 흡사하다. 하지만 BES1/BZR1와 β-카테닌(catenin) 배열의 상동성은 없고, BES1/BZR1의 구체적인 기능은 밝혀지지 않았다.

3.4 브라시노스테로이드의 생리 작용

3.4.1 세포의 신장과 분열과 브라시노스테로이드

브라시노스테로이드의 생물 검정에 벼 엽신 굴곡 시험이 이용되고 있는 것과 같이, 벼의 엽신 각도는 브라시노스테로이드 첨가에 의해 증가된다. 이 현상은 엽신과 엽초의 경계에 있는 엽절(잎마디)의 향축(adaxial)의 세포가 배축(abaxial) 측의 세포에 비해 편차적으로 신장하기 때문에 일어난다. 벼 엽신 굴곡 시험은 오옥신의 생물 검정에도 이용되지만, 브라시노스테로이드가 더 낮은 농도에서 효과를 나타낸다. 브라시노스테로이드 결실, 비감수성 돌연변이에 관찰되는 왜성도 세포 신장이 저해되기 때문에 일어나고 있다(그림 3.3). 세포의 신장에는 세포벽의 구축과 재편성이 관

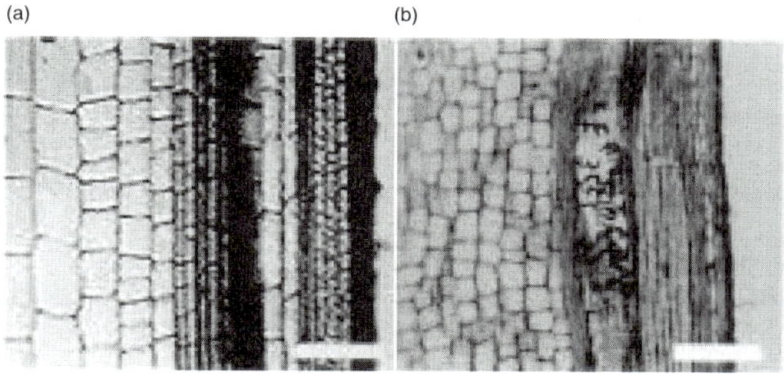

그림 3.3 벼의 제1 절간의 종단 절편. 야생형(a)과 비교한 브라시노스테로이드 비감수성의 왜성 돌연변이체 *d61* (b)의 세포는 세로 방향의 신장이 억제되어 있다.

여하고 있고 세포벽의 자일로글루칸(Xyloglucan) 분자의 결합에 관여하는 자일로글루칸 엔도트랜스글루코실라아제(XYLOGLUCAN ENDOTRANSGLUCOSYLASE, XET)가 중요한 역할을 하고 있다. 신장이 활발한 조직에서 발현되는 애기장대의 자일로글루칸 엔도트랜스글루코실라아제(XET)의 유전자 *TCH4*은 오옥신과 브라 시노스테로이드에 의해 발현이 유도되고, 브라시노스테로이드 결실 돌연변이인 *dim*에서 발현량이 감소했다[10]. 대두(Glycine max)의 자일로글루칸 엔도트랜스글루코실라아제(XET) 유전자 *BRU1*도, 브라시노 스테로이드에 의해 발현이 유도된다. 또한 Endo-1,4-β-D-glucanase는 셀룰로오스, 헤미셀룰로오스 네트워크 구축에 관여하는 것으로 간주되고 있지만, 애기장대의 Endo-1,4-β-D-glucanase 유전자인 *KORRIGAN*의 발현량은 브라시노스테로이드 결실 돌연변이 *det2*에서 감소했다[11].

세포 분열의 브라시노스테로이드의 역할에 대해서는 별로 밝혀지지 않았다. 애기장대의 브라시노스테로이드 결실 돌연변이인 *dwarf1* 돌연변이와 *det2* 돌연변이의 잎은 야생형에 비해 극단적으로 작고 세포 수도 감소했지만, 브라시노스테로이드 처리에 의해 잎 모양은 회복하고, 세포 수도 증가하고 있을 가능성이 있다. 또한 세포주기의 G_1기/S기에 시토카닌에 의해 발현이 유도되는 사이클린 D인 CycD3은 애기장대의 배양세포에서 브라시노스테로이드 처리에 의해서도 유도되어, 세포 증식으로 이끄는 것이 밝혀져 있다[12]. 그러나 브라시노스테로이드 처리에 의한 *CycD3* 유전자의 발현 유도는 브라시노스테로이드 비감수성인 *bri1* 돌연변이에서도 관찰된 것으로부터, 브라시노스테로이드 신호전달과 *CycD3* 유전자의 발현 조절의 관계를 명확히 하기 위해 추가 분석이 필요하다고 생각된다.

3.4.2 광 형태형성과 브라시노스테로이드

빛은 광합성의 에너지원으로써 불가결하고 식물의 형태형성에도 큰 영향을 미친다. 밝은 곳에서는 광 형태형성을 일으켜, 배축의 신장을 억제하고 자엽이 전개되어 엽록체가 분화하고 빛에서 유도된 유전자가 발현된다. 한편, 어둠에서 생육된 배축이 도장되어 자엽이 전개하지 않고 "황백화 식물"이 된다. 이 현상은 암 형태형성이라 불리며, 자엽에 포함된 엽록체를 위에 존재할 것으로 생각되는 밝은 곳으로 배치하기 위한 생존 전략으로 생각된다. 이때 배축의 신장은 주로 세포 신장에 의해 일어난다.

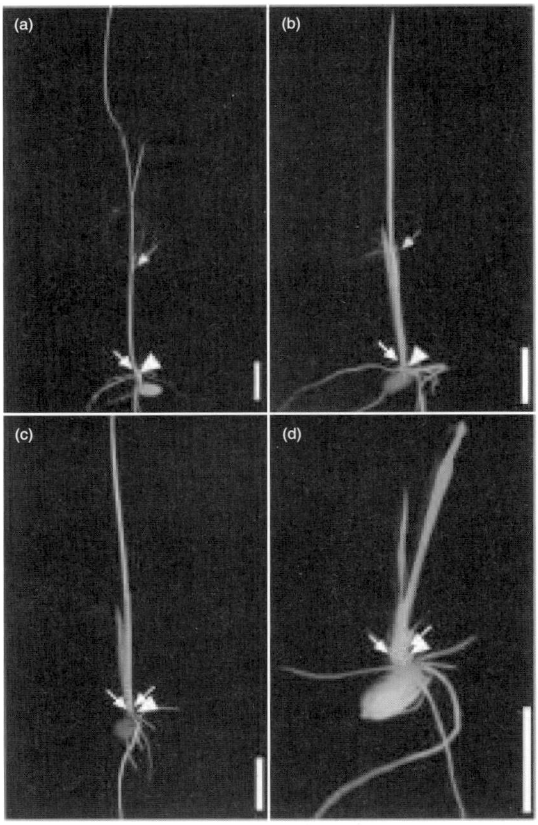

그림 3.4 벼의 암 형태형성. 암처리에서 생육시킨 야생형(a)와 지베렐린 결핍의 왜성 돌연변이체 *d18* (b)의 절간은 신장하지만, 브라시노스테로이드 비감수성의 왜성 돌연변이체 *d61* (c)와 브라시노스테로이드 결핍의 왜성 돌연변이체 *brd1* (d)의 절간은 신장하지 않는다. 화살표는 절을 나타내고, 화살촉은 중배축의 위치를 나타낸다.

브라시노스테로이드 생합성의 돌연변이인 *cpd*(*constitutive photomorphogenesis and dwarfism*) 돌연변이와 *det2*(*deetiolated2*) 돌연변이는 이름 그대로 광 형태형성에 관련된 돌연변이로 발견되었다. 이러한 돌연변이는 어두운 조건에서도 배축이 도장하지 않았지만, 브라시노스테로이드 처리에 의해 신장은 회복했다. 마찬가지로 광신호전달계로에 관련된 암 형태형성에 이상을 나타내는 *det*/*cop*/*fus* 돌연변이의 대부분에 브라시노스테로이드는 배축 신장 효과를 나타낸 것으로 보아[13], 브라시노스테로이드는 광 형태형성에 중요한 역할을 하는 것으로 생각되고 있다(그림 3.4).

완두콩의 *PRA2* 유전자는 어둠 속에서 발현이 유도되어, 밝은 곳에서 억제되는 저분자량 G 단백질을 코딩하고 광 형태형성에 관련된 신호전달 인자로 작용하고 있다고 생각할 수 있다. PRA2은 브라시노스테로이드 생합성 효소 DDWF1(DARK INDUCED DWARF-LIKE PROTEIN 1)와 직접 결합한다. *DDWF1* 유전자는 어둠 속에서 급격히 세포 신장하는 배축에 강하게 발현하고 있었기 때문에 광신호는 PRA2을 통해 DDWF1의 활성을 조절하고 어두운 조건에서 브라시노스테로이드 생합성을 촉진하는 것에 의해 암 형태형성을 일으킬 가능성이 있다[14]. 앞서 언급했듯이, *DDWF1*은 애기장대에 존재하지 않는다. 따라서 PRA2-DDWF1에 의한 광 형태형성의 제어가 식물에 보편적인 메커니즘인 것인가에 대한 향후 연구가 기대된다.

3.4.3 유관속의 분화와 브라시노스테로이드

유관속 형성은 식물 호르몬이나 상해로 유도된다. 물관이나 헛물관을 구성하는 관상 요소가 엽육세포에서 분화하는 과정은 백일초(*Zinnia elegans*)를 이용하여 상세하게 분석되어 있다. 오옥신과 사이토키닌, 또는 상해에 의한 관상요소의 분화가 유도되면, 엽육세포가 탈분화되고(1단계), 탈분화세포는 전형성층세포, 관상요소 전구세포를 거쳐(2단계), 이차 세포벽 합성과 자기 분해가 시작되는 관상요소로 분화한다(3단계).

엽육세포에서 관상 요소로의 분화는 유니코나졸(Uniconazole) 처리에 의해 저해되며, 브라시노스테로이드 첨가에 의해 회복한다[15]. 유니코나졸(Uniconazole) 처리는 1단계와 2단계에서 발현하는 유전자에 영향을 주지 않고, 3단계에서 특이적인 유전자의 발현을 억제한다. 이 발현 억제는 브라시노스테로이드 첨가에 의해 회복된다. 더욱이, 2단계로부터 3단계로의 이행기의 세포에서 브라시노스테로이드 생합성효소 유전자의 발현이 상승하여, 내인성 브라시노스테로이드 함량도 증가함에 따라[16], 관상 요소의 분화 과정에 있어서 브라시노스테로이드는 3단계의 유전자 발현을 유도하여, 2단계로부터 3단계로의 이행을 촉진하고 있다고 생각한다.

3.4.4 스트레스 내성 및 질병 저항과 브라시노스테로이드

식물은 생활환의 모든 방면에서 다양한 환경 스트레스에 노출되어 있지만, 브라시노스테로이드에는 환경에 의한 생육 저해를 회피하는 효과가 있다. 열 충격 단백질(heat shock protein)은 고온스트레스에 의해 축적되어, 그 축적과 고온 내성의 획득에 상관관계를 가지고 있다. 고온 스트레스에 의한 열 충격 단백질의 축적은 브라시노스테로이드를 처리한 유채에서 더 뚜렷하지만, 열 충격 단백질 유전자의 발현량은 오히려 처리를 하지 않은 개체에서 증가하고 있다[17]. 열 충격 단백질의 양적 제어에는 전사 조절과 함께 전사 후 조절도 중요하다는 것을 나타내고 있다. 따라서 브라시노스테로이드 처리에 의한 열 충격 단백질의 번역 효율이 향상되었기 때문에, 유전자 발현을 통하지 않고 열 충격 단백질이 신속하게 축적되었다고 생각된다.

벼는 브라시노스테로이드 처리에 의해 저온 내성이 향상된다. 생육 초기와 출수기 전후의 저온은 벼의 유묘와 어린 이삭, 낟알꽃(영화, glumous flower)의 발달과 생육을 저해하여 저온 장애를 야기하지만, 파종 전 또는 개화기의 브라시노스테로이드 처리를 통해 저온 장애를 극복할 수 있다. 또한 벼는 NaCl에 감수성이므로, NaCl 존재하에서 발아와 신장 성장이 현저히 저해되어 잎도 퇴색하지만, 파종 전 브라시노스테로이드 처리에 의해 생육장애를 회피할 수 있다[18]. 내냉성이나 내염성에 브라시노스테로이드가 직접 관여하고 있는 것인지, 또는 생육 촉진에 의한 간접적인 효과인 것인지에 대해서는 불분명하지만 양쪽 모두 응용적으로는 중요한 형질이므로, 이 메커니즘의 규명이 필요하다.

브라시노스테로이드 처리는 바이러스, 균, 세균 등의 병해미생물에 대해서도 저항성을 나타낸다. 이 저항성은 살리실산의 축적과 *PR* 유전자의 발현과 관련이 없어, 살리실산을 통해 유도된 전신 획득 저항성과는 다른 기작일 것으로 판단된다[19].

3.5 마무리

"At first they were regarded as somewhat oddity"라고 표현된 브라시노스테로이드도 생합성에서 수용, 신호전달에 이르는 연구가 크게 진보하여 마침내 그 기능의 일부분을 파악할 수 있었다. 그러나 생합성 및 신호전달계의 전모 해명에는 추가 연구의 축적이 필요하다. 여기에서 다룬 것 외에도 다른 식물 호르몬과의 상호관계가 중요한 연구 주제로 남아 있다. 세포 신장에 관계하는 유전자를 포함하여 많은 오옥신 유도성 유전자의 발현이 브라시노스테로이드에 의해 유도된다. 또한 브라시노스테로이드와 오옥신은 다른 1-aminocyclopropane-1-carboxylic acid synthase 유전자의 발현 조절을 통해 에틸렌 생합성에 관여한다. 한편, 브라시노스테로이드와 오옥신, 지베렐린은 별도의 경로에 의해 줄기와 잎의 신장을 제어하고 있다. 종자 발아에 대해서도 브라시노스테로이드와 지베렐린은 다른 경로에서 관여하고 있다. 이와 같이 복잡하게 엉킨 상호관계의 실을 풀 수 있을 때, 우리는 브라시노스테로이드의 정체를 목격하고, 관여하는 생리현상을 정확하게 이해하는 것이 가능하다. 또한 이와 같이 얻은 지식을 기반으로 브라시노스테로이드의 효과적인 사용은 작물의 생산성과 스트레스 내성, 병해저항성 등의 향상에 큰 기여를 할 것으로 기대된다.

참고 문헌

1. Noguchi T, Fujioka S, Choe S, Takatsuto S, Tax FE, Yoshida S, Feldmann KA (2000) Biosynthetic pathway of brassinolide in *Arabidopsis*. Plant Physiol. 124: 201-209
2. Fujioka S, Takatsuto S, Yoshida S (2002) An early C-22 oxidation branch in the brassinosteroid biosynthetic pathway. Plant Physiol. 130: 930-939
3. Bancos S, Nomura T, Sato T, MolnárG, Bishop GJ, Koncz C, Yokota T, Nagy F, Szekeres M (2002) Regulation of transcript levels of the *Arabidopsis* cytochrome P450 genes involved in brassinosteroid biosynthesis. Plant Physiol. 130: 504-513
4. He Z, Wang Z-Y, Li J, Zhu Q, Lamb C, Ronald P, Chory J (2000) Perception of brassinosteroids by the extracelula domain of the receptor kinase BRI1. Science 288 : 2360-2363
5. Li J, Lease KA, Tax FE, Walker JC (2001) BRS1, a serine carboxypeptidase, regulates BRI1 signaling in *Arabidopsis thaliana*. Proc. Natl. Acad. Sci. USA 98: 5916-5921
6. Nam KH, Li J (2002) BRI1 / BAKI, a receptor kinase pair mediating brassinosteroid signaling. Cell 110: 203-212
7. Li J, Wen J, Lease KA, Doke JT. Tax FE, Walker JC (2002) BAK1, an *Arabidopsis* LRR receptor-like protein kinase, interacts with BRI1 and modulates brassinosteroid signaling. Cell 110: 213-222
8. Yin Y, Wang Z-Y, Mora-Garcia S, Li J, Yoshida S, Asami T, Chory J (2002) BES1 accumulates in the nucleus in response to brassinosteroids to regulate gene expression and promote stem elongation. Cell 109: 181-191
9. He J-X, Gendron JM, Yang Y, Li J, Wang Z-Y (2001) The GSK3-like kinase BIN2 phosphorylates and destabilizes BZR1, a positive regulator of the brassinosteroid signaling pathway in *Arabidopsis*. Proc. Natl.

Acad. Sci. USA 99: 10185-10190

10. Xu W, Campbell P, Varghese AK, Braam J (1996) The *Arabidopsis* XET-related gene family: environmental and hormonal regulation of expression. Plant J. 9 : 879-889

11. Nicol F, His I, Jauneau A, Vermhettes S, Canut H, Höfte H (1998) A plasma membrane-bound putative endo-1,4-β-D-glucanase is required for normal wall assembly and cell elongation in *Arabidopsis*. EMBO J. 17: 5563-5576

12. Hu Y, Bao F, Li J (2000) Promotive effect of brassinosteroids on cell division involves a distinct CdcD3-induction pathway in *Arabidopsis*. Plant J. 24: 693-701

13. Mandava BN (1988) Plant growth-promoting brassinosteroids. Annu. Rev. Plant Physiol. Plant Mol. Biol. 39: 23-52

14. Kang J-G, Yun J, Kim D-H, Chung K-S, Fujioka S, Kim J-I, Dae H-W, Yoshida S, Takatsuto S, Song P-S, Park C-M (2001) Light and brassinosteroid signals are integrated via a dark-induced small G protein in etiolated seedling growth Cell 105: 625-636

15. Yamamoto R, Demura T, Fukuda H (1997) Brassinosteroid induce entry into the final stage of tracheary element differentiation in cultured *Zinnia* cells. Plant Cell Physiol. 38: 980-983

16. Yamamoto R, Fujioka S, Demura T, Takatsuto S, Yoshida S, Fukuda H (2001) Brassinosteroid levels increase drastically prior to morphogenesis of tracheary elements. Plant Physiol. 125: 556-563

17. Dhaubhadel S, Browning KS, Gallie DR, Krishna P (2002) Brassinosteroid functions to protect the translational machinery and heat-shock protein synthesis following thermal stress. Plant J. 29: 681-691

18. Anuradha S, Rao SR (2001) Effect of brassinosteroids on salinity stress induced inhibition of seed germincation and seedling growth of rice (Oryza sativa L.). Plant Mol. Biol. 33: 151-153

19. Nakashita H, Yasuda M, Nitta T, Asami T, Fujioka S, Arai Y, Sekimata K, Takatsuto S, Yamaguchi I, Yoshida S (2003) Brassinosteroid functions in a broad range of disease resistance in tobacco and rice. Plant J. 33: 887-898

4. 오옥신 반응

上村正二

4.1 소개

오옥신은 꽃눈이나 부정근 형성, 정아우성 그리고 굴성 등의 광범위한 식물의 형태형성에 관여하는 중요한 식물 호르몬이다. 오옥신의 특징은 극성 수송이 이루어지게 하는 것이며, 이 수송에 의해 발생하는 오옥신 농도 구배의 형성이 형태형성을 유도하는 중요한 요소이다. 오옥신 활성을 갖는 것으로는 천연 오옥신인 인돌아세트산(IAA, Indole acetic acid)뿐만 아니라 1-나프탈렌 아세트산(NAA, Naphthalene-1-accetic acid)과 2,4-디클로로페녹시아세트산(2,4-D, 2,4-Dichlorophenoxyacetic acid) 등의 합성 오옥신이 알려져 있지만, 식물은 이러한 오옥신에 대해 똑같은 반응을 하지 않는 것이 오옥신 반응기구의 복잡성을 암시하고 있다. 오옥신과 직접 상호작용하는 세포 내 성분으로는 세포 신장에 관련된 수용체, 세포 분열에 관련된 수용체, 극성 수송에 관여 수송 캐리어(유입 캐리어와 배출 캐리어) 등이 존재하고 있다고 생각된다. 이러한 오옥신 결합단백질은 각각 다른 오옥신 특이성을 갖는 것으로 생각되어, 이것이 오옥신에 대한 세포의 특이성과 반응성의 차이를 반영하고 있는지도 모른다. 여기에서는 오옥신 수송계, 오옥신 수용체, 그리고 단백질 분해계에 의한 오옥신 신호 제어 등에 관한 최근 연구 결과를 정리했다.

4.2 오옥신 수송

오옥신은 극성 수송에 대해 밝혀진 유일한 식물 호르몬이다. 오옥신은 그 합성 부위로 간주되는 지상부 정단으로부터 식물의 극성 축을 따라 근단 방향으로 이동한다. 뿌리 끝에 도달한 오옥신은 뿌리 끝 주변부를 거꾸로 거슬러 올라가는 방향으로 흐른다. 식물을 옆으로 하면 중력 방향에 따른 오옥신 이동이 생기게 되고, 오옥신 농도 구배가 형성되어 굴중성이 일어난다[1,2]. 오옥신 농도 구배가 발생하는 것은 다양한 오옥신 반응 유전자의 발현이 비대칭적으로 발생하는 것에 의해서도 나타나고 있다[1,2]. 극성 수송 억제제로 알려진 NPA(N-(1-Naphthyl)phthalamic acid))는 굴중성 및 중력 방향으로의 오옥신 이동을 저해하기 때문에 극성 수송과 중력 방향으로의 이동이 같은 수송계를 통해 이루어지는 것으로 생각된다.

4.2.1 오옥신 수송 기구

오옥신의 극성 또는 중력 방향으로의 수송은 세포막에 존재하는 오옥신 수송 캐리어의 극성 분포

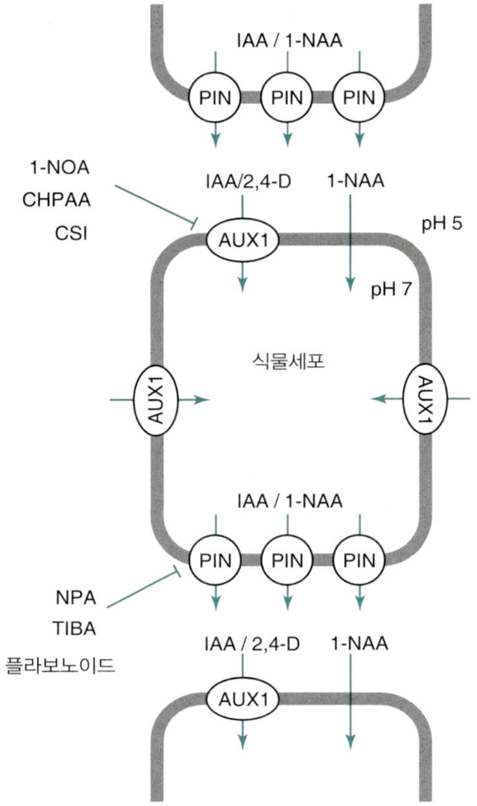

그림 4.1 오옥신 극성 수송. 오옥신 수송에는 3종류의 양식(수동적인 확산, AUX1에 의한 능동적 유입, PIN에 의한 배출)이 관여한다. PIN의 배치가 세포 기저부에 집중되어 있을 때, 오옥신의 극성 이동이 발생한다. IAA : 인돌아세트산, 1-NAA : 1-나프탈렌아세트산, 2,4-D : 2,4-디클로로페녹시아세트산, 1-NOA : 1-Naphthoxyacetic acid, CHPAA : 3-Chloro-4-hydroxyphenylacetic acid, CSI : chromosaponin I, NPA : N-(1-Naphthyl)phthalamic acid, TIBA : 2,3,5-triiodobenzoic acid. 화살표는 반응의 촉진을 나타내고, T자는 억제를 나타낸다.

에 기인한다는 가설이 예전부터 보고되고 있다(그림 4.1). 오옥신은 약산성(pK_a 4.6) 지용성 화합물이기 때문에, 간단히 세포막을 투과하여 세포 내외의 pH 구배에 의존하여 세포 내에 축적된다. 합성 오옥신인 NAA는 이와 같이 수동적 확산에 의해 세포 내로 축적된다[3]. 한편, 천연 오옥신인 IAA과 합성 오옥신인 2,4-D의 세포 내 이동은 농도 포화성을 나타내고 에너지 요구성이 있기 때문에, 유입 캐리어에 의한 능동수송에 의해 이루어진다. 더욱이, 극성수송 억제제인 NPA가 오옥신의 세포내 축적량을 비약적으로 높인 결과로부터, 오옥신을 세포 외로 배출하는 캐리어도 있을 것으로 가정되고, 이 배출 캐리어를 통해 IAA와 NAA가 배출할 것이다[3](그림 4.1).

극성수송이란 현상은 배출 캐리어가 세포의 기저부에 많이 존재하고 있다는 세포 내에서의 비대칭 분포에 의해 설명할 수 있다[1,2]. 이 화학 침투 가설에서 나타난 유입 캐리어와 배출 캐리어에 해당한다고 여겨지는 AUX1 및 PIN이 비굴지성 돌연변이체 스크리닝을 이용한 실험에서 분리 동정되었다.

4.2.2 오옥신 유입 캐리어 - AUX1

AUX1 유전자는 뿌리의 성장이 2,4-D에 저항성을 나타낸 애개장대 *aux1* 돌연변이의 분석에 의해 얻을 수 있었다[4]. AUX1은 추정 분자량이 54,000(예상 분자량은 42,000)으로, 11개의 막관통 영

역을 갖는 아미노산 트랜스포터 중 하나이다.

aux1 돌연변이는 IAA와 2,4-D에 저항성을 나타내지만, NAA 감수성을 나타내어[5], 오옥신 수송계의 오옥신 특이성에 대응하고 있다(그림 4.1). 또한, 오옥신 수송 억제제인 1-NOA(1-Naphthoxyacetic acid)과 CHPAA(3-Chloro-4-hydroxyphenylacetic acid)을 야생형 애기장대에 적용시키면, *aux1* 돌연변이체와 유사한 형질을 나타낸다[1].

오옥신 반응 리포터 유전자의 발현 및 방사선 표지 IAA의 수송에 의해, *aux1* 돌연변이가 근단으로부터의 오옥신의 하향적 수송을 방해하는 것이 나타났다. 또한, 자연에 존재하는 Chromosaponin I도 비굴지성 형질을 수여하는 물질이지만, *aux1-22*에서는 효과가 없지만 미스센스 돌연변이(Missense mutation) *aux1-7*에 대해서는 굴지성을 회복시키는 작용을 나타내어, Chromosaponin I이 직접적으로 AUX1-7에 결합해 기능을 회복시키는 가능성을 생각할 수 있다[6].

애기장대에서는 *AUX1* 유전자와 유사한 3종류의 유전자, *LAX1* 유전자, *LAX2* 유전자, *LAX3* 유전자를 얻을 수 있었지만, 이 기능 분담에 대해서는 밝혀지지 않았다[1].

4.2.3 오옥신 배출 캐리어 – PIN

비굴지성 돌연변이 *eir1/agr1/pin2/wav6* 및 화성 돌연변이 *pin1*로부터 *PIN* 패밀리 유전자를 분리하였다[2]. PIN는 분자량 69,000의 단백질을 코딩하고, 10개의 막관통 영역을 갖는 캐리어 단백질이다. *PIN* 유전자의 변이가 오옥신 수송 이상을 일으키는 것이나, *PIN* 유전자를 발현시킨 출아효모에서 오옥신의 보존이 저하되는 것으로부터 PIN은 오옥신 배출에 관련된 단백질로 생각되고 있다. 또한 PIN은 세포막에 비대칭적인 세포 내 분포를 나타내기 때문에, 배출 캐리어로서 상정된 것과 일치한다(그림 4.1).

오옥신 배출 활성은 NPA와 TIBA(2,3,5-triiodobenzoic acid) 등의 합성화합물, 그리고 플라보노이드 등의 천연물질에 의해 저해된다. 이것들은 PIN과는 별도로 NPA 결합단백질에 결합하는 것에 의해 억제를 나타내는 것으로 생각되고 있다. NPA 결합단백질은 세포 골격을 형성하는 액틴 필라멘트에 결합하고 있을 가능성이 있고, 필라멘트를 파괴하는 Cytochalasin D 처리에서 오옥신 극성수송이 저하한다[2]. 또한, 단백질 합성 억제제 시클로헥시미드(Cycloheximide)나 골지소포 분비 억제제 모넨신(monensin)과 Brefeldin A도 오옥신 배출 활성을 저하시켜[7], 분비 저해가 PIN의 정상적인 국재화를 방해한다.

4.3 오옥신 수용체

호르몬 감수성 돌연변이 스크리닝으로부터 사이토키닌과 에틸렌 등의 식물 호르몬 수용체 유전자가 발견되었지만, 오옥신 수용체 유전자의 발견에는 도달하지 않았다. 이제까지의 다양한 오옥신 결합단백질이 조사되었지만, 그 중에서도 옥수수의 소포체로부터 밝혀진 ABP1이 현시점에서 유력한 오옥신 수용체의 후보이다[8]. ABP1은 단자엽식물 및 쌍자엽식물 등의 고등식물계에 널리 분포되어 있어, 이끼와 녹조류에도 유연단백질이 인정되었지만, 진균류와 효모 및 동물계에서는 밝혀지지 않고 있다[8].

4.3.1 ABP1 구조

옥수수 ABP1는 38잔기의 신호 펩티드와 163잔기의 성숙 단백질 영역으로 구성되어 있으며, 성숙단백질에는 당사슬 부착 장소가 한 개 존재한다. 이 단백질의 분자량은 약 22,000이다[9]. C말단에는 소포체 체류 신호인 KDEL 배열이 존재하고, 소포체에 국재하고 있는 수용성 단백질 갖는다. ABP1의 결정 구조 분석에서는 C말단 영역의 짧은 α 나선(helix)을 제외하고, β-병풍(sheet) 및 β-턴(turn)에 의한 β-배럴(barrel) 구조를 취하는 것이 나타나고 있으며[10], 이것은 용액 상태에서 원편광이색성 분광분석(Circular dichroism spectrum) 결과와도 일치한다. 3차 구조에서 ABP1는 Germin/seed storage 7S protein 슈퍼 패밀리에 속하는 단백질인 것이 밝혀지고, Germin에서 볼 수 있는 금속 이온을 결합하는 히스티딘 잔기 등의 배치가 보존되어 있다. ABP1에는 Zn^{2+} 및 Cu^{2+}가 결합하고 있으며, 오옥신의 카르복실기 결합 부위를 형성하고 있다. C말단 영역은 α 나선을 형성하고, 그 말단은 오옥신의 방향족 고리 결합 부위를 형성하는 소수성 주머니에 위치하고 있으며, 그곳으로부터 소포체 체류 신호 단백질 표면에 돌출되어 있다. 이 배치는 소포체 체류 신호를 인식하는 단백질과의 상호작용, 또한 후술하는 도킹 단백질과의 결합을 용이하게 한다. C말단의 잔기가 오옥신 작용제 활성을 갖는 것, 오옥신 결합 부위의 일부를 형성하고 있는 것으로부터[10], 오옥신 신호가 이 펩티드 영역을 통해 전달되는지도 모른다.

4.3.2 세포 신장과 ABP1

ABP1가 오옥신 반응의 세포 신장과 관련된 단백질인 것이 유전자 돌연변이에 의해서 나타났다[11]. 애기장대 ABP1를 유도 발현하는 담배 돌연변이에서는 ABP1의 과잉 발현에 의해 일반적으로는 오옥신 반응의 세포 신장이 보이지 않는 조직에서 세포 신장 반응을 보였다. 또한 옥수수 배양 세포에서 ABP1의 과잉 발현이 세포의 비대를 일으키고, 담배 배양 세포의 안티센스(antisense) 유전자 발현에서는 오옥신 반응의 세포 신장을 억제하였다. 이처럼 ABP1 함량과 오옥신 반응의 세포 신장에는 연관성이 보인다.

4.3.3 형태형성과 ABP1

ABP1의 과잉 발현이 세포주기 G2기의 핵의 비율을 평소의 2배 정도 높이는 효과를 나타낸다. 이 현상은 ABP1에 의한 세포 신장 효과에 기인하는 것으로 생각되고 있다. 즉, G2기 이전에 세포 신장기가 있고 ABP1 양의 증가가 이 단계를 활성화하지만, G2기 이후의 단계에는 영향을 주지 않는다고 하면, G2기의 핵의 비율을 높이는 것이 된다[11].

애기장대는 한개의 *ABP1* 유전자를 가졌기 때문에, 유전자 돌연변이 생성에 적합한 식물 재료이다. 유전자 돌연변이가 호모 형태를 나타내는 개체는 배 발생시 구형 배에서 심장형 배의 형태형성 단계에서 치사성을 나타내어, ABP1가 관여하는 세포 신장이 배의 형태형성에 필수임을 보여주고 있다[12].

4.3.4 ABP1은 세포막 오옥신 수용체인가?

ABP1는 주로 소포체에 국재하고 있는 것으로 알려져 있다. 옥수수 ABP1의 오옥신 결합은 pH5 부근에서 최적 pH를 나타내지만, 중성 pH로 여겨지는 소포체에서는 오옥신에 대한 친화력은 낮다. 이 때문에 ABP1가 소포체 내에서 오옥신 수용체로서 역할을 하고 있는지에 대해서는 확실치 않다.

한편, ABP1의 작용 부위가 세포막일 가능성이 나타나고 있다[8](그림 4.2). 예를 들어, 오옥신에 의해 유도된 원형질체(Protoplast)의 막전위 형성 반응에서는 배양액의 ABP1 첨가가 원형질체의 오옥신 감수성을 높이고, 항 ABP1 항체의 첨가가 감수성을 낮춘다(그림 4.2). 항 ABP1 항체 속

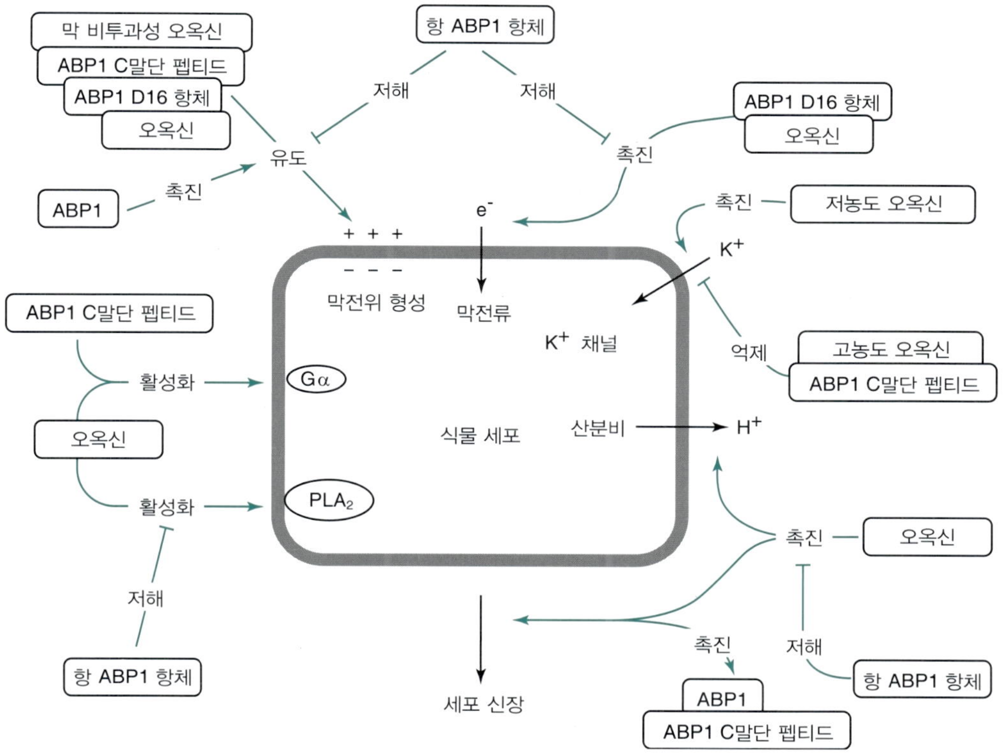

그림 4.2 ABP1 및 항 ABP1 항체로 조절 받는 오옥신 반응. PLA_2 포스포 리파아제 A_2. 화살표는 촉진을 나타내고, T자는 억제 또는 저해를 나타낸다.

에서는, 그 자체가 오옥신 작용제로서 일하는 것을 알 수 있다. 또한 ABP1의 C말단 영역의 수십 잔기에 해당하는 합성 펩티드도 오옥신 작용제로서 작용한다. ABP1는 수용성 단백질이고, 막 관통 펩티드 영역을 가지고 있지 않기 때문에, 세포막에는 ABP1을 결합하는 막단백질(도킹 단백질)이 존재하는 것으로 보인다. 실제로 옥수수 자엽초 세포막에는 ABP1 결합 활성이 보인다[13]. 이러한 실험 결과는 ABP1와 결합하지 않은 유리 상태의 도킹 단백질이 상당한 비율로 존재하고 있다는 것을 나타내고 있어, ABP1의 과잉 발현에 의해 발생하는 오옥신 감수성 변화가 ABP1-도킹 단백질 복합체의 증가에 의한 것이라고 생각된다.

그러나 세포 표면의 ABP1 양은 의외로 거의 변화하지 않는다[14]. 또는 배양외액에서 발견되는 ABP1 양도 변동이 적고, 세포 내에서 수십 배의 ABP1 양의 증가에도 대응하지 않는다. ABP1의 소포체 체류 신호에 변이를 도입한 재조합 ABP1을 과발현시켜도 세포 표면의 ABP1 양은 거의 변화하지 않고, ABP1의 국재에는 이 신호 배열 이외의 다른 기작이 있을 것으로 예상된다[14]. 이와 같이, ABP1의 기능 분석이 상세하게 이루어지고 있음에도 불구하고, ABP1의 본래의 기능과 작용 부위가 세포막인지 소포체인지, 아니면 둘 다인지에 대해서는 명확하지 않다. ABP1의 관여하는 오옥신 반응 시스템이 세포막에 있는 것은 부인할 수 없기 때문에, 도킹 단백질의 동정이 해명의 실마리가 될지도 모른다.

4.4 오옥신 신호와 유비퀴틴이 개입하는 단백질 분해계

유비퀴틴이 개입하는 단백질 분해계는 진핵생물의 생명 활동을 조절하는 중요한 기구이다. 2종류의 오옥신 비감수성 돌연변이인 *axr1* 돌연변이, *tir1* 돌연변이가 이 기구의 변이인 것으로 나타나[15,16], 오옥신 신호 반응과 이 분해계가 밀접하게 관련되어 있는 것으로 나타났다.

4.4.1 프로테아좀의 표적단백질인 유비퀴틴

유비퀴틴은 76 잔기의 아미노산으로 이루어진 단백질에 유비퀴틴 활성화 효소 E1, 유비퀴틴 결합 효소 E2, 유비퀴틴 리가아제 E3를 통해 표적단백질의 유비퀴틴화가 일어난다(그림 4.3). 먼저 유비퀴틴의 C말단이 유비퀴틴-AMP 중간 산물을 거쳐 E1으로 결합하며, E1과 E2는 특정의 시스테인 잔기 사이에서 티올-에스테르 결합을 한 후, 표적단백질이 라이신 잔기의 ε-아미노기와 이소펩티드 결합한다. 유비퀴틴화 단백질은 최종적으로 26S 프로테아좀에 의해 단백질 분해를 한다[17]. SCF 복합체로 불리는 E3에 Cullin, ASK, F-box 단백질, RBX1의 4 종류의 서브유닛으로 구성되어 있다(그림 4.3). 이러한 서브유닛은 각각 여러 종류가 존재하지만, 특히 표적단백질의 결합에 관여하는 것으로 생각되는 F-box 단백질은 애기장대에 600종 이상 존재하고, E3의 표적단백질 특이성이 이러한 서브유닛 구성에 의존하고 있는 것을 나타낸다[17]. 오옥신 비감수성 돌연변이를 일으키는 TIR1은 F-box 단백질 중 하나이며, 오옥신 신호전달에 관련된 단백질을 표적으로 할 가능성을 생각할 수 있다.

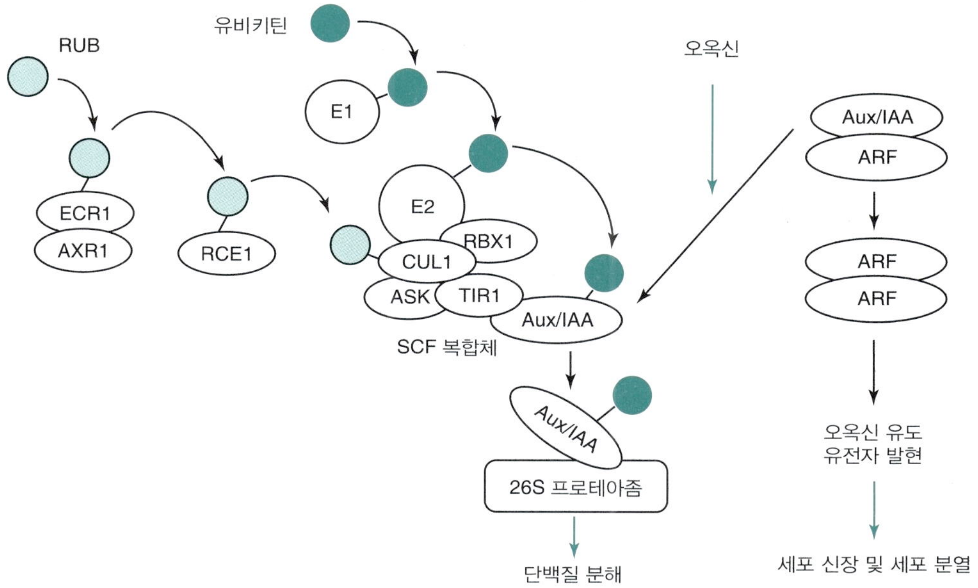

그림 4.3　오옥신 반응의 개시 신호. 오옥신 비감수성 돌연변이체를 나타내는 AXR1과 TIR1의 역할 및 Aux/IAA 패밀리 단백질의 유비키틴화에 의한 오옥신 반응 유전자 발현의 개시. Aux/IAA : Aux/IAA 패밀리 단백질.

오옥신 비감수성 돌연변이를 일으키는 또 하나의 단백질 AXR1은, RUB라고 불리는 유비키틴 유사 단백질에 의해 단백질 수식에 관여한다[19]. RUB도 유비퀴틴에 유사한 기구로 표적 단백질을 수식하지만, 유비퀴틴화와는 다른 역할을 담당하고 있다. 표적단백질의 RUB화에는 E1에 해당하는 RUB 활성화효소(AXR1 외에 ECR1을 필요로 한다), E2에 해당하는 RUB 결합효소(RCE1)가 관여한다(그림 4.3). AXR1이 관여하는 RUB화의 최종 표적단백질은 E3의 서브유닛인 Cullin(CUL1)인 것이 밝혀졌고, 2종류의 오옥신 비감수성 돌연변이인 *axr1* 돌연변이와 *tir1* 돌연변이는 둘 다 E3와 연관성을 가질 것으로 예상된다[17].

RUB화 CUL1의 탈 RUB에는, 어둠 속에서 광 형태형성 억제 작용을 나타내는 COP9 시그날로좀(COP9 signalosome)(CSN; Constitutive photomorphogenesis9 signalosome)이 관여한다. COP9 시그날로좀(COP9 signalosome)의 수준을 저하시키면 오옥신 반응성의 저하가 일어난다. 또한 SCF 복합체의 구성 서브유닛인 RBX1의 과잉 발현은 CUL1의 RUB화를 촉진하지만 오옥신 비감수성 형질을 나타내어, RBX1 수준을 저하시킨 것과 비슷한 반대 효과를 보인다. 이것은 CUL1의 RUB화-탈 RUB 사이클이 SCF 복합체의 기능에 중요하다는 것을 나타내고 있다[18].

4.4.2 유비퀴틴 의존성 단백질 분해계에 의한 오옥신 신호 제어

AXR1과 TIR1이 관여하는 유비퀴틴 의존성 단백질 분해계의 표적단백질로는 오옥신 배출 캐리어인 PIN과 오옥신 유도 유전자인 *Aux/IAA* 패밀리 유전자에 코딩되는 단백질 등이 알려져 있다[19,20]. 또한 오옥신은 Aux/IAA 패밀리 단백질의 분해를 촉진한다[20].

Aux/IAA 패밀리 유전자는 오옥신의 빠른 반응을 하는 유전자군으로, 짧은 수명의 전사인자를 코딩하고 있다. 애기장대에서는 24종의 Aux/IAA 패밀리 단백질이 확인되어 있어, 이들에게는 4개의 공통 도메인 영역이 보인다. Aux/IAA 패밀리 단백질의 과발현 또는 도메인 II로의 변이 도입이 오옥신 비감수성을 이끌어낸다. 도메인 II는 단백질을 불안정하게 하고 분해하기 쉽게 하는 기능 영역이며, 이 부위로의 변이 도입이 Aux/IAA 패밀리 단백질을 안정화시켜, 과잉 발현과 같은 효과를 낳을 것으로 생각된다[17].

도메인 II와 도메인 IV는 이합체 형성에 관여하고, Aux/IAA 패밀리 단백질의 호모 이합체 또는 유사한 도메인 구조를 갖는 ARF와 이종이합체를 형성한다. ARF는 오옥신 반응 배열에 결합하여, 오옥신 반응 유전자 발현 조절하는 단백질이다. Aux/IAA 패밀리 단백질의 과잉 발현이 오옥신 비감수성 형질을 나타내는 것으로부터, Aux/IAA 패밀리 단백질이 ARF와 이종이합체를 형성함으로써 ARF의 기능을 저해하는 부정적인 조절자로 간주된다.

Aux/IAA 패밀리 단백질의 분해가 오옥신과의 결합에 의해 진행된다. 이 구조는 불분명하지만, 오옥신 반응성 단백질 키나아제 경로에 의한 인산화의 가능성도 생각할 수 있다[17]. 오옥신에 의한 Aux/IAA 패밀리 단백질의 분해에 의해 ARF의 기능을 회복하고, 오옥신 반응 유전자의 발현을 시작한다(그림 4.3). *Aux/IAA* 패밀리 유전자 자체가 오옥신 유도 유전자이기 때문에, 오옥신 농도의 변화에 대응하여 오옥신 반응 유전자 발현을 조절하는 역할도 담당하고 있을지도 모른다. 이것은 굴중성시 비교적 빠른 유전자 발현량 변화와 연관성을 가지고 있다는 것을 나타내는 것이다.

4.5 마무리

오옥신에 특이적 형태형성 반응인 정아우성과 굴중성이 조직 내 오옥신 농도 구배에 기인한다는 예부터의 가설이 돌연변이 유전자 분석 등에서 입증되고 있다. 그러나 오옥신 수송 캐리어의 극성 분포기구, 오옥신 수용체, 오옥신 신호전달 경로, 오옥신에 유도되는 세포 신장기구와 세포분열 조절기구 등 규명해야 할 과제도 많이 남아 있다.

참고 문헌

1. Parry G, Marchant A, May S, Swarup R, Swarup K, James N, Graham N, Allen T, Martucci T, Yemm A, Napier R, Manning K, King G, Bennett M (2001) Quick on the uptake: Characterization of a family of plant auxin influx carriers. J. plant Growth Regul. 20: 217-225
2. Munday GK (2001) Auxins and tropisms. J. plant Growth Regul. 20: 226-243
3. Delbarre A, Muller P, Imhoff V, Guern J (1996) Comparison of mechanisms controlling uptake and accu-

mulation of 2,4-dichlorophenoxy acetic acid, naphthalene-1-acetic acid, and indole-3-acetic acid in suspension-cultured tobacco cells. Planta 198: 532-541

4. Bennet MJ, Marchant A, Green HG, May ST, Ward SP, Millner PA, Walker AR, Schulz B, Feldmann KA (1996) *Arabidopsis AUX1* gene: A permease-like regulator of root gravitropism. Science 273: 948-950

5. Yamamoto M, Yamamoto KT (1998) Differential effects of 1-naphthaleneacetic acid, indole-3-acetic acid and 2,4-dichlorophenoxyacetic acid on the gravitropic response of roots in an auxin-resistant mutant of *Arabidopsis*, *aux1*. Plant Cell Physiol. 39: 660-664

6. Rahman A, Ahamed A, Amakawa T, Goto N, Tsurumi S (2001) Chromosaponin I specifically interacts with AUX1 protein in regulating the gravitropic response of *Arabidopsis* roots. Plant Physiol. 125: 990-1000

7. Morrs DA, Robinson JS (1998) Targeting of auxin carriers to the plasma membrane: Differential effects of brefeldin A on the traffic of auxin uptake and efflux carriers. Planta 205: 606-612

8. Napier RM, David KM, Perrot-Rechenmann C (2002) A short history of auxin-binding proteins. Plant Mol. Biol. 49: 339-348

9. Inohara N, Shimomura S, Fukui T, Futai M (1989) Auxin-binding protein located in the endoplasmic reticulum of maize shoots: molecular cloning and complete primary structure. Proc. Natl. Acad. Sci. USA 86: 3564-3568

10. Woo EJ, Marshall J, Bauly J, Chen JG, Venis M, Napier RM, Pickersgill RW (2002) Crystal structure of auxin-binding protein 1 in complex with auxin. EMBO J. 21: 2877-2885

11. Chen JG, Shimomura S, Sitbon F, Sandberg G, Jones AM (2001) The role of auxin-binding protein 1 in the expansion of tobacco leaf cells. Plant J. 28: 607-617

12. Chen JG, Ullah H, Young JC, Sussman MR, Jones AM (2001) ABPI is required for organized cell elongation and division in *Arabidopsis* embryogenesis Gene Dev. 15: 902-911

13. Schiebl C, Walther A, Rescher U, KlämbtD (1997) Interaction of auxin-binding protein 1 with maize coleoptile plasma membranes in vitro. Planta 201: 470-476

14. Bauly JM, Sealy IM, Macdonald H, Brearley J, Droge S, Hillimer S, Robinson DG, Venis MA, Blatt MR, Lazarus CM, Napier RM (2000) Overexpression of auxin-binding protein enhances the sensitivity of guard cells to auxin. Plant Physiol. 124: 1229-1238

15. Leyser HMO, Lincoln CA, Timpte C, Lammer D, Turner J. Estelle M (1993) *Arabidopsis* auxin-resistance gene *AXR1* encodes a protein related to ubiquitin-activating enzyme E1. Nature 364: 161-164

16. Ruegger M, Dewey E, Gray WM, Hobbie L, Turner J, Estelle M (1998) The TIR1 protein of *Arabidopsis* functions in auxin response and is related to human SKP2 and yeast Grr 1p. Genes Dev. 12: 198-207

17. Ward SP, Estelle M (2001) Auxin signaling involves regulated protein degradation by the ubiquitin-proteasome pathway. J. Plant Growth Regul. 20: 265-273

18. Schwechheimer C, Serino G, Deng X-W (2002) Multiple ubiquitin ligase-mediated processes require COP9 signalosome and AXR1 function. Plant Cell 14: 2553-2563

19. Sieberer T, Seifert GJ, Hauser M-T, Grisafi P, Fink GR, Luschnig C (2000) Post-transcriptional control of the

Arabidopsis auxin efflux carrier EIR1 requires AXR1. Curr. Biol. 10: 1595-1598

20. Dharmasiri S, Estelle M (2002) The role of regulated protein degradation in auxin response. Plant Mol. Biol. 49: 401-409

5. 사이토키닌 반응

柿本辰男 · 岡穆宏

5.1 소개

사이토키닌은 세포 분열과 세포 분화 모두를 조절하는 중요한 식물 성장 조절 인자이지만, 최근까지 그 작용 기작은 전혀 알려지지 않았기에, 수수께끼에 싸여 있는 식물 호르몬이기도 했다. 그러나 최근 사이토키닌 수용체와 His-Asp 인산 릴레이 제어 시스템에 관여하는 단백질 인자군의 발견에 의해, 사이토키닌의 감지 및 연속적인 신호전달의 분자 메커니즘이 급속하게 밝혀지고 있다. 본 장에서는 사이토키닌 연구의 역사를 간단하게 되돌아보고, 사이토키닌 초기 반응에 관여하는 수용체, 전사인자 및 신호전달에 관한 최근 연구 결과를 소개하고자 한다.

5.2 사이토키닌 연구의 역사

Skoog의 연구실에서는 1940년대부터 오옥신 존재하에서 담배 속(pith) 조직의 세포 분열을 일으키는 물질의 탐색이 이루어지고 있었다. 그들은 1955년에, 청어 DNA의 열가수 분해물 중에서 활성 물질을 분리하여, 키네틴(6-Furfurylaminopurine)이라고 이름을 붙였다[1]. 키네틴은 세포 분열을 유도할 뿐만 아니라, 캘러스에 가하면 슈트(shoot)을 형성하는 것도 밝혀졌다[2]. 키네틴은 식물에는 존재하지 않지만, 유사한 활성 물질이 식물 내면의 성장 조절 인자로 작용하고 있을 것으로 생각되어, 이러한 물질 탐색의 경쟁이 펼쳐졌다. 옥수수의 미숙 종자를 재료로 하여 Letham와 Miller 등의 그룹이 거의 동시에 내재 활성 물질을 분리하였지만, 처음 완전한 구조를 결정지은 것은 Letham이었다[3]. 그 물질은 제아틴(N^6-(trans-4-Hydroxy-3-methyl-2-butenylamino))이라고 명명되었다. 그 후 다양한 식물 종 및 조직에서 제아틴 및 유사 화합물이 분리되었다. 이 천연화합물의 구조는 아데닌 6번의 아미노기의 수소 원자가 이소펜테닐(isopentenyl)기 등으로 치환되어 있으며, 또한 리보오스 등과 같은 당과의 결합형도 존재한다. 이들과는 기본 골격이 달라서, 천연에 존재하고 있지 않지만 사이토키닌 활성을 나타내는 합성 화합물로서, 티디아주론(Thidiazuron) 등의 비페닐(Biphenyl) 요소 관련 물질이 알려져 있다[4]. 오옥신과 함께 처리하면 세포 분열이 유도되어, 캘러스 상에서 슈트(shoot)를 형성시키는 활성이 있는 물질은 식물 조직 내에서의 존재 여부 상관없이 작용의 관점에서는 사이토키닌으로 불린다[5].

사이토키닌은 그 발견시 지표가 된 세포 분열 촉진 활성 외에도 종자 발아, 영양분의 싱크(sink) 강도 증진, 정아우성의 타파, 뿌리의 신장 저해, 유관속 형성, 엽록체 분화, 착과 촉진, 잎 노화 억제, 자엽과 잎의 전개, 기공 개구 등 다양한 발생과 생리 과정에 영향을 미치고 있다는 것을 알게 되었다. 이러한 생리적인 연구 성과는 [6]에 정리되어 있다. 당초 사이토키닌의 활성 측정 및 사이토키닌 반응의 감수성 측정은 주로 유조직 세포 배양에서 오옥신 존재하에서의 사이토키닌 농도에 따라 세포 증식 정도를 이용하여 측정하였으나, 최근에는 정량적 측정이 간단한 1) 캘러스의 증식, 녹화, 및 슈트(shoot) 형성, 2) 뿌리의 신장 저해, 3) 사이토키닌 초기 반응 유전자의 첨가 사이토키닌에 의한 전사 유도 등을 이용하여 측정하고 있다.

사이토키닌 수용체를 식별하기 위해, 1970년경부터 사이토키닌 결합단백질을 분리하는 생화학 연구가 활발히 이루어졌지만, 분리된 것은 어느 것 하나도 수용체로서의 성질(예를 들어, 해리 상수 등)을 만족시키는 것이 없었다[6]. 또한 사이토키닌에 의한 뿌리의 신장 저해를 피해를 지표로 한 사이토키닌 내성 돌연변이의 유전생리학적 연구도 사이토키닌 반응만 특이적으로 영향을 미치는 돌연변이의 분리에는 도달하지 못했다.

사이토키닌 결합단백질의 분리와는 전혀 다른 방법으로 사이토키닌 수용체에 도달한 첫 보고는 1996년이었다[7]. 인핸서(Enhancer)를 애기장대 염색체에 무작위로 삽입하여, 전사 활성화형의 우성 돌연변이를 분리하는 activation tagging법에 의해, 사이토키닌 무첨가에서도 캘러스의 증폭, 녹화 및 슈트(shoot) 형성 등의 사이토키닌 반응을 나타내는 돌연변이를 선발한 것이다. 이 돌연변이는 수용체 또는 그 이후의 신호전달 체계에 관여하는 유전자가 활성화되어 있다고 생각했다. 그 원인 유전자 *CKI1*을 클로닝한 결과, His-Asp 인산 릴레이 제어 시스템에 속하는 전형적인 히스티딘 키나아제 도메인을 포함하는 단백질을 코딩하는 것이 밝혀졌다. 원핵생물의 히스티딘 키나아제가 다양한 환경 인자 수용체 또는 센서로 작동한다는 개념이 이미 확립되어 있었고[8], 더욱이 성숙, 노화에 관련된 식물 호르몬인 에틸렌 수용체 ETR1도 히스티딘 키나아제인 것으로 알려져 있었기 때문에[9], CKI1도 마찬가지로 사이토키닌 수용체일 것으로 매우 기대되지만, CKI1과 사이토키닌의 관계에 대해서는 아직 확실치 않다.

여기에서, His-Asp 인산 릴레이 제어 시스템에 대하여 간략히 설명해 둔다. 이 신호전달계는 원핵생물의 다양한 환경 반응에 포함된 제어 시스템으로, 기본적으로 두 종류의 단백질 성분이 관여하고 있다[8]. 하나는 환경인자의 수용체 또는 센서로 움직이는 막결합형 히스티딘 키나아제(히스티딘 인산화효소)이고, 다른 하나는 세포질의 반응 조절자(response regulator)이다. 히스티딘 키나아제는 일반적으로 이합체로 일하고, 환경 정보를 인식하면 자신의 히스티딘 키나아제 도메인에 보존된 His 잔기가 자기 인산화하여, 그 인산기가 반응 조절자의 보존된 Asp 잔기로 보내진다. 반응 조절자는 인산기를 받는 신호 수용 도메인과 신호의 출력을 담당하는 출력 도메인으로 구성되어, Asp 잔기의 인산화 상태에 따라 신호 출력 활성이 조절된다. 대부분의 경우, 출력 도메인은 DNA 결합성의 전사제어 활성을 나타낸다. 일부의 히스티딘 키나아제(혼성형 히스티딘 키나아제)는 C 말단부에 신호 수용 도메인을 갖고 있어, 히스티딘 키나아제 도메인의 His 잔기로부터 신호 수용 도메인의 Asp 잔기로 분자 내 인산 릴레이가 일어난다. 또한 히스티딘 키나아제와 반응 조절자의 이합체뿐만 아니라, 양쪽 사이의 HPt(His-containing phosphotransfer) 인자의 His 잔기, 출력 도메인을 갖고 있지 않은 반응 조절자의 Asp 잔기, 혼성형 히스티딘 키나아제 상의 신호 수용 도메인의 Asp 잔기 등이 중개 역할로서 인산 릴레이에 관여하는 복잡한 제어 시스템도 존재한다. 또한, 이 복잡 제어 시스템에 있어서 인산기는 항상 His 잔기로부터 Asp 잔기로 또는 Asp 잔기로부터 His 잔기로 릴레이된다.

5.3 사이토키닌 수용체 CRE1 히스티딘 키나아제

21세기 첫해는 사이토키닌 신호전달 연구에 매우 중요한 해였다. 먼저, 카키 모토의 그룹에 의해 사이토키닌 수용체가 확인되었다[10,11]. 그들은 캘러스를 이용하여 사이토키닌 반응성이 저하된 애기장대 돌연변이 *cre1-1*(*cytokinin response 1-1*)를 분리하였다. 그 원인 유전자 *CRE1*가 코딩하는 단백질은 N 말단 영역에 2곳의 막 관통 영역과 중앙부에 히스티딘 키나아제 도메인, 그리고 C 말단 영역에 신호 수용 도메인이 존재하는 혼성형 히스티딘 키나아제였다. *cre1-1* 돌연변이는 히스티딘 키나아제 도메인 영역에 Gly467부터 Asp467의 아미노산 치환이 일어나는 돌연변이가 발생했다. CRE1가 확실히 사이토키닌 수용체로서 기능하는 증거는 그림과 같은 출아효모를 이용한 헤테로 상보 시험으로부터 얻은 것이다(그림 5.1a).

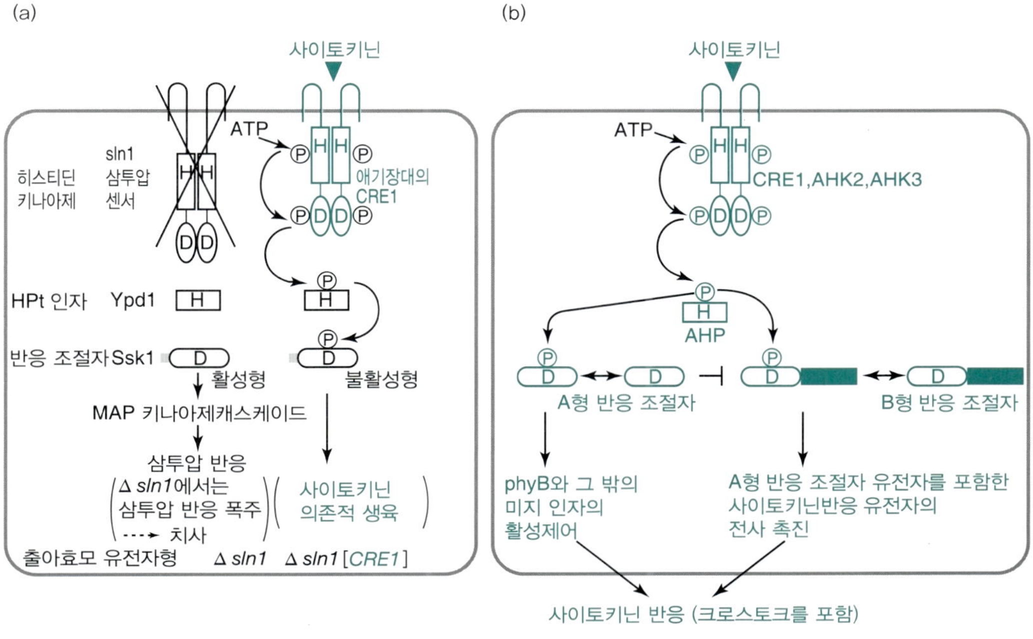

그림 5.1 출아 효모의 삼투압 반응(a)과 애기장대의 사이토키닌 반응에서의 인산릴레이 제어계(b). 이량체로 기능하는 히스티딘키나아제로부터 Hpt 인자 및 반응 조절자로의 인산기 신호의 흐름이 곡선의 화살표로 표시되었다. 그 외의 신호 또는 영향의 흐름이 직선의 화살표로 표시되어 있다. (a) 출아효모 sln1 결핍 돌연변이체 헤테로 상보 시스템에서 삼투압 센서 sln1의 기능이 사이토키닌이 존재할 때, 사이토키닌 수용체 CRE1에 의해 대체되었다. (b) 식물세포에서 사이토키닌 신호가 각각 복수의 히스티딘 키나아제, Hpt 인자, 반응 조절자 분자종 사이의 인산을 유도한다. 양쪽 방향의 화살표는 인산화, 탈인산화를 나타낸다. A형 반응 조절자로부터 B형 반응 조절자로의 T자는 음의 제어를 의미한다.

출아효모가 구비하고 있는 유일한 His-Asp 인산 릴레이 제어 시스템은 삼투압 반응에 관련이 있다. 혼성형 히스티딘 키나아제의 Sln1이 삼투압 센서로 작동하고, 중개 역할의 Ypd1 HPt 인자 및 Ssk1 반응 조절자와 파트너를 결성하여, Sln1(히스티딘 키나아제 도메인의 His) → Sln1(신호 수용 도메인의 Asp) → Ypd1(His) → Ssk1(Asp)의 순서로 인산기가 전달되었다. 또한 Ssk1는 전사인자가 아니고, MAP 키나아제 키나아제 키나아제의 한 종류인 Ssk2과의 상호작용을 통해 삼투압 반응을 제어하고 있다. 출아효모 실험에서 Sln1이 파괴되면 Ssk1는 항상 활성형의 탈인산화 상태가 되어, 항상 삼투압 반응을 일으켜 죽게 된다. 여기에 *sln1* 결실 돌연변이에 *CRE1* 유전자를 도입하면, 사이토키닌을 첨가한 경우에만 *sln1* 결실이 상보되어 생존할 수 있게 된다. 이 상보에는 야생형의 Ypd1 및 Ssk1이 필요하기 때문에, Sln1의 대신 CRE1로부터의 인산 릴레이가 사이토키닌에 의존하여 일어나게 되어, 삼투압 반응과 같이 신호전달 시스템이 움직이는 것을 보여주고 있다. 다시 말해 CRE1이 출아효모에서 사이토키닌 수용체로 작용될 수 있는 것을 보여 주고 있다.

CRE1의 식별과는 독립적으로, 두 그룹이 사이토키닌 수용체로 AHK4(CRE1와 동일한 히스티딘 키나아제, 그러므로 본 논문에서는 CRE1라고 부른다)를 발견했다[12,13]. 그들은 출아효모 헤테로 상보 시스템과 유사한 실험 시스템, 즉 대장균의 다당류 합성 제어계의 ResC(혼성형 히스티딘 키나아제) → YojN(HPt 인자) → RcsB(반응 조절자) 및 분열 효모의 삼투압 반응 제어 시스템(3종의 센서-히스티딘 키나아제가 존재)의 Phk1/Phk2/Phk3(혼성형 히스티딘 키나아제) → spy1(HPt 인자) → Msc4(반응 조절자)에서 CRE1가 사이토키닌 처리에 의해 ResC 또는 Phk1/Phk2/Phk3 대신 작동하는지 보여 주었다. 이러한 시스템에서 제아틴과 이소펜테닐아데닌 등의 퓨린 사이토키닌뿐만 아니라, 티디아주론(Thidiazuron) 등 요소 사이토키닌도 상보적인 보완 활동을 나타내었기 때문에, CRE1이 구조적으로 다른 2종류의 사이토키닌에 공통적인 수용체라고 결론지었다. 이 결론은 CRE1을 발현하는 분열효모의 세포막 분획을 이용한 사이토키닌과의 결합 실험에 의해서도 확인되고 있다[14]. 또한 식물에 처리하였을 때, 사이토키닌 활성을 나타내는 이소펜테닐 아데노신은 CRE1와 결합하지 않았기 때문에, 리보사이드(Riboside)형 사이토키닌은 분해하여 리보오스가 제거된 후, 수용체에 작용하는 것으로 생각된다.

이와 같이, *CRE1* 유전자는 사이토키닌 감수성이 저하한 변이의 원인 유전자로서 확인되었지만, 실제로는 이 이전에 *wol* 돌연변이로 불리던 뿌리의 유관속 세포의 분화, 증식의 결손이 있던 돌연변이가 분리되어 있었다. 이 원인 유전자가 *CRE1* 유전자이고, 세포 외 도메인의 하나의 아미노산 잔기에 치환을 일으키는 점돌연변이(point mutation)에 의해 *wol* 돌연변이가 될 것이라는 것이 거의 비슷한 시기에 밝혀졌다[15]. 이 변이 단백질을 발현하는 분열 효모에서 제조한 막 단백질 분획은 사이토키닌과 결합할 수 없다[14]. 이러한 결과에서 뿌리의 유관속 형성에 사이토키닌이 중요한 역할을 하는 것을 알 수 있다.

애기장대는 CRE1과 비슷한 단백질이 2종류, AHK2과 AHK3가 존재한다. 이것들도 앞서 말한 헤테로 보완 시스템에서 *sln1* 결실 등을 보완하기 때문에 사이토키닌 수용체로서의 기능은 있지만, 이 보완 시험에서 CRE1과 다른 사이토키닌에 대한 감수성을 나타낸다. 이들 3 유전자는 뿌리, 잎, 줄기, 꽃에서 발현하고 있지만 그 발현 스펙트럼은 각각의 유전자에서 다르다. 뿌리 조직에서 3 유전자 모두 발현하고 있음에도 불구하고, *wol* 돌연변이는 현저한 표현형을 나타내고, 그 표현형은 *cre1* 돌연변이보다 강하다. 그 원인은 CRE1의 발현이 뿌리 원형성층에서 특히 높은 데다. *wol* 변이의 산물이 우성 음성(도미넌트 네거티브, dominant negative) 돌연변이로 일하고 있기 때문일지도 모른다[11].

5.4 사이토키닌에 의해 활성화되는 전사인자형 반응 조절자

애기장대의 ARR1 및 유사의 ARR2은 식물에서 처음 발견된 반응 조절자이다[8]. 그 기능 도메인은 N말단에 신호 수용 도메인이 위치해 있고, 그 뒤에는 전형적인 핵 이행 신호, 포유동물 Myb의 DNA 결합 도메인에 약한 유사성을 나타내는 영역(ARRM 도메인 또는 GARP 도메인), 글루타민, 프롤린 잔기가 풍부한 영역(Q 도메인)의 순으로 구성되어 있다. ARR1은 5'-(A/G)GAT(T/C)-3' 배열을 가진 이중가닥 DNA에 특이적으로 결합하여, 항시적으로 핵에 국재하는 전달 인자이다. N말단 신호 수용 도메인이 ARR1의 출력 활동을 음의 방향으로 제어하고, 이 영역이 결실된 ARR1ΔN는 ARR1보다 강한 전사인자 활성을 나타낸다.

ARR1의 보고를 전후로 하여, 여러 실험실에서 애기장대와 옥수수의 반응 조절자가 보고되었고, 현재까지 게놈 서열 정보에서 총 22개의 반응 조절자 유전자가 애기장대에서 확인되었다[16]. 이것들은 11개씩 두 그룹으로 크게 나뉜다. A형 반응 조절자는 ARR4와 ARR6 등 대부분 신호 수용 도메인만으로 구성된 작은 단백질 그룹이고, B형 반응 조절자는 ARR1처럼 전사인자로 구조 특성을 가지고 있는 그룹이다. A형 반응 조절자의 거의 대부분은 양적인 차이는 있지만, 사이토키닌 첨가에 의해 단시간 내에 전사 유도되어, 사이토키닌 신호전달과의 관련이 있을 것으로 판단된다.[17]. 또한, B형 반응 조절자 유전자에서는 어떠한 것도 이러한 전사 유도가 일어나지 않는다.

arr1 결실 돌연변이는 *cre1* 돌연변이와 부분적으로 중복된 표현형, 즉 사이토키닌에 낮은 감수성을 나타낸다. 반대로, ARR1의 과잉 발현체는 사이토키닌의 높은 감수성을 나타낸다[18]. 이 과잉 발현체를 사이토키닌 존재하에서 생육시키면, 심한 뿌리의 신장 저해뿐만 아니라 경단 부근의 무질서한 세포 분열이나 캘러스화가 나타난다. 또한 이러한 형태적 특징은 사이토키닌을 처리하지 않고 생육시킨 ARR1ΔN 과잉 발현체에서도 관찰된다. 이러한 사실은 ARR1의 발현량과 식물 세포의 사이토키닌에 대한 감수성이 관련되어 있으며, ARR1가 사이토키닌 유래의 신호에 의해 활성화되는 것을 보여 주고 있다. 또한, 이 활성형 ARR1 분자종과 같은 생리 기능이 신호 수용 도메인을 제외한 것에 의해서도 나타나므로, ARR1ΔN은 구성적으로 활성형의 분자종임을 시사하고 있다. 또한 새로운 단백질의 합성 없이, 이 활성형 ARR1이 A형 반응 조절자 유전자군을 전사 유도하는 것에 의해, 사이토키닌에 신속히 반응하는 A형 반응조절자 유전자군이 ARR1의 표적 유전자로, ARR1이 확실히 사이토키닌 신호전달계의 구성원인 것을 보여 주고 있다[18,19]. 다른 B형 반응 조절자 중에서 ARR2, ARR10 및 ARR11에 관해서는 본질적으로 ARR1과 동일한 생리 기능과 생화학적 성질을 나타내는 것이 밝혀졌고[8,16], 더욱이 구조적 특성의 유사성으로부터 대부분의 B형 반응 조절자가 기능적으로 중복되어 있을 것으로 생각된다.

5.5 CRE1와 ARR1의 중개 역할로서의 Hpt 인자

원핵생물의 His-Asp 인산 릴레이 제어 시스템으로부터의 유추에 의해 사이토키닌 수용체 CRE1과 사이토키닌에 의한 전사인자 기능이 활성화되는 ARR1이 단일 세포 내 신호전달 경로를 형성하고 있는 것이 쉽게 상상된다. 이 생각을 지지하는 상황 증거가 축적되고 있다. 먼저, 구성적으로 활성형의 ARR1ΔN가 *cre1* 결실에 의한 표현형을 회복시키는 것으로부터, 기능적으로는 ARR1이 CRE1의 하류에 위치하고 있는 것을 알 수 있다[8]. 그러나 핵에 국재하는 ARR1과 세포막에 있는 CRE1과는 직접적으로 상호작용될 수 없고, 신호의 중개 역할이 필요하다. 게놈 배열 정보로부터 애기장대에는 5종류의 Hpt 인자, AHP1~AHP5가 존재하고 있다. 이것들이 출아효모의 *ypd1* 결실을 상보하는 것으로부터 실제로 HPt 인자로서의 기능을 갖고 있는 것을 알 수 있다. AHP2이 ARR1와 물리적으로 상호작용하는 것도 나타낸다. 또한 대장균 rcsC 돌연변이를 이용한 헤테로 상보 시험에서 AHP2의 존재는 CRE1에 의한 보완 기능을 저하를 시키는 것에 의해 CRE1에서 대장균 YojN로의 인산 릴레이가 CRE1로부터 애기장대 AHP2로의 인산 릴레이에 의해 길항 저해를 받은 것으로 생각된다. 또한 특수한 조건이지만, AHP2로부터 ARR1로의 인산 릴레이가 일어나, AHP2의 과잉 발현 식물은 사이토키닌에 대하여 고감수성이 된다. 이러한 사실은, AHP2가 식물 세포 내에서 CRE1부터 인산기를 받아 ARR1 등으로 그 인산기를 전달하는 것을 알게 되었다. AHP2 이외의 AHP군에서도 정도의 차이는 있지만 비슷한 성질을 나타내기 때문에, 모든 AHP가 CRE1과 ARR1 등과의 사이에서 인산 릴레이의 가교 역할을 담당하고 있는 것처럼 보인다. 또한 AHP의 분자 크기는 핵공을 자유롭게 통과할 수 있을 정도로 작지만 대부분은 세포질에 존재하고 있다. 또한, 사이토키닌 처리에 의해 일시적으로 핵 국재의 AHP이 증가한다는 보고와 ARR1 과잉 발현체에서 핵 국재의 AHP이 증가한다는 관측도 있다[8,16,19].

5.6 다른 환경 응답 신호와의 네트워크

지금까지 말해 온, 히스티딘 키나아제, 반응 조절자, 그리고 AHP의 특성을 종합적으로 해석하면 그림 5.1(b)에 나타낸 바와 같은 사이토키닌 신호전달의 체계를 설명할 수 있다. 세 가지 구조적으로 유사한 혼성형 히스티딘 키나아제, CRE1, AHK2, 그리고 AHK3이 사이토키닌 수용체으로 움직이고, 사이토키닌 자극에 의해 His 잔기의 자기 인산화 반응이 일어난다. 이어서 His-Asp 인산 릴레이가 히스티딘 키나아제의 신호 수용 도메인의 Asp 잔기, AHP군의 His 잔기, ARR1 등 B형 반응 조절자군의 Asp 잔기의 순으로 발생하고, 반응 조절자의 분자 형상이 변화하여 전사 조절자 기능이 활성화됨으로써, 표적 유전자로 있는 A형 전사 조절자 유전자 군의 전사 유도를 일으키는 것이다.

A형 반응조절자가 어떤 효소 활성을 가지고 있다고는 생각할 수 없기 때문에, 이것들이 사이토키닌 반응의 다양한 생리적 반응을 직접 일으킨다고 생각되지 않는다. 그러나 A형 반응조절자

를 과잉 발현시키면 반응조절자의 종류에 따라 식물의 사이토키닌 감수성이 높아지거나 낮아지는 예가 알려져 있다. 또한 A형 반응조절자는 B형 반응조절자와 같이 AHP에서 인산기를 받을 수 있다. 또한 A형 반응조절자를 원형질체에서 일시적으로 과잉 발현시키면 사이토키닌에 의한 A형 반응조절자 유전자의 전사 유도가 억제된다. 이러한 관찰 결과의 대부분은 A형 반응조절자가 CRE1로부터 전사인자형 반응 조절자로의 인산 릴레이의 효율을 부정적으로 조절할 수 있다는 것을 시사하고 있다[11,16,19]. 그러면 사이토키닌 자체에 의한 반응에서 보일 수 있는 다양한 생리 기능은 어떻게 갖고 있는 것인가? 한 가지 힌트가 ARR4와 phyB와의 상호작용에 의한 빛 신호전달의 활성화이다[20]. 이것은 수신 신호 수용 도메인이 다른 여러 기능 단백질과의 상호작용의 인터페이스를 제공하고, 이 상호작용을 통해 기능 단백질의 활성을 제어할 수 있음을 시사하고 있다. 따라서 애기장대의 11종의 A형 반응 조절자와의 상호작용을 통해 사이토키닌 반응의 생리 기능을 일으키는 다양한 기능 단백질이 활성화되는 것일지도 모른다. 그렇지 않으면 A형 반응조절자는 CRE1에서 ARR1 등으로의 인산 릴레이의 흐름을 세밀하게 조율하는 것만으로, 전사인자형 반응조절자의 발견되지 않은 표적 유전자군의 산물이 사이토키닌 반응의 생리기능에 관여하고 있을지도 모른다.

앞서 언급한 바와 같이, 애기장대에서는 A형 반응조절자 및 B형 반응조절자와 함께 대부분이 3종류의 사이토키닌 수용체 히스티딘 키나아제를 시점으로 하는 사이토키닌 반응의 신호전달에 관여하는 것처럼 보인다. 애기장대는 사이토키닌 수용체 이외에 8개의 히스티딘 키나아제가 존재한다. 이 중 5개는 에틸렌 수용체로서 기능하지만[9,16], 나머지 히스티딘 키나아제는 아래와 같이 작용한다. AKH1는 삼투압 센서 히스티딘 키나아제로 예상되고, CKI1와 CKI2는 사이토키닌과 무관하지 않으나, 주요 조절 인자는 불분명하다[16]. 원핵생물의 히스티딘 키나아제는 반드시 파트너인 반응조절자가(경우에 따라서는 HPt 인자도) 존재하지만, 애기장대에는 사이토키닌 수용체 이외의 8가지 히스티딘 키나아제와 짝을 맺는 특이적인 반응 조절자가 존재하지 않는다. 또한 11개의 히스티딘 키나아제 중 대부분은 실제로 키나아제 활성을 유지하고 있는 것처럼 보인다. 따라서 사이토키닌 수용체 이외의 히스티딘 키나아제군이 에틸렌 등 각각의 시작 신호에 반응하여 자기 인산화 반응하고, 그 인산기가 원래는 사이토키닌 자극에 의해 인산 릴레이가 발생하는 AHP 및 B 형 반응 조절자에 전달돼서, 결과적으로는 사이토키닌 반응과 에틸렌 등 다른 환경 인자 반응이 상호작용하는 것이 충분히 추측된다. PhyB에 의한 빛 신호전달이 사이토키닌에 의해 발현량이 증가하는 ARR4의 영향을 받는 것으로부터 사이토키닌과 빛 신호전달도 상호작용하고 있다고 말할 수 있다. 이와 같이 애기장대의 His-AHP 인산 릴레이 제어 시스템이 관여하는 환경 반응은 식물 세포 내의 Asp군과 반응 조절자군의 움직임을 통해 복잡한 네트워크를 형성하고 있는 것이라고 말할 수 있다.

5.7 마무리

식물의 사이토키닌 반응에 관여하는 His-Asp 인산 릴레이 제어 시스템에 대해 설명하였다. 원핵생물의 다양한 환경 응답에 관여된 His-Asp 인산 릴레이와 유사한 제어 시스템이 고등식물에 존재하는 것이 밝혀졌다. 하지만 원핵생물의 경우처럼 히스티딘 키나아제와 반응 조절자가 엄격하게 일대일의 쌍을 이루는 것이 아니라, 여러 히스티딘 키나아제가 여러 개의 Hpt 인자 및 여러 반응 조절자에 인산기를 전달하고 있다. 이들이 단순히 기능적으로 중복하여 존재하는지 혹은 조직 특이적, 시기 특이적으로 구분되어 있는지 등의 문제에 관해서는 아직 밝혀지지 않았다. 또한 사이토키닌 신호전달에 관해서는 대략적으로 원핵생물의 환경 반응과 비슷하지만, 사이토키닌 수용체 이외의 히스티딘 키나아제가 관여하는 신호전달에 관해서는, 특이적인 Hpt 인자와 반응 조절자가 존재하지 않는 것 같고, 원핵생물과는 다른 새로운 형태의 신호전달계의 존재가 있다고 말할 수 있다. 사이토키닌 신호전달에 관여하는 AHP 및 B형 반응 조절자는 사이토키닌 수용체 이외의 히스티딘 키나아제로부터도 인산기를 받는 환경 반응의 복잡한 네트워크를 형성하고 있는 것이다. 이 막연한 네트워크의 실체가 가까운 장래에 밝혀질 것으로 기대된다.

본문에서 개별 실험 결과, 실제 인용이 표시되어 있지 않은 것에 대해서는 총설[4,8,11,16]에서 인용된 문헌을 참조하기 바란다.

참고 문헌

1. Miller CO, Skoog F, von Salza MH, Strong FM (1955) Kinetin, a cell division factor from deoxyribonucleic acid. J. Am. Chem. Soc. 77: 1392
2. Skoog F, Miller CO (1957) Chemical regulation of growth and organ formation in plant tissues cultured *in vitro*. Symp. Soc. Exp. Biol. 11: 118-131
3. Letham DS, Shannon JS, McDonald IR (1964) The structure of zeatin, a factor inducing cell division. Proc. Chem Soc. 230-231
4. Oka A (2003) New insights into cytokinins. J. Plant Res. 116: 217-220
5. Skoog F, Strong FM, Miller CO (1965) Cytokinins. Science 148: 532-533
6. Mok DWS, Mok MC (1994) Cytokinins-Chemistry, Activity, and Function. CRC Press, Boca Raton
7. Kakimoto T (1996) CKI1, a histidine kinase homolog implicated in cytokinin signal transduction. Science 274: 982-985
8. Oka A, Sakai H, Iwakoshi S (2002) His-Asp phosphorelay signal transduction in higher plants: receptors and response regulators for cytokinin signaling in *Arabidopsis thaliana*. Genes Genet. Syst. 77: 383-391
9. Chang C, Kwok SF, Bleecker AB, Meyerowitz EM (1993) *Arabidopsis* ethylene-response gene *ETR1*: similarity of product to two-component regulators. Science 262: 539-544
10. Inoue T, Higuchi M, Hashimoto Y, Seki M, Kobayashi M, Kato T, Tabata S, Shinozaki K, Kakimoto T (2001) Identification of CRE1 as a cytokinin receptor from *Arabidopsis*. Nature 409: 1060-1063
11. Kakimoto T (2003) Perception and signal transduction of cytokinins. Annu. Rev. Plant Physiol. Plant Mol. Biol. 54: 605-627

12. Suzuki T, Miwa K, Ishikawa K, Yamada H, Aiba H, Mizuno T (2001) The *Arabidopsis* sensor His-kinase, AKH4, can respond to cytokinins. Plant Cell Physiol. 42: 107-113

13. Ueguchi C, Sato S, Kato T, Tabata S (2001) The *AHK4* gene involved in the cytokinin-signaling pathway as a direct receptor molecule in *Arabidopsis thaliana.* Plant Cell Physiol. 42:751-755

14. Yamada H, Suzuki T, Terada K, Takei K, Ishikawa K, Miwa K, Yamashino T, Mizuno T (2001) The *Arabidopsis* AHK4 histidine kinase is a cytokinin-binding receptor that transduces cytokinin signals across the membrane. Plant Cell Physiol. 42: 1017-1023

15. Mähönen AP, Bonke M, Kauppinen L, Riikonen M, Benfey PN, Helariutta Y (2000) A novel two-component hybrid molecule regulates vascular morphogenesis of the *Arabidopsis* root. Genes Dev. 14: 2938-2943

16. Aoyama T, Oka A (2003) Cytokinin signal transduction in plant cells. J. Plant Res. 116: 221-231

17. D' Agostino IB, Deruere J, Kieber JJ (2000) Characterization of the response of the *Arabidopsis* response regulator gene family to cytokinin. Plant Physiol. 124: 1706-1717

18. Sakai H, Honma T, Aoyama T, Sato S, Kato T, Tabata S, Oka A (2001) ARR1, a transcription factor for genes immediately responsive to cytokinins. Science 294: 1519-1521

19. Hwang I, Sheen J (2001) Two-component circuitry in *Arabidopsis* cytokinin signal transduction. Nature 413: 383-389

20. Sweere U, Eichenberg K, Lohrmann J, Mira-Rodado V, Baurle I, Kudla J, Nagy F, Schafer E, Harter K (2001) Interaction of the response regulator ARR4 with phytochrome B in modulating red light signaling. Science 294: 1108-1111

6. 사이토키닌의 합성과 대사

柿本辰男

6.1 소개

사이토키닌은 세포 분열, 세포 분화, 영양 분배 등 식물 발생학의 가장 근본적인 과정에 작용한다[1,2]. 사이토키닌이 어떻게 이러한 과정을 통해 식물의 형태형성을 조절하고 있는지를 알기 위해서는 식물 내에서의 사이토키닌의 공간적 분포와 그 행동 양상은 어떻게 되는지, 또한 사이토키닌의 농도는 어떻게 조절되고 있는지 등을 이해하지 않으면 안 된다. 여기에서는 사이토키닌 합성, 사이토키닌 분자 종 사이의 상호 변환과 사이토키닌의 분해에 대한 현재의 지식에 대해 설명하고자 한다[3].

6.2 사이토키닌의 구조

식물 내에 존재하는 사이토키닌의 기본 구조는 아데닌 골격의 C6번에 결합한 아미노기에 이소펜테닐기 또는 히드록실화된 이소펜테닐기가 결합한 것으로, 전자는 이소펜테닐아데닌이고 후자는 제아틴이다(그림 6.1). 제아틴에는 곁사슬의 수산기의 위치에 따라 *trans*형과 *cis*형이 있다. 또한 제아틴의 곁사슬의 이중결합이 포화하여 단일결합이 된 것은 디히드로제아틴이다. 이 사이토

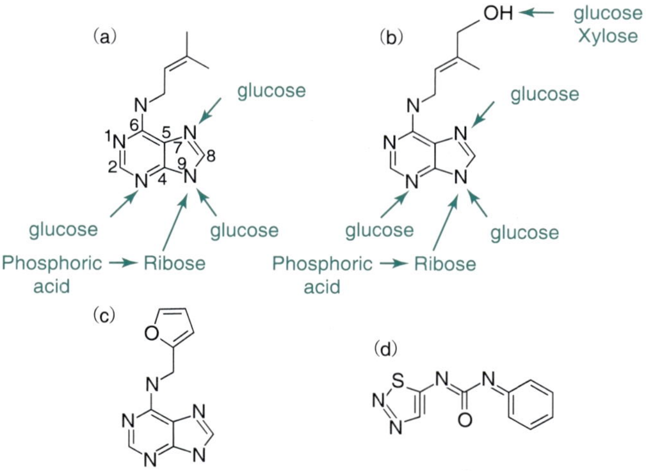

그림 6.1 대표적인 사이토키닌의 기본 구조와 수식. (a)와 (b)는 천연 사이토키닌이다. (a)는 이소펜테닐아데닌, (b)는 trans-제아틴이다. 파란색으로 표시된 수식은 알려져 있는 것이다. (c)과 (d)은 합성 사이토키닌으로 (c)는 카네틴, (d)는 티디아주론(Thidiazuron)을 나타낸다.

키닌은 염기형이라고 불린다. 이소펜테닐아데닌과 *trans*-제아틴은 강한 활성을 가지고 있으며, 또한 수용체에 결합하는 것도 나타내기 때문에 틀림없이 활성형이다. 일반적으로 *cis*-제아틴의 함량은 적고 작용도 약하기 때문에, 그 생리적 의미가 낮다고 생각되어 왔다. 그러나 *cis*-제아틴은 병아리 콩이나 옥수수 등과 같은 일부의 식물에 많이 들어있는 것이 발견됨에 따라서, 그 작용과 역할을 재검토할 필요가 생겼다. 위에 서술한 기본 구조를 바탕으로 다양한 수식을 받은 것이 존재하지만, 이것들은 활성의 강약에 상관없이 사이토키닌으로 불린다.

염기형 사이토키닌의 아데닌 골격 C9번의 질소에 리보오스가 결합한 것은 리보사이드(riboside)형 사이토키닌이며, 또한 리보오스의 5'번이 인산화된 것은 사이토키닌 리보타이드(ribotide)이다(그림 6.1). 이와 같은 사이토키닌은 식물에 처리하면 사이토키닌 활성을 나타내지만, 리보오스가 제거되어 활성화되어 있는 것이다. 식물에는 이인산기 · 삼인산기의 사이토키닌도 존재하는 것으로 알려져 있다.

제아틴 곁사슬의 수산기의 포도당 결합도 일반적이며, 제아틴-*O*-글루코사이드가 된다. 제아틴-*O*-글루코시드의 활성은 높지만, 포도당이 제거된 후 작용하는 것으로 생각되고 있다. 식물 종류에 따라 제아틴-*O*-자일로스도 있다. 또한 아데닌 골격 N3, N7, N9번이 글루시코실된 물질도 발견되고 있다[4].

6.3 사이토키닌의 생합성

처음 발견된 천연 사이토키닌인 제아틴은 Letham들과 Miller들과 같은 여러 그룹이 분리한 뒤, 1964년에 Letham 등에 의해 그 구조가 결정되었다[5]. 그 후, 다양한 생물에서 tRNA의 아데노신 잔기가 이소펜테닐화되어 있는 것이 발견되었다. tRNA는 안티코돈의 3번째(36번째)과 3'측(37번

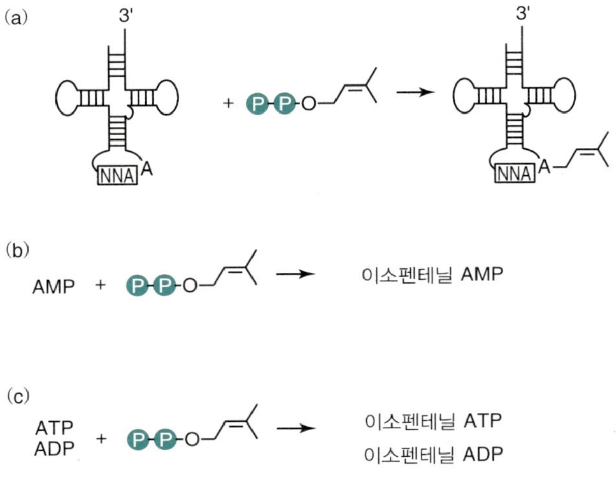

그림 6.2 기질 특이성이 다른 3종류의 isopentenyltransferase가 촉매하는 반응. (a) 디메틸아릴이인산(DMAP) - tRNA isopentenyltransferase (IPT)가 촉매하는 반응. A : 아데노신잔기, N : 임의의 뉴클레오티드, P : 인산기. (b) 디메틸아릴이인산(DMAP) - AMP isopentenyltransferase가 촉매하는 반응. (c) 디메틸아릴이인산 (DMAP) - ATP/ADP isopentenyltransferase가 촉매하는 반응.

째)의 뉴클레오시드가 함께 아데노신인 경우, 안티코돈 3'측의 아데노신의 N6번이 이소펜테닐화된다(그림 6.2). 이것은 디메틸아릴이인산(DMAP)의 이소펜테닐기가 아데노신 6번의 아민으로 이동하는 반응이며, 이것을 촉매하는 효소는 디메틸아릴이인산(DMAP) : tRNA이소펜테닐 전이효소이다. 이소펜테닐화된 tRNA가 분해하면 이소펜테닐아데노신 등이 유리하기 때문에, 사이토키닌은 이소펜테닐화된 tRNA에서 유래한다는 가능성이 곧 생겨났다. 그러나 tRNA 이소펜테닐기는 그 *cis*가 수산화되어 있는 것이 많다는 점, tRNA의 대사 회전은 사이토키닌의 합성을 설명할 수 있을 만큼 빠르지 않다는 것 때문에, tRNA는 사이토키닌의 전구체로는 그다지 중요하지 않다고 여겨졌다. 그러나 이 점에 관해서 결론이 나오고 있는 것은 아니다. 그 후, 세포성점균 *Dictyostelium discoideum*[6], 이어서 세균 *Agrobacterium tumefaciens*가 갖고 있는 사이토키닌 합성효소[7,8]는 디메틸아릴이인산(DMAP)의 이소펜테닐기를 AMP의 N6번 아민에 전이하는 효소, 디메틸아릴 이인산(DMAP): AMP 이소펜테닐 전이효소임을 발견하여(그림 6.2), 식물에서도 AMP의 이소펜테닐화가 사이토키닌 합성의 율속 단계가 되는 첫 번째 반응이라는 것을 믿을 수 있게 되었다.

6.3.1 세균성 균근의 사이토키닌 합성

세균성 균근은 대량의 이소펜테닐아데닌을 함유하고 있다. 또한 이소펜테닐아데닌은 N3번에 수식되어 세균성 균근의 포자 발아 저해 물질인 discadenine이 된다. 1978년, Taya 등은 부분 정제한 세균성 점균의 추출액이 디메틸아릴이인산 : AMP 이소펜테닐 전이효소 활성을 갖고 있는 것이 발견되었다. 기질은 AMP에 특이적이며, ATP, ADP와 cAMP는 기질이 안 된다[6]. 세균성 점균은 나중에 언급하는 사이토키닌 탈수소효소 활성도 갖고 있어, 사이토키닌 자체도 점균에 대해 생리적 의의가 있는 가능성도 부정할 수 없다.

6.3.2 *A. tumefaciens*에서의 사이토키닌 생합성

세균 *A. tumefaciens*는 식물의 상처에 감염하여, 근두암종이라고 불리는 종양을 형성시킨다. 근두암종에 부착되어 있는 *A. tumefaciens*를 제거해도 종양은 성장한다. 잘라낸 근두암종의 조직은 오옥신과 사이토키닌을 포함되지 않은 배지에서도 캘러스로서 계속 성장하지만, 이것은 조직이 오옥신과 사이토키닌을 다량으로 함유하고 있기 때문이다. 이 *A. tumefaciens*는 Ti 플라스미드라 불리는 150~200kbp 정도의 거대한 플라스미드를 가지고 있어, 식물에 감염되면 Ti 플라스미드 중 T-DNA라고 불리는 영역을 감염 세포의 게놈으로 전이한다. 일단 식물 게놈에 삽입된 T-DNA는 안정한 상태이고, 세포 분열 후에도 자손 세포에 전달된다. T-DNA 상의 *tms* 유전자좌가 파괴되는 경우에는 많은 슈트(shoot)를 가진 종양을 형성하고, *tmr* 유전자좌가 파괴되는 경우에는 많은 뿌리를 가진 종양이 형성된다. *tms* 유전자좌는 2개의 유전자인 *iaaM* 유전자와 *iaaH* 유전자로 구성되며, 그 산물은 오옥신 합성의 두 단계 각각을 촉매하기 때문에, 감염된 세포는 다량의 오옥신을 생산한다. 한편, *tmr* 유전자좌에 존재하는 *tmr* (*ipt*) 유전자가 디메틸아릴이인산(DMAP) : AMP 이소펜테닐 전이효소인 것이, 1984년에 두 연구 그룹에 의해 밝혀졌다[7,8]. 재조합 Tmr (Ipt)

이 정제되어 기질 특이성을 포함한 효소학 성질이 확인된 것은 1993년에 이르러서 이며, ATP와 ADP는 기질이 아니라, AMP만이 이소펜테닐화되는 기질이라는 것이 밝혀졌다. 디메틸아릴이인산(DMAP)에 대한 K_M 값은 8μM이며, AMP에 대한 K_M 값은 86μM이다[9]. *tmr* 유전자를 식물에 도입하여 발현시키면, 식물의 사이토키닌 함량은 상승하고, 사이토키닌을 처리한 것과 같은 표현형이 나타난다[10]. *tms* 유전자 및 *tmr* 유전자는 식물 세포 내에서 발현하지만, *A. tumefaciens* 중에서는 발현하지 않는다.

일부 *A. tumefaciens*군은 이소펜테닐아데닌과 trans-제아틴을 분비한다. 그 요인이 되는 유전자는 그 산물이 Tmr과 닮은 유전자이나, *tmr* 유전자와 달리 *A.tumefaciens*에서 발현하고 있는 *tzs* 유전자이다. *tzs* 유전자는 Ti 플라스미드 중 T-DNA의 외부에 존재하고 있기 때문에, 식물에는 전이하지 않는다. Tzs도 디메틸아릴인산(DMAP) : AMP 전이효소이며, 그 반응에 있어서 디메틸아릴이인산에 대한 K_M 값은 8.2μM, AMP에 대한 K_M 값은 11.1 μM이다[11].

Tmr와 Tzs에 비슷한 산물을 코딩하는 유전자는 역시 종양을 일으키는 세균인 *Pseudomonas syringae, Pseudomonas solanacearum*(*Ralstonia solanacearum*), *Pantoea agglomerans*(*Erwinia herbicola*)이나 감염 부위에서 정아 우세를 저하시켜 많은 가지를 생성하는 빗자루병(witch's broom)을 형성하는 *Rhodococcus fasciens* 등에도 존재하고, 이러한 세균 역시 사이토키닌을 분비한다.

6.3.3 식물에서의 사이토키닌 합성

세균성 점균과 *A. tumefaciens* 등에서의 사이토키닌 합성의 율속 반응은 AMP의 이소펜테닐화인 것으로 나타난 것으로, 정상적인 식물에서도 같은 반응에 의해 사이토키닌이 만들어지고 있다고 믿게 되었다. 그러나 이러한 현상을 입증할 증거가 매우 적으며, 일부 식물 추출액의 간단한 분획에서 디메틸아릴이인산(DMAP) : AMP 이소펜테닐 전이효소의 가능성이 있는 활성이 발견된 것에 지나지 않았다. 식물의 사이토키닌 합성 연구는 애기장대의 게놈 프로젝트에 의해 새로운 전기를 맞이했다.

식물의 사이토키닌 합성효소의 발견 이전에 알려져 있던 이소펜테닐 전이효소는 디메틸아릴이인산(DMAP) : AMP 이소펜테닐 전이효소 및 디메틸아릴이인산(DMAP) : tRNA 이소펜테닐 전이효소이었다. 애기장대 게놈의 본격적인 해독을 시작하였을 때, Kakimoto는 이러한 기질 특이성이 다른 두 이소펜테닐 전이효소의 공통 배열을 아래와 같이 정의하였다 GxTxxGK[ST]xxxxx[VLI]xxxxxxx[VLI][VLI]xxDxxQx{57,60} [VLI][VLI]xGG[ST]. 여기에서 x는 임의의 아미노산 잔기, x{57,60}는 x가 57~60개, [ ]는 그 사이에 들어가는 아미노산 잔기 중 임의의 하나이다. 이 패턴에 맞는 배열을 검색한 결과, 이것들의 배열에 매칭하는 산물에 코딩하는 유전자는 당시의 애기장대 데이터베이스에 2개(현재의 명명에서는 *AtIPT2* 유전자와 *AtIPT4* 유전자)가 존재하였다. AtIPT2는 tRNA 이소펜테닐 전이효소에 매우 비슷하며 실제로 그 후에 이것은 입증되었다[12]. AtIPT4은 어느 쪽 형태의 이소펜테닐 전이효소와 동등하게 비슷했다. *AtlPT4* 유전자는 식물에서 과잉 발현하면, 사이토키닌 반응을 일으킨다[13].

생화학적인 증명에 있어서는 정제한 단백질을 이용하지 않으면 안 된다. 왜냐하면 AMP, ADP, ATP 사이의 변환 효소의 혼입에 따라 다른 결과를 얻을 수 있기 때문이다. 정제한 AtIPT4는 AMP를 이소펜테닐화하지 못하지만, ATP와 ADP를 이소펜테닐화하는 것이 밝혀졌고, AtIPT4는 새로운 그룹의 효소인 디메틸아닐이인산 : ATP/ADP 이소펜테닐 전이효소로 분류되었다. 디메틸아닐이인산에 대한 K_M 값은 6.5μM, ATP에 대한 K_M 값은 18μM이었다[13]. 그 후 애기장대의 모든 게놈이 해독되어, AtIPT4에 비슷한 유전자 산물로써, AtIPT1, AtIPT3, AtIPT5, AtIPT6, AtIPT7, AtIPT8이 있는 것이 밝혀졌다. 이것들을 식물에서 발현시키면 모두 사이토키닌 반응을 일으킨다. AtIPT9도 AtlPT2와 마찬가지로 아마도 디메틸아릴이인산(DMAP) : tRNA 이소펜테닐 전이효소이다. Takei 등도 *A. tumefaciens*의 *tmr* 유전자의 배열을 기반으로 해서 유사 배열을 애기장대의 데이터베이스에서 발견하고, *AtIPT1* 유전자, *AtIPT3* 유전자, *AtIPT4* 유전자 ~ *AtlPT8* 유전자를 대장균에서 발현시키면 대장균은 사이토키닌을 분비하고, 이 추출액은 디메틸아릴이인산(DMAP) : AMP 이소펜테닐 전이효소 활성을 가진다는 것을 비슷한 시기에 보고하였다[14]. 그들은 정제한 재조합 AtIPT1을 이용하여 효소로서의 성질을 조사한 결과에서, 이것이 DMAP : AMP 이소

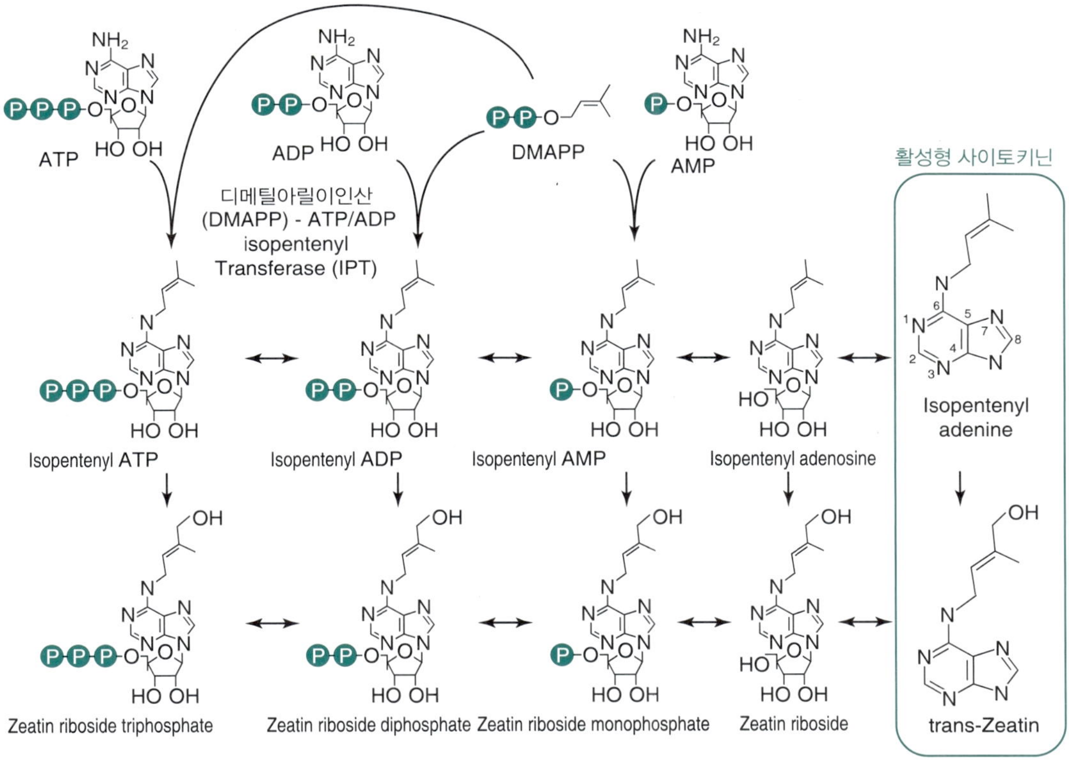

그림 6.3 식물의 사이토키닌 합성경로. 디메틸아릴이인산(DMAP) – ATP/ADP isopentenyl Transferase(IPT)에 의한 ATP와 ADP의 이소펜테닐화가 사이토키닌 합성의 율속 단계이다.

펜테닐 전이효소 활성을 갖는 것, 그 반응의 AMP에 대한 K_M 값은 85.6μM, 디메틸아릴이인산(DMAP)에 대한 K_M 값이 8.3μM임을 보고하였다[14]. 그러나 AtIPT1도 주요 활동은 ATP와 ADP에 이소펜테닐기를 전이하는 활성이다[13]. 반응 K_M 값 및 일반적으로 세포 내 AMP 농도는 ATP보다 2자리 정도 낮은 점 등을 고려하면 식물 중에서는 사이토키닌 합성의 율속되고 있는 반응은 주로 ATP와 ADP의 이소펜테닐화일 가능성이 높다(그림 6.3). 3종류의 이소펜테닐 전이효소와 비슷한 배열의 계통수를 작성하면, 특이성이 다른 효소군마다 그룹을 형성하는 것을 알 수 있다. 흥미로운 것은 디메틸아릴이인산(DMAP) : ATP / ADP 이소펜테닐 전이효소 및 그 유사 배열은 식

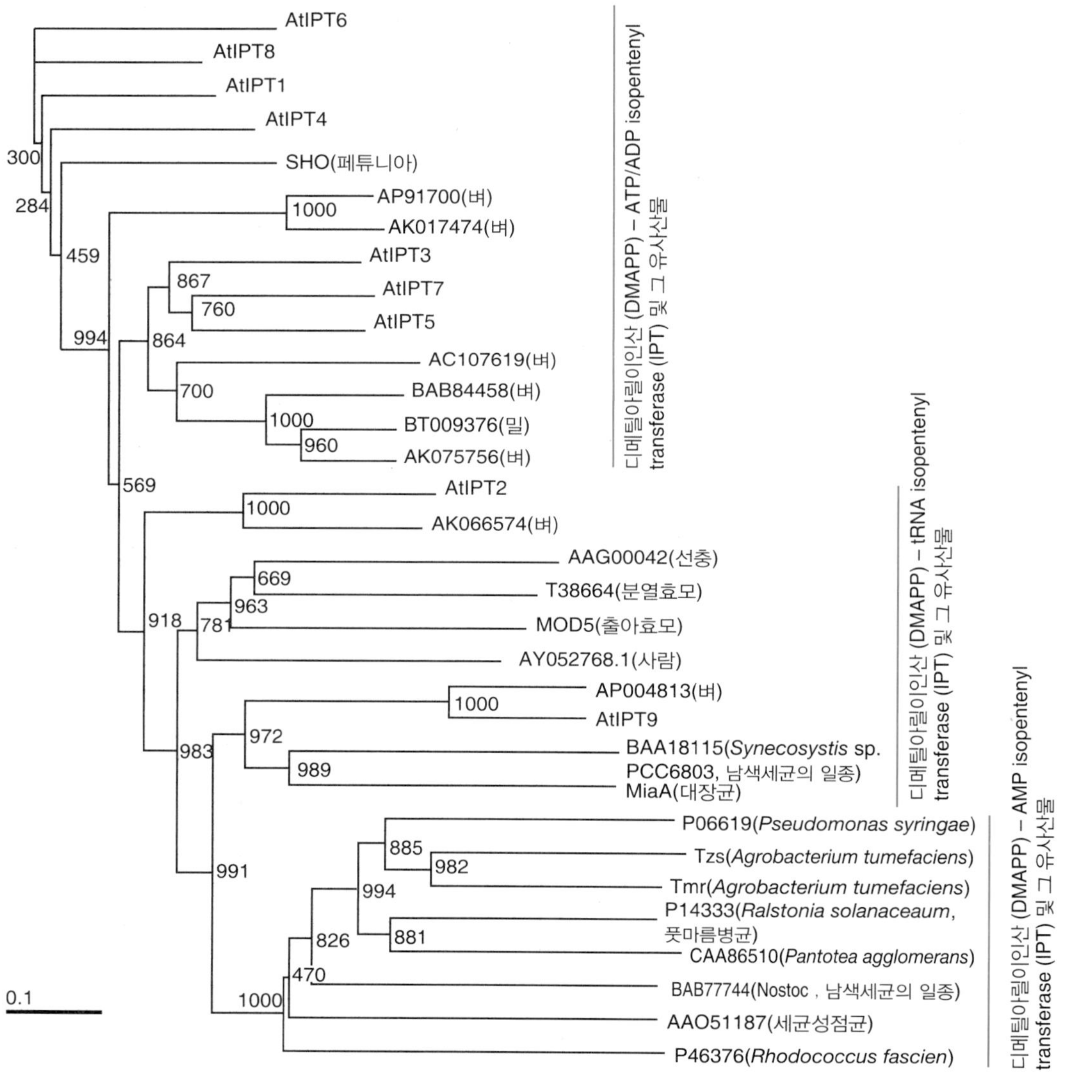

그림 6.4 Isopentenyl transferase(IPT)의 계통수. 디메틸아릴이인산(DMAPP) – ATP/ADP isopentenyl transferase를 포함한 그룹은 식물의 유전자 산물로만 구성되어 있다. Bootstrap 수치는 천분율로 표시하고 있다.

물에서만 발견된다는 것이다(그림 6.4).

6.4 사이토키닌 분자종의 전환

사이토키닌 분자종 사이의 변환에는, 아데닌 염기 9번의 질소 원자에 리보오스의 추가와 이탈, 리보오스 5의 인산 추가와 이탈, 이소펜테닐 아데닌형 사이토키닌의 곁사슬의 수산화에 의한 제아틴형 사이토키닌의 변환(*cis*-제아틴과 *trans*-제아틴 변환), 제아틴 곁사슬의 수산기에서의 포도당과 자일로스의 추가와 이탈, 아데닌 염기 N3에의 포도당 추가 및 이탈, 아데닌 염기의 N7, N9에로의 포도당의 불가역적 부착 등이 있다. 이러한 변환은 사이토키닌 활성의 조절로서 중요한 역할을 가지고 있는지도 모른다[4](그림 6.1).

6.5 리보오스, 인산기의 부착과 이탈

염기형 사이토키닌과 리보사이드형 사이토키닌은 식물에게 처리하면 쉽게 흡수되면, 즉시 염기형, 리보사이드(riboside)형, 리보타이드(ribotide)형 사이의 변환이 일어난다(그림 6.3). 이러한 반응을 촉매한다고 알려진 효소는 아데닌, 아데노신, 아데노신인산 사이의 변환을 촉매하지만, 사이토키닌 분자종의 변환에 특이적인 효소는 알려져 있지 않다[4]. 생체 내에서 아데닌 관련 대사 효소가 사이토키닌의 염기형, 리보사이드형, 리보타이드형 사이의 변환도 촉매하고 있는지 또는 다른 사이 사이토키닌에 특이적인 미지의 효소가 있는지는 알려져 있지 않다.

6.6 제아틴의 *O*-글리코실화

제아틴형 사이토키닌의 곁사슬의 산소 원자를 통해 포도당이 결합한 물질이 많은 식물에서 발견되고 있다. 또한 식물에 따라서는 자일로스가 결합된 것도 있다. 이들은 사이토키닌의 저장 역할이 있다고 생각된다. 제아틴-*O*-글루코실 전달효소 유전자 *ZOG1*는 리마콩(*Phaseolus lunatus*), 제아틴-*O*-자일로스 전달효소 유전자 *ZOX1*은 강낭콩(*P. vulgaris*)의 것으로 확인되고 있다[15,16]. 이들은 *trans*-제아틴에 특이적이며, *cis*-제아틴과 *trans*-제아틴리보시드도, 디히드로제아틴은 기질이 되지 않는다. 또한, 옥수수는 *cis*-제아틴에 특이적인 글루코실 전달효소가 발견되고 있다[17]. 애기장대 등에도 글루코실 전달효소의 상동성 유전자는 많이 존재하지만, 계통수 상으로는 조금 떨어져 있기 때문에 이들이 제아틴-*O*-글루코실 전달효소인지에 대한 실험이 필요하다.

O-글루코시드형 사이토키닌이 활성형이 되기 위해서는 글루코실기가 제거되지 않으면 안 된다고 생각하고 있다. 이 글루코시드 결합을 가수분해하는 β-글루코시다아제(glucosidase)는 몇 가지가 발견되었지만, 그 특이성은 낮다.

6.7 사이토키닌의 분해

다양한 식물의 추출액에는 이소펜테닐 아데닌과 제아틴의 곁사슬을 절단하는 활성이 있는 것이 알려져 있으며, 이 효소를 사이토키닌 산화효소(cytokinin oxidase)라고 명명하였다. 이소펜테닐 아데닌 경우는 아데닌과 3-메틸-2-부테날(3-methyl-2-butenal)로 분해된다(그림 6.5). 사이토키닌 산화효소는 옥수수 알갱이를 재료로 두 그룹에 의해 독립적으로 정제되어, 그것을 코딩하는 유전자가 보고되었다[18,19]. 이들은 각각 CKO, CKX라고 이름을 붙였지만, 아미노산 배열은 대부분 동일한 것으로 생각해도 좋을 것이다. 이 효소는 FAD를 공유결합하는 당단백질이며, 세포 밖으로 분비된다. 그 후 밀의 효소를 이용한 성질이 조사되어, 반응에 산소를 필요로 하지 않는 것과 과산화수소를 발생하지 않는 등의 성질이 있는 것으로 나타났다. 이들은 산화효소가 아니라 탈수소효소의 성질이며, 따라서 사이토키닌 탈수소효소라고 불러야 한다고 주장되고 있다. 사이토키닌 탈수소효소는 이소펜테닐아데닌, 이소펜테닐아데닌 리보시드, 제아틴, 제아틴 리보사이드를 분해하지만, 리보타이드형에는 작용하지 않는다. 디히드로 제아틴과 *O*-글루코시드형 사이토키닌도 분해되지 않는다. 애기장대에도 그 상동성 유전자 *AtCKX*는 7개가 존재하고 있으며, 조사된 일부에 대해서는 그 산물이 사이토키닌 분해 활성을 가지고 있는 것으로 밝혀졌다[20].

6.8 사이토키닌의 수송

사이토키닌이 식물 내에서 어떻게 이동하는지에 대해서는 아직도 많은 논란이 있다. 물관과 체관에 존재하는 물이나 양분 중에 사이토키닌이 포함되어 있으며, 이를 통해서 장거리 수송이 가능해질 거라고 알려져 있다. 반면, *A. tumefaciens*의 *tmr* (*ipt*) 유전자의 과잉 발현에 의해 사이토키닌

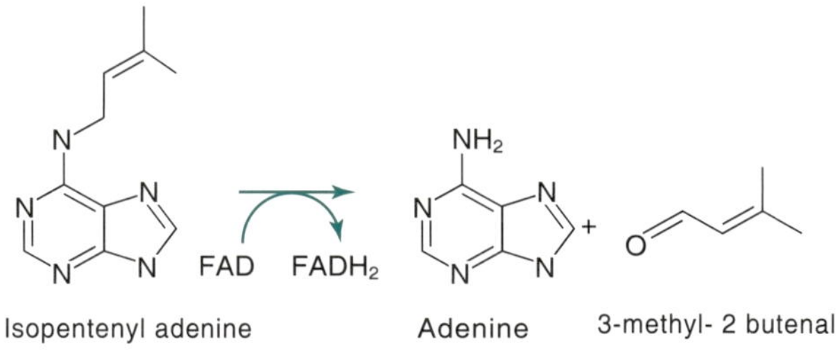

그림 6.5 사이토키닌의 분해. cytokinin dehydrogenase에 의해 사이토키닌의 곁가지가 제거된다.

을 과잉 발현하는 담배와 야생형 담배의 접목 실험, 사이토키닌 탈수소효소의 과잉 발현에 의한 사이토키닌 분해 속도를 상승시킨 담배와 야생형 담배의 접목 실험에서는 두 실험에서 도입 유전자를 갖고 있는 부분에만 표현형이 나타난다. 이러한 실험에서는 사이토키닌은 별도로 식물체 내에서 이동하지 않는다는 것을 실험을 통해 입증하고 있다[21]. 사이토키닌이 이동할 수 있는지 없는지에 대한 여부는 상황에 따라 식물이 자체적으로 조절하고 있는지도 모른다. 세포막을 통한 사이토키닌의 유입 캐리어로 간주되는 것에 PUP군이 있지만, 이것이 퓨린이나 시토신 유입을 위한 독자적인 특이성을 가지고 있다고 판단하기에는 연구 결과가 아직 미비하다[22].

6.9 마무리

최근 사이토키닌 합성효소, 사이토키닌 분해효소와 제아틴-*O*-글루코실화효소 등 사이토키닌 대사의 중요한 요소가 발견되었다. 사이토키닌 합성효소와 사이토키닌 분해효소를 코딩하는 유전자는 여러 가지 존재한다. 식물의 형태형성과 다른 생리 기능에서 이러한 효소군의 역할을 알기 위해서는 이러한 효소 유전자의 발현 패턴과 돌연변이 분석을 통한 종합적 고찰이 필수적이다. 또한, 사이토키닌 분자 종의 변환 효소에 대해서는 그것을 코딩하는 모든 유전자의 식별이 우선 필요하며, 역시 유전자 돌연변이의 분석은 필수적이다. 향후, 사이토키닌 양의 조절을 통해 식물의 발생과 성장이 어떻게 조절되는가에 대해서 밝혀지길 기대한다.

참고 문헌

1. Cytokinins -Chemistry, Activity, and Function (1994) Mok DW, Mok MC (eds) CRC press, Boca Raton 2
2. 柿本辰男 (2002) サイトカイニン.小柴共一, 神谷勇治(編)新しい植物ホルモンの科学.講談社, 東京
3. Kakimoto T (2003) Biosynthesis of cytokinins. J. Plant Res. 116: 233-239
4. Mok DW, Mok MC (2001) Cytokinin metabolism and action. Annu. Rev. Plant Physiol. Plant Mol. Biol. 52: 89-118
5. Letham DS, Shannon JS, McDonald IR (1964) The structure of zeatin, a factor inducing cell division. Proc. Chem. Soc. 230-231
6. Taya Y, Tanaka Y, Nishimura S (1978) 5'-AMP is a direct precursor of cytokinin in *Dictyostelium discoideum*. Nature 271: 545-547
7. Akiyoshi DE, Klee H, Amasino RM, Nester EW, Gordon MP (1984) T-DNA of *Agrobacterium tumefaciens* encodes an enzyme of cytokinin biosynthesis. Proc. Natl. Acad. Sci. USA 81: 5994-5998
8. Barry GF, Rogers SG, Fraley RT, Brand L (1984) Identification of a cloned cytokinin biosynthetic gene. Proc. Natl. Acad. Sci. USA 81: 4776-4780
9. Blackwell JR, Horgan R (1993) Cloned *Agrobacterium tumefaciens* ipt1 gene product, DMAPP: AMP iso-

pentenyltransferase. Phytochemistry 34: 1477-1481

10. MCkenzie MJ, Mett VV, Reynolds PHS, Jameson PE (1998) Controlled cytokinin production in transgenic tobacco using copper-inducible promoter. Plant Physiol. 116: 969-977

11. Morris RO, Blevins DG, Dietrich JT, Durley RC, Gelvin SB, Gray J, Hommes NG, Kaminek M, Mathesius U, Meilan R, Reinbott TM, Sayavedra-Soto L (1993) Cytokinins in plant pathogenic bacteria and developing cereal grains. Aust. J. Plant Physiol. 20: 621-637

12. Golovko A, Sitbon F, Tillberg E, Nicander B (2002) Identification of a tRNA isopentenyltransferase gene from *Arabidopsis thaliana*. Plant Mol. Biol. 49 : 161-169

13. Kakimoto T (2001) Identification of plant cytokinin biosynthetic enzymes as dimethylallyl diphosphate: ATP / ADP isopentenyltransferases. Plant Cell Physiol. 42 : 677-685

14. Takei K, Sakakibara H, Sugiyama T (2001) Identification of genes encoding adenylate isopentenyltransferase, a cytokinin biosynthesis enzyme, in *Arabidopsis thaliana*. J. Biol. Chem. 276: 26405-26410

15. Martin RC, Mok MC, Mok DW (1999) A gene encoding the cytokinin enzyme zeatin *O*-xylosyltransferase of *Phaseolus vulgaris*. Plant Physiol. 120: 553-558

16. Martin RC, Mok MC, Mok DW (1999) Isolation of a cytokinin gene, ZOG1, encoding zeatin *O*-glucosyltransferase from *Phaseolus lunatus*. Proc. Natl. Acad. Sci. USA 96: 284-289

17. Martin RC, Mok MC, Habben JE, Mok DW (2001) A maize cytokinin gene encoding an *O*-glucosyltransferase specific to *cis*-zeatin. Proc. Natl. Acad. Sci. USA 98: 5922-5926

18. Houba-Herin N, Pethe C, d' Alayer J, Laloue M (1999) Cytokinin oxidase from *Zea mays*: purification, cDNA cloning and expression in moss protoplasts. Plant J. 17:615-626

19. Morris RO, Bilyeu KD, Laskey JG, Cheikh NN (1999) Isolation of a gene encoding a glycosylated cytokinin oxidase from maize. Biochem. Biophys. Res. Commun. 255: 328-333

20. Schmulling T, Werner T, Riefler M, Krupkova E, Bartrina y Manns I (2003) Structure and function of cytokinin oxidase/dehydrogenase genes of maize, rice, Arabidopsis and other species. J. Plant Res. 116: 241-252

21. Schmulling T (2002) New insights into the functions of cytokinins in plant development. J. Plant Growth Regul. 21: 40-49

22. Burkle L, Cedzich A, Dopke C, Stransky H, Okumoto S, Gillissen B, Kuhn C, Frommer WB (2003) Transport of cytokinins mediated by purine transporters of the PUP family expressed in phloem, hydathodes, and pollen of *Arabidopsis*. Plant J. 34: 13-26

III. 세포내 신호전달에 관련된 인자와 그 기능

1. 애기장대의 His-Asp 인산 릴레이 제어 시스템

岡穆宏

1.1 소개

세균에서 일어나는 삼투압 반응, 인산 결핍 반응, 주화성 등 다양한 환경 응답이 2종류의 단백질 성분에 의해 제어된다는 것이 1983년경부터 속속 밝혀져 왔다. 그 중 하나는 환경 변수의 변화를 인식하는 막 단백질(수용체 또는 센서)에서 히스티딘 키나아제 활성을 나타낸다. 자기 인산화된 수용체는 다른 하나인 세포질 단백질(반응 조절자)의 Asp 잔기에 인산기를 이전하고, 출력 활성을 제어한다. 다른 환경 응답에 관련된 수용체와 반응 조절자가 각각 서로 비슷한 것으로 밝혀져, 대체로 His-Asp 인산 릴레이 제어 시스템이라 불리고 있다[1]. 이 제어 시스템은 원핵생물에서 압도적으로 많이 발견되었지만, 효모와 고등식물 등의 진핵생물에도 존재한다[2]. 본 장에서는 단세포 생물의 His-Asp 인산 릴레이 제어 시스템의 분자 기구에 대하여 소개한 후, 애기장대 His-Asp 인산 릴레이 제어 시스템에 속해 있는 단백질들과, 그들과 관계된 식물 호르몬 응답 신호전달의 네트워크에 대해서 소개하고자 한다.

1.2 세균 및 출아효모의 His-Asp 인산 릴레이 제어 시스템

세균의 His-Asp 인산 릴레이 제어 시스템의 각 수용체 히스티딘 키나아제 C말단의 약 200 아미노산 잔기 영역은 매우 상동성이 높고, 특정 His 잔기의 자기 인산화 반응을 촉매하며, 인산기 신호를 송출한다. 각 히스티딘 키나아제의 N말단에는 아미노산 배열의 유사성은 인정하지 않지만 일반적으로 막관통 영역이 존재하며, 이 근방에서 환경 변수의 변화를 인식하고 있다. 반면, 각 반응 조절자의 N말단의 약 120 아미노산 잔기 영역(신호 수용 도메인)은 고도로 보존되어 있으며, 거의 중간에 위치한 Asp 잔기가 파트너 히스티딘 키나아제의 His 잔기에서 인산기를 받고 C말단의 기능 도메인의 출력 활동을 활성화 또는 억제한다. 전형적인 예로서 대장균 삼투압 반응의 구성 요소인 EnvZ-OmpR을 그림 1.1(a)에 나타냈다. 반응 조절자의 대부분은 OmpR와 같은 전사인자로 작동하지만, 대장균 CheB 메틸 에스테르 가수분해효소와 같은 효소 활성을 나타내는 것도 있다. 또한 대장균 CheY와 같이 대부분의 신호 수용 도메인으로만 이루어지며, 편모 모터 단백질에 작용하여 세포의 반전 운동에 관여하는 것도 있다(그림 1.1b). 대부분의 His-Asp 인산 릴레이 제어 시스템이 히스티딘 키나아제 및 반응 조절자의 2 성분만으로 되기 때문에, 오랫동안 2성분 조절 체계라고 불리고 있었지만, HPt(His-containing phosphotransfer) 인자와 CheY와 같은 겉보기에는 신호 수용 도메인만으로 된 반응 조절자(단순 반응 조절자) 또는

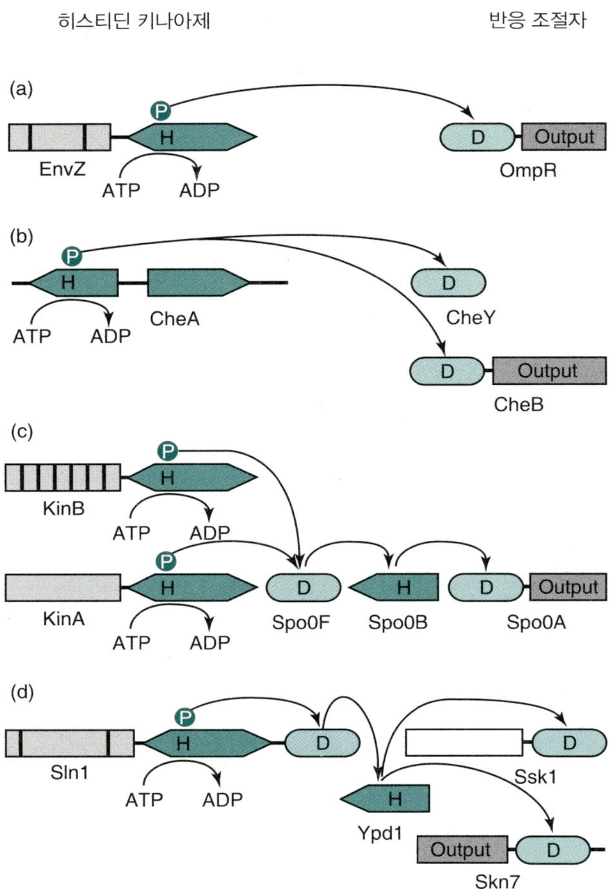

그림 1.1 His-Asp 인산 릴레이 제어 시스템의 인산기 흐름. 수용체 히스티딘 키나아제(왼쪽)로부터 반응 조절자(오른쪽)로의 인산기의 흐름이 화살표로 표시되어 있다. 히스티딘 키나아제의 N말단 도메인 내 수직막대는 막관통 영역을 나타내고, 반응 조절자 중의 Output은 출력 도메인을 나타낸다. H와 D는 각각 His 잔기, Asp 잔기를 나타낸다. (a) 대장균 삼투압 반응제어시스템. (b) 대장균 주화성 제어시스템. (c) 고초균 포자 형성 제어 시스템. (d) 출아효모 삼투압 반응 제어 시스템.

신호 수신 도메인이 C 말단부에 내장된 히스티딘 키나아제(혼성형 히스티딘 키나아제)의 신호 수용 도메인이 히스티딘 키나아제의 His 잔기 및 반응 조절자의 Asp 잔기와의 사이의 중개자로서 일하고 있는 복잡한 제어 시스템도 존재한다. 예를 들어, 고초균(Bacillus subtilis, 枯草菌)의 포자 형성 제어 시스템은 막 결합 히스티딘 키나아제의 KinB 또는 세포질성 히스티딘 키나아제의 KinA에서 간단한 반응 조절자의 Spo0F, HPt 인자의 Spo0B, 전사인자형 반응 조절자의 Spo0A의 순으로 신호가 전달된다(그림 1.1c). 또한 출아 효모 삼투압 제어 시스템에서는 혼성형 히스티딘 키나아제의 Sln1에서 HPt 인자의 Ypd1, 그리고 비전사인자형 반응 조절자의 Ssk1 또는 전사인자형 반응 조절자의 Skn7으로 신호가 전달된다[2](그림 1.1d). 어떤 경우에도 자기 인산화된 히스티딘 키나아제의 인산기 자체가 His 잔기에서 Asp 잔기로, 또는 Asp 잔기에서 His 잔기로 전달되어, 키나아제 캐스케이드처럼 각 반응단계에서 ATP로부터 인산기가 공급되어 신호의 증폭이 일어나는 반응 기구와는 본질적으로 다르다. 또한 출아효모 삼투압 제어의 비전사인자형 반응 조절자의 Sski에는 명백한 출력 도메인이 존재하지 않고, 하류에 위치한 Hog1 MAP 키나아제 캐스케이드(스트레스 반응)를 바로 제어하고 있다. 이 제어는 인산 릴레이 및 키나아제 캐스케이드가 아닌 Sski 반응 조절자의 신호 수용 도메인과 Ssk2 MAP 키나아제 키나아제 키나아제와의 상호작용을 통해 일어난다. 즉, Sln1은 낮은 삼투압 조건에서 키나아제 활성을 나타내어 인산화형 Ssk1(불활성형)를 생성한다. 한편, 높은 삼투압 조건에서는 키나아제 활성을 나타내지 않고, 비인산화형 Ssk1(활성형)이 축적하며, Ssk2과 상호작용하여 MAP키나아제 캐스케이드를 활성화한다[3].

His-Asp 인산 릴레이 제어 시스템은 대장균 및 고초균(Bacillus subtilis, 枯草菌) 각각 약 30종류, 광합성 남세균(시아노박테리아)에 약 40종류, 녹농균에 약 60종류와 같이 많이 존재하지만, 모든 세균 종에 이 제어 시스템이 갖춰져 있는 것은 아니다. 또한 출아효모에서 Sln1가 관여된 삼투압 반응이 유일하게 이 제어 시스템을 이용하고 있지만, 초파리, 선충, 포유동물 등은 전무하다[2].

1.3 애기 장대의 His-Asp 인산 릴레이 제어 시스템의 구성 요소

1.3.1 수용체와 히스티딘 키나아제

1993년 출아효모의 Sln1 히스티딘 키나아제의 보고와 거의 같은 무렵, 애기장대의 에틸렌 반응의 우성 음성 돌연변이 원인 유전자 *ETR1*이 *SLN1* 유전자와 마찬가지로 혼성형 히스티딘 키나아제를 코딩하는 것이 발견되었다[4]. 에틸렌은 식물 호르몬의 일종으로, 그 생리 작용은 잎, 꽃의 노화, 과일의 성숙, 발아 촉진 등 식물체에 미치는 작용이 다양하지만, 그 첫 번째 단계로 His-Asp 인산 릴레이 제어 시스템과 같은 종류의 히스티딘 키나아제가 참여하고 있다. 이어서, 유사한 돌연변이로부터 *ETR2* 유전자가 클로닝되었고, 이러한 클론의 크로스 하이브리드화에 의해 *ERS1* 유전자, *ERS2* 유전자 및 *EIN4* 유전자가 클로닝되었다(그림 1.2). 이들 중 ETR2과 EIN4는 ETR1과 마찬가지로 혼성형 히스티딘 키나아제이지만, ERS1와 ERS2는 표준 히스티딘 키나아제이다. ETR1가 실제로 에틸렌과 결합하여 히스티딘 키나아제 활성을 갖는 것도 나중에 확인되었다[5]. 또한 히스티딘 키나아제 도메인의 아미노산 배열로부터, ETR2, ERS2 및 EIN4는 키나아제 활성을 유지하지 않는 것처럼 보인다. 유사한 히스티딘 키나아제가 토마토의 성숙 지연 돌연변이 등 다른 식물 종에서도 확인되었다. 애기장대의 5가지 에틸렌 수용체가 기능적으로 중복하여 있어, 1유전자의 열성 돌연변이에서는 변이표현형이 나타나지 않는다. *ETR1* 유전자와 *ERS1* 유전자의 이중 결실 변이체는 낮은 수준의 구성적 에틸렌 반응을 보여, 이 품종에 야생형 *ETR1* 유전자 또는 키나아제 활성을 파괴한 *ETR1* 유전자를 도입하였을 때 표현형이 정상적으로 돌아온 것으로부터 에틸렌 수용체가 에틸렌 반응을 음방향으로 제어하고, 에틸렌 반응에는 수용체 히스티딘 키나아제의 키나아제 활성 자체는 필요하지 않다는 것을 알 수 있었다[6]. ETR1는 아마도 에틸렌이 없는 환경에서 활성형 키나아제가 되는 것이다. 또한, 이러한 수용체와 특이적으로 엮이는 반응 조절자는 알려져 있지 않고, ETR1는 CTR1(Raf1에 유사의 MAP 키나아제 키나아제 키나아제의 하나)와 상호작용해서 CTR1을 활성화하여, 하류의 에틸렌 반응 경로를 음의 방향으로 제어하고 있다[5].

한편, 사이토키닌은 세포의 증식, 발생, 분화에 다양한 영향을 주고, 종종 에틸렌 반응과 서로 관련되어 있다. Activation tagging법에 의해 구성적으로 사이토키닌 반응을 나타내는 우성 돌연변이를 선발하면, 사이토키닌 수용체 또는 그 이후의 신호전달에 관련된 유전자가 활성화된 돌연변이를 분리하여 그 역할을 알 수 있을 것이다. 그와 같이 클로닝된 *CKI1* 유전자가 또 다시 혼성형

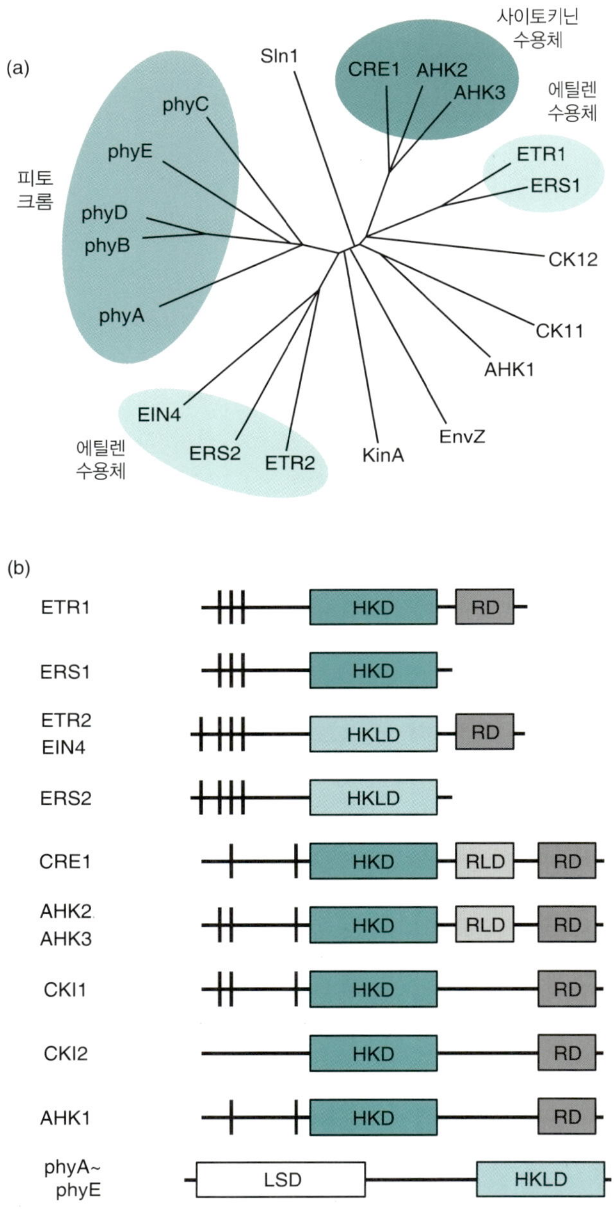

그림 1.2 애기장대의 수용체 히스티딘 키나아제 인자군의 무근계통수(unrooted phylogenetic tree)(a)와 도메인 구성(b). 계통수는 히스티딘 키나아제 도메인 및 유사 도메인만의 구조 비교로부터, CLUSTAL-W 프로그램을 이용하여 작성하였다. 비교를 위해, 그림 1.1에 나타낸 히스티딘 키나아제도 포함하고 있다. HKD : 히스티딘 키나아제 도메인, HKLD : 히스티딘 키나아제 유사 도메인, RD : 신호수용 도메인, RLD : 신호수용 유사 도메인, LSD : 광 센서 도메인, 수직 막대 : 막 관통 영역.

히스티딘 키나아제를 코딩하고 있는 것이 1996년에 보고되었다[7]. 유사한 방법으로 N말단부에 현저한 막관통 영역을 코딩하지 않는 *CKI2* 유전자도 발견됐다. 에틸렌 수용체 히스티딘 키나아제의 ETR1가 일찍이 알려져 있는 것으로부터, CKI1도 사이토키닌 수용체로서 기능하는 것이 기대되지만, CKI1과 CKI2와 사이토키닌과의 연관성에 대해서는 아직까지 확실하지는 않다.

애기장대의 모든 게놈 배열의 밝혀지고 나서[8], 사이토키닌에 비감수성의 돌연변이가 분리되었다. 오사카 대학교 그룹은 사이토키닌에 의존한 배축 캘러스로부터 녹색 슈트(shoot) 형성이 일어나기 어렵고, 동시에 뿌리가 형성되기 쉬운 돌연변이체를 찾아낸 후, 그 원인 유전자 *CRE1*를 분리하였다[9]. 또한, 나고야 대학교 그룹은 사이토키닌에 의한 뿌리의 신장 저해가 일어나지 않게 된 돌연변이를 분리함으로써, 그 원인 유전자 *AHK4*을 발견하였다[10,11]. 이들은 동일한 유전자인 혼성형 히스티딘 키나아제를 코딩하고 있다(이하, 통일 *CRE1* 유전자라고 부른다). *CRE1* 유전자를 출아효모에 도입하면, 첨가 사이토키닌에 의존적으로 *SLN1* 유전자의 대역으로서 CRE1(Sln1) → Ypd1 → Ssk1, 순으로 신호가 전달되게 된다[9]. 또한 CRE1를 발현하는 분열 효모의 막 분획이 사이토키닌과 결합하는 것도 나타내어, CRE1이 진정한 사이토키닌 수용체임이 입증되었다[12]. 또한 애기장대에는 CRE1와 매우 구조적으로 비슷한 AHK2 및 AHK3가 존재하는데, 이들도 사이토키닌 수용체로서 작동하지만 CRE1과 대등하게 작동하지 않는 것 같다(그림 1.2).

애기장대의 삼투압 센서의 탐색 과정에서, 출아 효모 *SLN1* 유전자 손실을 보완하는 클론에서 혼성형 히스티딘 키나아제를 코딩하는 *AHK1* 유전자가 분리되었지만, CKI1의 경우와 같이 보완이 삼투압에 의존하지 않고 구성적으로 일어나기 때문에, AHK1이 식물의 진정한 삼투압 센서라고 단정할 수 없다. 그러나 AHK1 및 CKI1과 함께, 적어도 출아 효모에서는 HPt 인자로의 인산 릴레이를 개시하는 능력을 갖추고 있다[2].

애기장대에는 5종의 광수용체 피토크롬 phyA~phyE가 존재한다. 이것들의 C말단 영역에는 히스티딘 키나아제과 매우 약한 상동성을 나타내는 영역이 존재한다. 아미노산 배열로부터는 키나아제 활성을 유지하고 있는 듯이 보이지 않는다. 그러나 진화적으로 식물과 관계가 깊은 남세균의 광수용체로서 일하는 피토크롬과 같은 히스티딘 키나아제 Cph1가 키나아제 활성을 갖기 때문에, 식물의 피토크롬은 확실히 히스티딘 키나아제에서 유래한 것으로 보인다. 또한, 이 *cph1* 유전자가 파트너 반응 조절자의 *rcp1* 유전자와 오페론을 형성하고 있는 것도 흥미로운 연구 결과이다[13].

1.3.2 세포질성 반응 조절자

식물 호르몬 반응에 이상을 나타내는 돌연변이의 분석이 식물의 수용체 히스티딘 키나아제의 발견으로 이어졌지만, 반응 조절자에 관한 정보는 얻을 수 없었다. 1997년 무렵부터, *in silico*에서 EST 라이브러리의 스크리닝과 크로스하이브리다제이션에 의한 상동염색체 탐색 실험을 통해 애기장대에서 10종류 이상의 반응 조절자가 발견되었는데, 현재는 게놈 배열 정보에서 얻은 결과를 종합하여 볼 때 총 22종류(ARR1~ARR22)가 존재하는 것으로 알려져 있다(그림 1.3). 일반적으로 유전자 발현 패턴은 뿌리에서 비교적 높은 정도이나, 조직 특이성을 나타내지는 않는다.

이러한 22종의 반응 조절자는 도메인 구성에서 두 가지 형태로 분류할 수 있다. ARR4과 ARR6

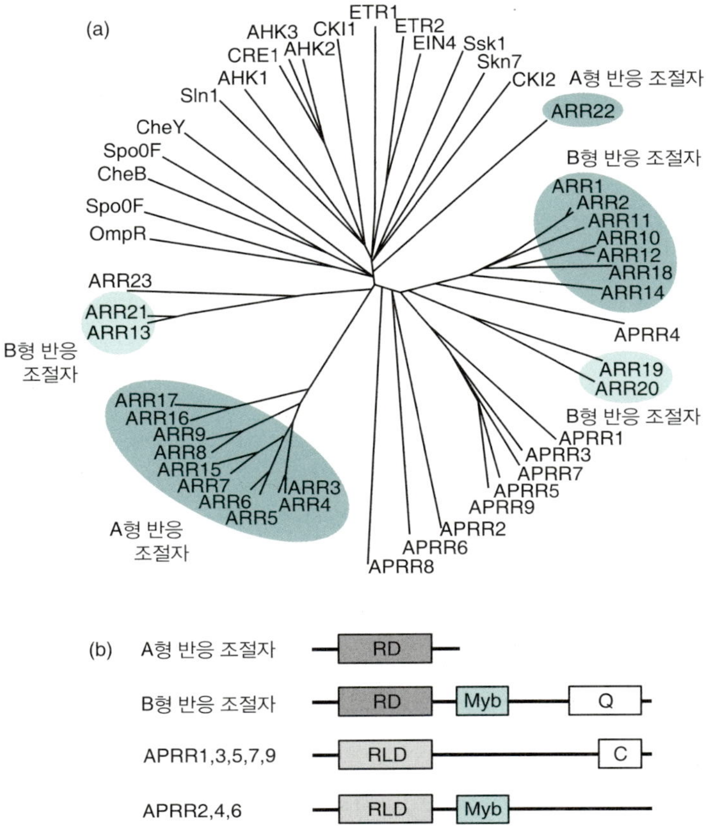

그림 1.3 애기장대의 반응 조절자군의 무근계통수(unrooted phylogenetic tree)(a)와 도메인 구성(b). 계통수는 신호 수용 도메인 및 유사 도메인만의 구조 비교로부터 작성하였다. 비교를 위해, 그림 1.1에 나타낸 반응 조절자 및 혼성형 히스티딘 키나아제 중의 신호수용 도메인도 포함하고 있다. RD : 신호수용 도메인, RLD : 신호수용 유사 도메인, Myb : DNA 결합능을 나타내는 ARRM도메인, Q : 전사 활성화능을 나타내는 Q 도메인, C : 일주성에 관여한 CONSTANS 모티브.

등 11종류는 단순 반응 조절자의 범주에 들어가 A형이라고 불린다. 양적인 차이는 있지만, 이들은 모두 사이토키닌에 의해 단시간에 전사 유도된다[14]. 반면에, ARR1나 ARR10 등 11종류(불완전한 것이 1종류 존재)은 B형이라고 불리고, N말단 영역의 신호 수용 도메인에 이어 핵 이행 신호, ARRM 도메인라고 불리는 DNA 결합 영역, Q 도메인으로 불리는 전사 활성화 영역이 존재하고, 반응 조절자 분자 단독으로 전사인자로서 역할을 하게 된다[15]. ARRM 도메인은 GARP 도메인이라고도 불리며, 포유동물 Myb의 DNA 결합 영역에 약한 유사성을 나타낸다. ARR1의 과잉 발현 돌연변이체 및 결실 돌연변이의 분석에서 ARR1의 발현량과 사이토키닌에 대한 감수성이 상관관계가 있는 것으로 나타났다. 또한, 신호 수용 도메인을 결실한 ARR1의 과잉 발현 변이체는 엄격한 성장 저해를 나타내고, 경단 부근에서 무질서 세포 분열이나 캘러스화가 보여, 구성적으로 사이토키닌 반응을 일으키고 있는 것처럼 보인다. 이러한 사실은 ARR1의 N말단 부분의 신호 수용 도메인이 C 말단부의 전사 활성화 도메인 기능을 억제하고 있어, 사이토키닌으로부터의 신호를 받는 곳의 억제가 해제되는 것을 나타낸다. 더욱이, 활성화된 ARR1이 ARR6 등의 A형 반응 조절자 유전자군에 직접적으로 작용하여 전사를 촉진한다[16,17]. *CRE1* 결실 돌연변이 중에서 신호 수용 도메인을 결실한 ARR1을 발현시키면, CRE1 결실의 영향이 부분적으로 회복되는 것으로부터 ARR1은 CRE1의 하류에서 기능하고 있는 것을 알게 되었다. CRE1는 아마도 세포막에 존재하고 있고, ARR1은 핵에 국재하고 있기 때문에 직접적으로 상호작용하는 것이 아니라, 아래에 서술한 HPt 인자가 양쪽을 중개하는 역할을 하고 있는 것으로 생각할 수 있다. 또한 ARR2, ARR10 및 ARR11도 본질적으로는 ARR1와 대부분 같은 성질을 나타내는 것, 모든 B형 반응 조절자군의 도메인 구성이 높게 보존되고 있는 것, 아미노산 배열도 Q 도메인을 제외하고 잘 보존되고 있는 것으로부터 대부분의 B형 반응 조절자가 사이토키닌 신호전달에 관련되어 있을 것으로 생각되고 있다. 애기장대에는 22종의 반응 조절자 외에도 9종의 유사 반응 조절자가 존재한다. 이것들의 N 말단부에 위치하는 신호 수용 도메인 내의 인산 릴레이에 관여할 것으로 생각되는 Asp 잔기가 Glu 잔기로 치환되어 있기 때문에, 유사 반응 조절자군이 His-Asp 인산 릴레이 제어 시스템에 관련되어 있다고는 생각할 수 없지만, 일주기 리듬으로의 관여가 밝혀지고 있다.

1.3.3 HPt 인자

게놈 배열 정보에서 애기장대에는 6종류의 HPt 인자 AHP1~AHP6가 알려져 있다(그림 1.4). 그 중에서 AHP6는 His 잔기의 위치가 보존되어 있지 않고, 유사 인자라고 생각되었다. 이 유전자 발현 패턴은 계통적으로는 분석되지 않았으나, 반응 조절자 유전자군과 같이, 일반적으로 뿌리에서 발현이 높지만 잎과 줄기에서도 발현되고 있다. 다만 *AHP4* 유전자는 매우 발현량이 낮고, 대부분 검출 한계 이하였다. 또한 어떠한 *AHP* 유전자도 사이토키닌에 의해 전사 유도가 일어나지 않는다. 각 AHP는 출아효모 헤테로 상보 시스템에 있어서 Ypd1 대신으로 사용할 수 있다. 또한 비록 특수 *in vitro* 시스템에 의한 분석이었으나, AHP가 히스티딘 키나아제로부터 인산기를 받아 A형 반응 조절자 및 B형 반응 조절자(모든 멤버에서 확인된 것은 아니다)로 인산기를 이전하는 활성을 나타낸다. 또한, 앞서 말한 *SLN1* 결실 출아효모에 있어서 CRE1 보완 활성이 동시에 AHP를 과잉 발현시키면 길항적으로 저해되고, *in vivo*에 있어서도 CRE1로부터 AHP로의 인산 릴레이가 일어나는 것을 알게 되었다. 더욱이 AHP가 A형 반응 조절자와 B형 반응 조절자의 여러 종류와 직접 상호작용하는 잠재적 능력을 가진 것 또한 CRE1로부터 ARR로의 인산 릴레이가 AHP를 통해 일어난다는 가설을 뒷받침하고 있다. AHP의 분자 크기는 핵공을 자유롭게 통과할 수 있을 정도로 작지만 대부분은 세포질에 존재하고 있다. 또한 AHP의 종류에 따라서는 사이토키닌 처리에 의해 일시적으로 핵 국재의 분자가 증가한다는 보고와 ARR1 과잉 발현 변이체에서는 핵 국재의 AHP 함량이 증가한다는 관찰도 있다[13,17].

1.4 애기 장대의 His-Asp 인산 릴레이 제어 시스템의 전체상

애기장대의 인산 릴레이 제어 시스템의 구성 단백질 인자로서 히스티딘 키나아제가 11종류, HPt 인자가 5종류, A형 반응 조절자와 B형 반응 조절자가 각각 11종류 존재하며, 그 외에도 5종류 피

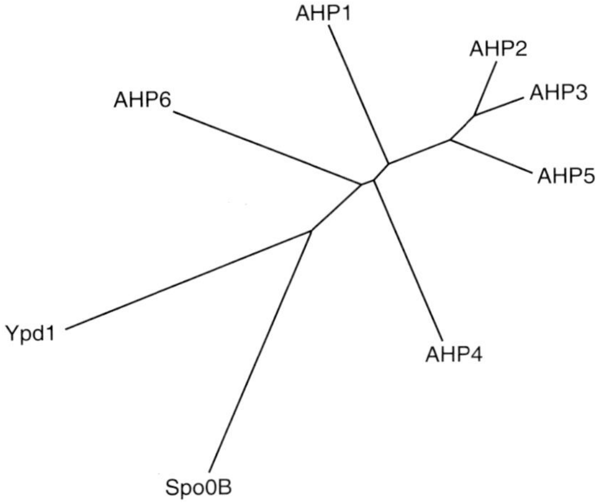

그림 1.4 애기장대의 HPt 인자군의 무근계통수(unrooted phylogenetic tree). 계통수는 HPt 인자 전 영역의 구조 비교로부터 작성하였다. 대조를 위해 그림 1.1에 나타낸 HPt 인자도 포함하고 있다.

토크롬 및 8종류의 유사 반응 조절자가 존재하는 것을 알게 되었다. HPt 인자와 반응 조절자에 관해서는 거의 모든 멤버가 사이토키닌 신호에 참여하고 있는 것처럼 보인다. 그러므로 사이토키닌 수용체 외의 히스티딘 키나아제에 특이적으로 대응하는 HPt 인자와 반응 조절자는 존재하지 않는 것처럼 보인다. 그러나 여러 가지 상황 증거에서 ETR2 등 3종류의 에틸렌 수용체와 피토크롬을 제외한 8개의 모든 히스티딘 키나아제 인자가 키나아제 활성을 유지하고 있고, HPt 인자에 대하여 인산 릴레이를 시작하는 능력을 갖추고 있는 것처럼 보인다. 이것은 사이토키닌 수용체 외의 히스티딘 키나아제에서 AHP 및 B형 반응 조절자에 인산 릴레이가 발생할 수 있다는 것을 의미하고, 에틸렌 반응 및 CKI1과 AHK1가 포함된 환경 반응과 사이토키닌 반응이 상호 관계하는 복잡한 네트워크를 형성하고 있는 것을 나타내고 있다. 또한 사이토키닌의 전사 유도되는 A형 반응 조절자 중 하나인 ARR4이 phyB과 특이적으로 결합하여 phyB이 관여된 광 신호전달을 촉진하기 때문에, 광 신호전달도 이 네트워크에 포함될 수 있다. 따라서 피토크롬을 포함한 히스티딘 키나아제 인자군이 각각의 신호전달계에서 5종류의 AHP 및 22종류의 반응 조절자의 풀을 통한 상호작용으로 이루어진 거대한 His-Asp 인산 릴레이 네트워크를 형성하고 있는 것처럼 보인다[13].

1.5 마무리

애기장대가 갖고 있는 His-Asp 인산 릴레이 제어 시스템과 관련된 인자군에 대해 설명하고, 식물 호르몬의 사이토키닌과 에틸렌의 신호전달에 관여한다는 것을 소개하였다. 사이토키닌 제어 시스템에 관해서는 CRE1 → AHP → B형 반응 조절자의 순서로 인산 릴레이 신호가 이어진다는 줄거리가 거의 완성 되어가는 단계이다. 이 제어 시스템은 단백질 인자의 구조적 특징 또한 그 반응 기구도 놀라울 정도로 원핵생물의 경우와 비슷하며, His-Asp 인산 릴레이 형식의 신호가 다양한 환경 응답에 사용할 수 있는 유용한 장치라는 것을 의미하고 있다. 한편, 원핵생물에서는 알려져 있지 않았던 특징도 밝혀졌다. 그것은 여러 종류의 수용체가 여러 종류의 전사인자형 반응 조절자와 협조하여 여러 종류의 유사한 A형 반응 조절자의 전사를 활성화하는 것이다. 원핵생물의 히스티딘 키나아제와 반응 조절자는 대부분 일대일로 엄격하게 결합하고 있으나, 다수의 분자 종 사이의 인산 릴레이는 알려져 있지 않다. 또한 에틸렌 수용체 ETR1처럼 파트너가 반응 조절자가 아닌 MAP 키나아제 키나아제 키나아제와 같은 사례도 눈에 띄지 않는다. 따라서 식물의 His-Asp 인산 릴레이 제어 시스템의 개별 반응은 원핵생물의 그것들과 큰 차이가 없지만, 전체적으로 상호관계를 포함하는 복잡한 네트워크를 형성하고 다양한 호르몬 반응을 주관하는 것이 아닐까? 또한 인자에 따라 원조 히스티딘 키나아제와 원조 반응 조절자가 식물종에 따라 아니면 진화 과정 중에서 환경과 형태형성 과정에 의해 변화하고 원래의 성질 및 구조만 유지한 채, His-Asp 인산 릴레이를 통하지 않는 다른 분자기구(예를 들면 단백질 - 단백질 상호작용)에서 신호전달 체계에 관여하고 있는 것처럼 보인다.

참고 문헌

1. Stock AM, Robinson VL, Goudreau PN (2000) Two-component signal transduction. Annu. Rev. Biochem. 69: 183-215
2. Aoyama T, Oka A (2003) Cytokinin signal transduction in plant cells. J. Plant Res. 116: 221-231
3. Saito H (2001) Histidine phosphorylation and two-component signaling in eukaryotic cells. Chem. Rev. 101: 2597-2509
4. Chang C, Kwok SF, Bleecker AB, Meyerowitz EM (1993) *Arabidopsis* ethylene-response gene *ETR1* : similarity of product to two-component regulators. Science 262: 539-544
5. Bleecker AB, Kende H (2000) Ethylene: a gaseous signal molecule in plants. Annu. Rev. Cell Dev. Biol. 16: 1-18
6. Wang W, Hall AE, O'Malley R, Bleecker AB (2003) Canonical histidine kinase activity of the transmitter domain of the ETR1 ethylene receptor from *Arabidopsis* is not required for signal transmission. Proc. Natl. Acad. Sci. USA 100: 352-357
7. Kakimoto T (1996) CKI1, a histidine kinase homolog implicated in cytokinin signal transduction. Science 274: 982-985
8. The *Arabidopsis* Genome Initiative (2000) Analysis of the genome sequence of the flowering plant *Arabidopsis thaliana*. Nature 408: 796-815
9. Inoue T, Higuchi M, Hashimoto Y, Seki M, Kobayashi M, Kato T, Tabata S, Shinozaki K, Kakimoto T (2001) Identification of CRE1 as a cytokinin receptor from *Arabidopsis*. Nature 409: 1060-1063.
10. Suzuki T, Miwa K, Ishikawa K, Yamada H, Aiba H, Mizuno T (2001) The *Arabidopsis* sensor His-kinase, AHK4, can respond to cytokinins. Plant Cell Physiol. 42: 107-113
11. Ueguchi C, Sato S, Kato T, Tabata S (2001) The *AHK4* gene involved in the cytokinin-signaling pathway as a

direct receptor molecule in *Arabidopsis thaliana*. Plant Cell Physiol. 42: 751-755

12. Yamada H. Suzuki T, Terada K, Takei K, Ishikawa K, Miwa K, Yamashino T, Mizuno T (2001) The *Arabidopsis* AHK4 histidine kinase is a cytokinin-binding receptor that transduces cytokinin signals across the membrane. Plant Cell Physiol. 42: 1017-1023
13. Oka A, Sakai H, Iwakoshi S (2002) His-Asp phosphorelay signal transduction in higher plants: receptors and response regulators for cytokinin signaling in *Arabidopsis thaliana*. Genes Genet. Syst. 77: 383-391
14. D' Agostino IB, Deruere J, Kieber JJ (2000) Characterization of the response of the *Arabidopsis* response regulator gene family to cytokinin. Plant Physiol. 124: 1706-1717
15. Sakai H, Aoyama T, Oka A (2000) *Arabidopsis* ARR1 and ARR2 response regulators operate as transcriptional activators. Plant J. 24: 703-711
16. Sakai H, Honma T, Aoyama T, Sato S, Kato T, Tabata S, Oka A (2001) ARR1, a transcription factor for genes immediately responsive to cytokinins. Science 294: 1519-1521
17. Hwang I, Sheen J (2001) Two-component circuitry in *Arabidopsis* cytokinin signal transduction. Nature 413: 383-389

2. 고등식물의 분자시계와 유사 반응 인자

水野猛

2.1 소개

시계는 일상생활에서 매우 유용한 도구이다. 우리가 삶을 영위하고 있는 지구는 공전과 자전 운동을 하는데, 그 주기가 우리의 생활 리듬에 적지 않은 영향을 미치고 있기 때문이다. 공전과 자전의 주기는 주로 빛이나 온도 변화의 리듬으로 반영되어 생명 현상의 대부분이 빛과 온도 신호에 강하게 지배되고 있는 것을 생각하면, 인간뿐만 아니라 생물 전반에 있어서 시간을 아는 것은 여러 가지로 편리할 것이다. 사실 인간의 지혜는 기계적 시계를 발명했지만, 진화의 섬세함은 생물적 시계(체내 시계)를 생물에 부여하였다. 최근 생물학의 진보에 의해, 생물 시계의 분자 메커니즘에 접근하는 것이 가능해졌다. 인간과 쥐 등의 척추동물, 곤충, 곰팡이 등 다양한 생물을 대상으로 한 시계 분자 메커니즘의 연구가 눈부시게 발전하고 있다[1].

남세균(시아노박테리아) 등 광합성 세균 조차도 시계를 가지고 있다는 사실은 생물 시계의 의미를 생각하면 놀라운 일이 아닐지도 모른다. 하물며 이동할 수 없는 생활 양식에서 광합성을 영위하는 특성을 고려할 때, 모든 생물 중에서 가장 시계를 필요로 하는 것은 식물일 것이다. 식물의 행동들은 물론 그들이 생물학 시계를 갖추고 있음을 우리의 눈에 보이는 형태로 실감하게 해준다. 새벽을 기다리며 개화하는 나팔꽃, 주기적으로 개폐하는 콩과 식물의 잎을 떠올릴 것까지 없이, 가을을 기다리지 않고 어우러져 피는 코스모스를 보면, 그들은 24시간을 재는 시계뿐만 아니라 1년을 측정할 수 있는 달력까지도 가지고 있다고 생각된다. 사실 다윈이 생물 시계의 존재를 처음 추측하게 된 것은 식물의 행동에서였다. 그러나 불행하게도 고등식물의 시계 메커니즘에 분자생물학적 연구가 시작된 지 약 25년(2019년 기준)도 되지 않는다. 그러나 모델 식물인 애기장대의 시계 분자 메커니즘에 관한 최근의 연구 결과들을 중심으로 소개하면서, 필자들이 발견한 신규의 시계 관련 인자군에 있는 유사 반응 인자와 메커니즘에 대해 설명하고자 한다.

2.2 애기장대의 분자시계

현재까지 여러 애기장대 시계와 관련하여 여러 인자가 보고되고 있다. 이들은 시계 메커니즘에 대한 직접적인 연구 결과 보다는 광 신호전달기구와 화성 제어기구에 관한 연구와 밀접하게 얽혀져서 밝혀지게 되었다. 시계 기구는 자립적 중심 진동체의 이해만으로는 파악하지 못하고, 빛과 온도와 같은 신호에 지배되는 입력 시스템과 화성 제어 및 배축 신장 제어 등의 출력 시스템과의 연결을 통한 총체적 기구로서 존재하기 때문이다. 더욱 복잡한 것은 피드백 메커니즘의 존재에 의해

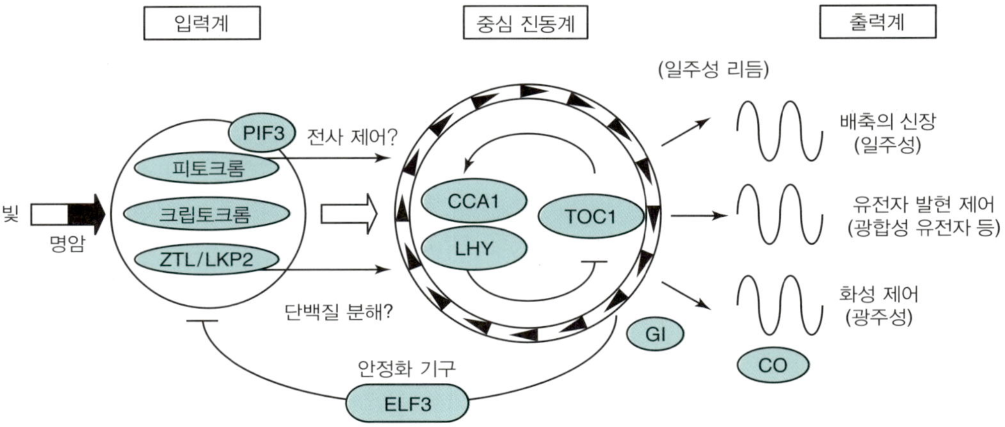

그림 2.1 애기장대의 시계 분자기구의 개념. 현재까지 그 유전자가 밝혀져 그 성질이 확실한 인자만을 나타내고 있다. 총설[2-11]을 참조.

각 인자의 기능을 시스템에 간단하게 할당하는 것이 곤란한 경우도 많다는 것이다. 이들을 고려한 후, 입력계 → 중심 진동체 → 출력계의 구성 속에서 현재까지 알려져 있는 애기장대의 시계 관련 인자에 대한 설명이 그림 2.1에 나와 있다. 여기에는 유전자 수준에서의 실체가 확실히 규명되어 있는 인자에 국한되어 표시하였고(총설[2-6]을 참조), 간략하게 설명하고 있다. 최신 논문들에서 많이 소개되고 있으므로 인용문헌을 참고하기 바란다.

2.2.1 입력계

입력계 인자로서 연구가 가장 활발하게 진행되고 있는 것이 빛 수용체이다(그림 2.1). 명기 → 암기(또는 그 반대)의 전환에 연동하여 중심 진동체의 진동을 재설정하거나 진동의 속도를 조정하는 광 신호 입력계는 그 근간을 이루고 있다고 말할 수 있다. 적색 광수용체인 피토크롬(phyA 및 phyB)과 청색 광수용체인 크립토크롬(cry1 및 cry2)이 시계를 지배하는 주요 광수용체인 것을 알 수 있다. 이러한 수용체는 각각 독립적으로 일하는 것이 아니라, 상호의존하고 복잡한 광 입력계를 형성하고 있지만, phyA와 cry1 및 phyB과 cry2이 복합체를 형성하고 있다는 연구 결과에서도 상호연관성을 엿볼 수 있다. 이 유전자에 관해서는 각 돌연변이체를 통한 연구가 진행되고 있고, 시계 관련 표현형도 다양하게 관찰되고 있다. 이러한 네 가지 유전자를 결실한 다중 돌연변이에서도 일주기성 리듬은 완전히 소실되지 않았기 때문에, 다른 피토크롬이나 미지의 광수용체가 생물시계에 관여하고 있다고 예상된다. 청색 광수용체로서 최근에 동정된 포토트로핀(phot1과 phot2)이 시계 입력계에 관여한다는 근거는 없다.

최근 들어, ZTL로 명명한 인자가 일주성 리듬 주기를 길게 하는 돌연변이의 원인 유전자 산물로서 동정됨에 따라, 입력계 인자로서 주목받고 있다(그림 2.1). 이 인자의 구조적 특징은 다른 생물의 시계 관련 인자에서도 자주 발견되는 LOV 도메인(PAS 도메인의 아종)을 갖는 것이다. 포토트로핀의 LOV 도메인과도 상동성이 높기 때문에, 일부 종의 광수용체로서 입력계에서 일하고 있는 것으로 추정되고 있다. ZTL와 그 패밀리 유전자 산물인 LKP2의 또 다른 구조적 특징은 SCF형 유비키틴 리가아제와 상호작용하는 것으로 잘 알려진 F-box를 가지고 있는 것이다. 유비퀴틴을 통해 단백질 분해 경로에 관여하는 것으로 추정되어, ZTL과 LKP2가 입력계에서 일하는 분자 기구는 매우 흥미롭다.

광 신호 입력계는 출력계에서의 피드백 제어를 받고 있을 것으로 생각된다. 이러한 조절에 관여하는 요인으로 주목 받고 있는 것이 ELF3이다(그림 2.1). *elf3* 돌연변이는 꽃이 빨리 피는 것으로 동정되었지만, 연속적인 명조건에서의 활동 일주기가 소실하는 결과를 근거로 볼 때 시계 관련 인자라고 추측되는 신규 핵국재 단백질이다. ELF3 기능을 연구한 결과를 볼 때, 시간 의존적으로 (특정 시간대에 한하여) 입력계를 음의 방향으로 제어하는 인자로서 리듬 진동의 안정화에 기여하고 있다고 생각된다.

입력계 인자와 중심 진동체의 사이에 개재하는 요인도 존재하고 있겠지만, 대부분 알려져 있지 않다. 꼭 언급해야 할 것은, 피토크롬의 하류에서 일하는 전사인자이며, bHLH 패밀리에에 속하는 PIF3가 주목받고 있다(그림 2.1). PIF3는 phyB과 핵 내에서 상호작용하여 활성화되는 것으로 알려져 있다. 나중에 언급할 중심 진동체의 후보 인자를 코딩하는 *CCA1* 및 유전자 *LHY* 유전자의 프로모터에 직접적으로 결합하여 전사를 활성화시키는 기능을 가지고 있다. 필자들의 최근 연구 결과에서 PIF3와 유사한 다른 bHLH 전사인자군도 시계 관련 인자로서 주목할 만한 역할을 가지고 있기 때문에, bHLH형 전사인자가 입력 또는 출력계 인자로서 기능하고 있을 가능성이 높다고 생각된다.

2.2.2 중심 진동체

애기장대의 중심 진동체를 구성하는 인자로서 가장 분석이 많이 진행되고 있는 것이 2가지가 있다(그림 2.1). 하나는 Myb 형식의 DNA 결합 도메인을 갖는 CCA1과 그 패밀리 인자인 LHY이다. 이러한 인자를 코딩하는 유전자의 발현 양식과 결실 돌연변이, 과잉 돌연변이를 나타내는 변이체의 결과에 의해, CCA1 및 LHY는 중심 진동체 구성 요소의 가장 유력한 요인으로 간주되고 있다. *CCA1* 유전자 및 *LHY* 유전자는 빛 유도성이자 새벽을 예상하는 것처럼 그 전사가 상승하여 일주성 리듬을 가지게 된다. CCA1와 LHY는 그 기능이 일부 중복되는 것으로 생각된다. CCA1와 LHY의 기능을 모두 잃은 이중 돌연변이체에서는 일주성 리듬의 소실과 조기 개화 등과 같은 표현형이 알려져있다. CCA1과 LHY의 분자 기능은 DNA 결합성 전사인자로 추정된다(원래 CCA1은 빠른 리듬 출력계 마커 유전자 *CAB2*의 프로모터에 결합하는 인자로 확인되었다).

같은 *CAB2* 유전자가 나타내는 일주성 리듬에 영향을 주는 유전자로 처음 확인된 CCA1 및 LHY과 함께 중심 진동체 인자의 유력한 후보를 코딩하고 있을 것으로 생각되는 것이 *TOC1* 유전자이다. *TOC1* 유전자가 나타내는 일주성 리듬은 *CCA1* 유전자 및 *LHY* 유전자와는 대조적으로 그 최댓값이 저녁에 있다. *toc1* 결실 돌연변이에서는 연속 적색광과 암조건에서의 시계가 멈춰 있다. 더욱이 *TOC1* 유전자의 과잉 발현체에서는 *CCA1* 유전자의 발현이 상승하고, *CCA1* 유전자의 과잉 발현체에서는 *TOC1* 유전자의 발현이 억제된다. 이러한 사실은 TOC1가 CCA1 및 LHY과 밀접하게 관련되어 있어 움직이는 중심 진동체 인자인 것을 강력하게 나타내고 있다. 이 결과를 기반으로, TOC1는 CCA1의 양의 제어인자이지만 CCA1는 TOC1의 음의 제어인자로 구성된 피드백 루프 모델이 주장되고 있다(그림 2.1). CCA1와 TOC1를 중심 진동체로서 나타낸 모델은 매우 간단하고 알기 쉽지만, 아직 충분히 증명되지는 않았다. 또한 TOC1의 구조적 특징은 추후에 말하겠지만, 핵 국재성인 점을 제외하고는 그 분자 기능은 불분명하고, 전사인자로서의 역할도 아직은 모르고 있다. CCA1 및 LHY와 TOC1 이외에는 중심 진동체 후보 인자로서 두드러진 유전자 집단이 현재까지 보고되지 않았다.

원래 입력계 → 중심 진동체 → 출력계의 각 요소를 각각 획일적으로 분류하는 데 무리가 있다는 생각도 있고, 그런 의미에서 CCA1 및 LHY와 TOC1의 기능에 관해서도 입력 기구와 출력 기구를 묶어서 생각하는 폭 넓은 시야가 필요하다.

2.2.3 출력계

리드미컬한 변동을 보여 시계에 지배되고 있다고 생각되는 식물의 고차원적 기능은 많이 관찰된다. 잎의 개폐 운동, 배축 신장, 기공의 개폐 등 가시적인 것에서부터 광합성 활성의 변화, 세포 내 Ca^{2+} 농도의 변화 등 세포 생리학적 특징, 특정 유전자의 전사 리듬 등이 다양하게 나타난다(그림 2.1). 이 점을 감안하면, 애기장대 전체 유전자의 2~6%의 유전자 발현이 리듬을 타고 있다는 것을 보여주는 최근의 DNA 마이크로어레이에 의한 결과도 충분히 납득이 간다. 그러나 앞서 언급한 바와 같이, 시계의 실체가 충분히 이해되지 않는 것도 있고, 출력계의 분자 기반은 연구가 출발조차 못하고 있는 것이 현재 실정이다.

다만 화성(花成) 제어 및 시계 메커니즘의 링크에 관해서는 많은 연구 결과가 나와 있다. 화성 시기가 변화하는 애기장대 돌연변이가 많이 분석되고 있는데, 그 가운데는 앞서 말한 ELF3 등 시계 관련 인자로 특징지어지는 것이 적지 않다. 여기에서는 출력계 인자의 대표로서 화성 제어와 관련된 인자에 관하여 다룬다. 시계의 하류에서 가장 중심적인 역할을 담당하고 있다고 생각되는 화성 제어 인자에는 CO가 있다(그림 2.1). CO는 Zinc-finger형 배열을 가진 전사인자로 생각되고 있지만, *CO* 유전자의 전사는 활동 일주기를 기본으로 하여 발현 양상을 보이고 있다. 그러나 그 결실 돌연변이에는 화성 시기를 너무 지연하는 것 외에 *elf3* 돌연변이와 같이 시계의 일반 기능에 영향을 미치고 있는 것은 보이지 않는다. 그런 의미에서 출력계(화성 제어)에 특화된 인자라고 생각되어진다. CO는 FT 등의 꽃눈 형성 인자의 발현을 직접 제어하는 전사인자로 생각되고 있다. 중심 진동체와 CO와의 사이에 존재하는 중요한 인자로서, GI를 포함시킬 필요가 있다(그림 2.1). *GI* 유전자도 화성 돌연변이의 원인 유전자로 확인되었으나, 신규의 핵 단백질을 코딩하고 있다. 그 돌연변이와 과잉 발현체는 화성 시기의 변동뿐만 아니라 시계에도 관련된 복잡한 표현형을 나타내므로, GI는 출력계뿐만 아니라 입력계에의 피드백 경로에도 특정 역할을 할 것으로 추정하고 있다. 결론적으로, 시계 → GI → CO → FT → 화성으로 이루어진 경로가 일반적으로 받아들여지고 있다. 또한 최근 벼에서도 유사한 경로가 존재하는 것이 나타난 것은 주목할 만하다.

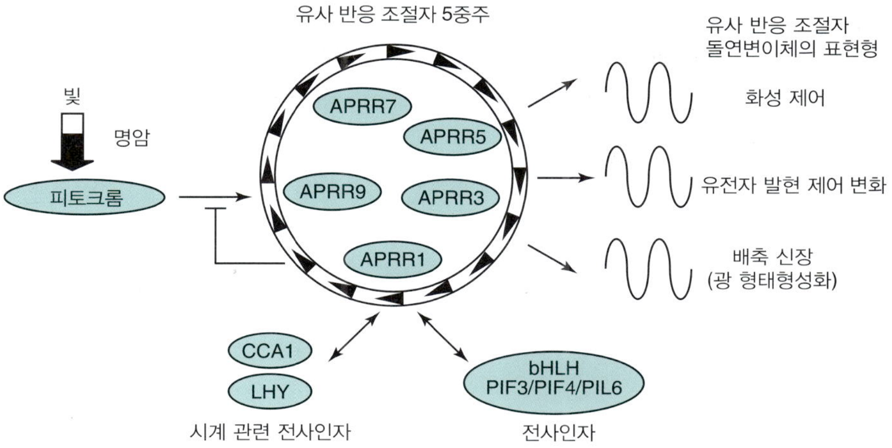

그림 2.3 애기장대 유사 반응 조절자군의 성질. 그림 2.1과 비교하면 *APRR1*이 TOC1과 동일한 것을 포함하여, 유사 반응 조절자군의 시계 관련의 기능을 알 수 있다. 문헌[11-21]의 결과를 정리.

자의 구성적 발현 형질 전환체을 만들었다. 이러한 형질 전환체는 *CCA1* 유전자와 *CAB2* 유전자의 일주성 리듬에 영향을 크게 받는다. 예를 들어, *APRR9* 유전자의 구성적 발현체에서는 일반적인 일주성 리듬이 단주기로 변하게 된다. 덧붙여, *APRR9* 유전자와 *APRR5* 유전자의 구성적 발현체는 조기 개화의 형질을 보였다. 또한 광 형태형성에 있어서도 적색광 감수성이 높아져서 배축의 신장이 변화한다. *APRR9* 유전자와 *APRR7* 유전자에 관해서는 결실 돌연변이도 분석되었지만, 일반적인 일주성 리듬이 장주기가 되고, 배축 신장에 관해서도 적색광에의 감수성이 저하되었다. 각종 *APRR* 결실 돌연변이체와 구성적 발현체의 종합적 분석에 관해서는 앞으로 연구를 더 해야 하지만, 이제까지의 결과만으로도 *APRR1/TOC1* 이외의 유사 반응 조절자군도 각각 특이적인 기능을 발휘하면서, 시계 기구 및 이와 관련된 화성 제어와 빛 형태형성에 깊이 관련되어 있음을 알 수 있다(그림 2.3).

2.3.5 유사 반응 조절자의 분자 기능

Myb 형태의 DNA 결합 배열을 갖는 CCA1 및 LHY가 실제로 DNA 결합 능력을 나타내는 것으로, 이러한 전사인자로서 기능을 하고 있는 것이 확실하다고 생각된다. 한편, 유사 반응 조절자군에 대해서는 앞서 말한 구조적 특징만으로는 분자 기능을 짐작하는 것이 어렵다. 그러나 유사 반응 조절자군의 분자 기능의 이해는 이러한 시계 분자 기구에 있어서 중요성을 이해하는 것이 필수적이다. 이러한 점은 앞으로의 중요한 문제이지만, 현시점에서 이것의 힌트가 되는 것이 있다. *APRR1/TOC1*와 상호작용하는 인자가 그것이다. *APRR1/TOC1*는 bHLH 전사인자군과 특이적으로 상호작용한다. 애기장대에는 140여 종의 bHLH 요인이 존재하지만, 그 어떤 것과도 상호작용하는 것은 아니고, PIF3를 포함하는 광 신호전달과 관련된 bHLH군과 특이적으로 상호작용한다

(그림 2.3). 그 중에서도 필자들은 PIF3 이외에 PIF4 및 신규 bHLH 요인 PIL6과의 상호작용에 주목하고 있다. 왜냐하면 PIF3와 달리 PIF4과 PIL6은 그 자체도 일주성 리듬을 나타내는 bHLH 요인이기 때문이다. 또 하나 *APRR1/TOC1*이 강하게 상호작용하는 인자가 APRR9이다. 다른 유사 반응 조절자와의 상호작용과 그 특이성은 앞으로 신중하게 평가해야 하지만, 유사 반응 조절자 사이의 상호작용은 예상된 것으로 매우 흥미롭다. 현재 필자는 유사 반응 조절자군은 핵 내에서 유사 반응 조절자 복합체를 형성하여, bHLH 요인군과 상호작용하면서 전사 조절과 관련되어 있다는 시나리오를 가장 선호하고 있다. 유사 반응 조절자 복합체가 리듬에 그 기능을 변화시키면서, bHLH 전사인자군과 상호작용을 하며, 일주성 리듬, 광 신호전달, 화성 제어 기구의 경계(인터페이스, interface)에서 중요한 기능을 담당하고 있다고 필자는 생각한다(그림 2.3).

2.4 마무리

필자는 유사 반응 조절자 5중주군이 애기장대의 시계 기구, 광 신호전달계, 화성 제어계에 있어서 중요한 일을 하고 있을 뿐만 아니라, 유사 반응 조절자가 분자 기구에서 고차적 기능 제어와 어떻게 관련되어 있는가에 대해 매우 흥미가 있다. 시계 기구 + 광 신호전달계 + 화성 제어계의 경계에서 성공적인 제어 기구에 참여하고 있다는 느낌을 갖고 있다(그림 2.3). 최근 들어서 결정된 벼 게놈에도 OsTOC1을 포함한 5가지 유사 반응 조절자군이 존재하고, 그 구조적 특징이 잘 보존되어 있었다. 이러한 벼 유사 반응 조절자의 유전자 발현도 일주성 리듬을 나타냈다. 따라서 유사 반응 조절자는 진화적으로 잘 보존되어, 식물에 보편적인 일을 담당하고 있는 것으로 예상된다. 또한 고등식물의 신호전달 기구의 패러다임이 되고 있는 전형적인 2성분 조절 체계와의 연결도 앞으로 연구가 필요한 부분일 것이다.

참고 문헌

1. Dunlap JC (1999) Molecular bases for circadian clocks. Cell 96: 271-290
2. Somers DE (2001) Clock-associated genes in *Arabidopsis*: a family affair. Philos. Trans. R. Soc. Lond. B. Biol Sci. 356: 1745-1754
3. Young MW, Kay SA (2001) Time zones: A comparative genetics of circadian clocks. Nat. Rev. Genet. 2: 702-715
4. Mouradov A, Cremer F, Coupland G (2002) Control of flowering time: Interacting pathways as a basis for diversity. Plant Cell 14: S111-S130
5. Quail PH (2002) Phytochrome photosensory signaling networks. Nat. Rev. Mol. Cell. Biol. 3: 85-93
6. Simpson GG, Dean C (2002) Arabidopsis, the rosetta stone of flowering time? Science 296: 285-289
7. 水野猛, 鈴木友美(2002)リン酸リレー情報伝達と普遍性と多様性.蛋白質核酸酵素47: 113－122

8. 鈴木友美, 水野猛(2002) 高等植物におけるリン酸リレー情報伝達機構・化学と生物40: 159—167

9. Yamada H. Suzuki T, Terada K, Takei K, Ishikawa K, Miwa K, Yamashino T, Mizuno T (2001) The *Arabidopsis* AHK4 histidine kinase is a cytokinin-binding receptor that transduces cytokinin signals across the membrane. Plant Cell Physiol. 42: 1017-1023

10. 水野猛(2002) 花とけいと花暦の分子基盤. 蛋白質核酸酵素47: 1421—1428

11. Makino S, Kiba T, Imamura A, Hanaki N, Nakamura A, Suzuki T, Taniguchi M, Ueguchi C, Sugiyama T, Mizuno T (2000) Genes encoding pseudo-response regulators: Insight into His-to-Asp phosphorelay and circadian rhythm in *Arabidopsis thaliana*. Plant Cell Physiol. 41: 791-803

12. Matsushika A, Makino S, Kojima M, Mizuno T (2000) Circadian waves of expression of the APRR1 / TOC1 family of pseudo-response regulators: Insight into the plant circadian clock in *Arabidopsis thaliana*. plant Cell Physiol. 41: 1002-1012

13. Makino S, Matsushika A, Kojima M, Oda Y, Mizuno T (2001) Light response of the circadian waves of the APRR1 / TOC1 quintet: When does the quintet start singing rhythmically in *Arabidopsis*? Plant Cell Physiol. 42: 334-339

14. Makino S, Matsushika A, Kojima M, Yamashino T, Mizuno T (2002) The APRR1 / TOC1 quintet implicated in circadian rhythms of *Arabidopsis thaliana*: I. Characterization with APRR1-overexpressing plants. Plant Cell Physiol. 43: 58-69

15. Matsushika A, Makino S, Kojima M, Yamashino T, Mizuno T (2002) The APRR1 / TOC1 quintet implicated in circadian rhythms of *Arabidopsis thaliana*: II Characterization with CCA1-overexpressing plants. Plant Cell Physiol. 43: 118-122

16. Matsushika A, Imamura A, Yamashino T, Mizuno T (2002) Aberrant expression of the light-inducible and circadian-regulated APRR9 gene belonging to the circadian-associated APRR1 / TOC1 quintet results in the phenotype of early flowering in Arabidopsis thaliana. Plant Cell Physiol. 43: 833-843

17. Sato E, Nakamichi N, Yamashino T, Mizuno T (2002) Aberrant expression of the *Arabidopsis* circadian-regulated APRR5 gene belonging to the APPR1 / TOC1 Quintet results in early flowering and hypersensitiveness to light in early photomorphogenesis. Plant Physiol. 43: 1374-1385

18. Murakami-Kojima M, Nakamichi N, Yamashino T, Mizuno T (2002) The APRR3 component of the clock-associated APRR1 / TOC1 quintet is phosphorylated by a novel protein kinase belonging the WNK family, the gene for which is also transcribed rhythmically in *Arabidopsis thaliana*. Plant Cell Physiol. 43: 675-683

19. Nakamichi N, Murakami-Kojima M, Sato E, Kishi Y, Yamashino T, Mizuno, T (2002) Compilation and characterization of the novel WNK family of protein kinases in *Arabidopsis thaliana* with special reference to circadian rhythms. Biosci. Biotechol. Biochem. 66: 2429-2436

20. Nakamichi N, Matsushika A, Yamashino T, Mizuno T (2003) Cell autonomous circadian waves of the APRR1 / TOC1 quintet in an establlished cell line of *Arabidopsis thaliana*. Plant Cell Physiol. 44: 360-365

21. Yamashino T, Matsushika A, Fujimorio T, Sato S, Kato T, Tabata S, Mizuno T (2003) A Link between circadian-controlled bHLH factors and the APRR1 / TOC1 quintet in *Arabidopsis thaliana*. Plant Cell Physiol. 44: 619-629

3. COP9 시그날로좀과 형태형성, 환경반응

栢植 知彦

3.1 소개

COP9 시그날로좀(signalosome)은 핵에 국재하는 단백질 복합체이다. 1994년에 광 형태형성의 제어인자로 확인된 COP9 시그날로좀의 연구는 몇 년간 상당한 진전을 이루었다[1]. COP9 시그날로좀은 식물, 효모, 동물에 이르기까지 진핵생물에 널리 존재하고 있으며, 그 제어 기구의 보편성과 특수성이 주목받고 있다. 식물에서 그 역할은 꽃눈 형태형성, 호르몬 반응, 병해 스트레스 반응과 식물 고유의 현상과 관련되어 있는 것이 밝혀졌다[2,3]. 또한 출아 효모에서 세포주기와 접합, 초파리에서는 난세포 형성, 배아 발생, 유충의 형태형성, 광 수용체의 형성, 선충에서는 난세포 형성, 배아 발생, 포유동물에서는 세포주기, 배아 발생, 스트레스 반응 신호전달에 관련된 것이 밝혀졌다. 이처럼 광범위적으로 COP9 시그날로좀 제어기구가 서서히 밝혀지고 있다. 최근 CSN5 서브유닛을 중심으로 금속단백질분해효소(metalloprotease) 활성을 가지는 것이 밝혀져, COP9 시그날로좀이 SCF 복합체에서 유비퀴틴과 같은 RUB1/NEDD8을 제거한다는 것이 밝혀졌다[4,5].

이 분야의 연구 결과는 많지만[2,3], 여기에서는 이들을 근거로 COP9 시그날로좀의 제어기구에 대해서, 식물의 형태형성에 관한 최신의 연구결과를 중심으로 논의하고자 한다. 더욱이 COP9 시그날로좀의 이해를 심화할 목적으로 동물에 대한 연구의 최신 결과에 대해서도 설명한다.

3.2 COP9 시그날로좀 연구의 새벽

3.2.1 쌍떡잎식물의 광 형태형성

식물의 유식물은 밝은 곳과 어두운 곳에서 다른 형태형성을 보인다. 쌍떡잎식물의 애기장대 유식물을 예로 들면, 어두운 곳에서는 자엽의 전개, 엽록체의 분화, 짧은 배축, 광 유도성 유전자의 발현이 알려져 있다. 이 과정을 광 형태형성이라고 부른다. 한편, 어두운 곳에서는 자엽의 전개 및 엽록체의 분화가 일어나지 않고 배축만 신장한다. 이 두 프로그램을 제어하는 인자를 코딩하는 유전자로서 애기장대에서 *CONSTITUTIVE PHOTOMORPHOGENESIS* (*COP*) 유전자군, *DE-ETIOLATED* (*DET*) 유전자군, *FUSCA* (*FUS*) 유전자군 등이 여러 연구 그룹에 의해 유전학적으로 확인되었다[6]. 이러한 *cop/det/fus* 돌연변이군은 모두 어두운 곳에서 밝은 곳과 비슷한 형태를 나타내기 때문에, 이러한 원인 유전자는 광 형태형성의 음의 방향의 제어에 있어서 특정한 역할을 가지고 있을 것으로 생각된다.

표 3.1　애기장대의 COP9 시그날로좀(Signalosome) 구성 단백질.

	분자량	보유 도메인	식물에서의 유전자 자리	포유동물에서의 명칭	아미노산 상동성 (%)
CSN1	50,000	PCI	*FUS6/COP11*	GPS1, mfh, Sgn1	44.7
CSN2	51,000	PCI	*COP12/FUS12*	TRIP15, hAlien, Sgn2, COPS2	61.1
CSN3	47,000	PCI	*COP13/FUS11*	Sgn3, COPS3	42.0
CSN4	45,000	PCI	*COP8/FUS4*	Sgn4, COPS4	49.5
CSN5	40,000	MPN	*AJH1, AJH2*	JAB1, COPS5	62.0
CSN6	35,000	MPN	*AtCSN6a, ATCSN6b*	HVIP, Sgn6, COPS6	39.8
CSN7	25,000	PCI	*COP15/FUS5*	Sgn7, COPS7a, COPS7b	34.4
CSN8	22,000	PCI	*COP9/FUS7/FUS8*	Sgn8, hCOP9	32.3

COP9 시그날로좀은 lid 복합체와 같이 6개의 PCI 도메인 단백질과 2개의 MPN 도메인 단백질에 의해 구성되었다.

3.2.2 COP9 시그날로좀의 동정

cop/det/fus 돌연변이군이 매우 유사한 표현 형질을 서로 나타내기 때문에, 이러한 유전자 산물이 복합체로서 기능하고 있을 가능성이 대두되고 있다. 실제로, *cop9* 돌연변이의 원인 유전자를 동정하여 분석한 결과, 분자량 450,000의 단백질 복합체 COP9 시그날로좀의 CSN8 서브유닛을 코딩하고 있는 것이 밝혀졌다[1]. 그래서 COP9 시그날로좀을 애기장대와 인간으로부터 생화학적으로 분리 정제하여 성분을 동정한 결과, COP9 시그날로좀은 8개의 서브유닛으로 구성된 것이 밝혀졌다[7]. 그 중 6개는 앞서 언급한 *COP/DET/FUS* 유전자군에 포함되어 있으며, 나머지 2개는 JAB1이라는 새로운 CSN6이었다[8,9](표 3.1).

3.2.3 COP9 시그날로좀의 높은 보존성

COP9 시그날로좀은 진핵생물에 널리 존재하여 종간의 보존성이 매우 높다. 예를 들어, 애기장대과 인간과의 사이에 각각 대응하는 서브유닛 간의 상동성은 아미노산 수준에서 30~60%에 도달한다(표 3.1).

한편, COP9 시그날로좀 돌연변이의 표현형은 애기장대와 초파리의 어느 쪽에서도 치사되며, 발아효모에서는 세포주기의 이상을 나타낸다. 이러한 돌연변이에서 COP9 시그날로좀이 복합체로 존재하지 않기 때문에, 각각의 서브유닛이 복합체의 안정성에 기여하고 있다고 생각된다[6]. 이러한 점에서 COP9 시그날로좀이 생물의 생존을 위해 보편적이며 중요한 기능을 담당하고 있는 것이다.

3.3 COP9 시그날로좀의 구조 해명과 기능 분석

3.3.1 COP9 시그날로좀의 구조

COP9 시그날로좀을 코딩하는 유전자를 자세히 분석한 결과, 26S 프로테아좀(proteasome)의 19S

제어 복합체를 구성하는 lid 복합체와 구조적 유사성을 갖고 있고, 동종상동유전자(paralog) 관계에 있는 것이 밝혀졌다. COP9 시그날로좀과 lid 복합체의 8가지 서브유닛은 일대일로 대응하고 있어, PCI 도메인과 MPN 도메인에서 유사성이 특히 높다[7,10]. 이 두 도메인은 COP9 시그날로좀, lid 복합체, 번역 개시 인자 eIF3 복합체에만 존재한다. PCI 도메인은 α 나선 구조, MPN 도메인은 αβ 구조를 취하는 것이 예측되고 있으며, 서브유닛끼리의 상호작용의 무대가 되고 있다고 생각된다. 인간 CSN1에서는 이 부위가 다른 COP9 시그날로좀의 서브유닛과의 상호작용에 필요충분하다는 것을 밝혀냈다[11].

lid 복합체는 생체 내에서 유비퀴틴이 결합한 단백질을 인식하여 26S 프로테아좀(proteasome)에 활동 유닛인 20S 복합체에 기질을 보내고, 그 분해를 촉진하는 기능을 담당하고 있다. COP9 시그날로좀이 lid 복합체와 구조적 유사성을 가지는 것은 기능적으로의 관련성과 진화 과정에서의 역할 분화가 있을 것으로 추측된다. 한편, COP9 시그날로좀은 생화학으로 lid 복합체와 eIF3 복합체의 서브유닛과 함께 정제되었고, 서브유닛끼리의 직접적인 상호작용이 인정되었다[10,12]. 이러한 점에서 COP9 시그날로좀이 프로테아좀(proteasome)의 lid 복합체를 대체한다는 가설이 주장되고 있다[2]. 이 가설의 진위 평가는 미래에 맡기지만, COP9 시그날로좀이 특정 단백질의 분해 제어에 깊이 관여하는 것은 명백하다.

3.3.2 COP9 시그날로좀에 의한 단백질 분해계의 제어

그러면 COP9 시그날로좀의 생화학적인 기능은 무엇일까? 요즘, 일부 서브유닛에 대하여 그 발현 및 축적량이 감소한 COP9 시그날로좀 기능 억제형의 형질전환 식물체가 분석되고 있다[4,13]. 이러한 식물체에서는 야생형에 비해 유비퀴틴화된 단백질의 양이 과다해져서, 단백질 분해계에 이상이 생긴다. 또한 생화학적 상호작용 단백질 분석에서는 COP9 시그날로좀이 유비퀴틴-프로테아좀(proteasome)계의 단백질 분해 경로와 관련된 인자와 결합하는 것으로 밝혀져[2,4,5,14], 여기서도 COP9 시그날로좀 단백질 분해 조절에 관련되어 있다고 밝혀졌다. 세포 내에서 불필요해진 단백질은 유비퀴틴의 공유결합을 받고 26S 프로테아좀(proteasome)에 의해 분해된다. 유비퀴틴화의 과정은 유비퀴틴 활성화효소 E1, 유비퀴틴 결합효소 E2, 유비퀴틴 리가아제 E3를 통한 일련의 효소 반응이 필요하다. COP9 시그날로좀은 E3와 결합하여 일련의 유비퀴틴화와 관계되는 경로를 제어한다는 것이 밝혀졌다[4,5,14].

한편, *COP/DET/FUS* 유전자군 속에는 *COP1* 유전자, *COP10* 유전자, *DET1* 유전자가 있다. 이러한 유전자의 산물은 COP9 시그날로좀에는 포함되지 않지만, 이것과 협조하는 HY5와 HYH 등의 광 형태형성에 관련된 전사인자의 분해를 제어하는 것이 규명되었다[15]. 특히, COP1은 RING finger 도메인을 갖고, E3로서의 기능을 담당하고 있다고 생각된다. 식물의 COP1은 밝은 곳에서는 세포질에 있고, 어두운 곳에서는 핵 내에 존재한다. 그래서 COP1은 어두운 곳에서 HY5과 HYH 등의 전사인자를 분해하고 광 유도성 유전자의 음의 방향으로 억제를 하는 모델이 주장되고 있다[15]. 한편, COP10는 E2의 변이형(variant)로 동정되어, COP9 시그날로좀과 COP1의 RING finger 도메인과의 결합하는 것으로 나타났다[16]. E2의 변이형(variant)은 기능상은 유비키틴화를 시작하는 특수한 단백질 수식에 관여한다고 보고되었다[16]. COP10의 기능의 규명이 시급하지만, 이러한 단백질이 협조하여 특정 단백질 분해 시스템을 제어하고 있는 것은 틀림없다.

3.3.3 COP9 시그날로좀에 의한 단백질 분해

RING finger를 포함한 E3에 SCF 복합체가 있다. 이 E3는 SKP1, Cullin, F-box 단백질, RBX1로 구성된다. 인간과 애기장대에 적어도 6 Cullin이 있으며, 기질 특이성을 부여하는 F-box 단백질은 700개가 있다. COP9 시그날로좀은 CSN1, CSN2, CSN6을 통하여, SCF 복합체 속의 RBX1과 Cullin의 하나인 CUL1에 결합한다[4,5,14]. 이러한 결과를 바탕으로 살펴볼 때, COP9 시그날로좀이 이러한 엄청난 숫자의 SCF 복합체형 E3의 제어를 통하여 기질이 되는 단백질의 분해를 조절할 가능성이 높다고 할 수 있다. 애기장대의 COP9 시그날로좀 돌연변이체에서 CUL1는 RUB1/NEDD8 수식을 받은 상태에서 축적된다[4,5,14]. RUB1/NEDD8은 유비키틴과 같은 작은 분자량 단백질으로, CUL1에 결합함으로써 SCF 복합체의 기질의 유비퀴틴화를 촉진한다[5,14]. COP9 시그날로좀은 이 CUL1 및 RUB1/NEDD8의 결합을 적극적으로 해리시키는 메탈이소펩티타제(metallo-isopeptidase) 활성을 갖는다[5]. 이 활성은 CSN5의 JAMM 모티프를 기반으로 간주하고 있지만, 서브유닛 단체는 이 활성이 없기 때문에 복합체의 형성이 필요조건이 된다. 또한 CSN2도 이 활성에 관여하고 있는 것으로 밝혀졌다[14]. 따라서 COP9 시그날로좀의 기능은 SCF 복합체에 의한 기질의 유비퀴틴화 과정을 중지하고, 기질을 E3에서 분리하여 프로테아좀(proteasome)으로 보내는 것으로 생각된다. 따라서 COP9 시그날로좀 돌연변이체는 CUL1이 RUB1/NEDD8과 결합한 활성 상태로 존재하고 SCF 복합체의 활성이 높다. COP9 시그날로좀 돌연변이체에 유비퀴틴 사슬이 신장된 단백질이 많이 존재하는 것은 활성화된 SCF 복합체의 존재에 의해 설명될 수 있다. 이 메커니즘의 이해를 발전시켜 다음 현상을 설명하고자 한다.

3.4 식물의 형태형성 신호전달과 COP9 시그날로좀

COP9 시그날로좀이 조절하는 식물의 현상은 매우 광범위한 분야에 있다. 여기에서는 특히 환경 반응과 형태 만들기의 신호전달을 조절하는 COP9 시그날로좀의 메커니즘에 주목하고자 한다.

3.4.1 오옥신 제어

애기장대의 오옥신 반응계에서는, TIR1이라는 F-box 단백질을 포함한 SCF^{TIR1} 복합체와 그 RUB1/NEDD8 수식이 특이적이고 중요한 역할을 담당하고 있다. 그 SCF^{TIR1} 복합체는 CUL1, SKP1의 상동단백질인 ASK1, RING finger를 가진 AtRBX1, TIR1으로 구성된다[17]. 오옥신 부재 조건에서는 오옥신 반응 배열에 결합하여 오옥신 반응 유전자의 발현 조절을 할 전사인자 ARF 패밀리 단백질은 AUX/IAA 패밀리 단백질과 결합하여 불활성화되어 있다. 오옥신이 존재하는 경우에는 AUX/IAA 패밀리 단백질이 SCF 복합체에 의해 유비퀴틴화를 받아 유비퀴틴 – 프로테아좀(proteasome) 분해 시스템을 통해 분해된다. 그 결과, ARF 패밀리 단백질이 하류의 유전자에 신호를 전달하는 구조로 되어 있다[17]. COP9 시그날로좀 발현 억제형 식물체는 오옥신의 반응성이 변화한 결과, 정아우성이 없어지고 *pin-formed* 돌연변이처럼 자엽 수에 이상이 발생한다. 특히 CSN5 발현 억제형 식물체는 *axr1* 돌연변이체와 같은 형질을 나타내고, AUX/IAA 패밀리 단백질의 분해가 억제되는 것으로 보고되고 있다. COP9 시그날로좀과 SCF^{TIR1} 복합체가 복합체의 수준에서 생화학적으로 상호작용하는 것과 아울러 생각하면, COP9 시그날로좀이 SCF 복합체를 통해 AUX/IAA 패밀리 단백질의 분해를 제어하고 있다고 생각된다[4].

3.4.2 자스몬산 제어

식물에 있어서, 자스몬산은 병해 반응 등의 스트레스 반응에 중요한 호르몬이다. 애기장대에서는 COI1이라는 F-box 단백질이 이 자스몬산의 반응 경로에서 중요한 역할을 담당하고 있다. COI1는 앞서 말한 TIR1과 마찬가지로, SCF 복합체에서 기질 특이성을 담당하는 F-box 단백질이다. COI1는 ASK1와 ASK2, CUL1과 결합하여, 자스몬산 반응 특이적인 SCF^{COI1} 복합체를 구성하는 것이 밝혀졌다[18]. 한편, COP9 시그날로좀 발현 억제형 식물체에서 자스몬산으로의 반응성이 억제되었다. 이러한 점과 SCF^{COI1} 복합체가 COP9 시그날로좀과 복합체끼리 직접적으로 결합하는 것으로부터, COP9 시그날로좀이 자스몬산 반응에 중요한 기능을 담당하는 것이 밝혀졌다[18].

3.4.3 꽃눈 형성

꽃눈 형성에 관한 유전자 제어의 해명은 쌍떡잎식물의 애기장대를 통해 많은 부분이 이해되었다. 이와 같이 동정된 유전자군들 중에, *APETALA3* 유전자와 *PISTILLATA* 유전자는 꽃잎과 수술의 정체성을 결정짓는 데 특이적이고 중요한 유전자이다. 이 유전자는 *LEAF* (*LFY*) 유전자와 *UNUSUAL FLOWER ORGANS* (*UFO*) 유전자의 통제하에 있다. F-box 단백질인 UFO는 애기장대에서 ASK1과 CUL1가 상호작용하고 SCF^{UFO} 복합체를 형성하는 것이 밝혀져, 그 기질의 특정이 시급하다[19]. 한편, COP9 시그날로좀은 꽃눈 분열 조직에서 발현이 높고, CSN1 발현 억제 식물체와 CSN6 발현 억제 식물체에서는 꽃눈 형성 이상이 발견되었다. 이 형질은 *AP3* 유전자의 발현량 감소와 대응하고 있다[19]. 특히 CSN1는 UFO를 통한 AP3의 활성화에 필수적이다. COP9 시그날로좀이 SCF^{UFO} 복합체와 생화학적으로 결합하는 것에 의해, COP9 시그날로좀이 꽃눈 형성의 제어에 강하게 관련성을 가지고 있다고 본다.

3.5 포유류의 CSN1의 신호전달 억제

동물에 있어서도 식물과 같이 COP9 시그날로좀은 Cullin의 RUB1/NEDD8 결합을 제어하는 것

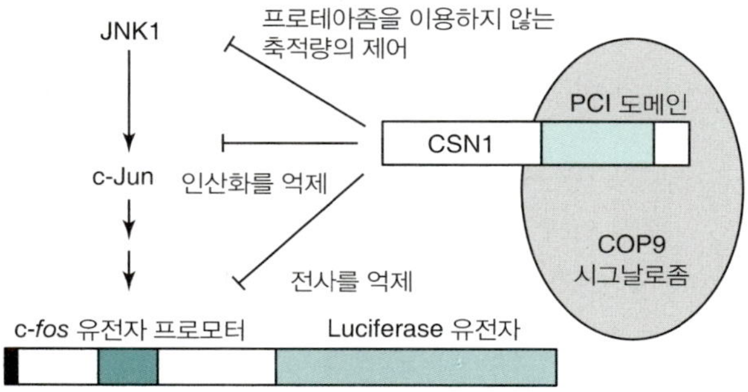

그림 3.1 동물의 COP9 시그날로좀 기능 구명 방식. CSN1은 C말단의 PCI 도메인으로 COP9 시그날로좀에 붙는다. N말단은 억제를 관장하는 부위이며, 전체의 CSN1과 같이 AP1 등의 전사인자를 통하여 *c-fos* 유전자 프로모터로부터의 전사를 억제한다. 또한 JNK1의 축적량의 조절을 통해 c-Jun의 인산화를 제어하고 있다.

으로 세포주기 등의 형태형성에 관련된 신호를 제어하고 있다[14]. 그러나 이 매커니즘만으로는 COP9 시그날로좀이 제어하는 현상의 모든 것을 설명할 수 없다[13,14]. 여기에서는 COP9 시그날로좀의 신규 기능을 해명하기 위한 접근들에 대해 소개한다.

필자는 동물의 COP9 시그날로좀의 기능을 해부학적으로 분석할 목적으로 CSN1에 주목하였다. CSN1은 그림 3.1에 나타낸 것처럼, 외부 환경의 자극이나 생육 스트레스 등의 자극에 반응하는 MAP 키나아제 캐스케이드(cascade)를 억제하는 것이 밝혀졌다[11]. 구체적으로 CSN1은 히스톤 탈아세틸화를 통한 c-fos 유전자 프로모터로부터 전사를 억제하는 것, JNK1의 축적량 억제를 통한 c-Jun의 인산화를 억제하는 것이 밝혀졌다. 이 억제의 기능 부위는 CSN1의 N말단에 있고, 그 매커니즘은 프로테아좀(Proteasom)의 분해계와는 연관성이 없다. COP9 시그날로좀이 내포하는 이 새로운 조절 기구를 밝히기 위해, N말단의 기능 부위와 상호작용하는 단백질을 분리 동정하고 있다. CSN1이 담당하는 이 신호의 조절이 유전자의 전사 및 전사 후의 제어를 받는 가능성도 있어서, 이후의 연구 진전이 기대된다.

3.6 마무리

COP9 시그날로좀의 발견 이래 10년이 지났다. 동시에 난관이었던 단백질 복합체의 분석 분야에 이후의 모델이 될 듯한 방법들이 다양한 식물 종에서 고안되어 성과를 올리고 있다. 이후 COP9 시그날로좀의 기능이 더욱 상세하게 밝혀질 때쯤, 어떤 복합체와 공간적·시간적 현장에서 어떻게 상호작용하는지를 밝혀가는 것이 열쇠가 될 것이다. 또한 COP9 시그날로좀이 복합체로서 담당하고 있는 기능과 특정 서브유닛이 담당하고 있는 기능 사이의 차이 및 그 조절 기구의 해명도 기대된다. COP9 시그날로좀 분야가 앞으로도 식물의 형태형성 조절에서 중요한 분야로 자리잡을 것으로 생각된다.

참고 문헌

1. Wei N, Chamovitz DA, Deng XW (1994) *Arabidopsis* COP9 is a component of a novel signaling complex mediating light control of development. Cell 78: 117-124
2. Schwechheimer C, Deng XW (2001) COP9 signalosome revisited: a novel mediator of protein degradation. Treds Cell Biol. 11: 420-426
3. Serino G, Deng Xw (2003) The COP9 signalosome: regulating plant development through the control of proteolysis. Annu. Rev. Plant Biol. 54: 165-182
4. Schwechheimer C, Serino G, Callis J, Crosby WL, Lyapina S, Deshaies RJ, Gray WM, Estelle M, Deng XW (2001) Interactions of the COP9 signalosome with the E3 ubiquitin ligase SCF^{TIR1} in mediating auxin response. Science 292: 1379-1382
5. Lyapina S, Cope G, Shevchenko A, Serino G, Tsuge T, Zhou C, Wolf DA, Wei N, Schevchenko A, Deshaies RJ (2001) Promotion of NEDD8-CUL1 conjugate cleavage by COP9 Signalosome. Science 292: 1382-1385
6. Wei N, Deng XW (1996) The role of the COP / DET / FUS genes in light control of *Arabidopsis* seedling development. Plant Physiol. 112: 871-878
7. Wei N, Tsuge T, Dohmae N, Takio K, Matsui M, Deng XW (1998) the COP9 complex is conserved between plants and mammals and is related to the 26S proteasome regulatory complex. Curr. Biol. 8: 919-922
8. Kwok SF, Solano R, Tsuge T, Chamovitz DA, Ecker JR, Matsui M, Deng XW (1998) *Arabidopsis* homologs of a c-Jun coactivator are present both in monomeric from and in the COP9 complex, and their abundance is differentially affected by the pleiotropic cop / det / fus mutations. Plant Cell 10: 1779-1790
9. Serino G, Tsuge T, Kwok SF, Matsui M, Wei N, Deng XW (1999) *Arabidopsis* cop8 and fus4 mutations define the same genetic locus that encodes the subunit 4 of COP9 signalosome. Plant Cell 11: 1967-1979
10. Serino G, Su H, Peng Z, Tsuge T, Wei N, Gu H, Deng XW (2003) Characterization of the last subunit of Arabidopsis COP9 signalosome: implications for the overall structure and origin of the complex. Plant Cell 15: 719-731
11. Tsuge T, Matsui M, Wei N (2001) The subunit 1 of the COP9 signalosome suppresses gene expression throught its N-terminal domain and incorporates into the complex throught the PCI domain. J. Mol. Biol. 305: 1-9
12. Karniol B, Yahalom A, Kwok S, Tsuge T, Matsui M, Deng XW, Chamovitz DA (1998) The *Arabidopsis* homologue of an eIF complex subuniut associates with the COP complex. FEBS Lett. 439: 173-179
13. Peng Z, Serino G, Deng XW (2001) A role of *Arabidopsis* COP9 signalosome in multifaceted developmental processes revealed by the characterization of its subunit 3. Development 128: 4277-4288
14. Yang X, Menon S, Lykke-Andersen K, Tsuge T, Di Xiao, Wang X, Rodriguez-Suarez RJ, Zhang H, Wei N (2002) The COP9 Signalosome inhibits p27(kip1) degradation and impedes G1-S phase progression via deneddylation of SCF Cul1. Curr. Biol. 12: 667-672
15. Holm M, Ma LG, Qu LJ, Deng XW (2002) Two interacting bZIP proteins are direct targets of COP1-mediated control of light-dependent gene expression in Arabidopsis. Genes Dev. 16: 1246-1259

16. Suzuki G, Yanagawa Y, Kwok SF, Matsui M, Deng XW (2002) *Arabidopsis* COP10 is a ubiquitin-conjugating enzyme variant that acts together with COP1 and COP9 signalosome in repressing photomorphogenesis. Genes Dev. 16: 554-559

17. Schwechheimer C, Serino G, Deng XW (2002) The COP9 signalosome and AXR1 are required for multiple E3 ubiquitin ligase-mediated processes in *Arabidopsis thaliana*. Plant Cell 14: 2553-2563

18. Feng S, Ma L, Wang X, Xie D, Dinesh-Kumar SP, Wei N, Deng Xw (2003) The COP9 signalosome interacts physically with SCF COI1 and modulates jasmonate responses. Plant Cell 15: 1083-1094

19. Wang X, Feng S, Nakayama N, Irich V, Deng XW, Wei N (2003) The COP9 signalosome interacts with SCF UFO and participates in *Arabidopsis* flower development. Plant Cell 15: 1071-1082

4. 스트레스 반응과 인지질 신호

片桐健 · 篠崎一雄

4.1 소개

인지질은 세포막을 형성하는 주성분이다. 외부로부터 다양한 자극에 의해 인지질 대사가 일어나는 것이 동물에서 발견되었다. 이노시톨 인지질인 포스파티딜 이노시톨-4,5-비스인산(PI(4,5)P_2)에서 IP_3(이노시톨-1,4,5-트리스인산, I(1,4,5)P_3)와 디아실글리세롤이 생산되어, 전자는 Ca^{2+} 동원에 관여하고, 후자는 단백질 키나아제 C의 활성화 요인으로 작용하는 것으로 나타난다. 이 발견은 인지질 신호전달 연구가 주목되는 계기가 되었다고 생각된다[1]. 그 후 식물에서도 IP_3-Ca^{2+}계가 존재하는 것으로 밝혀졌다. 단백질 연구에 비해 인지질을 통한 신호전달 연구는 식물의 큐티클층과 세포벽 등이 소수성 지질을 강하게 막고 있고, 그 양적 변동은 유전자 발현이 아닌 대사효소에 의한 것이기 때문에 연구의 속도가 늦어질 수 밖에 없었다. 따라서 지금까지의 연구 결과는 생화학적인 효소 활성의 검출, 배양 세포와 원형질체를 이용한 생리·약리학적 연구에 의한 것이 대부분이지만, 최근 분자 생물학적 방법 또는 게놈 분석의 발전과 함께 식물체 레벨, 유전자 수준에서의 연구 결과들이 축적됨에 따라 다양한 신호전달에 관여하는 인지질 대사 관련 유전자의 기능이 밝혀지고 있다[2]. 여기에서는 고등식물의 인지질 대사를 통한 신호전달 연구의 현황에 대해 각각의 인지질 및 그 대사 효소의 생리 기능에 대한 최신 식견을 생리학적 분석, 유전자 수준에서의 분석을 중심으로 정리했다. 상세히 논하지 못한 부분에 대해서는 다른 총설을 추천하였으므로 참고하기 바란다.

4.2 이노시톨 인지질 대사를 통한 신호전달계

인지질 대사를 통한 신호전달계 중에서도, 이노시톨 인지질 대사계의 연구는 처음부터 활발히 진행되어 왔다. 포스파티딜 이노시톨은 세포막을 구성하는 인지질의 하나이다. 고등식물에서도 동물에서 보고된 이노시톨 인지질 대사 효소의 대부분이 존재하고 있어, 생화학적인 활성은 물론이고 신진대사에 관련된 많은 유전자가 확인되고 있다. 그러나 동물에서 중요한 역할을 가진 지질이 식물에서는 발견되지 않는 경우도 있고, 진화적으로 인지질 대사를 통한 신호전달계는 다양성을 가지고 있다. 그림 4.1에 이노시톨 인지질 대사계를 요약했다.

4.2.1 포스포 리파아제 C

이노시톨 인지질 특이적 포스포 리파아제 C(PI-PLC, 여기에서는 단순히 포스포 리파아제 C라고

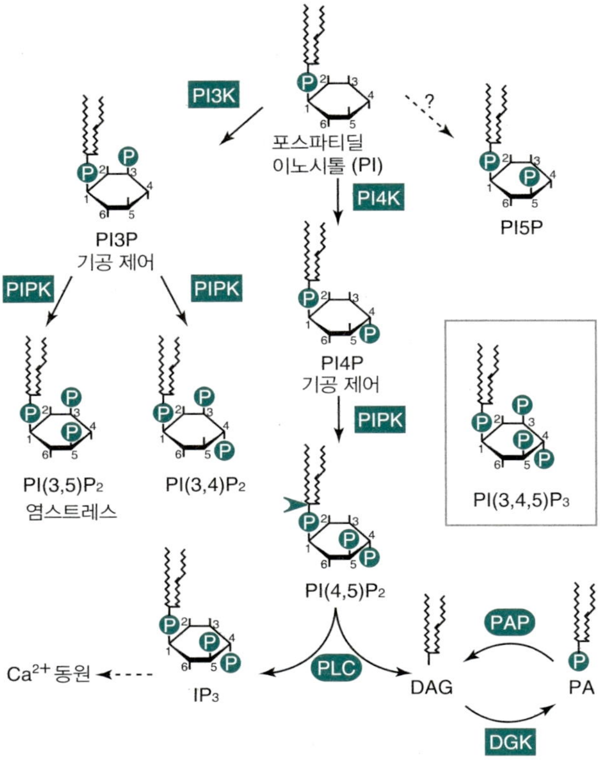

그림 4.1 이노시톨 인지질의 대사. 포스파티딜 이노시톨로부터 다양한 이노시톨 지질 키나아제에 의한 대사. 각 지질의 아래에는 보고된 생리작용이 적혀 있다. 파란색의 화살촉은 포스포 리파아제 C에 의해 가수분해되는 부분을 표시한다. PI(3,4,5)P_3은 식물에서는 검출되지 않는다. DAG : 디아실 글리세롤, PA : 포스파티딘산, PI3K : 포스파티딜 이노시톨3-키나아제, PI4K : 포스파티딜이노시톨4-키나아제, PIPK : 포스파티딜 이노시톨 인산 키나아제, PLC : 포스포 리파아제 C, PAP : 포스파티딘산 포스파타아제, DGK : 디아실글리세롤 키나아제.

부른다)는 포스파티딜 이노시톨로부터 대사되어 생산된 PI(4,5)P_2를 가수분해하여, IP_3와 디아실 글리세롤(DAG)을 생산한다(그림 4.1). 식물에서는 1990년에 사탕무의 액포의 실험계에서 IP_3에 의해 세포질 내 Ca^{2+}의 상승이 보이는 것이 보고되어, 닭의장풀의 공변세포의 실험계에서 IP_3 및 Ca^{2+}이 기공의 폐쇄에 관여하는 것으로 나타났다. 최근 포스포 리파아제 C의 활성 저해제를 이용한 분석에서 식물 호르몬의 앱시스산에 의한 기공 폐쇄에 포스포 리파아제 C 활성과 그에 따른 세포질 내 Ca^{2+} 농도 상승이 관여하는 것으로 밝혀졌다[3]. 이처럼 식물의 전기 생리학적인 해석에 의해 이노시톨 인지질 대사가 세포질 내 Ca^{2+} 동원과 기공 개폐를 제어하는 앱시스산의 신호전달에 관여하는 것으로 보고되고 있다. 한편, 식물에는 단백질 키나아제 C의 상동 유전자는 존재하지 않고, IP_3과 동시에 생산하는 디아실 글리세롤 자체의 생리 기능은 불분명하지만, 디아실 글리세롤 키나아제에 의해 인산화되어 생산하는 포스파티딘산(PA)에 대해서는 여러 가지 생리 기능을 가질 수 있다고 보고되어 있다. 이 포스파티딘산의 생리 기능에 관해서는 차후에 논의하고자 한다.

1995년에 여러 그룹에 의해 포스포 리파아제 C 유전자가 클로닝되었다. 애기장대의 *AtPLC1s* 유전자는 건조와 염 등 삼투압 스트레스 처리에 의해 유전자 발현이 유도되기 때문에 스트레스 반응에 관여하고 있는 것으로 알려졌다. 인지질을 통한 신호전달에 있어서 IP_3의 하류 유전자를 분석하기 위해, Sanchez 등은 IP_3의 생산 효소인 포스포 리파아제 C를 코딩하는 유전자 *AtPLC1s*와 분해효소인 이노시톨 폴리인산 5- 인산 가수분해효소를 코딩하는 유전자 *AtlP-5PII*을 덱사메타손(Dexamethasone)에 의해 발현 제어가 가능한 형질전환 애기장대를 만들었다. 그 두 가지의 형질전환체는 덱사메타손 처리에서 발아시의 앱시스산 감수성이 저하되고, 대표적인 앱시스산 및 삼투압 스트레스 유도성 유전자 발현이 감소하기 때문에, 앱시스산의 신호는 IP_3를 통해 하류 유전자의 발현을 제어하고 있는 것으로 밝혀졌다[4]. 이와 유사한 시기에 애기장대의 배양 세포 T87을 이용하여 삼투압 스트레스 처리시, IP_3 생산량과 유전자 발현을 조사한 결과, 만니톨 및 NaCl 처리에서는 IP_3의 현저한 생산이 발생하지만, 앱시스산 처리에 의한 IP_3의 생산은 일어나지 않는다는 것을 발견했다. 만니톨 처리시에 포스포 리파아제 C의 활성 억제제를 추가하면 IP_3 생산량의 감소, 삼투압 스트레스 유도성 유전자 발현의 지연과 발현량의 감소를 보였다. 따라서 삼투압 스트레스에 의한 이노시톨 인지질 대사는 앱시스산의 신호전달에 의존하지 않는 경로도 존재하고 있음이 밝혀졌다[5]. 따라서 고등식물에서 IP_3이 기능하고 있는 것은 틀림없지만, 동물과 같은 유형의 IP_3 수용체는 게놈 분석에서 발견되지 않았다. 따라서 IP_3에서의 Ca^{2+} 동원에는 새로운 유형의 IP_3 수용체가 필요하다고 생각되지만, 아직까지 밝혀지지 않았다.

石谷 그룹은 앱시스산과 삼투압 스트레스 신호전달에 관여하는 인자를 탐색하기 위해, 먼저 삼투압 스트레스 유도성 유전자 *rd29A*의 프로모터에 루시페라아제(Luciferase) 유전자를 융합한 구조를 도입한 형질전환 애기장대를 만들었다. 그리고 그 종자를 에틸메탄설포네이트(EMS) 처리를 통해 다양한 돌연변이체로 만들었다[6]. 앱시스산 및 삼투압 스트레스 처리에 의한 심사에서 야생형과 비교하여 현저하게 발광하는 돌연변이를 분리하여, 그 특징에서 *fiery1*(*fry1*) 돌연변이체라고 이름 붙였다[7]. 원인 유전자 분석 결과, *FRY1* 유전자는 이노시톨 폴리인산 1-인산 가수분해효소를 코딩하고 있는 것으로 밝혀졌다. 이 유전자는 앞서 말한 이노시톨 폴리인산 5 가수분해효소와 마찬가지로 IP_3를 감소시키는 분해효소이며, 실제로 이 돌연변이에서는 IP_3가 과다하게 축적하고, 그 결과 앱시스산과 삼투압 스트레스 처리에 의해 발현 유도되는 *rd29A* 유전자가 많이 발현하고 있는 것으로 나타났다. 이처럼 유전학적 분석으로도 IP_3이 앱시스산과 삼투압 스트레스 신호전달에 관여하는 것이 증명되었다.

4.2.2 포스파티딜 이노시톨 인산 키나아제

포스파티딜 이노시톨 인산 키나아제는 기질 특이성에 따라, 1형(PI4P5-키나아제), 2형(PI5P4-키나아제) 및 3형(PI3P5-키나아제)의 세 가지로 분류되어 있지만, 식물에서 2형 효소의 유전자는 존재하지 않는다. 포스파티딜 이노시톨 5-인산(PI5P)의 존재는 확인되고 있지만, 그 대사 효소는 발견되지 않았다. 포스파티딜 이노시톨 3,4,5-트리스 인산($PI(3,4,5)P_3$)은 동물에서는 기능하고 있지만, 식물에서는 검출되지 않았다. 자세한 내용은 다음의 총설을 참조하기 바란다[8].
포스파티딜 이노시톨 4-인산(PI4P)를 기질로, 이노시톨 고리 5번을 인산화하는 $PI(4,5)P_2$을 생산하는 포스파티딜 이노시톨 4-인산5-키나아제(PI4P5-키나아제)의 유전자 *AtPIP5K1*의 클로닝은 1998

년 보고되었다[9](그림 4.1). 촉매 영역의 재조합 단백질을 이용한 생화학적 분석으로부터 PI4P5-키나아제 활성을 갖는 것, 삼투압 스트레스에 의해 유전자 발현이 유도되는 것으로부터 스트레스의 신호전달에 관여하는 것이 알려졌다. 차후에 상세한 생화학적 분석이 이루어져, 재조합 AtPIP5K1은 *in vitro*에서 포스파티딜 이노시톨 3-인산(PI3P)을 기질로 하여 포스파티딜 이노시톨3,4-비스 인산(PI(3,4)P_2)을 생산하는 PI3P4-키나아제 활성을 가져, 인산화에 의해 활성 제어된다는 것이 보고되었다[10]. Kost 등은 화분에서 기능하고 있는 애기장대의 저분자량 G 단백질 AtRac2에 화분의 단백질과 PI4P을 기질로 가하여 반응시킨 것에서 PI(4,5)P_2가 생산하는 것을 생화학적 기작을 밝혀내어, PI(4,5)P_2을 결합하는 PH 도메인의 단백질을 화분 내에서 발현시키면 화분관 신장이 억제되는 것을 알아냈다[11]. 이 때문에 화분관의 세포막에서 활성형 AtRac2는 PI4P5-키나아제와 상호작용하고, 그 산물 PI(4,5)P_2에 의해 화분관 신장의 제어를 실시하고 있음을 밝혔다.

한편, PI3P을 기질로, 이노시톨 고리 5번을 인산화한 포스파티딜 이노시톨 3,5- 비스 인산(PI(3,5)P_2)을 생산하는 포스파티딜 이노시톨 3-인산5-키나아제(PI3P5-키나아제)의 유전자는 출아효모에서 발견되어 *Fab1* 유전자라고 이름이 붙여졌다(그림 4.1). 그 산물 PI(3,5)P_2은 동식물에서 효모에 이르기까지 염 스트레스에 의해 생산되는 것으로 보고되어, 삼투압 스트레스의 신호전달에 관여하는 것으로 보고 있다[12]. 애기장대에는 4가지 상동 유전자가 발현하고 있는 것을 알고 있지만, 기능 분석 결과는 아직 보고되어 있지 않다.

4.2.3 포스파티딜 이노시톨 3-키나아제

포스파티딜 이노시톨 3-키나아제(PI3-키나아제, PI3K)는 포스파티딜 이노시톨의 이노시톨 고리 3번을 인산화하여, 포스파티딜 이노시톨 3-인산(PI3P)을 생산한다(그림 4.1). *AtVPS34* 유전자가 코딩하는 애기장대의 PI3-키나아제는 동물의 PI3-키나아제 촉매 서브 유닛 p110과 출아효모의 VPS34과 상동적인 촉매 영역이 존재한다. 출아효모를 이용한 기능 분석을 통해 *AtVPS34* 유전자 단독으로는 *vps34* 유전자 파괴 돌연변이체를 보완할 수 없지만, *AtVPS34* 유전자의 촉매 영역을 출아효모 *VPS34* 유전자와 치환된 키메라 유전자가 돌연변이체에서 정상적으로 역할을 수행하는것으로 보아, 식물과 출아효모에서는 생체 내에 있어서 활성 제어가 다른 것 같다. 더욱이, *AtVPS34* 유전자의 안티센스 형질 변환 식물은 현저한 생육 부진을 나타냈고, 이러한 결과를 바탕으로 AtVPS34가 식물의 정상적인 생육에 필요하다는 것이 밝혀졌다. 이후 진행된 모든 게놈 분석의 결과에서, 애기장대의 PI3-키나아제는 게놈 상에 하나 밖에 존재하지 않음이 밝혀졌다.

4.2.4 포스파티딜 이노시톨 4-키나아제

포스파티딜 이노시톨 4-키나아제(PI4-키나아제, PI4K)는 포스파티딜 이노시톨의 이노시톨 고리 4번을 인산화하여 포스파티딜 이노시톨 4-인산(PI4P)을 생산한다(그림 4.1). 게놈 분석 결과, 애기장대는 몇 가지 하위 유형이 존재하고 있는 것을 알 수 있으며, 그 1차 구조에서 동물과 마찬가지로 도메인이 보존되어 있음이 밝혀졌다. 구조에 대한 자세한 내용은 참고문헌의 총설을 참조하기 바란다[8].

애기장대에서 PI4-키나아제 유전자 *AtPI4Kβ1*가 분리되어, 재조합 단백질을 이용한 생화학적 분석, 조직 수준의 발현 분석이 보고되었지만, 명확한 생리 기능의 분석은 이루어지고 있지 않다. 최근 활성 억제제를 이용한 생리학적 분석으로부터 앞서 말한 PI3-키나아제의 산물 PI3P 및 PI4-키나아제의 산물 PI4P이 기공의 개폐에 관여하고 있다는 흥미로운 보고가 있어[13], 앞으로의 생리 기능 분석 결과가 기대된다(그림 4.1).

4.3 포스파티딘산의 대사를 통한 신호전달계

포스파티딘산은 동물 세포에서 포스포 리파아제 C와 단백질 키나아제 C의 활성 제어에 관여한다는 보고가 있다[14]. 고등식물에서 생화학적인 분석을 통해 삼투압 스트레스와 앱시스산의 신호전달에서 세포내 이차 메신저로서 기능을 가지고 있다는 연구 결과가 많이 보고되고 있으며, 유전자 수준의 기능 분석도 이루어지고 있다. 여기에서는 포스파티딘산의 대사 효소에 주목하여 인지질 신호 및 스트레스 반응에 대해 소개하고자 한다. 그림 4.2에 포스파티딜 이노시톨 대사와 포스파티딘산 생산의 전체 그림에 대한 세포 표층에서 인지질 신호전달 모식도를 참고하기 바란다.

4.3.1 포스포 리파아제 D

예전부터 식물에는 포스포 리파아제 D 활성이 있는 것으로 알려져 왔었지만, 그 생리 기능 분석은 지난 25여 년(번역 기준 40여 년) 사이에 급속히 진전되어 왔다. 보리의 호분층 원형질체를 이용한 실험에서 식물 호르몬인 지베렐린 처리에 의해 호분층에서 α-아밀라아제가 활성화되어, 세포질 내 Ca^{2+} 농도가 상승하는 것이 알려져 있다. 그 실험 과정에 앱시스산을 처리하면 α-아밀라아제 단백질이 감소하여 세포질 내 Ca^{2+}이 저하되지만, 이 과정에는 포스포 리파아제 D의 활성화가 관여하고, 그 결과 생산하는 포스파티딘산이 앱시스산 신호를 하류에 전달하는 모델이 제시되었다[15]. 필자들은 그 연구 결과를 근거로 해서, 발아 과정에서 포스파티딘산이 앱시스산 신호전달에 관여하는 것을 애기장대 종자 실험에서 밝혔다. 1999년에 포스파티딘산이 기공의 제어에 관여하고 있다는 사실이 알려졌다[16]. 잠두의 본엽 표피에 포스파티딘산을 처리하면 기공이 폐쇄하고, 포스파티딘산과 앱시스산을 동시에 처리해도 앱시스산만을 처리하였을 때와 마찬가지로 기공의 폐쇄 현상을 나타낸다. 또한 포스포 리파아제 D에 의한 포스파티딘산 생산을 억제하는 *n*-부탄올을 앱시스산과 동시에 처리하면 기공의 폐쇄율이 감소하지만, *n*-부탄올을 포스파티딘산과 동시에 처리하면 기공의 폐쇄율은 변화하지 않는다. 그러므로 포스파 리파아제 D에 의해 생산되는 포스파티딘산은 앱시스산의 신호전달의 하류에 위치하여, 기공 폐쇄 과정에 관여하는 것이 밝혀졌다. 더욱이, 기공 폐쇄에 관련된 앱시스산의 신호전달에는 앞서 말한 포스포 리파아제 C-Ca^{2+} 경로[3], cADP-리보오스 경로가 알려져 있었지만, 포스파티딘산에 의한 기공의 폐쇄 시에는 세포질

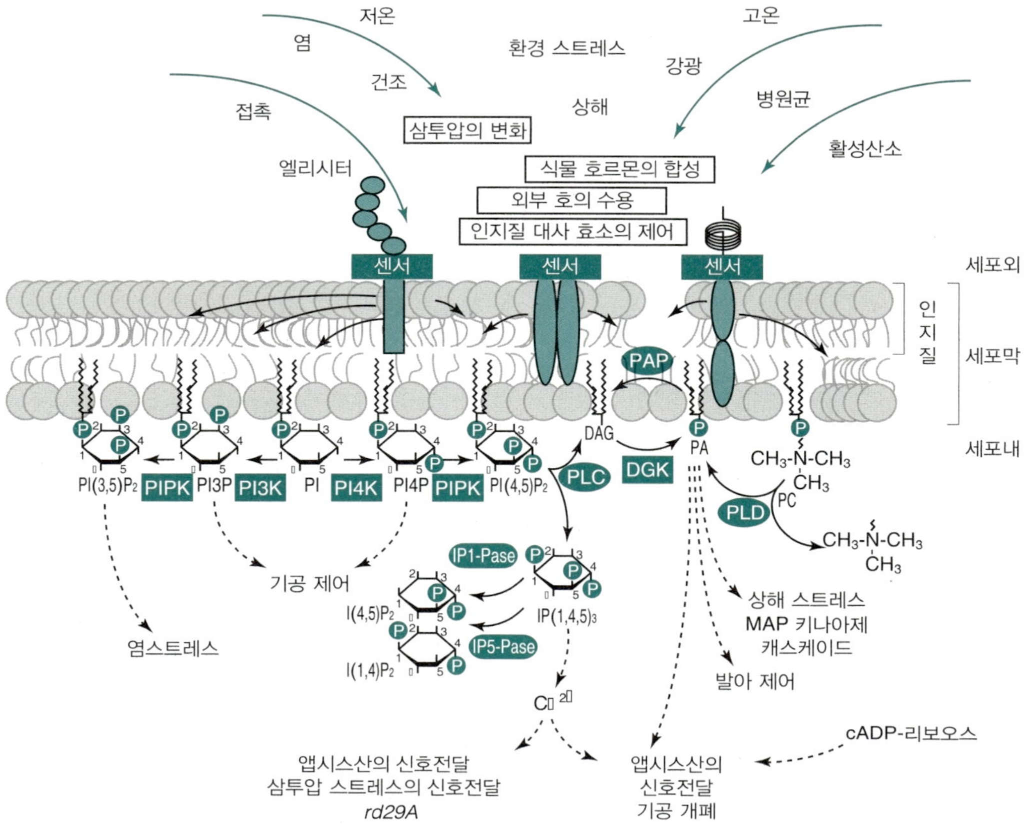

그림 4.2 인지질의 대사를 통한 세포 표피의 신호전달계 모델. 외부의 환경 스트레스가 세포에 전달되면, 그 신호는 식물호르몬의 합성 등을 촉진해서, 직접적 또는 간접적으로 세포막 표피의 센서에 수용되어 인지질 대사 효소를 제어하는 것으로 생각된다. 신호가 인지질 대사를 통해 하류에 전달되는 과정을 정리했다. 염스트레스에 의해 PI(3,5)P_2가 생산된다. PI3P과 PI4P는 기공 제어에 관여한다. IP3를 탈인산화하는 이노시톨 폴리 인산 1- 인산 가수분해효소, 이노시톨 폴리 인산 5- 인산 가수분해효소는 IP3 신호를 억제한다. 앱시스산과 삼투압 스트레스로 포스포 리파아제 C-Ca^{2+} 경로에서 *rd29A* 유전자의 발현이 일어난다. 앱시스산 신호에 의한 기공 폐쇄 과정은 포스포 리파아제 C-Ca^{2+} 경로, 포스포 리파아제 D- 포스파티딘산 경로, 그리고 cADP- 리보오스 경로가 독립적으로 관여한다. 발아시 앱시스산을 처리하면, 포스포 리파아제 D- 포스파티딘산 경로에 의해 발아가 억제된다. 상해 스트레스가 가해지면 포스포 리파아제 D- 포스파티딘산 경로에 따라 MAP 키나제의 활성화가 일어난다. PI : 포스파티딜 이노시톨, PA : 포스파티딘산, PC : 포스파티딜콜린, I(1,4,5)P_3 : 이노시톨 1,4,5- 토리스인산, IP(1,4)P : 이노시톨 1,4- 비스인산, IP(4,5)P : 이노시톨 4,5- 비스인산, PI3K : 포스파티딜 이노시톨 3- 키나아제, PI4K : 포스파티딜 이노시톨 4- 키나아제, PIPK : 포스파티딜 이노시톨 인산염 키나아제, PLC : 포스포 리파아제 C, PLD : 포스포 리파아제 D, PAP : 포스파티딘산 포스파타제, DGK : 디아실 글리세롤 키나아제, IP1-Pase : 이노시톨 폴리인산 1- 인산 가수분해 효소, IP5-Pase : 이노시톨 폴리 산 5- 인산 가수분해효소.

내 Ca^{2+}의 변화가 일어나지 않는 것으로 보아, 독립적으로 포스포 리파아제 D-포스파티딘산 경로가 존재하는 것으로 생각되어진다[16](그림 4.2).

1994년 동물에 앞서 렌틸콩의 포스포 리파아제 D 단백질이 정제되어, 유전자 배열이 결정되었다. 그 후 같은 그룹에 의해 애기장대의 포스포 리파아제 D 유전자 *PLDα*가 클로닝되어, 안티센스 형질전환체의 분석으로부터 포스포 리파아제 Dα가 식물의 노화에 관여하는 기능이 보고되었다. 이어서 *PLDβ* 유전자, *PLDγ* 유전자가 클로닝되어 생화학적인 분석이 이루어졌다. 그 후 포스포 리파아제 Dα가 상해 스트레스에 의해 활성화되어, 생산된 포스파티딘산 신호가 자스몬 산의 생산을 제어하고 있다는 보고가 이루어졌다[17]. Lee 등은 대두의 본엽에 상해 스트레스를 가하여, 미엘린(myelin) 염기성 단백질을 인산화하는 키나아제 활성을 검출하였으며, *n*-부탄올 처리를 하면 포스포 리파아제 D에 의해 포스파티딘산의 생산이 현저히 억제되는 것을 밝혀냈다[13]. 알파파의 MAP 키나아제 특이적 항체에 결합 활성이 있는 것으로 보아 MAP 키나아제인 것으로 예상되며, 포스파티딘산을 첨가하면 대두 배양 세포에서 상해 유도성 MAP 키나아제가 활성화된다. 그러므로 상해 스트레스에 의해 포스포 리파아제 D의 활성화가 일어나게 되어, 그 하류에 MAP 키나아제 캐스케이드(cascade)가 존재하는 것 같다. Frank 그룹은 부활초의 잎 절편에 건조 스트레스 처리시 포스포 리파아제 D 활성이 증가하는 것을 밝혀냈다. 필자 등은 애기장대에서 삼투압 스트레스 유도성인 신규 *AtPLDδ* 유전자를 분리하여, 그 형질전환체의 분석에 의해 *AtPLDδ* 유전자는 잎 절편에 있어서 건조 스트레스 시에 활성화하는 물질이 포스포 리파아제 D임을 밝혔다[19]. 또한 앞서 말해 듯이, 공변세포에서는 포스포 리파아제 D의 활성화로 기공의 폐쇄가 일어나지만, 본엽 전체를 이용한 경우는 의외로 앱시스산에 의한 포스포 리파아제 D의 활성화는 보이지 않았다. 따라서 공변세포에서는 엽육 세포와는 다른 포스포 리파아제 D 분자 종에 관여하는 신호전달 체계가 존재하고, 기공의 제어가 일어나는 것 같다. 실제로 *AtPLDδ*는 건조 스트레스 조건하에서 본엽 전체에서 발현하지만, 기공의 제어에 관여하는 인자는 공변세포에 특이적으로 발현하고 있는 것으로 보아 독립적 제어 시스템을 가지고 있는 것으로 생각된다.

4.3.2 포스파디딘산 인산 가수분해효소

포스파티딘산의 가수분해효소는 포스파티딘산을 탈인산화하여 디아실글리세롤을 생산하는 반응을 촉매하는 지질 가수분해효소에서, 가용성 1형 효소와 막 연결성의 2형 효소로 분류되었다. 1형 효소의 유전자는 아직 식별되지 않지만, 2형 효소 유전자는 1996년에 쥐로부터 클로닝되었다. 이를 기점으로 포스파티딘산 인산 가수분해효소의 연구는 급속히 진전되었고, 유전자의 공통 모티프로부터 동식물에서 세균까지 보존된 신규의 지질 인산 가수분해효소 패밀리를 구성하는 것이 밝혀졌다. 포스파티딘산 인산 가수분해효소의 식물에 있어서 기능 분석은 유전자 발현 분석에서 자외선 등의 유전자 독성 스트레스 반응에 관여하는 것으로 보고되었다. 앞서 언급했듯이, 애기장대 종자의 발아 과정에서 포스파티딘산 인산 가수분해효소에 주목하여, 발아 과정에서 기능할 수 있는 포스파티딘산 인산 가수분해효소 유전자 *AtPAP2*의 유전자 돌연변이 *pap2*을 분석하였다. 발아 과정의 포스파티딘산 정량 실험에서 *pap2* 돌연변이는 야생형보다 현저한 포스파티딘산의 축적이 이루어졌고, 앱시스산 존재 하의 발아 과정에서 극적인 포스파티딘산의 축적이 일어나서, 발아 지연 현상이 나타내는 것으로 밝혀졌다. 이런 점에서, *AtPAP2* 유전자는 발아시의 앱시스산 신호전달에 있어서 음의 방향으로 조절하는 것으로 작동하는 것 같다.

4.4 마무리

본장에서는 고등식물의 이노시톨 인지질과 포스파티딘산의 대사 효소에 관련된 다양한 생리 현상에 대한 최근의 연구 상황을 소개하였다. 식물 특이적이고 다양한 신호전달에 인지질 대사가 관여하고 있는 것을 알게 되었다. 인지질 신호전달계는 식물 호르몬과 삼투압 반응, 상해 반응 등의 스트레스 반응뿐만 아니라 종자 발아와 같은 형태형성에까지 관여하고 있는 것으로 알려져 왔다. 본 장에서는 상세하게 다루지 않았지만, 최근 동물에서 주목받기 시작한 스핑고지질(Sphingolipid)도 식물에서 건조 스트레스에 의한 Ca^{2+} 동원, 앱시스산 신호전달에 관여하고 있다는 보고가 발표되는 등[20]으로 볼 때, 지질의 신호전달계에는 한층 복잡한 네트워크가 존재하고 있을 것으로 생각된다.

참고 문헌

1. Berridge MJ, Irvine RF (1989) Inositol phosphates and cell signalling. Nature 341: 197-205
2. Munnik T, Irvine RF, Musgrave A (1998) Phospholipid signalling in plants. Biochim. Biophys. Acta 1389: 222-272
3. Staxen II, Pical C, Montgomery LT, Gray JE, Hetherington AM, McAinsh MR (1999) Abscisic acid induces oscillation in guard-cell cytosolic free calcium that involve phosphoinositide-specific phospholipase C. Proc. Natl. Acad. Sci. USA 96: 1779-1784
4. Sanchez JP, Chua NH (2001) *Arabidopsis* PLC1 is required for secondary responses to abscisic acid signals. Plant Cell 13: 1143-1154
5. Takahashi S, Katagiri T, Hirayama T, Yamaguchi-Shinozaki K, Shinozaki K (2001) Hyperosmotic stress induces a rapid and transient increase in inositol 1,4,5-trisphosphate independent of abscisic acid in Arabidopsis cell culture. Plant Cell Physiol. 42 : 214-222
6. Ishitani M, Xiong L, Stevenson B, Zhu JK (1997) Genetic analysis of osmotic and cold stress signal transduction in *Arabidopsis*: interactions and convergence of abscisic acid-dependent and abscisic acid-independent pathways. Plant Cell 9: 1935-1949
7. Xiong L, Lee H, Ishitani M, Lee H, Zhang C, Zhu JK (2001) FIERY1 encoding an inositol polyphatase 1-phosphatase is a negative regulator of abscisic acid and stress signaling in *Arabidopsis*. Genes Dev. 15: 1971-1984
8. Mueller-Roeber B, Pical C (2002) Inositol phospholipid metabolism in *Arabidopsis*. Characterized and putative isoforms of inositol phospholipid kinase and phosphoinositide-specifie phospholipase C. Plant Physiol. 130: 22-46
9. Mikami K, Katagiri T, luchi S, Yamaguchi-Shinozaki K, Shinozaki K (1998) A gene encoding phosphatidylinositol-4-phosphate 5-kinase is induced by water stress and abscisic acid in *Arabidopsis thaliana*. Plant J. 15: 563-568

10. Westergren T, Dove SK, Sommarin M, Pical C (2001) AtPIPSK1, an *Arabidopsis thaliana* phosphatidylinositol phosphate kinase, synthesizes PtdIns(3,4)P(2) and PidIns(4.5)P(2) in vitro and is inhibited by phosphorylation. Biochem. J. 359: 583-589

11. Kost B, Lemichez E, Spielhofer P, Hong Y, Tolias K, Carpenter C, Chua NH (1999) Rac homologues and compartmentalized phosphatidylinositol 4,5-bisphosphate act in a common pathway to regulate polar pollen tube growth. J. Cell Biol. 145: 317-330

12. Dove SK, Cooke FT, Douglas MR, Sayers LG, Parker PJ, Michell RH (1997) Osmotic stress activates phosphatidylinositol-3,5-bisphosphate synthesis. Nature 390: 187-192

13. Jung JY, Kim YW, Kwak JM, Hwang JU, Young J, Schroeder JI, Hwang I, Lee Y (2002) Phosphatidylinositol 3- and 4-phosphate are required for normal stomatal movements. Plant Cell 14: 2399-2412

14. English D (1996) Phosphatidic acid: a lipid messenger involved in intracellular and extracellular signalling. Cell Signal 8: 341-347

15. Ritchie S, Gilroy S (1998) Abscisic acid signal transduction in the barley aleurone is mediated by phospholipase D activity. Proc. Natl. Acad. Sci. USA 95: 2697-2702

16. Jacob T, Ritchie S, Assmann SM, Gilroy S (1999) Abscisic acid signal transduction in guard cells is mediated by phospholipase D i activity. Proc. Natl Acad Sci USA 96: 12192-12197

17. Wang C, Zien CA, Afitlhile M, Welti R, Hildebrand DF, Wang X (2000) Involvement of phospholipase D in wound-induced accumulation of jasmonic acid in *Arabidopsis*. Plant Cell 12: 2237-2246

18. Lee S, Hirt H, Lee Y (2001) Phosphatidic acid activates a wound-activated MAPK in Glycine max. Plant J. 26:479-486

19. Katagiri T, Takahashi S, Shinozaki K (2001) Involvement of a novel *Arabidopsis* phospholipase D, AtPLDδ, in dehydration-inducible accumulation of phosphatidic acid in stress signalling. Plant J. 26: 595-605

20. Ng CK, Carr K, McAinsh MR, Powell B, Hetherington AM (2001) Drought-induced guard cell signal transduction involves sphingosine-1-phosphate. Nature 410: 596-599

5. 염 스트레스와 이온 항상성

小岩尚志

5.1 소개

화석 자료에 따르면 육상 식물의 기원은 4억 8000만 년 전부터 4억 6000만 년 전 사이이다. 분자 생물학적 분석에서는 7억 년 전으로 추측되어진다. 육상에 있어서 식물의 번영을 가져온 하나의 요인은 식물이 획득한 환경 적응 능력, 특히 건조, 온도 변화, 그리고 다른 영양 환경에 적응하는 능력이다. 반면, 해상 생활과의 결별은 식물의 생육 환경의 염 농도를 낮춰서, 오늘날 대부분의 유상 작물 종은 해수의 10%(약 0.3% w/v NaCl) 정도의 염 농도에서 현저한 생육 저해를 나타낸다(비염생식물). 한편, 명아주, salt cress 등 염생 식물은 해수의 30% 이상의 염 농도에서도 생육한다[1]. 이처럼 다른 내염성 식물종을 세포 수준에서 조사해도, 그 세포질의 Na^+ 농도와 효소 수준에서의 염감수성에는 차이가 그다지 보이지 않는다. 이 수많은 식물에 공통의 세포 내염성은 Na^+을 세포 밖으로 배출하는 구조 또는 Na^+을 세포내 소기관, 많은 액포 내에 격리하는 구조를 기반으로 생각할 수 있다[1]. 반면 뿌리로부터 지상부로의 Na^+의 장거리 수송 형태는 식물의 개체 수준에서 내염성에 크게 기여한다. 여기에서는 최근에 의욕적으로 진행되고 있는 애기장대의 돌연변이를 이용한 연구를 중심으로, 염 스트레스에서 이온 균형의 결과를 바탕으로 소개하고자 한다.

5.2 염 스트레스

고농도의 염 조건에서, 식물은 한정된 에너지를 분배하여 세포질 내로의 Na^+의 유입(Na^+ 스트레스)과 세포로부터 탈수(삼투 스트레스)에 대하여 내성 기구를 조절한다[1]. 세포질 내에 유입한 Na^+ 또는 더욱 독성이 높은 동족 이온 Li^+은 K^+와 경쟁하여 많은 K^+ 의존성 효소(단백질 합성 시스템, 황 동화계 효소)의 활동을 억제한다. 또한 고농도의 Na^+은 단백질과 수소 결합하고 있는 물 분자와 치환되고 고차 구조를 불안정하게 한다. 세포 내에서 단백질의 수화를 높은 염 농도로부터 보호하여 삼투압을 조절하는 것은 적합 용질이라고 불리는 일군의 유기 화합물이다. 적합 용질의 생합성과 그 기능에 대한 자세한 내용은 다른 참고문헌[2] 등을 참조하기 바란다.

5.3 세포 수준에서의 이온 항상성

5.3.1 Na^+ 흡수 및 배출

토양의 Na^+는 어떻게 세포 내에 흡수되어 수송되는 것일까(그림 5.1). Zhu의 그룹은 애기장대의

NaCl 감수성 돌연변이인 *sos1* 돌연변이에서부터 *sos5* 돌연변이까지를 분리하여, 그 원인 유전자를 결정하였다(문헌[3] 및 그 인용문헌). 그 산물 중, SOS1, SOS2, SOS3은 세포막의 Na^+/H^+ 교환 단백질과 그 제어를 담당하는 키나아제 복합체이다. SOS2는 키나아제이고, SOS3는 그 제어 서브 유닛이며, N말단이 미리스토일화(Myristoylation)된 EF-hand 모티프를 가진 Ca^{2+} 결합단백질이다. SOS2의 C말단 영역은 Ca^{2+} 의존적인 SOS3와의 결합과 자기 인산화에 의한 활성화를 받는 영역으로, 이 영역에 변이를 도입한 SOS2은 항시적으로 활성화된다. N말단의 미리스토일화(Myristoylation)는 SOS3의 *in vivo*에서의 기능에 필수적이지만, *in vitro*에서의 SOS2 활성화에는 기여하지 않는다. 2-hybrid 시스템을 이용한 실험에서 밝혀진 SOS3이 SOS2을 세포막에 가져오는 결과로 보았을 때, N 말단의 미리스토일(Myristoylation)기는 SOS3-SOS2 복합체의 세포막 국재화에 관여하는 것으로 생각된다. 돌연변이 식물체에서 가장 높은 염감수성을 나타내는 SOS1는 Na^+/H^+ 교환 수송체와 상동성을 가지고 있으며, 유전자의 과잉 발현은 형질전환 식물에 내염성을 부여한다[4]. SOS1과 SOS2-SOS3 복합체와의 관계를 결정적으로 나타낸 것은 *SOS1* 유전자, *SOS2* 유전자, *SOS3* 유전자를 모두 출아효모에서 발현시켜 재구성한 시스템에 있다. 이러한 시스템에서 SOS1는 세포막에 국재하여 단독으로 출아 효모의 내염성을 개선하였으나, SOS2-SOS3 복합체 또는 항시적 활성형 SOS2의 존재에서는 SOS1이 인산화되어 훨씬 뛰어난 내염성을 부여하였다[5].

이러한 실험은 세포막에서의 Na^+ 배출계의 역할에 대해 밝혔다. 그렇다면 Na^+은 세포 내에 어떻게 포함되었는가가 의문점으로 남아있다. 세포막 내외에 형성된 전기화학적 기울기(세포질은 - 전하를 나타낸다)는 세포 밖이 고농도의 Na^+일 경우, 수동적으로 Na^+가 세포 안으로 이동한

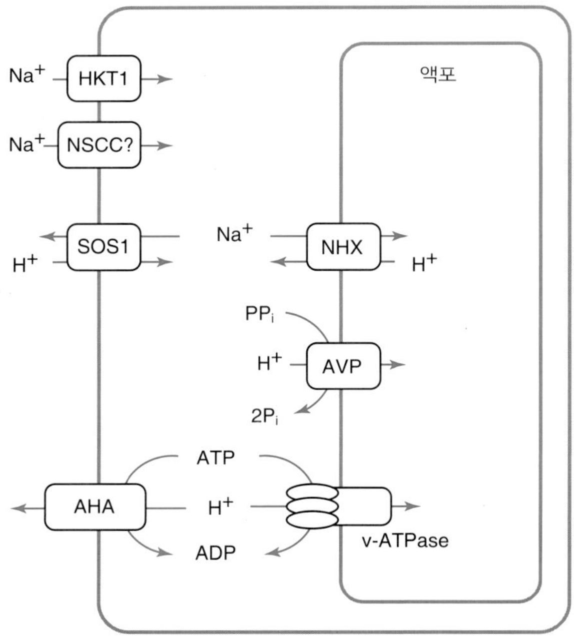

그림 5.1 세포 단위의 주요한 Na^+ 수송기구. NSCC : 비선택적 양이온 채널.

다. 지금까지 식물 세포에서 기능 분석이 된 K^+ 수송체 또는 K^+ 채널, 즉 AKT1, HKT1(밀 유래), KAT1 또는 선택성이 적은 비선택적 양이온 채널 등이 모두 Na^+을 수송하는 활성도 나타내기 때문에, Na^+의 식물 세포로의 유입은 원래 같은 알칼리 금속 이온인 K^+의 수송계로서 기능해야 할 시스템이 그 비특이성에 의해 Na^+도 수송하는 것으로 생각된다. 이 모델이 수정되는 계기가 된 것은 Rus 등에 의한 *sos3* 억제 돌연변이체의 분석을 통해서이다[6]. 그들은 *sos3* 돌연변이에 T-DNA을 삽입하여, 내염성이 회복한 억제 돌연변이를 분리하였다. 이 돌연변이는 *AtHKT1* 유전자에 T-DNA가 삽입된 것으로 Na^+의 식물체로의 축적이 감소했다. *AtHKT1* 유전자는 H^+/K^+ 공동 수송체 패밀리에 속하는 Na^+ 특이적 수송체를 코딩한다. 흥미롭게도 다른 식물 종에서 분리된 HKT1은 Na^+, K^+, H^+에 각각 다른 선택성을 나타냈다(문헌[7] 및 인용문헌). *hkt1* 돌연변이에 의한 *sos3* 돌연변이의 억제 효과는 낮은 Ca^{2+} 농도에서는 발현하지 않는다[6]. Ca^{2+} 감수성 비선택적 양이온 채널은 Ca^{2+} 부재에서는 Na^+ 투과성을 나타내지만, Ca^{2+} 존재에서는 투과 활성이 저해된다[8]. 따라서 *hkt1* 돌연변이가 나타내는 Ca^{2+} 의존적 내염성은 또 하나의 Na^+ 흡수 경로인 Ca^{2+} 감수성 비선택적 양이온 채널의 활성이 억제된 조건에서 발현하는 것으로 생각된다.

5.3.2 액포막에서 Na^+/H^+ 교환 수송체

Na^+가 다른 삼투압 스트레스 인자와 다른 것은 식물이 Na^+을 액포에 축적하는 것에 의해 Na^+ 자체가 삼투압 조절 용질이 될 수 있다는 점이다. 이것에 의해 액포 내에 축적하는 유기용질의 필요량은 최소한이 된다. 이러한 것으로부터 식물이 AtHKT1과 같은 Na^+을 세포 내에 흡수하는 절차를 갖는 필요성이 이해될 수 있다. 애기장대에 있어서 Na^+를 액포로 수송하는 것은 AtNHX1로 대표되는 일군의 액포막의 Na^+/H^+ 교환 수송체이다(문헌[9] 및 인용문헌). 애기장대 핵 게놈에 있는 6종류의 *AtNHX* 유전자 산물 중, 적어도 AtNHX1, AtNHX2, AtNHX5은 출아효모 *nhx1* 돌연변이를 보완할 수 있고, AtNHX1과 AtNHX2에 대해서는 식물 세포의 액포에 국재한다[10].

NHX 패밀리 단백질은 Na^+ 항상성 이외의 기능도 갖고 있다. 나팔꽃의 NHX 패밀리 단백질은 꽃잎에서 액포 내의 pH를 Na^+ 의존적으로 조절하고, 안토시아닌의 색조를 제어한다[11]. 캘리포니아 포피(*Eschscholzia californica*) 세포는 엘리시터(Elicitor) 처리에 의해 세포질 pH가 산성화되고, 파이토알렉신(phytoalexin) 합성을 유도한다[12]. 이것은 엘리시터(Elicitor)가 포스포 리파아제 A_2을 활성화하고, 리소포스파티딜콜린(lysophosphatidylcholines, LPC)을 생산, 그리고 LPC가 액포막의 Na^+/H^+ 교환 수송체를 직접적 또는 간접적으로 활성화하여, Na^+ 의존적으로 세포질의 산성화가 일어날 것이다. 이 과정은 NHX 패밀리 단백질의 저해제인 아밀로라이도(amiloride)에 감수성을 나타낸다. 따라서 액포막의 Na^+/H^+ 교환수송체는 식물의 병해저항성 제어 기구의 일부로서도 기능하고 있다고 할 수 있다.

5.3.3 내염성을 관한 H^+ 수송 시스템

SOS1와 AtNHX1, 또는 밀의 HKT1 등의 수송체는 세포막이나 액포막을 경계로 존재하는 전기

화학적 기울기, 특히 H^+ 기울기를 이용하여 Na^+ 또는 K^+ 등의 이온을 수송하고 있다. 전기 화학적 기울기를 구성하는 주요 요인은 단백질 산성 아미노산 잔기의 반대 이온인 K^+ 채널을 통한 세포 외부로의 유출, 세포막과 액포막에서의 H^+ 펌프에 의한 세포질로부터의 H^+의 배출 등이다. 정상 상태의 식물 세포의 세포질 전기 화학적 기울기는 약 −150 mV이다. 또한 세포질은 약 pH 7.5이고 세포 간격과 액포의 pH는 약 5.5이다[1]. 이러한 경우, 세포막의 H^+ 기울기는 전기 화학적 기울기에 환산하여 ΔpH × (−59 mV) = −118 mV이다. 세포질 측면이 음의 전기 화학적 기울기와 H^+ 기울기는 함께 H^+를 세포 내로 유입시키는 H^+ 구동력에 기여하기 때문에, 정상 상태의 식물 세포의 세포막에 있어서 H^+ 구동력은 약 −268 mV이 된다. 액포로의 H^+ 수송은 간접적으로 음이온 수송과 짝지어 움직이기 때문에, 발생하는 전기 화학적 기울기는 약 20~50mV 정도이다[1]. 그러므로 액포막의 H^+ 구동력은 유일하게 H^+ 기울기(약 ΔpH = 2)에 근거한다.

이와 같은 H^+ 기울기를 만들어내고 있는 것은 세포막에서는 P형 H^+-ATPase, 액포막에서는 V-ATPase 및 피로인산 가수분해효소이다. 애기장대의 세포막 P형 H^+-ATPase는 단일 펩티드로 구성되며, 각각 다른 표현 양식을 나타내는 *AHA1* 유전자 ~ *AHA12* 유전자에 의해 패밀리를 구성한다(문헌[13] 및 인용문헌). *AHA* 유전자에 코딩되는 것을 포함한 식물 P형 H^+-ATPase는 5개의 서브 패밀리로 분류할 수 있다[13]. 지금까지 T-DNA 삽입 돌연변이체를 얻는 것으로 확인된 유전자 중 하위 패밀리 II의 *aha3* 유전자의 돌연변이, 그리고 *aha1* 유전자와 *aha2* 유전자의 이중 돌연변이는 치사하게 된다[13]. 한편, 서브 패밀리의 *aha4* 유전자는 내피 조직 특이적으로 발현하고, 그 돌연변이는 잎 조직에 더 많은 Na^+를 축적하여 현저한 염감수성을 나타낸다. 이 때문에 내피 조직에서 H^+ 구배의 형성과 그에 의해 구동된다고 생각되는 세포질 양이온 수송 시스템이 Na^+의 통도 조직으로의 유입을 제한하고 있다고 생각된다. P형 H^+-ATPase의 C말단은 자기 저해 영역이다. 이 영역에 변이를 가진 항시적 활성형 AHA3는 형질전환 식물체가 산성 조건하에서도 생육이 정상적으로 나타났다. 따라서 활성형 AHA3가 체관 반세포의 pH 기울기 형성 능력을 강화했다고 생각할 수 있지만, 그것이 Na^+ 흡수 또는 내염성에 미치는 영향은 불분명하다.

V-ATPase는 적어도 12의 서브유닛으로 구성된 효소복합체로서, 총 26 유전자의 산물로 구성되어 있다(문헌[14] 및 인용문헌). *det3* 돌연변이에서는 C 서브유닛의 발현이 저하되어, V-ATPase 활성이 반감한다. 그 결과 식물체는 현저한 생육 부진을 일으켜서, V-ATPase 활성이 식물의 생육에 필수적임을 나타내었으나, *det3* 변이가 액포막에서의 pH 기울기 형성 능력, 그리고 다양한 이온 수송에 미치는 영향 등은 아직 분명하지 않다. 애기장대의 액포막의 피로인산 가수분해효소는 단일 펩티드로 구성된 효소로서, *AVP1* 유전자, *AVP2* 유전자, *AVP3* 유전자의 3 유전자의 산물로 구성되어 있다[14]. 출아효모에서 발현된 AVP1는 출아효모의 Na^+/H^+ 교환 수송체 Nhx1 및 음이온 채널 Gef1 의존적으로 세포 내염성을 향상시킨다. AVP1를 과잉 발현한 형질전환 애기장대는 액포의 Ca^{2+}/H^+ 교환 수송체 활성이 상승하였고, 그 식물체에는 더 많은 이온 및 용질이 축적했다. 그 결과로, 식물 내염성 및 내건성이 향상하였고, 액포막의 H^+ 기울기가 각종 스트레스 내성 반응의 구동력이 된다는 것이 간접적으로 나타났다.

5.4 개체 수준에 있어서 Na^+의 장거리 수송과 수송체의 역할

많은 내염성식물 또는 비내염성 식물에서도 비교적 높은 내염성을 나타내는 식물종은 뿌리에서 지상부에 Na^+를 수송하고 잎 조직에 축적한다(그림 5.2). Na^+을 뿌리의 세포질 간 수송 시스템에서 도관 등 통도 조직에 방출 또는 그곳에서 재흡수하는 기구는 내염성 기구의 핵심이라고 생각된다. 이것에 관계되는 세포군은 식물체 내에 존재하고 이온 동태 분석에는 상해 처리가 없는 세포를 이용하는 것이 필수적이기 때문에, 그 생리 기능의 분석 매우 어려웠다. Shi 등은 SOS1이 도관 유세포에서 발현을 나타내는 것과 동시에, 저농도의 염 스트레스에서의 Na^+ 축적량이 *sos1* 변이 식물체의 지상부 성장이 저해되는 것으로 보아, SOS1이 도관 조직의 도관 유세포에서 도관의 Na^+을 배출한다고 보고하였다. 또한 높은 염농도에서는 *sos1* 변이 식물체의 지상부가 더욱 높은 농도의 Na^+를 축적하는 것으로부터, 고농도의 염 스트레스에서 SOS1은 도관으로부터 Na^+을 재흡수한다고 보고하였다. 한편, 높은 염 농도에서 *sos1* 돌연변이는 세포사를 일으키므로 이 결과의 분석에는 주의가 필요하다[15]. Berthomiew 등은 체관부 조직 특이적인 AtHKT1의 발현을 밝히고, 또한 *hkt1* 돌연변이가 지상부에서 Na^+를 더 축적하고, 뿌리에서 지상부에 수송되는 도관액 중의 Na^+ 농도는 거의 야생형과 다름없는 반면, 지상부에서 뿌리로 수송되는 도관액의 Na^+ 농도는 *hkt1* 돌연변이가 야생형보다 낮게 나타났다. 이 결과는 AtHKT1이 지상부에서 Na^+을 도관에 수송하는 뿌리에 전류하는 기능을 갖는 것을 나타낸다. *hkt1* 돌연변이체의 뿌리의 Na^+ 축적량은 감소하고 있었지만, 그 Na^+ 흡수 속도는 야생형과 유의한 차이가 없었다. 이 때문에 뿌리에서는

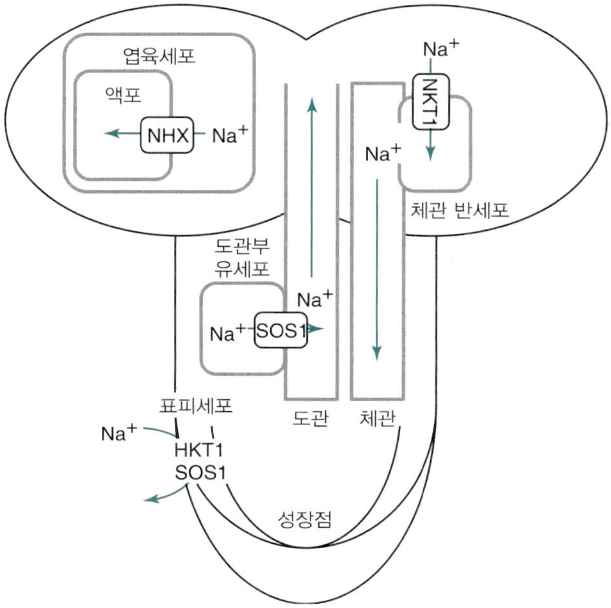

그림 5.2 식물 개체 단위에서의 Na^+ 장거리 수송 모델.

AtHKT1 도관액에서 Na^+을 재흡수하는 것으로 생각되었다. 이러한 모델은 식물이 Na^+의 체내 분포를 능동적으로 제어하는 것을 나타내고, 식물의 내염성을 이해하는 데 특히 중요한 것이다[16].

5.5 성장점의 이온 항상성

성장점은 미분화 세포의 집합체로 식물체의 다른 부위에서 보이는 세포의 특이적 역할의 발현은 최소한이었다. 성장점의 분열 조직에서는 통도 조직이 미분화되었고, 개개의 세포의 액포 발달도 미숙하였다. 이와 같이 불리한 조건에서도 불구하고, 근단분열조직은 경단분열조직과 달리 토양 중의 염 스트레스에 직접 노출되어 있다. *SOS1* 유전자는 도관 유세포뿐만 아니라 근단분열조직을 덮는 표피 조직에서도 발현한다[17]. 이러한 점에서 SOS1(과 아마도 그것을 제어하는 SOS2-SOS3 복합체)은 근단에서 분열 조직에 Na^+가 흡수되는 것을 막고 있다고 생각한다. *hkt1* 돌연변이는 *sos1* 돌연변이, *sos2* 돌연변이, *sos3* 돌연변이의 뿌리 신장의 염 감수성을 억제하기 때문에, 아마도 근단의 표피 세포에서 Na^+의 흡수 기능하고 있다고 추측된다. Maser 등의 보고에는 근단에서 *AtHKT1* 유전자 프로모터(837bp)의 발현되지 않았지만[18], Berthomiew 등의 연구 결과에서는 근단에서도 *AtHKT1* 유전자 프로모터(2.3kbp)의 발현이 아주 약하게 나타나고 있다. 액포형 Na^+/H^+ 교환수송체 NHX1의 발현은 근단에서는 보이지 않고, 액포의 발달이 시작되는 신장 영역의 상부에서 발현을 보이는 것으로 봐서, 근단 조직의 내염성에서는 액포의 역할이 작다는 것을 나타내고 있다[17].

5.6 마무리

식물의 내염성 기구는 각종 수송체의 활성, 제어 기구, 발현 양식, 식물의 세포 분화, 형태의 영향이 결합되어 그 기능이 발현한다. 또한 다른 식물 부위에서는 다른 기구가 그 역할을 담당하는 것처럼 보인다. 애기 장대 또는 발아 효모를 이용한 스크리닝은 이제까지의 많은 세포 수준의 내염성 유전자를 식별하여 왔지만, 이러한 유전자의 기능을 조직 및 개체 수준에서 분석함에 있어, 내피 조직이 결여된 *scarecraw* 돌연변이와 같은 형태의 돌연변이를 이용한 분석은 점점 중요하게 될 것으로 생각된다. 또한 Na^+가 세포에 감지된 유전자 발현의 조절로 이어지는 구조도 알 수 없는 부분이 많기 때문에, 앞으로의 연구 결과가 기대된다.

참고 문헌

1. Hasegawa PM, Bressan RA, Zhu JK, Bohnert HJ (2000) Plant cellular and molecular responses to high salinity. Annu. Rev. Plant Physiol. Plant Mole. Biol. 51: 463-499

2. Rontein D, Basset G, Hanson AD (2002) Metabolic engineering of osmoprotectant accumulation in plants. Metab. Eng. 4: 49-56

3. Zhu JK (2002) Salt and drought stress signal transduction in plants. Annu. Rev. Plant Biol. 53: 247-273

4. Shi H, Lee BH, Wu SJ, Zhu JK (2003) Overexpression of a plasma membrane Na(+)/H(+) antiporter gene improves salt tolerance in *Arabidopsis thaliana*. Nat. Biotechnol. 21: 81-85

5. Quintero FJ, Ohta M, Shi H, Zhu JK, Pardo JM (2002) Reconstitution in yeast of the *Arabidopsis* SOS signaling pathway for Na^+ homeostasis. Proc. Natl. Acad. Sci. USA 99: 9061-9066

6. Rus A, Yokoi S, Sharkhuu A, Reddy M, Lee BH, Matsumoto TK, Koiwa H, Zhu JK, Bressan RA, Hasegawa PM (2001) AtHKT1 is a salt tolerance determinant that controls Na^+ entry into plant roots. Proc. Natl. Acad. Sci. USA 98: 14150-14155

7. Golldack D, Su H, Quigley F, Kamasani UR, Munoz-Garay C, Balderas E, Popova OV, Bennett J, Bohnert HJ, Pantoja O (2002) Characterization of a HKT-type transporter in rice as a general alkali cation transporter. Plant J. 31: 529-542

8. Tester M, Davenport R (2003) Na^+ tolerance and Na^+ transport in higher plants. Ann. Bot 91: 503-527

9. Blumwald E, Aharon GS, Apse MP (2000) Sodium transport in plant cells. Biochim. Biophys. Acta 1465: 140-115

10. Yokoi S, Quintero FJ, Cubero B, Ruiz T, Bressan RA, Hasegawa PM, Pardo JM (2002) Differential expression and function of *Arabidopsis thaliana* NHX Na^+/ H^+ antiporters in the salt stress response. Plant J. 30: 529-539

11. Fukada-Tanaka S, Inagaki Y, Yamaguchi T, Saito N, Iida S (2000) Colour-enhancing protein in blue petals. Nature 407: 581

12. Viehweger K, Dordschbal B, Roos W (2002) Elicitor-activated phospholipase A (2) generates lysophosphatidylcholines that mobilize the vacuolar H (+) pool for pH signaling via the activation of Na(+) dependent proton fluxes. Plant Cell 14: 1509-1525

13. Arango M, Gevaudant F, Oufattole M, Boutry M (2003) The plasma membrane proton pump ATPase: the significance of gene subfamilies. Planta 216: 355-365

14. Gaxiola RA, Fink GR, Hirschi KD (2002) Genetic manipulation of vacuolar proton pumps and transporters. Plant Physiol. 129: 967-973

15. Huh G-H, Damsz B, Matsumoto TK, Reddy PM, Rus Am Ibeas JI, Narasimhan ML, Bressan RA, Hasegawa PM (2002) Salt causes ion disequilibrium-induced programmed cell death in yeast and plants. Plant J. 29: 649-959

16. Berthomieu P, Conejero G, Nublat A, Brackenbury WJ, Lambert C, Savio C, Uozumi N, Oiki S, Yamada K, Cellier F, Gosti F, Simonneau T, Essah PA, Tester M, Very A-A, Sentenac H, Casse F (2003) Functional analysis of AtHKT1 in Arabidopsis shows that Na+ recirculation by the phloem is crucial for salt tolerance. EMBO J. 22: 2004-2014

17. Shi H, Quintero FJ, Pardo JM, Zhu JK (2002) The putative plasma membrane Na^+/H^+ antiporter SOS1 controls longdistance Na^+ transport in plants. Plant Cell 14: 465-477

18. Maser P, Eckelman B, Vaidyanathan R, Horie T, Fairbairm DJ, Kubo M, Yamagami M, Yamaguchi K, Nishimuma M, Uozumi N, Robertson W, Sussman MR, Schroeder JI (2002) Altered shoot/root Na^+ distribution and bifurcating salt sensitivity in *Arabidopsis* by genetic disruption of the Na^+ transporter AtHKT1. FEBS Lett. 531: 157-161

6. 접촉 자극과 Ca^{2+} 투과 채널

飯田秀利

6.1 소개

식물이 접촉 자극을 느낄 수 있다는 것을 진화론으로 유명한 다윈이 1888년에 자세하게 기술하고 있다[1]. 또한 그는 굴중성에 대해서도 1880년에 근단이 중력 감수 부분임을 보고하였다[2]. 약 120년 전에 기재되어 있는 그의 연구 중 다수는 현대 생물학의 관점으로부터 볼 때도 흥미로운 예가 많다. 그 이후 오늘에 이르기까지, 접촉 자극 반응과 굴중성에 관한 방대한 기초 연구가 많은 연구자들에 의해 이루어져 왔다. 접촉은 신장의 억제, 덩굴 휘감기, 접촉부의 고체화, 에틸렌 생산 등을 일으키는 것으로 알려져 있다. 최근 약 10년간, 접촉과 중력의 감수에는 Ca^{2+}이 중요한 역할을 하고 있다는 것이 밝혀졌다. 이것은 세포 내 Ca^{2+} 농도를 측정하는 기술이 10년 동안 눈부시게 발전한 덕분이다. 한편, 애기장대의 전체 게놈 염기 서열의 결정에 따라 지금까지 알려지지 않은 Ca^{2+} 투과 채널의 유전자가 발견되었다. 아직 접촉 반응 또는 굴중성에 관여하는 Ca^{2+} 투과 채널은 분자 수준에서는 특정되어 있지 않지만, 현재 예상되는 Ca^{2+} 투과 채널의 관여에 관한 지식을 정리하는 것은 앞으로의 연구 방향을 모색하는 데 의의가 있다. 또한 문헌의 인용은 지면의 사정에 따라 최소화하였으므로, 그 안에 인용된 문헌을 적절히 참조하기 바란다.

6.2 Ca^{2+} 투과 채널

세포가 아무런 자극도 받지 않은 경우의 세포질 Ca^{2+} 농도는 약 0.1uM이다. 한편 세포 외의 Ca^{2+} 농도는 세포질의 농도에 비해 10,000배 이상이나 높다. 또한, 소포체나 액포 등의 세포 내 Ca^{2+} 저장 세포 소포체의 농도도 약 1mM 또는 그 이상이다. 이러한 농도 차이에 의해 세포막 또는 세포 내 소기관 막에 존재하는 Ca^{2+} 투과 채널을 통해 Ca^{2+}가 세포질에 들어갈 수 있게 된다. 세포질에 들어간 Ca^{2+}은 이차 메신저로 Ca^{2+} 결합단백질 또는 효소를 활성화하거나 양이온으로 세포막의 탈분극을 일으킨다.

자주 사용되는 Ca^{2+} 채널이라는 용어는 본래 막전위의 변화에 의해 개구하는 전위 의존성 Ca^{2+} 채널을 가리킨다. 과민 반응성에서 분류하면, Ca^{2+}을 투과시킬 수 있는 이온 채널은 이 전위 의존성 Ca^{2+} 채널 외에 리간드 의존성 채널 및 기계 수용 채널이 있다. 이 두 가지는 다른 종의 양이온뿐만 아니라 Ca^{2+}을 투과시키는 능력을 가진 것이 있는데, 그들을 Ca^{2+} 투과 채널이라고 한다. 예를 들어, 기계 수용성 Ca^{2+} 투과 채널(또는 Ca^{2+} 투과성 기계 수용 채널)이라 부른다. 기계 수용 채널 중 특히 막의 신장에 의해 개구하는 채널을 신장 활성화 채널이라 한다.

애기장대의 게놈 분석에서 Ca^{2+} 투과 채널로 예상되는 유전자군이 발견되고 있다[3]. 놀랍게도 동물에서 많은 전위 의존성 Ca^{2+} 채널 유전자가 존재하는 반면, 애기장대에서 이에 상동성 있는 채널 유전자는 *AtTPC1* 유전자뿐이다[4]. 또한 리간드 의존성 채널에서는 글루타민산 수용체가 20종류, 고리형 뉴클레오티드 작동성 채널이 20종류 존재한다[3]. 한편, 효모와 동물의 기계 수용 채널(또는 그 후보)에 존재하는 상동 유전자는 식물에서 발견되지 않았다[5-7]. 여기에서의 주제인 기계 자극은 물론 기계 수용성 Ca^{2+} 투과 채널을 활성화하고, Ca^{2+} 신호를 발생하고 있다는 생리학적 데이터가 다음에 서술하는 것처럼 많이 존재한다. 그럼에도 불구하고 왜 구조상으로는 그것이 발견되지 않는 것일까.

그 이유는 네 가지로 생각된다. 첫째, 연구가 진행되고 있는 동물의 기계 수용 채널에서조차 아주 조금 밖에 그 유전자가 발견되지 않았기 때문이다. 앞으로 발견될 동물의 새로운 기계 수용 채널에 상동인 것이 식물에 존재할 가능성이 있다. 둘째, 식물의 20종씩 있는 글루타민산 수용체 또는 고리형 뉴클레오티드 작동성 채널 중 하나 또는 AtTPC1이 기계 자극으로 개구하는 성질을 가지고 있을 가능성이 있다. 셋째, AtTPC1, 글루타민산 수용체 및 고리형 뉴클레오티드 작동성 채널이 기계 수용성을 갖지 않아도 이곳에 작용하는 제어 단백질이 기계 수용성을 가지고 있는 가능성이 있다. 넷째, 동물에는 존재하지 않는 기계 수용 채널이 식물에는 존재할 가능성이 있다.

아래 언급한 식물의 접촉 반응과 굴중성의 기계 수용 채널의 관여는 구조상 이와 같은 배경을 전제로 논의된다. 식물의 기계 수용 채널의 연구 결과는 현재 전기 생리학적 연구 데이터 또는 약리 데이터에 근거한다.

6.3 접촉과 Ca^{2+}

식물을 만지면 즉시 세포내 Ca^{2+} 농도가 일시적으로 상승한다(그림 6.1). 이 드라마틱한 현상은 Ca^{2+} 의존성 발광 단백질인 에쿼린(aequorin)를 발현하는 형질전환 담배의 유식물을 사용하여 나타냈다[8]. 에쿼린은 Ca^{2+} 결합 도메인인 EF-hand 모티프를 3개 갖고 있다. 그 중 2부분에 Ca^{2+}가 결합하면 에쿼린은 파장이 470nm에 피크를 갖는 광을 발생한다. 그 발광 강도는 세포내 Ca^{2+} 농도를 반영한다.

그림 6.1에 나타낸 접촉에 의한 세포내 Ca^{2+} 농도의 상승은 접촉에 의해 생긴 상처가 원인인지 또는 접촉으로 인해 발생한 세포의 변형(세포 단편은 신장, 다른 측면은 압축)이 원인인지를 구별하기 위해, 유식물에 주사기로 바람을 분사했다. 그 이유는 바람이 직접 접촉에 의한 상처를 세포에 입히지 않기 때문이다. 실험 결과, 배축과 뿌리의 연결부 부근에서 식물체를 수직 방향에서 약 10° 기울인 바람은 세포내 Ca^{2+} 농도를 즉시 일시적으로 상승시켰다(그림 6.2). 바람 세기를 더욱 강하게 하면 그에 따라 세포내 Ca^{2+} 농도는 일시적으로 상승하였다. 바람이 강해져도 상승은 일시적이며, 상승 기간이 길어진 것은 아니다. 이러한 결과는 세포에 접촉했을 때의 결과와 본질적으로

동일하다. 따라서 세포는 접촉에 의한 신장 및 압축이라는 변화를 받 때, Ca^{2+} 신호를 발생시켜서 "밟혔다'라는 것을 감지한다고 생각된다.

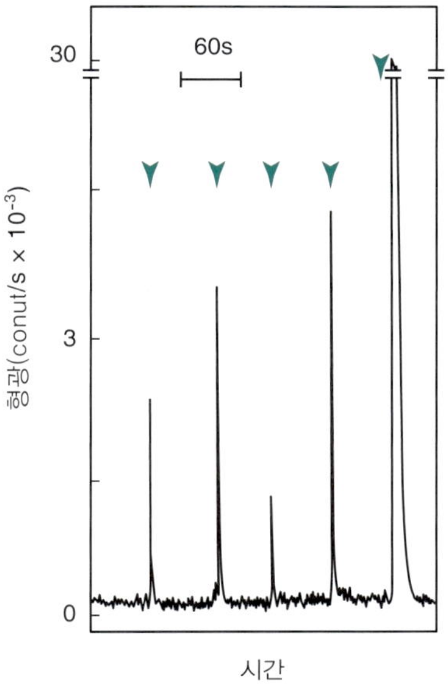

그림 6.1 접촉 자극에 따른 세포내 Ca^{2+} 농도의 일시적인 급상승. 에퀘린(aequorin)을 포함한 담배의 유식물은 1분 간격으로 날카로운 철사에 의해 자극을 받았다(화살촉). Ca^{2+} 결합에 의한 에퀘린의 발광은 발광측정기(Luminometer)로 측정되었다. 실험 마지막에는 유식물을 0℃의 물에 담궜다. 문헌[8]를 허가 받아 게재.

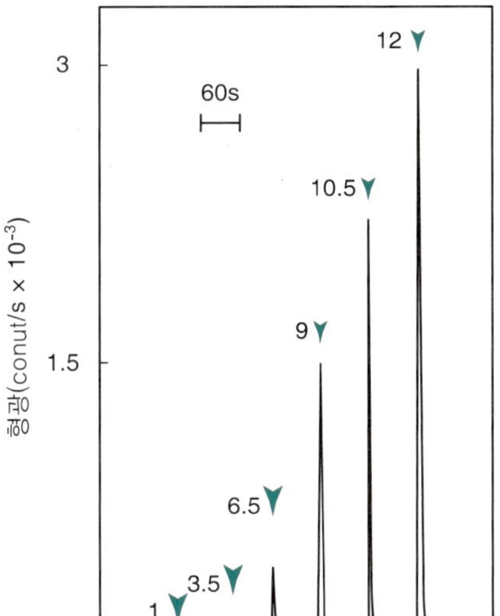

그림 6.2 바람에 의한 세포내 Ca^{2+} 농도의 일시적인 급상승. 에퀘린(aequorin)을 포함한 담배의 유식물을 발광측정기(Luminometer) 내에 고정시켜, 주사기로 바람을 조성하였다(화살촉). 바람의 세기가 그림 안에 표시되었다(단위는 N). Ca^{2+} 결합에 의한 에퀘린의 발광은 발광측정기로 측정되었다. 바람이 강할수록 세포내 Ca^{2+} 농도의 상승이 커지게 된다. 문헌[8]을 허가 받아 게재.

6.4 세포질 Ca^{2+}는 어디에서 올까

접촉에 의한 세포질 Ca^{2+} 농도의 상승은 세포 밖에서의 Ca^{2+} 유입에 의한 것일까? 아니면 세포내 소기관에서의 Ca^{2+} 방출에 의한 것일까? 어느 곳에 의한 것인지를 결정하기 위해, 에쿼린을 발현하는 담배 유식물에 여러 Ca^{2+} 대사 억제제를 첨가하여 세포내 Ca^{2+} 농도 변화에 대한 억제 효과를 조사하였다[8]. 그 결과, 루테늄 레드(Ruthenium Red)만이 억제 효과를 가지고 있었다. 루테늄 레드는 식물 세포에서는 아직 잘 알고 있지 않지만, 소포체에서 Ca^{2+}의 방출을 억제하는 것으로 생각되고 있다. 한편, 세포막의 기계 수용 채널을 저해하는 것으로 알려져 있는 Gd^{3+}는 저해 효과를 갖지 않았다. 따라서 접촉은 아마 소포체 막의 기계 수용 채널을 활성화시키는 것으로 생각된다.

애기장대의 뿌리에서 접촉 반응에 있어서도 같은 결론을 얻을 수 있다[9]. 이 실험에서는 Ca^{2+} 형광 지시약인 Indo-1이 사용되었다. Indo-1은 Ca^{2+}가 결합하면 형광 스펙트럼이 단파장 쪽으로 이동한다. 일반적으로 파장 351~365nm의 여기광으로 여기하여, 파장 405nm 부근과 파장 485nm 부근의 형광을 동시에 측정하여, 이 형광 강도 비에서 세포내 Ca^{2+} 농도를 산출한다. Indo-1을 포함한 뿌리에 마이크로 피펫으로 배지를 분사하면, 몇 분에 걸쳐 세포내 Ca^{2+} 농도의 상승이 관찰되었다[9]. 이 상승은 뿌리 전체에서 관찰되었지만, 근관에서 자극에 가장 민감했다. 또한, 위에서 언급한 에쿼린 발광으로 조사한 담배 유식물처럼 이 상승도 루테늄 레드로 억제되었다. 이러한 점에서도 접촉에 의해 소포체 막의 기계 수용 채널이 활성화된다는 설이 지지된다.

6.5 소포체에 존재하는 Ca^{2+} 투과 채널

식물의 덩굴손은 접촉에 민감하다. 박과 브리오니아속 *Bryonia dioica* 덩굴손의 소포체 막단백질을 지질이중막에서 기능적으로 재구성한 실험을 통해, 전기 생리학적으로 기계 수용 채널이 소포체에 존재하는 것으로 보고되었다[10]. BCC1이라고 이름 붙여진 이 채널은 K^+보다 Ca^{2+}을 잘 투과시켰고,, Ca^{2+}에 대한 전도도는 29 pS이었으며, Gd^{3+}에 의해 차단되었다. 재미있는 것은 Gd^{3+}이 식물의 덩굴손의 접촉 자극에 대한 반응을 완전히 억제한 것이다. BCC1의 분자 수준의 특정은 아직 이루어지고 있지 않지만, 기계 자극 신호전달에 중요한 것으로 생각된다.

차축조류(*Nitella flexilis*)에서도 세포내 Ca^{2+} 저장 부위에서 기계 자극에 의해 Ca^{2+}가 방출되는 것으로 보고되고 있다[11].

6.6 *TCH* 유전자군

접촉에 의해 유전자 발현이 유도되는 유전자로 *TCH* 유전자군(*TCH1* 유전자 ~ *TCH5* 유전자)가 발견되었다[12]. 이러한 mRNA의 양은 모든 접촉 자극 후 약 30분간 최대가 된다. Ca^{2+} 신호의 관점으로부터 몇 가지는 흥미롭다. TCH1은 칼모듈린이다. TCH2은 칼모듈린과 아미노산 배열에서 44% 상동인 칼모듈린 관련 단백질이다. TCH3는 Ca^{2+} 결합 부위인 EF-hand 모티프를 6개 가진 신규 칼모듈린 관련 단백질이다. TCH4는 세포벽을 보강하는 자일로글루칸 엔도트랜스글루코실라아제(XET)이다. 그러나 TCH5는 아직 불분명하다. 이와 같은 사실에 접촉 자극에 의한 유도된 굴곡은 기계 수용 채널이 개구되어 세포질로 방출된 Ca^{2+}에 의해 활성화되는 칼모듈린 및 칼모듈린 관련 단백질의 작용에 의해 일어난다는 것을 시사한다. TCH4는 세포벽의 자일로글루칸을 수식하는 효소로서, 굴곡 있는 세포의 신장을 촉진하는 가능성을 시사한다.

6.7 단백질 키나아제

알파파의 잎을 2초간 기계 자극하면, 1분 내로 MAP 키나아제가 활성화한다[13]. 활성의 피크는 자극 2분 후로, 5분 후에는 활성이 사라진다. 흥미로운 것은 진탕 배양하는 세포에서는 이 MAP 키나아제가 구성적으로 활성화한다. 그러나 진탕을 멈추면 활성은 사라지고, 배양을 다시 시도하면 MAP 키나아제가 다시 활성화된다.

애기장대의 MAP 키나아제, MAP 키나아제 키나아제 키나아제 및 S6 키나아제의 유전자 발현도 접촉 자극에 의해 더 유도된다[14]. 유전자의 발현 유도는 접촉 자극의 약 20분 후에 피크를 나타낸다.

이러한 결과는 키나아제가 기계 자극의 세포내 신호전달체인 것을 시사한다. 다만, 그것이 어떻게 세포 반응에 직접적으로 관여하는가, Ca^{2+} 신호와 어떻게 상호작용하는가에 대한 문제는 아직 남아있다.

6.8 중력 자극

뿌리와 배축, 꽃자루의 굴중성은 중력 감지, 전달, 반응의 세 가지로 구성된다. 그 중 하나인 중력 감지는 접촉 자극의 감지 중 하나로 생각된다. 중력은 근단의 중축(Columella) 세포에서 감지되어, 그 신호가 위쪽의 신장 영역에 전달된다(그림 6.3). 그 결과, 이 영역에서 오옥신의 불균등 분포가 생기고, 뿌리의 굴곡을 일으킨다.

중력 감지가 접촉 자극의 감지의 하나인 것으로 생각되는 것은 아밀로플라스트-평형석 모델에 의한 것이다(그림 6.4a). 이 모델에 따르면, 중축(Columella) 세포의 아밀로플라스트라고 불리는 프로토플라스트 유래의 세포내소기관에는 전분이 고밀도로 축적되어 있으며, 중력 방향이 바뀌면 아밀로플라스트가 침강하여 세포막 또는 세포내소기관 막에 접촉 자극을 가한다[15]. 아밀로플라스트는 뿌리에서는 근단에 존재하는 중축(Columella) 세포에 존재하고, 배축과 꽃자루에서는 내피

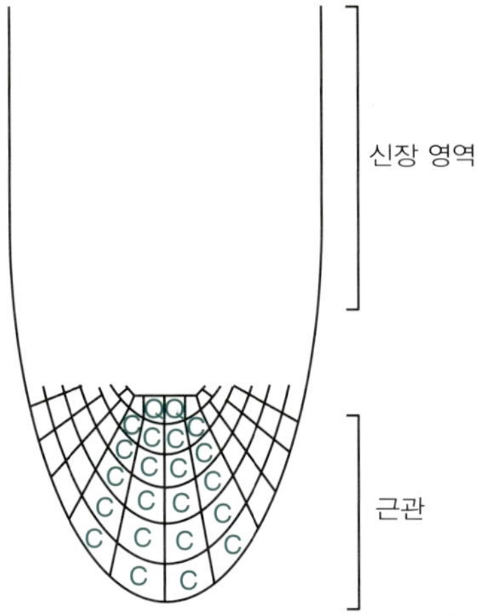

그림 6.3 뿌리의 근관 모식도. Q는 정지 중심을 나타내고, C는 중축세포를 나타낸다. 가장 위쪽의 4개의 중축세포는 중축 원시세포이다. 근관의 상부의 세포들은 생략한다.

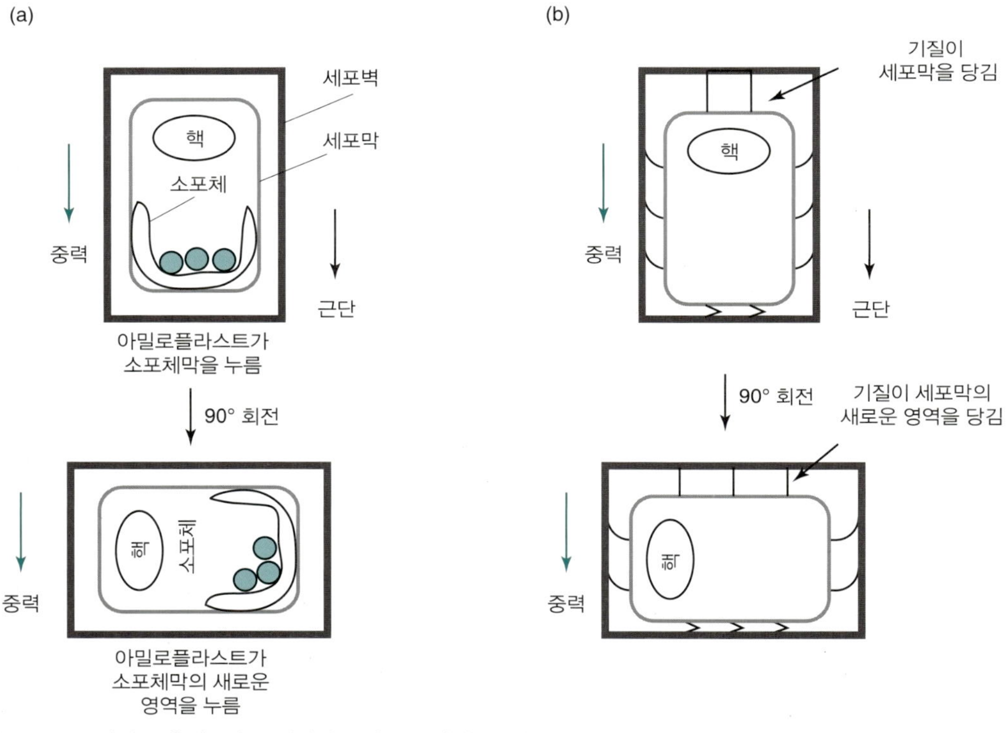

그림 6.4 근단의 중축세포의 중력감지 모델. (a) 아밀로플라스트-평형석 모델. 아밀로플라스트가 중력 방향의 변화에 의해 침강하여, 소포체막 또는 세포막의 새로운 영역을 자극한다. (b) 중력압 모델. 세포외기질이 중력 방향의 변화에 의해 세포막의 새로운 부분을 신장시킨다. 두 모델은 최종적으로 Ca^{2+} 투과성 기구 수용 채널이 활성화할 가능성이 있다.

세포에 존재한다. 아밀로플라스트를 결손한 돌연변이도 불완전하게 굴중성을 나타내기 때문에, 중력 감지의 메커니즘은 아밀로플라스트-평형석 모델만으로는 설명할 수 없다. 또 다른 모델은 중력 압력 모델이다(그림 6.4b). 이에 따르면, 세포막과 세포벽은 세포외기질에 의해 연결되어, 중력의 방향이 바뀌면 세포막의 새로운 부분이 신장한다. 이 신장에 의해 세포막의 기계 수용 채널이 활성화된다. 어느 쪽의 모델에 있어서도 기계 수용 채널의 활성화에 의해 Ca^{2+} 신호가 발생할 것으로 예상된다. 식물은 이 두 모델의 기구를 모두 갖고 있을지도 모른다.

뿌리의 굴중성에는 Ca^{2+}이 중요하다는 것을 시사하는 고전적인 실험이 있다. 수직으로 서 있는 옥수수의 근단 한쪽(예를 들어, 오른쪽)에 $CaCl_2$를 포함하는 한천 조각을 놓으면, 뿌리는 오른쪽으로 구부러진다. 이와 반대로 근단의 오른쪽에 Ca^{2+} 킬레이트제인 EGTA를 포함한 한천 조각을 놓으면 뿌리는 왼쪽으로 구부러진다. 이러한 결과와 같이, Ca^{2+}는 뿌리의 신장 저해로 작동한다. 이것은 뒤에 설명하는 바와 같이 오옥신의 작용과 결과적으로 동일하다.

그 외에도 뿌리의 굴중성에는 Ca^{2+}가 중요한 역할을 하고 있음을 시사하는 데이터가 다음과 같이 축적되고 있다. 1) Ca^{2+} 채널, 칼모듈린 또는 Ca^{2+}-ATPase 등의 억제제를 첨가하면, 굴중성이 저해된다[16,17]. 2) 중축(Columella) 세포의 Ca^{2+} 농도는 근단의 다른 세포의 Ca^{2+} 농도보다 높다[18]. 3) 중축(Columella) 세포 내의 아밀로플라스트에 Ca^{2+}가 많이 존재하고 있다[19]. 4) 칼모듈린 및 칼모듈린 관련 단백질 TCH3의 함량이 중축(Columella) 세포에 많고, 게다가 칼모듈린의 발현은 중력 자극에 의해 유도된다[20]. 또한 엽침의 세포에서 Ca^{2+} 저장 부위로부터 Ca^{2+}를 방출시키는 작용을 갖는 이노시톨1,4,5-삼인산(IP_3)이 중력 자극에 의해 유도된다. IP_3 합성을 촉매하는 포스포 리파아제 C를 저해하면, 굴중성이 저해된다[21].

이와 같은 결과로부터, 중력 감지에는 Ca^{2+}이 중요한 역할을 하고 있는 것으로 생각되지만, 이것을 직접적으로 증명한 보고는 최근에서야 나왔다. 처음에는 주의 깊게 실험을 하여도 중력 자극에 의한 세포내 $Ca2^{+}$ 농도의 상승을 검출할 수 없었다[22]. 이 실험에서는 Indo-1이 도입된 애기장대의 뿌리 1개에 대해서 세포내 Ca^{2+} 농도의 이미징이 행해졌다. 검출할 수 없었던 이유로는, 세포내 Ca^{2+} 농도의 상승이 너무 작아 검출되지 않았을 것으로 생각되었다. 다른 별도의 그룹은 에쿼린을 발현시킨 애기장대의 유식물을 사용했다[23]. 이 실험에서 유식물 1개를 측정에 사용한 경우에는 중력 자극에 의한 세포내 Ca^{2+} 농도의 상승을 검출할 수 없었으나, 500~1,000개의 유식물을 사용함으로써 처음으로 그것을 검출할 수 있게 되었다. 이 분석에서 세포내 Ca^{2+} 농도는 중력 자극 직후부터 일시적으로 상승하였고, 그 후 약 90초 후에 피크를 갖는 제2의 상승이 일어났다. 이 제2의 상승은 15분간 되었다. 이와 같은 이와 같이 중력 자극에 의한 경시 변화는 일시적인 상승밖에 일어나지 않는 바람에 의한 자극 후의 경시 변화와는 다르다(그림 6.2). 흥미롭게도 제2의 상승이 15분 정도 이어졌다는 결과는 중력의 방향이 변한 경우의 아밀로플라스트가 침강하기 위해 6~12분 걸린다는 데이터와 거의 일치하고 있다. 이와 같은 결과로, 세포내 Ca^{2+} 농도의 제2의 상승은, 침강한 아밀로플라스트에 의해 자극을 받은 소포체로부터 방출된 Ca^{2+}에 의존하고 있을 가능성에 대해 생각할 수 있다.

6.9 굴중성에 있어서 Ca^{2+}와 오옥신

중력 자극에 의해 유도된 뿌리의 굴곡은 오옥신의 농도 구배에 따라 생긴다는 가설을 오랫동안 믿어 왔다. 즉, 옆으로 쓰러진 뿌리에서 오옥신 농도가 아래로 높고, 위로 낮아진다. 뿌리 세포는 오옥신에 대한 감수성이 높기 때문에, 적정 농도 이상의 오옥신은 세포의 신장을 저해한다. 따라서 뿌리는 위쪽이 더 잘 신장하기 때문에, 결과적으로 뿌리는 중력 방향으로 향해 뻗는다. Cholodny-went 가설로 알려진 이 가설은 최근에서야 분자 수준에서 그 정당성이 입증되고 있다. 특히, 최근의 *PIN* 유전자군의 연구는 중요하다.

그런데 굴중성에 있어서 Ca^{2+}과 오옥신은 어떤 관계가 있는 것일까? 양쪽의 밀접한 관계를 시사하는 데이터가 일부 존재한다. 예를 들어, EGTA는 중력에 의한 오옥신의 분배와 그에 따른 굴중성을 저해한다[24]. 또한 오옥신에 의한 뿌리의 신장 저해는 세포외 Ca^{2+}에 의존적이다. 더욱이 오옥신은 세포내 Ca^{2+} 농도를 상승시키고, 반대로 오옥신 수송 억제제는 중력 자극에 의해 유도되는 세포내 Ca^{2+} 농도를 저해한다[23]. 이러한 데이터는 Ca^{2+}와 오옥신의 수송 또는, Ca^{2+} 및 세포 오옥신 감수성과의 사이에 중요한 관련이 있음을 시사하고 있다. 특히, 후자에서는 Ca^{2+}가 세포 오옥신에 대한 감수성을 높이는 역할을 하고 있다고 추측된다. 하지만 지상부에서 Ca^{2+}와 세포의 오옥신 감수성과의 사이에 어떤 관련이 있는지는 앞으로의 문제로 남아있다.

6.10 마무리

접촉 자극과 중력 자극에 의해 세포내 Ca^{2+} 농도가 상승하는 것이 밝혀졌다. 다음 중요한 과제 중 하나는 그 상승을 일으키는 기계 수용 채널 분자의 특정와 그것을 활성화하는 메커니즘의 규명이다. 애기장대의 게놈 분석과 식물의 전기 생리학의 발달에 의해, 머지않아 그 특정이 이루어질 것이다. 한편, 기계 수용 채널을 활성화하는 기구의 연구는 미개척의 분야이다. 세포외기질 단백질, 세포 골격 및 그 제어인자가 활성제어에 분명히 관계하고 있을 것이다. 매우 흥미로운 분야이기 때문에, 많은 연구자의 참여가 기대된다.

참고 문헌

1. Darwin C (1888) On the Movements and Habits of Climbing Plants. John Murray, London
2. Darwin C, Darwin F (1880) The Power of Movement in Plants. John Murray, London
3. Very A-A, Sentenac H (2002) Cation channels in the *Arabidopsis* plasma membrane. Trends Plant Sci 7: 168-174
4. Furuichi T, Cunningham KW, Muto S (2001) A putative two pore channel AtTPC1 mediates Ca^{2+} flux in *Ara-*

bidopsis leaf cells. Plant Cell Physiol 42: 900-905

5. Kanzaki M, Nagasawa M, Kojima I, Sato C, Naruse K, Sokabe M, Iida H (1999) Molecular identification of a eukaryotic, Stretch-activated nonselective cation channel. Science 285: 882-886
6. Driscoll M, Chalfie M (1991) The *mec*-4 gene is a member of a family of *Caenorhabditis elegans* genes that can mutate to induce neuronal degeneration. Nature 349: 588-593
7. Walker RG, Willingham AT, Zuker CS (2000) A *Drosophila* mechanosensory transduction channel. Science 287: 2229-2234
8. Trewavas A, Knight M (1994) Mechanical signalling, calcium and plant form. plant Mol. Biol. 26: 1329-1341
9. League V, Blancaflor E, Wymer C, Perbal G, Fantin D, Gilroy S (1997) Cytosolic free Ca^{2+} in *Arabidopsis* roots changes in response to touch but not gravity. Plant Physiol. 114: 789-800
10. Klusener B, Boheim G, Liss H, Engelberth J, Weiler EW (1995) Gadolinium-sensitive, voltage-dependent calcium release channels in the endoplsmic reticulum of a higher plant mechanoreceptor organ. EMBO J. 14: 2708-2714
11. Kikuyama M, Tazawa M (2001) Mechanosensitive Ca^{2+} release from intracellular stores in *Nitella fexilis*. Plant Cell Physiol. 42: 358-365
12. Braam J, Davis RW (1990) Rain-, wind-, and touch-induced expression of calmodulin and calmodulin-related genes in *Arabidopsis*. Cell 60: 357-364
13. Bogre L, Ligterink W, Heberle-Bors E, Hirt H (1996) Mechanosensors in plants Nature 383 : 489-490
14. Mizoguchi T, Irie K, Hirayama T, Hayashida N, Yamaguchi-Shinozaki K, Matsumoto K, Shinozaki K (1996) A gene encoding a mitogen-activated protein kinase kinase kinase is induced simultaneously with genes for a mitogen-activated protein kinase and an S6 ribosomal protein kinase by touch, cold, and water stress in *Arabidopsis thaliana*. Proc. Natl. Acad. Sci. USA 93: 765-769
15. Sack F (1997) Plastids and gravitropic sensing. Planta 203: S63-S68
16. Belavskaya NA (1996) Calcium and graviperception in plants: inhibitor analysis. Int. Rev. Cytol 168: 123-185
17. Friedman H, Meir S, Rosenberger I, Halevy AH, Kaufman PB, Philosoph-Hadas S (1998) Inhibition of the gravitropic response of snapdragon spikes by the calcium-channel blocker lanthanum chloride. Plant Physiol. 118: 483-492
18. Busch MB, Kortje KH, Rahmann H, Sievers A (1993) Characteristic and differential calcium signals from cell structures of the root cap detected by energy-filtering electron microscopy(EELS/ESI). Eur. J. Cell Biol. 60: 88-100
19. Chandra S, Chabot JF, Morrison GH, Leopold AC (1982) Localization of calcium in amyloplasts of root-cap cells using ion microscopy. Science 216: 1221-1223
20. Sinclair W, Oliver I, Maher P, Trewavas A (1996) The role of calmodulin in the gravitropic response of the *Arabidopsis thaliana agr-3* mutant. Planta 199: 343-351
21. Perera I, Heilmann I, Chang SC, Boss WF, Kaufman PB (2001) A role for inositol 1,4,5-trisphosphate in grav-

itropic signaling and the retention of cold-perceived gravistimulation of oat shoot pulvini. Plant Physiol. 125: 1499-1507

22. Legue V, Blancaflor E, Wymer C, Perbal G, Fantin D, Gilroy s (1997) Cytoplasmic free Ca^{2+} in *Arabidopsis* roots changes in response to touch but not gravity. Plant physiol. 114: 789-800

23. Plieth C, Trewavas AJ (2002) Reorientation of seedlings in the earth 's gravitational field induces cytosolic calcium transients. Plant Physiol. 129: 786-796

24. Young LM, Evans ML (1994) Calcium-dependent asymmetric movement of ^{3}H-indole-3-acetic acid across gravistimulated isolated root caps of maize. Plant Growth Regul. 14: 235-242

7. MAP 키나아제 캐스케이드에 의한 식물의 세포질 분열의 제어

征矢野敬 · 町田泰則

7.1 소개

MAP 키나아제 캐스케이드는 모든 진핵 세포에 보존되는 신호전달 경로이다. 일반적으로 이 캐스케이드는 MAP 키나아제 키나아제 키나아제(MAPKKK) → MAP 키나아제 키나아제(MAPKK) → MAP 키나아제(MAPK)로 구성되어, 상류에 위치한 키나아제가 그 하류에 있는 키나아제를 인산화하여 활성화시킨다. MAP 키나아제는 동물의 증식 자극에 의해 활성화되는 키나아제(mitogen-activated protein 2 kinase)로서, 또한 동시에 미세소관 결합단백질의 키나아제(microtubule-associated protein kinase)로서 발견되었다. 그 후, 이 캐스케이드는 세포 분화 및 스트레스 반응을 포함한 다양한 생명 현상에 관여한다는 것이 알려져서, 세포 내 신호전달 경로의 하나라고 생각했다. 또한 최근 들어 동물과 식물의 세포 모두에서 MAP 키나아제가 세포질 분열 장치나 그 근방에 존재하는 것이 밝혀져, 그들이 세포질 분열이라는 세포주기의 마지막 과정에도 관여하고 있을 가능성이 지적되게 되었다[1-4]. 식물 세포에서는 예부터 격막형성체(phragmoplast)라고 불리고 있는 미세소관을 주성분으로 하는 세포질 분열 장치가 직접 이 과정을 지배하고 있는 것으로 알려져 있었다. 필자들은 지난 수년간의 연구를 통해 식물의 MAPKKK 중 하나가 미세소관의 모터 단백질인 키네신(kinesin)과 같은 단백질에 결합하여, 격막형성체로 운반되어 활성화시키는 것으로 나타났다. 그러므로 이 두 단백질이 세포질 분열에 필수적인 요소임을 나타낸다. 또한 최근 이러한 하류에서 기능하는 MAPKK도 발견하였다. 여기에서는 이러한 연구 성과를 소개하면서 미래를 전망하기로 한다.

본론에 들어가기 전에 세포질 분열에 대해 대략적으로 살펴본다. 세포질 분열은 복제된 염색체를 2개의 딸세포에 분배한 후, 세포를 분리하는 과정이다. 이 과정은 DNA 복제와 딸 염색체의 분배와 비교하면, 생물 종에 따라 겉보기에 다양한 양식을 취한다. 예를 들어, 동물 세포는 분열 홈이 함입하여 세포막이 좁혀지도록 분열을 하지만(outside-in mode, 그림 7.1a), 식물 세포에서는 딸세포 사이에 격벽(세포판)이 형성되어, 부모 세포벽을 향해 성장한 후 두 딸세포를 만들어 낸다(inside-out mode, 그림 7.1b). 이처럼 동물 세포와 식물 세포는 세포질 분열의 진행 방향이 다르다.

그러나 이러한 차이에도 불구하고, 동물과 식물의 세포질 분열의 장소에는 모두 비슷한 단백질과 세포 골격이 존재하고 있다. 예를 들어, 동물 세포의 세포질 분열 과정에는 분열된 딸 세포체의 사이에 중심 방추체(central spindle)이라 불리는 미세소관이 구성되어(그림 7.1a), 이 미세소관 구조가 분열 홈의 함입을 완성시키기 위해 필요한 것들이 알려져 있다. 한편, 식물 세포에서 미세소관을 주성분으로 하는 격막 형성체가 세포판의 확대 성장의 기회를 제공하고 있다(그림 7.1b). 이러

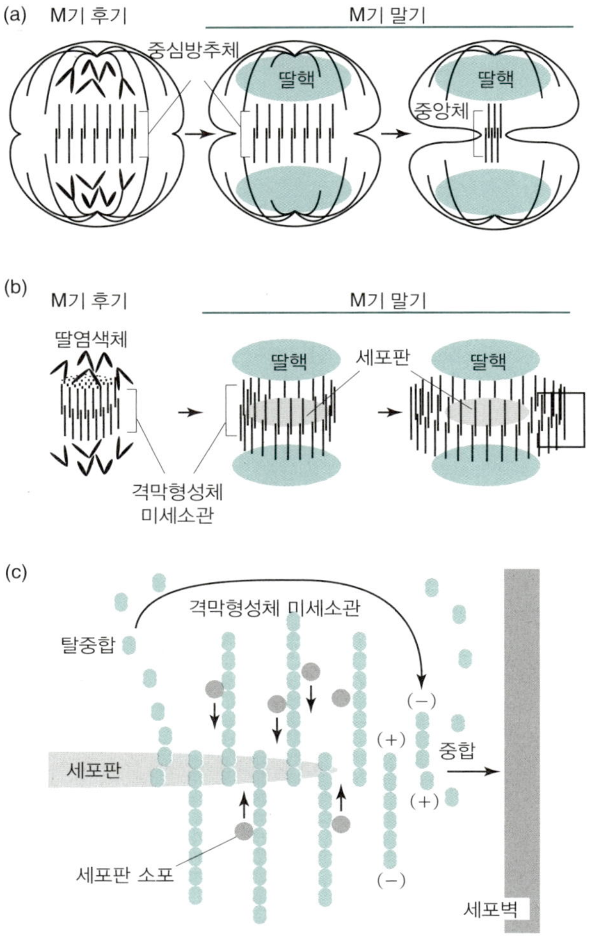

그림 7.1 동물세포와 식물세포의 세포질 분열의 비교. (a) 동물세포의 세포질 분열. (b) 식물세포의 세포질 분열. (c) 식물의 세포질 분열의 격막형성체 미세소관과 세포판의 확대. (b)의 사각형으로 둘러싸인 부분을 확대시킨 것을 나타낸다. +, −는 미세소관의 극성을 나타낸다.

한 구조체에서는 함께 역평행의 미세소관 플러스 말단이 적도면에서 겹쳐 있어, 구조적으로 유사하다. 또한 골지체 유래의 소포가 양자의 미세소관 위로 운송되고, 분열 장치의 적도면에서 융합이 반복되어, 막 구조 등을 구축하고 있다고 생각된다. 이러한 동식물의 분열 장치에는 다양한 키나아제[3,5,6]와 단백질[7,8], 소포의 융합에 관련된 신택신(syntaxin)[9-11], G 단백질[12] 등이 존재하고 있는 것이 알려져 있다.

식물의 격막 형성체는 형성 직후는 미세소관이 뭉쳐서 내측까지 통 모양 구조를 하고 있지만, 성장하면 도넛과 같은 링 구조가 되고, 그 링 구조가 원심으로 확대되어, 부모 세포의 세포벽에 도달한다(그림 7.1b). 이와 같은 격막형성체의 성장은 미세소관 다발의 내부에서 탈중합 및 링 구조의 바깥 부분의 튜블린의 중합에 의해 보호되어 있다고 생각된다[13]. 격막 형성체의 링의 확대와 함께, 링 구조의 내측에는 소포(세포판 소포)의 융합이 일어나, 서서히 세포판이 형성되어 간다(그림 7.1b,c). 즉 식물의 세포질 분열은 기본적으로는 1) 미세소관의 탈중합 및 튜블린 중합에 의한 미세소관의 확대 성장, 2) 세포판 소포의 운송, 3) 그 융합에 의한 세포판 형성에 의해 달성된다. 여기서 흥미로운 것은 이 세 가지 과정이 서로 협조적으로 제어되면서 진행되고 있는 것이다. 예를 들어, 소포의 수송이나 융합을 저해하면, 미세소관의 탈중합, 중합 사이클도 정지한다[14]. 그러나 이러한 협조적 제어 방법에 대해서는 전혀 알려져 있지 않다.

7.2 식물 세포의 세포질 분열을 제어하는 NPK1

NPK1 유전자는 담배 배양 세포 BY-2의 대수 증식기에 특이적으로 전사되는 키나아제 유전자로 확인되었다[15]. NPK1의 키나아제 영역은 출아효모의 MAPKKK인 STE11의 키나아제 영역의 아미노산 배열과 매우 비슷하지만, C말단은 고유한 구조를 하고 있으며, NPK1의 활성을 부정적으로 제어하고 있는 조절 영역으로 간주하고 있다(그림 7.2a).

NPK1 유전자 및 애기장대의 *NPK1* 유전자 이종상동성유전자(ortholog)인 *ANP1* 유전자, *ANP2* 유전자, *ANP3* 유전자의 식물 개체의 전사 패턴을 상세하게 조사한 결과, 경단, 근단 등의 분열 세포를 많이 포함한 조직에서 강하게 발현하고 있는 것을 알 수 있다[16,17]. 또한 *NPK1* 유전자의 전사 산물과 단백질은 S기에서 M기 말까지 축적하고, M기의 종료와 함께 사라진다[18]. 이러한 발현 양식에서 이와 같은 키나아제는 식물의 세포 분열 주기와 밀접한 관계를 가지고 있다고 생각되었다.

NPK1의 기능은 우성-음성(dominant negative)으로 작용할 것으로 기대되는 키나아제 불활성형 NPK1의 cDNA를 이용한 실험에 의해 나타난다[18](그림 7.2a). 키나아제 불활성형 NPK1를 식

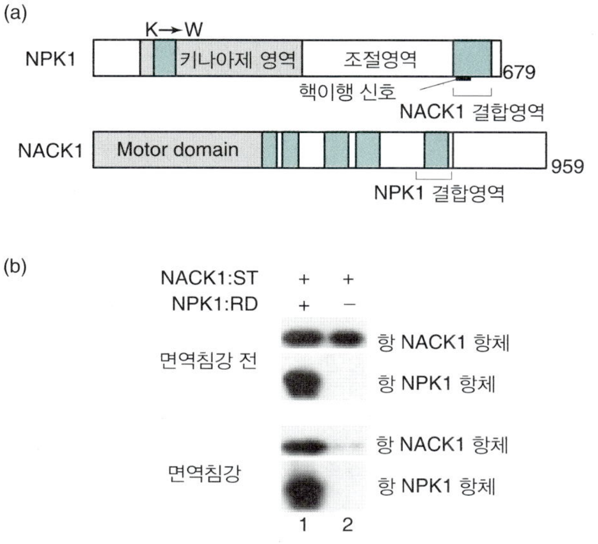

그림 7.2 NPK1와 NACK1의 구조적 특징과 그 상호작용. (a) NPK1 및 NACK1의 1차 구조상의 특징. NPK1의 K → W은, ATP 결합 부위의 Lys 잔기를 Trp 잔기로 치환한 것을 나타내고, 이것에 의해 키나아제 불활성형 NPK1가 만들어진다. 오른쪽의 숫자는 아미노산 잔기의 수를 나타낸다. (b) NPK1 조절 영역(NPK1:RD)과 NACK1 스토크 영역(stalk domain)(NACK1:ST)의 결합.

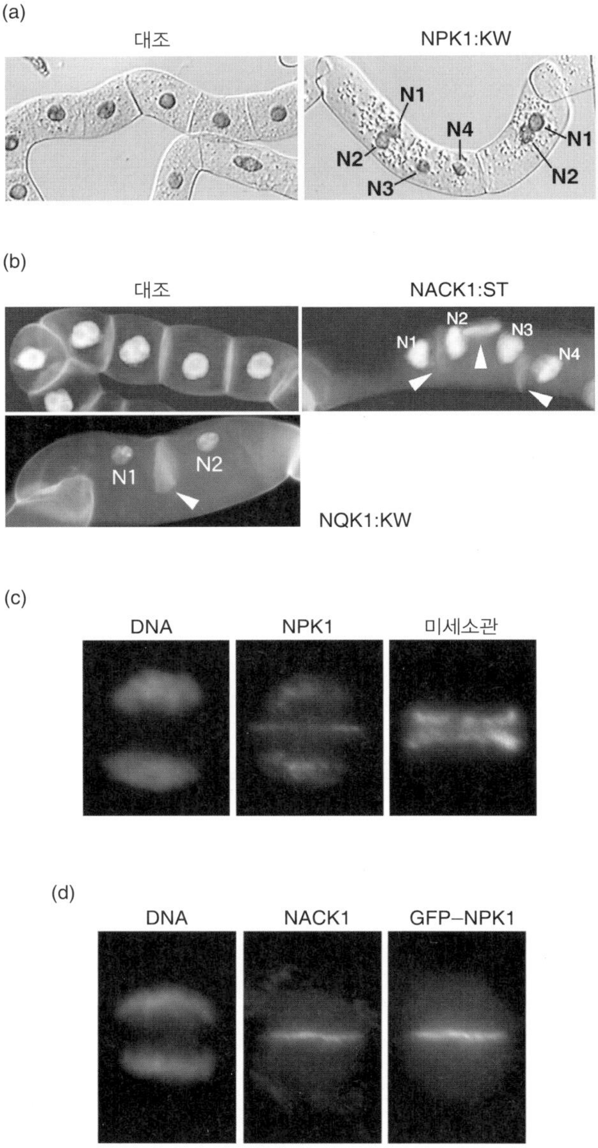

그림 7.3 NPK1, NACK1, NQK1은 세포질 분열에 필수적인 요소이다. (a) 담배 배양 세포 BY-2에 키나아제 불활성형 NPK1(NPK1 : KW)와 vector만(대조)을 도입하여 과잉 발현시킨 것의 표현형. 세포를 초산-오르세인(acetic-orcein)에 염색하였다. N1～N2, N1～N4는 하나의 세포에 존재하는 복수의 핵을 나타낸다. (b) BY-2 세포에 NACK1 스토크 영역(stalk domain) (NACK1 : ST), 키나아제 불활성형 NPK1(NPK1 : KW), vecto만 (대조)을 도입한 과잉 발현시킨 것의 표현형. 핵을 프로피디움 요오드화물(propidium iodide)으로 염색하여, 세포벽을 Calcofluor white로 염색했다. 화살촉은 불완전한 세포벽을 나타내고, N1～N2, N1～N4는 1개의 세포에 존재하는 복수의 핵을 나타낸다. (c) NPK1의 격막형성체 적도면 국재. M기 말기의 BY-2 세포를 이용하여, 왼쪽부터 DNA를 DAPI에 의한 검출, NPK1의 국재를 항 NPK1 항체에 의한 검출, 격막형성체 미세소관을 항-튜블린항체를 이용한 간접형광항체법에 의해 조사했다. (d) 격막형성체 미세소관에서 NACK1과 NPK1의 국재. 왼쪽부터 DAPI로 염색한 DNA로부터의 형광. 항 NACK1 항체를 이용하여 간접형광항체법에 의한 형광, GFP-NPK1의 GFP 형광을 검출하였다.

물 세포에서 과잉 발현시키면, 내재성의 NPK1과 그것의 기질 분자 또는 활성화 인자와의 상호작용이 저해될 가능성이 생각된다. 그래서 유도형 프로모터를 연결한 키나아제 불활성형 NPK1의 cDNA를 BY-2 세포에 도입하여, 발현 유도하고 그 효과를 조사했다. 그림 7.3(a)는 발현 유도를 한 경우의 표현형이며, 세포는 다핵화되고(2핵 – 4핵 관찰 가능), 불완전한 세포판을 보유하고 있다. 이러한 비정상적인 세포는 정상적인 NPK1을 과잉 발현할 때에는 관찰되지 않았다. 이 결과는 키나아제 불활성형 NPK1를 발현시키면 세포판 형성이 저해되고, 핵분열만 진행했다고 가정하면 설명할 수 있었다. 따라서 NPK1이 포함된 경로는 세포판 형성을 양의 제어하고 있다고 생각한다. 또한, 이 가설은 다음과 같은 복수의 실험 결과에 의해 지지되었다.

Susmman 그룹은 애기장대의 *ANP1* 유전자, *ANP2* 유전자, *ANP3* 유전자의 이중 돌연변이체, 삼중 돌연변이를 만들고, 그 표현형을 분석한다[19]. 그 결과, *anp2anp3* 이중 돌연변이 개체는 왜성화하고, 조직 속에는 여러 핵과 불완전한 세포판을 가진 세포가 모자이크 상태로 존재하며, 삼중 돌연변이는 배우체가 형성되지 않은(배우체의 치사) 것이 알려졌다[19]. 유사한 표현형은 애기장대의 *knolle* 돌연변이, *keule* 돌연변이 등의 세포질 분열 장애의 돌연변이로도 볼 수 있다[19,20]. 이러한 결과는 *NPK1* 유전자가 세포판 형성에 관여한다는 필자의 생각을 지지하고 있다.

세포주기를 동조화한 BY-2세포에서, NPK1는 M기 후반에 활성화된다[18]. 그 활성화의 시기는 격막 형성체가 형성되는 원심적으로 확대 성장하는 시기(즉, 세포판 형성이 형성되는 시기)와 일치한다. 또한, 세포판 형성 과정에서 NPK1의 세포내 존재 부위를 살펴보면, NPK1는 확대 성장하는 격막 형성체 미세소관의 적도면에서 관찰된다[18](그림 7.3c). 또한, BY-2세포에서 GFP와 NPK1과의 융합 단백질의 국재 패턴을 살펴보면, GFP의 형광은 격막 형성체의 확대 성장에 따라 링 모양으로 퍼져 간다. 그러나 키나아제 불활성형 NPK1를 사용하여 동일한 관찰을 하면, 격막 형성체의 국재는 관찰되었으나, 그 확산은 중간에 정지하였다[18]. 즉, NPK1는 세포질 분열이 진행되는 동안 항상 격막 형성체 미세소관의 적도면에 존재하고, 격막 형성체가 퍼지기 위하여 그 키나아제 활성이 필요하다는 것을 알 수 있다.

이상의 결과를 정리하면, NPK1은 세포질 분열의 시기에 활성이 높고, 격막 형성체 미세소관의 적도면에 존재하며, 그 원심으로 확대하여 세포판 형성을 제어하고 있다고 생각된다.

7.3 NPK1의 활성화와 세포내 국재에 관련된 NACK1

필자들은 NPK1의 M기 특이적 활성화에 관여하는 인자를 얻기 위해, 출아 효모의 MAP 키나아제 캐스케이드를 이용한 유전학적 방법을 이용했다[21]. 그 결과, 두 종류의 cDNA를 얻을 수 있었고, 이것들은 서로 비슷한 단백질을 코딩하고 있었다. 이러한 cDNA로부터 예측되는 단백질은 N말단 측에 키네신 모터 도메인과 유사한 아미노산 서열을 유지하고, 미세소관과 서로 작용하는 것으로 예측된다. 필자들은 이 단백질을 NACK1(NPK1-activating kinesin-like protein 1) 및 NACK2이라 명명하였다[22]. NACK1과 NACK2의 모터 도메인의 아미노산 서열은 동원체(방추사 부착점, kinetochore)에 국재하는 키네신과 같은 단백질인 CENP-E의 아미노산 서열과 각각 45%, 51%가 일치했다. 그러나 C말단의 스토크 영역(stalk domain)은 고유의 배열을 하고 있었다(그림 7.2a).

NACK1과 NACK2은 실제로 미세소관 위를 움직이는 모터로의 활성이 있다고 생각된다. 浅田(아사다) 등은 담배 배양세포 BY-2의 격막 형성체로부터 미세소관 모터 활성을 지표로 하여 모터 단백질을 생화학적으로 정제하고 2종류의 단백질을 얻었다[23]. 그들 중 하나는 키네신과 같은 단백질 TKRP125로서 보고되었다[8]. 또 다른 하나의 단백질은 항 NACK1 항체와 반응하는 것으로부터 NACK1인 것으로 생각된다[22].

모터 단백질인 NACK1는, NPK1 키나아제를 어떻게 활성화하는 것일까? 키네신과 같은 단백질은 스토크 영역에서 다양한 소포 및 단백질과 결합할 수 있기 때문에, NACK1도 NPK1과 직접 결합하여 그것을 활성화할 것으로 생각되었다. 그것을 확인하는 다양한 실험이 진행되었다. 예를 들어, 대장균에서 합성된 각각의 단백질을 이용한 실험(그림 7.2b)와 2-hybrid에 의한 실험 등의 결과로부터, 두 단백질이 직접 결합할 수 있는 것으로 나타났다[22,24]. 더욱이, 이 단백질들은 NPK1의 조절 영역 C말단 영역과 NACK1나 NACK2의 스토크 영역의 중앙 부분의 코일 구조를 통해 결합하는 것으로 나타났다[24](그림 7.2a). NACK에 의한 NPK1 키나아제의 활성화에 대해서는 출아 효모에서 합성시킨 단백질을 이용한 실험에서 나타났다. 즉, NPK1을 출아 효모에서 합성시킬 때, NACK1 또는 NACK2과 공동 발현시킨 경우가 단독으로 합성시킨 경우보다 높은 활성이 얻어졌다[22]. 이러한 결과는 NPK1는 NACK1 또는 NACK2와의 결합에 더욱 활성이 상승하는 것을 나타낸다.

세포 주기에서 NACK1, NACK2의 존재량을 분석한 결과, 이들은 M기에만 존재하고, 축적의 피크는 NPK1의 활성이 상승하는 시기와 거의 일치했다[22]. M기가 완료되면 이들은 사라지고, NPK1의 양도 크게 감소한다. 이러한 M기 특이적 단백질의 축적은 그 유전자의 전사에 의해 제어되어 있으며, M기 특이적 사이클린 B 유전자의 전사와 동일한 제어를 받고 있다[25,26]. 이것은 *NACK1* 유전자 발현의 제어가 M기의 일련의 과정을 제어할 수 있는 기구가 내장되어 있음을 시사하고 있다.

세포질 분열 과정에서 NACK1는 NPK1과 같이 격막 형성체 미세소관의 적도면에 같이 국재한다(그림 7.3d). NPK1 격막형성체 미세소관의 국재는 NACK1에 의존하고 있다[22]. 즉, NACK1는 NPK1의 활성화와 M기의 격막형성체로의 국재에 둘 다 관여하는 요인이라고 할 수 있다.

NACK1 스토크 영역을 BY-2세포에서 과잉 발현시키면, 불완전한 격막을 가진 다핵화 세포가 나타난다[22](그림 7.2a, b). 또한 애기장대의 *NACK1* 유전자 상동성유전자(homolog)인 *AtNACK1/HINKEL* 유전자의 돌연변이는 현저하게 왜성화되고, 꽃대를 일으키지 않고 성장을 멈췄다. 이 돌연변이에는 다핵화되고 불완전한 세포판을 보유하고 있는 세포가 존재하고 있었다[22, 27]. 이러한 결과는 NACK1도 세포판 형성에 관여한다는 사실을 보여주고 있다. *AtNACK2* 유전자는 최근 *TETASPORE* 유전자와 동일한 것으로 판명되어, 꽃가루 형성 과정의 세포판 형성에 관여하는 것으로 보고되었다[28].

NACK1의 스토크 영역과 키나아제 불활성형 NPK1을 각각 과잉 발현시킨 경우에 표현형이 일치하는 것, 애기장대의 *ANP* 유전자의 돌연변이와 *AtNACK1/HINKEL* 유전자의 돌연변이의 표현형이 비슷한 것은 NPK1가 NACK1 또는 NACK2과 결합해 활성화되어, 세포판 형성에 관여한다는 생각을 지지하고 있다. 또한 위의 결과는 NPK1이 세포판 형성을 제어하기 위해서는 단순히 활성화하는 것뿐만 아니라 격막 형성체 미세소관으로의 국재가 중요하다는 것을 나타내고 있다.

7.4 NPK1의 하류인자

또한 필자들은 NPK1의 하류에 위치하는 담배의 MAPKK 및 MAP 키나아제를 식별하고, 각각을 NQK1, NRK1이라고 명명했다[29]. NQK1과 NRK1는 각각 담배 MAPKK인 NtMEK1 및 MAP키나아제인 NTF6와 매우 유사한 아미노산 서열을 가지고 있었다. 그 후, 필자의 생화학적 연구를 통해 NPK1(MAPKKK), NQK1(MAPKK), NRK1(MAPK)는 인산화의 캐스케이드를 촉매하고, 3개 모두 M기의 후반에 활성화되는 것으로 나타났다. 또한 NQK1에 대해서는 NPK1이나 NACK1와 같이, 세포판 형성에 관계되는 것으로 밝혀지고 있다[29](그림 7.3b).

이 MAP 키나아제 캐스케이드의 특징은 키네신과 같은 단백질과 MAPKKK과의 결합에 의해 활성화되는 것이며, 식물 이외에서는 이와 같은 활성화 메커니즘이 아직까지 발견되지 않았다. 필자들은 담배에서 발견된 이 경로를 NACK-PQR 경로로 명명하고, 동일한 경로를 애기장대에 존재하고 있는 것을 밝히고 있는 중이다(그림 7.4).

7.5 마무리

아직 명료한 근거를 둔 단계는 아니지만, 필자들은 NACK-PQR 경로는 격막 형성체 미세소관의 동적 제어에 관여한다고 생각하고 있다.

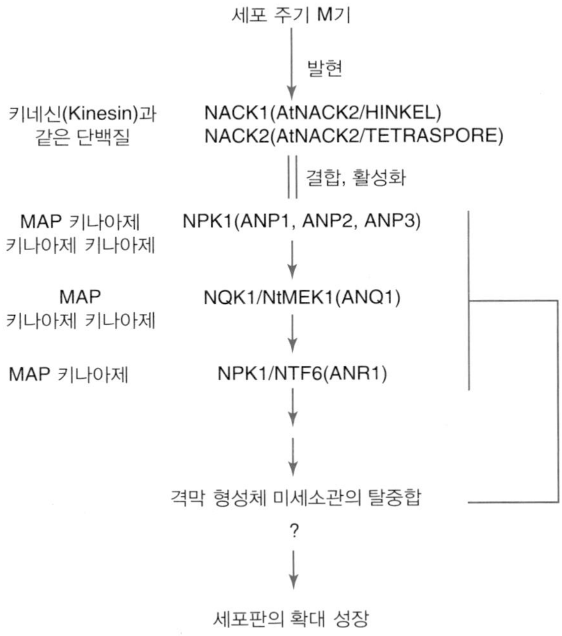

그림 7.4 식물의 세포판 형성을 제어하는 MAP 키나아제 캐스케이드(NACK-PQR 경로). ( )은 애기장대의 이종상동성 유전자(ortholog).

격막 형성체 미세소관은 그 링의 안쪽에 위치하는 미세소관이 탈중합하여, 이를 통해 공급된 튜블린 분자가 외부에서 새롭게 중합하는 것에 의해, 도넛 모양으로 확대 성장할 것으로 생각된다(그림 7.1c). 필자들은 BY-2 세포의 M기 후기에 NACK-PQR 경로가 활성화 된 후 Propyzamide(미세소관의 중합억제제)를 첨가하고, 격막 형성체 미세소관을 탈중합시키면, NPK1, NQK1, NRK1의 활성이 급격히 저하하는 것을 발견했다[29]. 이 결과는 이러한 키나아제 활성의 유지에 격막 형성체 미세소관 또는 그 턴오버 자체가 필요하다는 것이 시사되고 있다. 또한 이 결과는 격막 형성체 미세소관의 탈중합에 의해 이 경로를 불활성화하는 기구가 존재하고 있을 가능성도 보여 주고 있다. 만약 NACK-PQR 경로가 미세소관의 탈중합을 촉진하는 것에 의해 격막 형성체 미세소관의 확대 성장을 제어하는 것이라면, 이 경로는 탈중합에 의한 음의 피드백 제어를 받고 있는 것이다. 이것은 과도한 미세소관의 탈중합을 억제하기 위한 조정 기구일지도 모른다.

NACK-PQR 경로가 격막 형성체 미세소관의 동적 제어에 관여하고 있다고 하면, 이 경로 중 하나의 인자가 미세소관 결합단백질을 인산화하여 그 기능을 제어하고 있을 가능성이 생각된다. 최근, MOR1/GEM1[30,31]과 NtMAP65[32] 등과 같은 동물의 미세소관 구조의 제어에 관계되는 인자의 식물의 상동성유전자(homolog)가 보고되었다. 또한 미세소관과 액틴에 결합할 수 있는 MAP190도 보고되고 있다[33]. 이와 같은 인자와 NACK-PQR 경로와의 관계에 흥미를 가지게 된다.

참고 문헌

1. Shapiro PS, Vaisberg E, Hunt AJ, Tolwinski NS, Whalen AM, McIntosh JR, Ahn NG (1998) Activation of the MKK/ERK pathway during somatic cell mitosis: direct interaction of active ERK with kinetochores and regulation of the mitotic 3F3/2 phosphoantigen. J. Cell Biol. 142: 1533-1545

2. Zecevic M, Catling AD, Eblen ST, Renzi L, Hittle JC, Yen TJ, Gorbsky GJ, Weber MJ (1998) Active MAP kinase in mitosis: Localization at kinetochores and association with the motor protein CENP-E. J. Cell Biol. 142: 1547-1558

3. Bögre L, Calderini O, Binarova P. Mattauch M, Till S, Kiegerl S, Jonak C, Pollaschek C, Barker P, Huskisson NS, Hirt H, Heberle-Bors E (1999) A MAP kinase is activated late in plant mitosis and becomes localized to the plane of cell division. Plant Cell 11: 101-113

4. Calderini O, Bögre L, Vicente O, Binarova P, Heberle-Bors E, Wilson C (1998) A cell cycle regulated MAP kinase with a possible role in cytokinesis in tobacco cells. J. Cell Sci. 111: 3091-3100

5. Terada Y (2001) Role of chromosomal passenger complex in chromosome segregation and cytokinesis. Cell Struct. Funct. 26: 653-657

6. Willard FS, Crouch MF (2001) MEK, ERK, and p90RSK are present on mitotic tubulin in Swiss 3T3 cells: a role for the MAP kinase pathway in regulating mitotic exit. Cell Signal. 13: 653-664

7. Williams BC, Riedy MF, Williams EV, Gatti M, Goldberg ML (1995) The *Drosophila* kinesin-like protein KLP3A is a midbody component required for central spindle assembly and initiation of cytokinesis. J. Cell Biol. 129: 709-723

8. Asada T, Kuriyama R, Shibaoka H (1997) TKRP125, a kinesin-related protein involved in the centrosome-independent organization of the cytokinetic apparatus in tobacco BY-2 cells. J Cell Sci. 110: 179-189

9. Lukowitz W, Mayer U, Jürgens G (1996) Cytokinesis in the *Arabidopsis* embryo involves the syntaxin-related *KNOLLE* gene product. Cell 84: 61-71

10. Jantsch-Plunger V, Glotzer M (1999) Depletion of syntaxins in the early *Caenorhabditis elegans* embryo reveals a role for membrane fusion events in cytokinesis. Curr. Biol. 9: 738-745

11. Skop AR, Bergmann D, Mohler WA, White JG (2001) Completion of cytokinesis in *C. elegans* requires a brefeldin A-sensitive membrane accumulation at the cleavage furrow apex. Curr. Biol. 11: 735-746

12. Hill E, Clarke M, Barr FA (2000) The Rab6-binding kinesin, Rab6-KIFL, is required for cytokinesis. EMBO J. 19: 5711-5719

13. Yasuhara H, Sonobe S, Shibaoka H (1993) Effects of taxol in the development of the cell plate and of the phragmoplast in tobacco BY-2 cells. Plant cell Physiol. 34: 21-29

14. Yasuhara H, Shibaoka H (2000) Inhibition of cell-plate formation by brefeldin A inhibited the depolymerization of microubules in the central region of the phragmoplast. Plant Cell Physiol. 41: 300-310

15. Banno H. Hirano K, Nakamura T, Irie K, Nomoto S, Matsumoto K, Machida Y (1993) *NPK1*, a tobacco gene that encodes a protein with a domain homologous to yeast BCK1, STE11 and Byr2 protein kinases. Mole. Cell. Biol. 13: 4745-4752

16. Nishihama R, Banno H, Kawahara E, Irie K, Machida Y (1997) Possible involvement of differential splicing in regulation of the activity of *Arabidopsis* ANP1 that is related to mitogen-activated protein kinase kinase kinases(MAPKKKs). Plant J. 12: 119-130

17. Nakashima M, Hirano K, Nakashima S, Banno H, Nishihama R, Machida Y (1998) The expression pattern of the gene for NPK1 protein kinase related to mitogen-activated protein kinase kinase kinase (MAPKKK) in a tobacco plant: correlation with cell proliferation. Plant Cell Physiol. 39: 690-700

18. Nishihama R, Ishikawa M, Araki S, Soyano T, Asada T, Machida, Y (2001) The NPK1 mitogen-activated protein kinase kinase kinase is a regulator of cell-plate formation in plant cytokinesis. Genes Dev. 15: 352-363

19. Krysan PJ, Jester PJ, Gottwald JR, Sussman MR (2002) An *Arabidopsis* mitogen-activated protein kinase kinase kinase gene family encodes essential positive regulators of cytokinesis. Plant Cell 14: 1109-1120

20. Assaad EE, Mayer U, Wanner G, Jürgens G (1996) The *KEULE* gene is involved in cytokinesis in *Arabidopsis.* Mol. Gen. Genet. 253: 267-277

21. Machida Y, Nakashima M, Morikiyo K, Soyano T, Nishihama R (1998) MAPKKK-related protein kinase NPK1: Regulation of the M phase of plant cell cycle. J. Plant Res. 111: 243-246

22. Nishihama R, Soyano T, Ishikawa M, Araki S, Tanaka H, Asada T, Irie K, Ito M, Terada M, Banno H, Yamazaki Y, Machida Y (2002) Expansion of the cell plate in plant cytokinesis requires a kinesin-like protein/MAPKKK complex. Cell 109: 87-99

23. Asada T, Shibaoka H (1994) Isolation of polypeptides with microtubule-translocating activity from phragmoplasts of tobacco BY-2 cells. J. Cell Sci. 107: 2249-2257

24. Ishikawa M, Soyano T, Nishihama R, Machida Y (2002) The NFK1 mitogen-activated protein kinase kinase kinase contains a functional nuclear localization signal at the binding site for the NACK1 kinesin-like protein. Plant J. 32: 789-798

25. Ito M, Iwase M, Kodama H, Lavisse P, Komamine A, Nishihama R, Machida Y, Watanabe A (1998) A novel cis-acting element in promoters of plant B-type cyclin genes activates M phase-specific transcription. Plant Cell 10: 331-341

26. Ito M, Araki S, Matumoto S, Itoh T, Nishihama R, Machida Y, Doona JH, Watanabe A (2001) G2/M-phase-specific transcription during the plant cell cycle is mediated by c-Myb-like transcription factors. Plant cell 13: 189-195

27. Strompen G, Kasmi FE, Richter S, Lukowitz W, Assaad FF, Jürgens G, Mayer U (2002) The *Arabidopsis HINKEL* gene encodes a kinesin-related protein involved in cytokinesis and is expressed in a cell cycle-dependent manner. Curr. Biol. 12: 153-158

28. Yang CY, Spielman M, Coles JP, Li Y, Ghelani S, Bourdon V, Brown RC, Lemmon BE, Scott RJ, Dickinson HG (2003) TETRASPORE encodes a kinesin required for male meiotic cytokinesis in *Arabidopsis*. Plant J. 34: 229-240

29. Soyano T, Nishihama R, Morikiyo K, Ishikawa M, Machida Y (2003) NQK1/NtMEK1 is a MAPKK that acts in the NPK1 MAPKKK-mediated MAPK cascade and is required for plant cytokines. Genes Dev. 17: 1055-1067

30. Whittington AT, Vugrek O, Wei KJ, Hasenbein NG, Sugimoto K, Rashbrooke MC, Wasteneys GO (2001) MOR1/GEM1 has an essential for organizing cortical microtubules in plants. Nature 411: 610-613

31. Twell D, Park SK., Hawkins TJ. Schubert D, Schmidt R, Smertenko A, Hussey PJ (2002) MOR1/GEM1 has an essential role in the plant-specific cytokinetic phragmoplast. Nat. Cell Biol. 4: 711-714

32. Smertenko A, Saleh N, Igarashi H, Mori H, Hauser-Hahn I, Jiang CJ, Sonobe S, Lloyd CW, Hussey PJ (2000) A new class of microtubule-associated proteins in plants. Nat. Cell Biol. 2: 750-755

33. Igarashi H, Orii H, Mori H, Shimmen T, Sonobe S (2000) Isolation of a novel 190kDa protein from tobacco BY-2 cells : possible involvement in the interaction between actin filaments and microtubules. Plant Cell Physiol. 41:920-931

8. 세포 형태형성과 인지질 신호

大橋洋平 · 青山卓史

8.1 소개

동물에서 세포막의 구성 성분으로 밖에 생각되지 않았던 인지질이 다양한 효소의 기질이 되고, 이 효소를 통해 많은 신호 경로가 존재하는 것이 밝혀진 후, 식물에서도 비슷한 경로 및 그들을 통제하는 유전자의 탐색이 활발히 진행되고 있다. 동물에서는 성장 인자, 스트레스 등의 자극에 의해 지질 신호전달 경로가 활성화되고, 이를 통해서 소포 수송과 세포 골격의 재구성을 통한 세포 운동 및 세포 모양 만들기(형태형성)가 일어날 수 있다고 알려져 있다.

신경 세포에서 세포 극성 신장과 섬유아세포의 세포 운동에 관여하는 단백질로서 포스포 리파아제 D가 주목을 받고 있다. 포스포 리파아제 D는 동물에 앞서 식물에서 최초로 정제되었지만, 나중에 동물에서 발견된 이후, 동물 중심으로 연구가 진행되어 왔다. 그러나 식물에서도 다양한 현상에 포스포 리파아제 D가 관여하고 있는 것이 최근에서야 밝혀졌다. 포스포 리파아제 D는 세포막 구성성분인 포스파티딜콜린을 기질로서 콜린과 포스파티딘산을 가수분해하는 효소이다(그림 8.1). 포스파티딘산은 인지질 대사와 세포막의 리모델링에서 중요한 이차 메신저 역할을 하는 것으로 알려져 있으며, 포스파티딘산을 통해 세포 운동 및 형태형성을 제어하고 있다고 생각할 수 있다.

여기에서는 식물의 포스포 리파아제 D를 통한 지질 신호전달 경로와 형태형성과의 관계를 동물 연구 결과와 함께 설명한다.

8.2 애기장대의 포스포 리파아제 D 패밀리

사람, 출아 효모 및 분열 효모에서 포스포 리파아제 D 유전자는 각각 2개 혹은 1개씩 밖에 없는 반면[1], 애기장대에는 12개의 포스포 리파아제 D 유전자가 존재하여, *PLDα1* 유전자~*PLDα4* 유

그림 8.1 포스포 리파아제 D의 효소 반응. 포스포 리파아제 D는 세포막 구성성분의 포스파티딜콜린을 기질로서, 이것을 콜린과 포스파티딘산으로 가수분해한다.

전자, *PLDβ1* 유전자 및 *PLDβ2* 유전자, *PLDγ1* 유전자~*PLDγ3* 유전자, *PLDδ* 유전자, *PLDζ1* 유전자, *PLDζ2* 유전자라고 명명되어 있다[2]. 이 유전자 산물을 정리하여 Unrooted 계통수(Unrooted phylogenetic tree)를 그리면, 애기장대의 포스포 리파아제 D가 동물형, 효모형, 식물형으로 확실히 나뉘어져 있는 것을 알 수 있다(그림 8.2). 이 동물형, 효모형, 식물형의 차이는 N말단의 도메인 구조 및 생화학적 특징의 차이가 반영되어 있다. 즉, 식물형의 포스포 리파아제 D에는 N말단

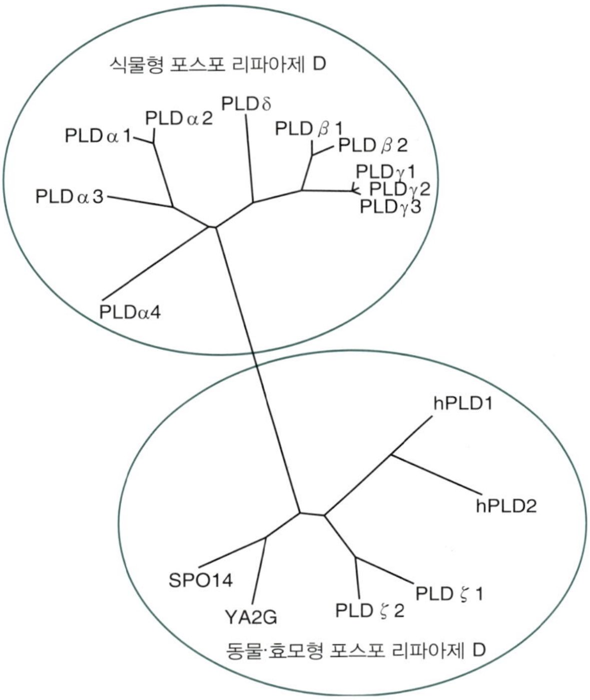

그림 8.2 애기장대 포스포 리파아제 D 패밀리의 계통수. 사람의 포스포 리파아제 D인 hPLD1, hPLD2 및 출아효모 YA2G, 분열효모 SPO14와 함께 작성한 무근(unrooted) 계통수.

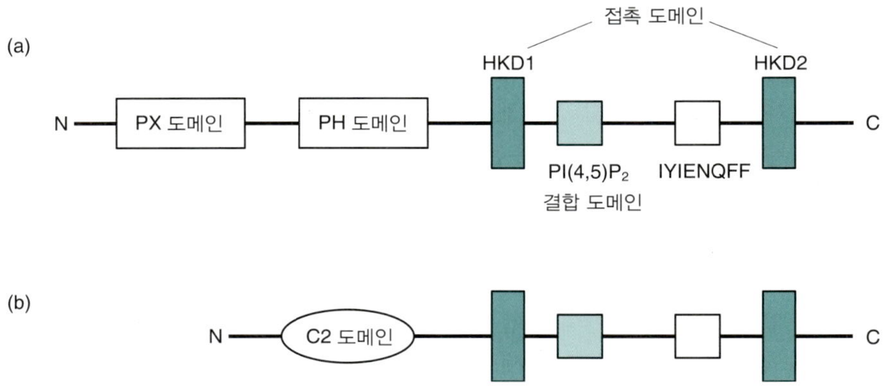

그림 8.3 포스포 리파아제 D의 도메인 구조.

표 8.1 동물·효모형 포스포 리파아제 D 및 식물형 포스포 리파아제 D의 생화학적 특징.

타입	효소 활성(요구성)		적정 pH	기질 특이성
	Ca^{2+}	PI(4,5)P2		
동물·효모형(PLDζ 1)	–	+	7.0	포스파티딜콜린
식물형	+*	+**	5.5~7.5	포스파티딜콜린, 포스파티딜에탄올아민

* *포스포 리파아제 D의 종류에 따라 M~mM의 차가 있음
** 필요한 것도 있음

영역에 Ca^{2+}, 지질 결합능이 있는 C2 도메인이 존재하고 있는 것에 비해, 동물 및 효모형에서는 N 말단 영역에 PX-PH 도메인(뒤에 설명)이 나란히 존재하고 있다(그림 8.3). 또한 애기장대의 동물 및 효모형 포스포 리파아제 D인 PLDζ1은 효모 활성에 필요한 Ca^{2+} 농도, 지질의 종류, 적정 pH와 기질 특이성이 식물형 포스포 리파아제 D와 다르다[2](표 8.1).

식물형 포스포 리파아제 D 유전자의 발현은 앱시스산, 건조 스트레스, 염 스트레스 등의 환경 스트레스에 반응하는 것으로 알려져 있지만[3], 동물 및 효모형 포스포 리파아제 D 유전자에 관해서는 유전자의 발현 제어 및 신호전달 경로의 제어에 관한 정보는 전무했다. 하지만 최근 들어 필자들은 *PLDζ1* 유전자가 표피 세포의 형태형성을 제어하는 것을 발견했다[4]. 또한 식물형 포스포 리파아제 D 유전자가 발현 유도되는 환경 스트레스에서 *PLDζ1* 유전자 발현의 변화는 보이지 않았다(필자 미발표). 이와 같은 결과로 보아, 식물형 포스포 리파아제 D 유전자는 환경 스트레스에 의한 지질 신호 전달에 작용하고 있으나, 동물 및 효모형 포스포 리파아제 D 유전자는 동물에서와 같이 동물의 경우와 마찬가지로, 형태형성에 관한 신호전달 경로를 제어하는 것으로 예상된다. 이처럼 식물에서 동물 및 효모형 포스포 리파아제 D 유전자의 역할은 독특할 것으로 예상된다.

8.3 동물, 효모형 포스포 리파아제 D의 도메인 구조

그림 8.3에 나타난 것과 같이, 동물, 효모형 포스포 리파아제 D에는 크게 나눌 경우 N말단부터 PX 도메인, PH 도메인, HKD 도메인과 같이 3개의 도메인이 존재한다. PX 도메인에는 포스파티딜 이노시톨-3인산이 결합하는 것으로 알려져 있다. 또한 동물에서는 이 도메인을 결손한 포스포 리파아제 D의 효소 활성이 상승하는 것이 밝혀져 있어, PX 도메인은 분자내 상호작용에 의해 포스포 리파아제 D의 효소 활성을 억제하는 역할을 하고 있다고 생각된다[5]. PH 도메인에는 포스파티딜 이노시톨 4,5-비스인산($PI(4,5)P_2$), 포스파티딜 이노시톨1,4,5-트리스인산 등이 결합하는 것으로 알려져 있다. 인간의 포스포 리파아제 D 중 하나인 hPLD1의 PH 도메인은 $PI(4,5)P_2$와 특이적으로 높은 친화성을 나타낸다[6]. 이 영역에 점 돌연변이를 도입하면 효소 활성이 저해된다[6]. 또한 이 영역을 결손한 포스포 리파아제 D에서는 효소 활성이 저하되어, 본래 나타나는 포스포 리

파아제 D의 세포내 국재가 없어지기 때문에[6], 이 도메인을 통해 효소 활성, 세포내 국재를 제어하고 있는 것으로 여겨지고 있다.

HKD 도메인은 포스포 리파아제 D의 효소 활성 중심으로, 2개의 나열되어 있는 $HXKX_3D/E$(X는 임의의 아미노산 잔기) 모티프로 구성되어 있다. 구조 분석 결과 모티프 안의 His 잔기 및 Lys 잔기가 촉매 반응에서 중요한 역할을 하고 있음이 밝혀지고 있다. 또한 이 도메인에 점 돌연변이를 도입하면 효소 활성이 현저하게 저하되는 것으로 보고되고 있다[7].

또한, PH 도메인과는 별도로 2개의 HKD 도메인 사이에도 염기성 아미노산이 풍부한 $Pl(4,5)P_2$ 결합 도메인이 존재하며, 동물, 식물, 효모에 저장되어 있는 것으로 보고되어 있다[2](그림 8.3). 그 외에도 HKD 도메인 사이에는 IYIENQFF 모티프로 불리는 보존된 영역이 존재한다[2,8](그림 8.3). 방향족 아미노산이 풍부한 특징으로부터, 이 영역에 포스포 리파아제 D의 기질인 포스파티딜 콜린이 결합할 것으로 예상되고 있다[2,8].

8.4 지질 신호전달을 통한 형태형성

8.4.1 형태형성에서의 포스포 리파아제 D의 역할

포스포 리파아제 D는 포스파티딜 콜린을 가수분해하는 효소이며, 포스파티딜 콜린의 분해 산물인 포스파티딘산이 동식물의 이차 메신저로서 중요한 역할을 하고 있는 것으로 알려져 있다[9,10]. 식물에 상해 스트레스, 앱시스산 처리, 에틸렌 처리, 방어 반응, 산화 스트레스, 삼투압 스트레스 등에 의해 포스파티딘산의 양이 제어되는 것으로 알려져 있으며[10], 여기에는 식물형 포스포 리파아제 D가 관여하고 있다고 생각되고 있다. 동물의 포스파티딘산의 잘 알려진 기능으로는 Raf1과의 결합이 있다[9]. Raf1는 MAP 키나아제 키나아제 키나아제 유형의 세린-트레오닌 키나아제에서 포스파티딘산 결합 도메인을 갖고 있다. 포스파티딘산과 결합하지 않는 Raf1는 세포질에 존재하지만, 포스파티딘산이 결합하면 세포막에 국재하게 된다[9]. *raf1* 유전자의 상동성유전자(homolog)로서, 애기장대의 에틸렌 반응에 관여하는 *CTR1* 유전자에는 포스파티딘산 결합 도메인이 보존되어 있다. *ctr1* 돌연변이에서는 뿌리털이 모든 세포열로부터 발생하고 있고, MAP 키나아제가 세포 골격의 재구축을 통해 뿌리털의 선단 신장을 제어하고 있다는 보고가 있기 때문에[11], 식물에서 동물과 효모형 포스포 리파아제 D → 포스파티딘산 → CTR1 (?) → MAP 키나아제와 같은 뿌리털 발생을 제어하는 경로가 존재하는 것으로 생각된다.

필자들이 *PLDζ1* 유전자의 프로모터 활성을 조사한 결과, 표피 세포의 뿌리털 세포열에 강한 활성을 나타내는 것을 알게 되었다[4]. 또한 이 유전자를 의도적으로 과잉 발현시키면 뿌리털 비형성 세포열에서 뿌리털 돌기(bulge)가 발생하여[4](그림 8.4a), 분지한 뿌리털이 보였다[4](그림 8.4b). PLDζ1의 세포내 국재를 GFP와의 융합 단백질을 이용하여 조사한 결과, PLDζ1은 세포막과 세포막에 반점 형태로 국재하고 있다[4](그림 8.4 c,d). 이러한 결과는 동물, 효모형 포스포 리파아제 D를 통한 신호전달이 식물의 표피 세포의 형태형성에 관여하고 있는 것을 나타낸 최초의 예이다.

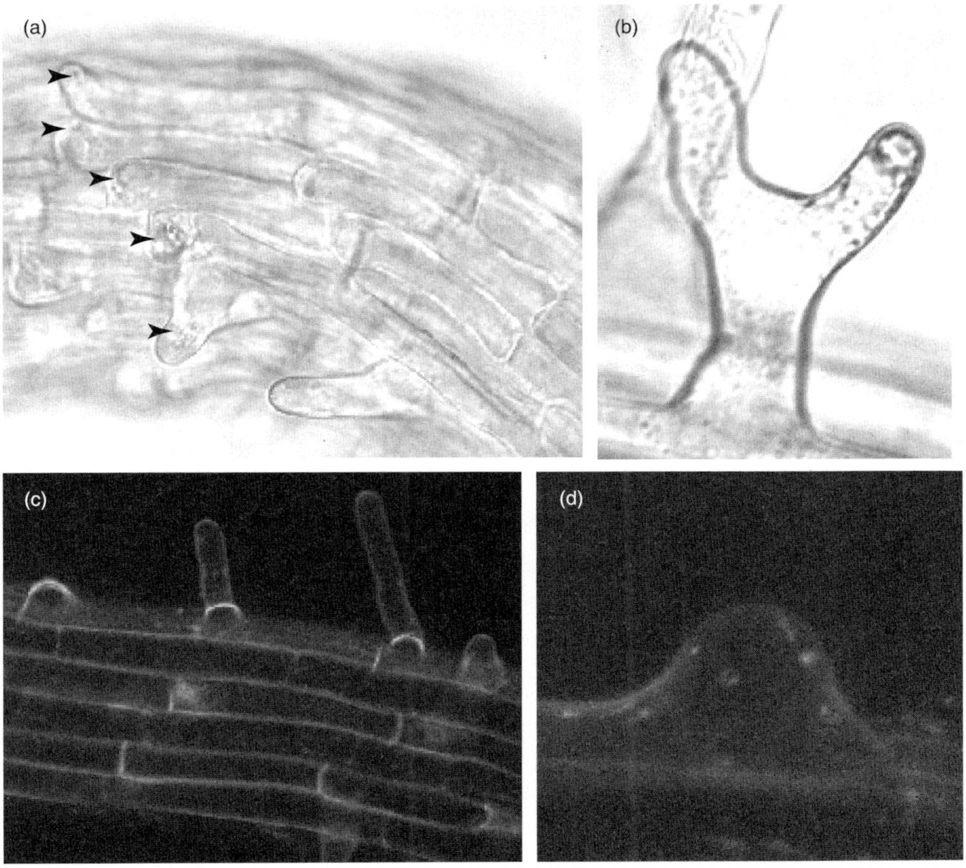

그림 8.4 유도적으로 PLDζ1 유전자를 과잉 발현시켰을 때의 국소적 bulge(화살촉)(a)와 분지의 근모(b). (c)와 (d)는 PLDζ1의 세포내 국제로 (c)는 뿌리 전체, (d)는 발생 단계의 근모를 나타낸다.

또한 포스포 리파아제 D는 양극성 분자인 포스파티딜 콜린을 분해하여 산성의 포스파티딘산을 생산한다. 이에 따라 세포막의 곡률이 변화하여, 결과적으로 소포가 만들어졌기 때문에, 소포 수송을 직접적으로 제어할 것으로 생각된다[5].

8.4.2 인지질을 통한 세포 골격 형태형성의 제어

식물의 표피 세포가 분화된 모상체(trichome)·뿌리털의 형태 분석[12,13]과 공변세포의 개폐 연구로부터, 그 형태 변화와 액틴·미세소관의 배향성의 관련성이 보고되고 있다. 액틴·미세소관의 움직임을 제어하고 있는 것은 각각의 세포 골격 결합단백질이다. 이 단백질의 대부분은 PI(4,5)P_2와 결합하는 것에 의해 세포 골격의 구조 변화를 촉진하는 역할을 하고 있다[14]. 또한 선충에 있어서는 세포 골격 상을 이동하는 소포 수송을 제어하는 모터 단백질이 PI(4,5)P_2의 농도 의존적으로 세

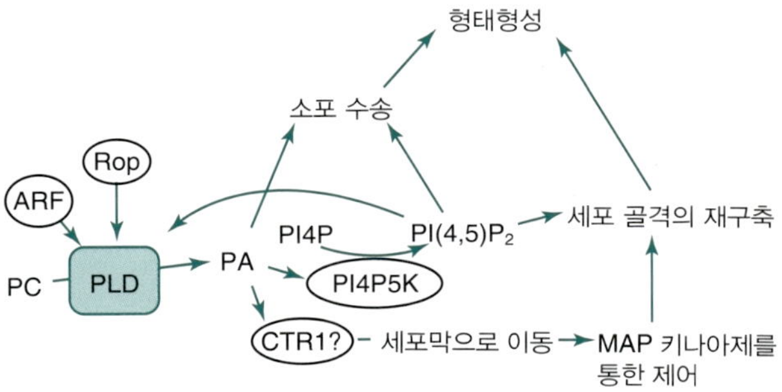

그림 8.5 식물의 형태형성에 포스포 리파아제 D가 제어한다고 예상되는 신호전달 경로. PLD : 포스포 리파아제 D, PI4P5K : PI4P5-키나아제, PC : 포스파티딜콜린, PA : 포스파티딘산, PI4P : 포스파티딜 이노시톨4-인산, IP(4,5)P : 이노시톨-4,5-비스인산.

포막에 집합하고 있는 것이 보고되고 있다[15]. PI(4,5)P_2는 포스파티딜 이노시톨 4-인산이 포스파티딜 이노시톨 4-인산 5-키나아제(PI4P5-키나아제)에 의해 인산화된 것에 의해 생산되었다(그림 8.5). PI4P5 키나아제는 포스파티딘산에 의해 활성화된 것이 알려져 있어[16](그림 8.5), 동물에 있어서도 섬유아세포를 이용한 실험으로부터 포스포 리파아제 D → 포스파티딘산 → PI4P5 키나아제의 경로를 통해 세포 운동이 제어되는 것으로 보고되고 있다[17]. 애기장대에 있어서는 11종의 PI4P5 키나아제의 존재가 보고되고 있어[18], 포스포 리파아제 D가 이러한 활성을 제어하는 것에 의해 세포 골격의 재구성을 제어하는 것이 예상된다. 최근, 애기장대에 있어서 PI(4,5)P_2의 전구체인 포스파티딜 이노시톨 4-인산을 생산하는 포스파티딜 이노시톨 4-인산 키나아제가 공변세포의 개폐를 제어하고 있다는 보고가 있어[19], 식물에 있어서도 세포 운동과 인지질과의 관련성이 밝혀지고 있다.

8.4.3 포스포 리파아제 D의 반응기

동물에서 포스포 리파아제 D를 활성화시키는 반응기로서, PI(4,5)P_2, 단백질 키나아제 C, 저분자량 G 단백질인 ARF, Rho 패밀리 등이 알려져 있다[20]. 동물에서는 단백질 키나아제 C가 포스포 리파아제 D와 직접 상호작용하는 포스포 리파아제 D를 활성화하는 것이 알려져 있지만[8], 애기장대에서는 단백질 키나아제 C의 존재가 보고되지 않았다. 이에 따라 애기장대에서는 기능적으로 단백질 키나아제 C를 대신할 키나아제가 포스포 리파아제 D의 활성화에 관여하는 것으로 예상된다. Rho와 유사한 Rac/Rop 패밀리에 속하는 Rop2를 과잉 발현시킨 식물체, 구성적으로 활성화시킨 식물체, 우성 음성형을 발현시킨 식물체에서는 뿌리털 세포의 극성 신장에 변화가 나타나, 액틴 필라멘트의 방향성에 변화가 일어난다[21]. Rop4 또는 Rop6을 구성적으로 활성화시킨 식물체에서는 뿌리털의 극성 신장의 변화 외에, 뿌리털 세포에서 보이는 Ca^{2+}의 농도 구배가 사라졌다[22]. 또한 Rop1은 꽃가루, 화분관에서 특이적으로 발현하고 있는 것으로 보고되고 있으며[23], 이들이 포스포 리파아제 D를 통한 세포의 극성 신장을 제어하는 가능성을 생각할 수 있다.

또한 최근에 ARF의 구아닌 뉴클레오티드 교환반응 촉진인자(ARF-GEF)인 GNOM이 오옥신 수송에 관련된 PIN1의 국재를 제어함으로써 오옥신의 극성 수송을 제어하고 있다는 보고가 있어[24],

오옥신의 극성 수송 및 지질 신호전달 경로의 관련성이 밝혀지고 있다. 이 경로에 포스포 리파아제 D가 관여하고 있을 가능성도 생각할 수 있다.

이와 같은 연구 결과로부터 예상되는 식물에서의 동물 및 효모형 포스포 리파아제 D가 제어하는 신호전달 경로의 모델은 그림 8.5에 나타내고 있다.

8.5 마무리

식물의 형태형성 연구는 주로 돌연변이의 표현형에 주목한 분석을 중심으로 진행되어 왔다. 그러나 그것들의 돌연변이에서 원인 유전자가 지질 신호전달 경로를 제어하는 예는 매우 적다. 그 이유는 1) 지질 신호전달 경로는 형태형성뿐만 아니라 광범위한 하우스키핑의 역할을 담당하고 있기 때문에, 그들을 결실하면 치명적이다. 2) 여러 유전자가 동일한 경로를 제어하고 있기 때문에, 하나의 유전자를 결실해도 표현형에 나타나지 않는다. 3) 그 돌연변이 표현형이 다각적인 면 때문에 형태형성의 돌연변이로 인식되지 않는 것 등을 생각할 수 있지만, 어떤 경우에도 돌연변이가 적은 것이 이 분야의 진전을 지연시켰을 것으로 생각할 수 있다. 애기장대의 전체 게놈 서열이 밝혀져, T-DNA 태그 계열이 충실하게 된 현재는 유전자의 측면에서 이러한 문제를 해결하는 것이 가능하다고 생각된다. 또한 RNAi를 비롯한 분자 생물학적 방법과 생화학적 방법 그리고 최근 눈부신 발전을 이루고 있는 GFP 및 항체 염색 및 FRET 등 단백질을 시각화하는 방법을 결합하여 식물의 지질 신호전달 경로의 전모에 다가가는 것이 가능하게 될 것이다.

현재 이 분야는 동물 연구로부터의 유추가 중심적으로 이루어지지만, 조만간 식물 특유의 지질 신호전달 경로를 관장하는 유전자와 신호전달 경로 자체가 발견되기를 기대하고 있다

참고 문헌

1. Liscovitch M, Czarny M, Fiucci G, Tang X (2000) Phospholipase D: molecular and cell biology of a novel gene family. Biochem. J. 345 Pt 3: 401-415
2. Qin C, Wang X (2002) The *Arabidopsis* phospholipase D family. Characterization of a calcium-independent and phosphatidylcholine-selective PLD zeta 1 with distinct regulatory domains. Plant Physiol. 128: 1057-1068
3. Wang X (2002) phospholipase D in hormonal and stress signaling. Curr. Opin. Plant Biol 5: 408-414
4. Ohashi Y, Oka A, Rodrigues-Pousada R, Possenti M, Ruberti I, Morelli G, Aoyama T (2003) Modulation of phospholipid signaling by GLABRA2 in root-hair pattern formation. Science 300: 1427-1430
5. Rizzo M, Romero G (2002) Pharmacological importance of phospholipase D and phosphatidic acid in the regulation of the mitogen-activated protein kinase cascade. Pharmacol. Ther. 94: 35-50
6. Hodgkin MN, Masson MR, Powner D, Saqib KM, Ponting CP, Wakelam MJ (2000) Phospholipase D regu-

lation and localisation is dependent upon a phosphatidylinositol 4,5-biphosphate-specific PH domain. Curr. Biol. 10: 43-46

7. Sung TC, Roper RL, Zhang Y, Rudge SA, Temel R, Hammond SM, Morris AJ, Moss B, Engebrecht J, Frohman MA (1997) Mutagenesis of phospholipase D defines a superfamily including a trans-Golgi viral protein required for poxvirus pathogenicity. EMBO J. 16: 4519-4530
8. Frohman MA, Sung TC, Morris AJ (1999) Mammalian phospholipase D structure and regulation. Biochim. Biophys. Acta 1439: 175-186
9. Andresen BT, Rizzo MA, Shome K, Romero G (2002) The role of phosphatidic acid in the regulation of the Ras/MEK/Erk signaling cascade. FEBS Lett. 531: 65-68
10. Munnik T (2001) Phosphatidic acid: an emerging plant lipid second messenger. Trends plant Sci. 6: 227-233
11. Samaj J, Ovecka M, Hlavacka A, Lecourieux F, Meskiene I, Lichtscheidl I, Lenart P, Salaj J, Volkmann D, Bogre L, Baluska F, Hirt H (2002) Involvement of the mitogen-activated protein kinase SIMK in regulation of root hair tip growth. EMBO J. 21: 3296-3306
12. Mathur J, Chua NH (2000) Microtubule stabilization leads to growth reorientation in *Arabidopsis* trichomes. Plant Cell 12: 465-477
13. Baluska F, Salaj J, Mathur J, Braun M, Jasper F, Samaj J, Chua NH, Barlow PW, Volkmann D (2000) Root hair formation: F-actin-dependent tip growth is initiated by local assembly of profilin-supported F-actin meshworks accumulated within expansin-enriched bulges. Dev. Biol. 227: 618-632
14. Hinchliffe KA, Ciruela A, Irvine RF (1998) PIPkins1, their substrates and their products: new functions for old enzymes. Biochim. Biophys. Acta 1436: 87- 104
15. Klopfenstein DR, Tomishige M, Stuurman N, Vale RD (2002) Role of phosphatidylinositol (4,5) bisphosphate organization in membrane transport by the Unc104 kinesin motor. Cell 109: 347-358
16. Ishihara H, Shibasaki Y, Kizuki N, Katagiri H, Yazaki Y, Asano T, Oka Y (1996) Cloning of cDNAs encoding two isoforms of 68-kDa type I phosphatidylinositol-4-phosphate 5-kinase. J. Biol. Chem. 271: 23611-23614
17. Honda A, Nogami M, Yokozeki T, Yamazaki M, Nakamura H, Watanabe H, Kawamoto K, Nakayama K, Morris AJ, Frohman MA, Kanaho Y (1999) Phosphatidylinositol 4-phosphate 5-kinase alpha is a downstream effector of the small G protein ARF6 in membrane ruffle formation. Cell 99: 521-532
18. Mueller-Roeber B, Pical C (2002) Inositol phospholipid metabolism in *Arabidopsis*. Characterized and putative isoforms of inositol phospholipid kinase and phosphoinositide-specific phospholipase C. Plant Physiol. 130: 22-46
19. Jung JY, Kim YW, Kwak JM, Hwang JU, Young J, Schroeder JI, Hwang I, Lee Y (2002) Phosphatidylinositol 3-and 4-phosphate are required for normal stomatal movements. Plant Cell 14: 2399-2412
20. 金保安則, 野上真宏, 本田晶(2000) 細胞膜リン脂質代謝と細胞運動. 蛋白質核酸酵素 45: 1219-1228
21. Jones MA, Shen JJ, Fu Y, Li H, Yang Z, Grierson CS (2002) The Arabidopsis Rop2 GTPase is a positive regulator of both root hair initiation and tip growth. Plant Cell 14: 763-776
22. Molendijk AJ, Bischoff F, Rajendrakumar CS, Friml J. Braun M, Gilroy S, Palme K (2001) *Arabidopsis thali-*

ana Rop GTPases are localized to tips of root hairs and control polar growth. EMBO J. 20: 2779-2788

23. Lin Y, Wang Y, Zhu JK, Yang Z (1999) Localization of a Rho GTPase implies a role in tip growth and movement of the generative cell in pollen tubes. Plant Cell 8: 293-303

24. Geldner N, Anders N, Wolters H, Keicher J, Kornberger W, Muller P, Delbarre A, Ueda T, Nakano A, Jurgens G (2003) The *Arabidopsis* GNOM ARF-GEF mediates endosomal recycling, auxin transport, and auxin-dependent plant growth. Cell 112: 219-230

9. 화성을 제어하는 유전 인자와 환경 인자의 상호작용

荒木崇

9.1 소개

애기장대에서 화성을 제어하는 유전자 프로그램의 전체 메커니즘이 밝혀지고 있다. 세부 사항의 분자 메커니즘의 이해는 아직 갈 길이 멀다고는 하지만, 대략적인 틀의 이해는 지난 15여 년(번역 기준 30여 년)의 연구에 힘입어 크게 진전되었다. 본 장에서는 현재까지의 연구결과를 바탕으로 화성을 제어하는 외부 환경 요인과 내생 요인의 정보가 통합되는 과정에서 중요한 역할을 담당하고 있는 유전자군들에 대해 소개하고자 한다.

9.2 화성 지연 돌연변이

1991년, Koornneef 그룹은 애기장대(Landsberg *erecta*)에서 다수의 화성 지연 돌연변이를 분리하여, 그들을 11개의 유전자군으로 재정리하였다[6]. 11개 유전자군의 돌연변이 및 유전자들의 기능 분석을 통해 새로운 사실들이 밝혀지게 되었다(표 9.1).

표 9.1　Koornneef 등에 의해 동정된 12개의 유전자 자리.

유전자	코딩하는 단백질[b]	유전자 클로닝을 보고한 문헌[c]
CO 유전자 [a]	Zinc-finger와 CCT 도메인을 갖는 단백질	Putterill et al. 1995
GI 유전자 [a]	신규 단백질 (핵단백질?)	Fowler et al. 1999, Park et al. 1999
FD 유전자	(전사인자로 추정)	저자 (아라키 등), 미발표 [d]
FE 유전자	(전사인자로 추정)	Martinez-Zapater ら등, 미발표 [d]
FHA 유전자	청색광수용체 CRY2	Guo et al. 1998
FT 유전자	PEBP/RKIP 패밀리	29,30
FWA 유전자	GL2형 HD-ZIP 패밀리(이소 발현)	Soppe et al. 2000
FCA 유전자	RNA 결합 단백질	MacKnight et al. 1997
FPA 유전자	RNA 결합 단백질(FLC와는 다른 패밀리)	Schomburg et al. 2001
FVE 유전자	(WD40 패밀리)	문헌[1] 인용
FY 유전자	RNA 3' 말단 가공 인자	14
LD 유전자 [a]	Homeo 도메인을 갖는 핵단백질 (?)	Lee et al. 1994

a : Redei (1962)에 의해 동정된 유전자좌
b : 미발표된 것은 (　)로 묶어 세부적인 특징은 피했다.
c : 숫자는 문헌번호에 대응한다. 그 이외의 것은 문헌[1-5]을 인용하였다
d : 학회 등에서 공표한 것

이 유전자들은 돌연변이의 표현형을 기본으로 하여, 환경 요인(주로 일장)에 의한 제어에 관여하는 유전자군과 환경에 의존하지 않는 (이로 인해 자율적 유전자라 불림) 제어에 관련된 유전자군으로 크게 분류될 수 있다[6,7]. 전자에 속하는 *CO* 유전자, *GI* 유전자, *FD* 유전자, *FE* 유전자, *FHA* 유전자, *FT* 유전자, *FWA* 유전자의 돌연변이는 일장(광주기)에 대한 반응성(장일 조건에 의한 화성의 촉진)이 손실되어 있으며, 이 유전자들은 장일 조건에 의한 화성 촉진(광주기 의존 경로)에 관여한다. 이에 비해 후자의 자율적인 제어 경로의 *FCA* 유전자, *FPA* 유전자, *FVE* 유전자, *FY* 유전자의 돌연변이의 경우에는 일장에 대한 반응성은 야생형과 똑같지만, 춘화(겨울의 저온을 경험)에 대한 반응은 야생형보다도 뚜렷했다(이전부터 알려져 있던 *LD* 유전자도 여기에 들어간다). 일장과 장기간의 저온이라는 두 가지 주요 환경 인자에 대한 반응성을 보유하고 있기 때문에, 이러한 돌연변이는 환경 요인에 의존하지 않는 제어 경로(자율적 경로)에 결실을 갖는 것으로 생각된다.

9.3 *FLC* 유전자의 발견과 춘화 반응의 해석

표현형에서 자율적 경로에 자리 잡은 변이 중 Columbia에서 분리된 *ld* 돌연변이는 Koornneef 그룹에 의해 분리된 Landsberg *erecta*의 결과에서 얻을 수 없었던 돌연변이였다[6]. 결국 *FLOWERING LOCUS C*(*FLC*)라는 유전자의 존재가 밝혀졌다. *FLC* 유전자의 기능은 Landsberg *erecta* 배경에서는 손실되어 있으며, *ld* 돌연변이체의 화성 지연 표현형은 *FLC* 유전자 기능이 있는 경우에만 나타난다고 해석된다. 이후에, Columbia에서 분리된 *fld* 돌연변이도, *ld* 돌연변이와 마찬가지로 화성 지연 표현형이 *FLC* 유전자 기능에 의존한다는 것이 밝혀졌다. 유전자 분석 결과를 바탕으로 *FLC* 유전자의 산물은 화성 억제 인자이며, *LD* 유전자와 *FLD* 유전자의 역할은 *FLC* 유전자의 움직임을 억제하는 것이라는 모델이 주장되었다[8].

FLC 유전자 기능을 필요로 하는 또 하나의 예에는 *FRIGIDA*(*FRI*) 유전자[9]가 있다. 애기장대의 계통은 춘파 일년생 계통(조기 개화)과 추파 일년생 계통(만기 개화)로 나뉜다. 춘파 일년생 계통(실험실 계통인 Columbia, Landsberg *erecta*, Wassilewskija, Nossen을 포함)은 춘화 의존성이 없고, 장기간의 저온을 경험하지 않아도 장일 조건에 응답하고 신속하게 화성한다. 이에 대해 추파한 일년생 계통에서는 장기간의 저온을 경험하지 않으면 장일 조건에 응답하지 않는다(춘화 요구성). *FRI* 유전자는 추파 일년생 계통이 강하게 춘화 요구성을 규정하는 주요 유전자로, Napp-Zinn가 발견한 후 그 연구는 계속 진행되고 있다. 추파 일년생 계통이 가진 *FRI* 유전자의 우성 대립 유전자는 *FLC* 유전자 기능에 의존하고 강한 춘화 요구성을 부여하기 때문에, *FRI* 유전자는 *FLC* 유전자의 기능을 촉진하는 것으로 화성을 억제하는 것으로 생각된다. 그리고 *FRI* 유전자의 기능에 의해 추진된 *FLC* 유전자의 작용은 저온에서 시간의 진행과 함께 점차 약해져, 결국 화성의 억제가 풀린다. 이것이 춘화 반응이다.

그런데 자율 경로에 자리 잡은 유전자의 돌연변이는 모두 열성 돌연변이이지만, 이러한 돌연변이를 가진 식물은 야생형인 Landsberg *erecta*와 Columbia에는 거의 보이지 않는 춘화 반응을 획득한 것처럼 보인다. 이 이상한 사실로부터 자율적인 제어 경로는 춘화 의존 제어 경로와 같은 제어 대상을 공유하고, 양자의 기여는 중복하고 있다고 보고 있다[6]. *FLC* 유전자의 발견에 의해, 두 제어 경로의 공통의 제어 표적에 해당하는 것이 *FLC* 유전자라고 생각할 수 있게 되었다.

9.4 다중 제어 경로의 수렴점으로서의 화성 억제 유전자 *FLC*

FLC 유전자가 화성 억제 인자를 코딩하고, 그 전사가 *FRI* 유전자에 의해 촉진되고, 자율적 경로의 유전자와 춘화 의존 경로의 유전자(후술하는 *VRN* 유전자군)에 의해 억제된다는 생각이 실제로 맞는지는, *FLC* 유전자의 클로닝[8,10]과 함께 다양한 실험을 통해 입증되었다. *FLC* 유전자의 클로닝 및 초기 분석에 대해서는 이전 총설[2]을 참조하기 바란다. FLC는 MADS-box 패밀리에 속하는 전사인자로 1) 춘화(저온 처리) 기간의 길이, 2) FLC의 mRNA 양과 단백질 양의 감소, 3) 화성까지의 시간의 단축과 같은 세 요소 사이에 좋은 상관관계가 나타나는 것으로부터, 양에 의존하는 화성 억제 인자로 간주되었다. FLC의 제어 대상 후보로는 *SOC1* 유전자와 *FT* 유전자가 알려져 있다. 현재는 *FLC* 유전자는 화성을 제어하는 몇 가지 경로의 중요 유전자로 알려지게 되었다(그림 9.1).

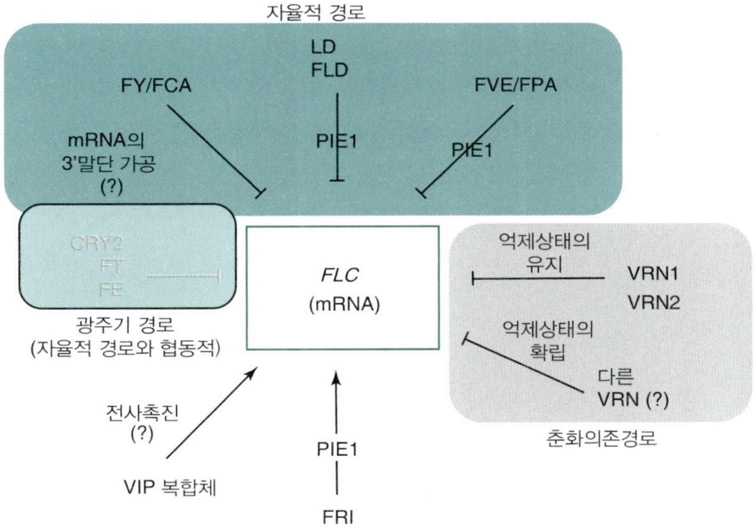

그림 9.1 *FLC* 유전자의 발현 억제. *FLC* 유전자의 mRNA는 2개의 주요한 제어 경로와 다른 몇 가지의 제어 인자에 의해 제어된다. FRI와 VIP 복합체는 *FLC* 유전자의 전사를 촉진한다. 그 중 FRI는 PIE1을 통해 기능하고 있는 것으로 생각된다. 한편, FLC 유전자의 전사를 억제하는 것은 자율적 경로의 인자이다. mRNA 전구체의 3'말단 가공 인자인 FCA-FY 복합체와 다른 인자는 다른 방법으로 *FLC* 유전자의 mRNA 레벨을 억제한다. LD와 FPA는 PIE1를 통해 기능하는 것으로 생각된다. 춘화의존경로는 FRI 등에 의해 활성화된 *FLC* 유전자의 전사를 억제하여 그 상태를 유지한다. 억제 상태의 확립에 관여하는 인자는 동정되어 있지 않지만, 억제 상태의 유지에는 VRN1, VRN2가 필요하다. FRI 활성을 잃어버린 일년생 계통에서는 자율적 경로가 *FLC* 유전자의 전사를 억제하기 때문에, 춘화에 의한 *FLC* 유전자의 전사 억제는 필요하지 않다(춘화를 요구하지 않음). 그러나 자율적 경로가 결실되면, 억제할 수 없기 때문에, *FLC* 유전자의 전사를 억제하기 위해서는 춘화의존경로의 움직임이 요구된다. 광주기 의존경로의 인자 중 몇 가지는 자율적 경로의 인자의 몇 가지와 협동하여, *FLC* 유전자의 전사 억제에 기여하고 있다고 생각된다.

9.4.1 *FLC* 유전자 발현 제어에 관련된 인자

첫째, *FLC* 유전자의 전사 촉진에 관여하는 요인으로 *FRI* 유전자[9]가 코딩하는 신규의 핵 단백질 외에도, *VIP4* 유전자[11]가 코딩하는 신규의 친수성 단백질, *VIP3* 유전자[12]가 코딩하는 WD repeat만으로 구성된 단백질, *PIE1* 유전자[13]가 코딩하는 ISWI 패밀리 중 하나가 최근에 보고되었다. 이들 중 VIP3와 VIP4는 *FLC* 유전자의 전사 제어에 관계된 미지의 복합체의 구성원이며, 이 VIP 복합체에는, 분석되지 않은 *VIP* 유전자의 산물도 포함되어 있을 것으로 예상된다[12]. VIP 복합체는 FRI과는 독립적으로 기능하는 것으로 간주된다. 한편, 크로마틴 리모델링 인자로 간주되는 PIE1는 FRI에 의한 *FLC* 유전자의 전사 촉진에 필요하며, 자율적 경로의 유전자(*FPA* 유전자, *LD* 유전자)의 기능 결실에 따른 *FLC* 유전자의 전사 증대(이 자체는 FRI 기능을 통하지 않음)도 PIE1의 기능을 통한다고 생각할 수 있다.

한편, *FLC* 유전자 기능의 억제기구에 대해서는 자율적 경로와 춘화 의존 경로의 유전자 분석을 통해 제어 메커니즘의 다양한 측면이 밝혀지고 있다. 첫째, 자율 경로의 유전자로 일괄되어 온 것은, *LD* 유전자, *FLD* 유전자처럼 유일하게 *FLC* 유전자 기능의 억제를 통해서만 일하는 것처럼 보이는 것과 그렇지 않은 것으로 양분됨에 따라서, 후자도 *FCA* 유전자, *FY* 유전자, *FVE* 유전자, *EPA* 유전자의 조합으로 나누어 생각할 수 있게 되었다. 유전자 분석에 기반이 되는 이 분류는 제어 메커니즘의 차이를 반영한 것임이 밝혀지고 있다. 최근 들어, FCA와 FY는 복합체를 형성하여, FLC(또는 그 제어 인자)의 mRNA 전구체의 처리 과정에 관여할 가능성이 시사되고 있다[14]. 한편, FVE와 RNA 결합단백질로 생각되는 FPA에 의해 *FLC* 유전자 기능의 억제 메커니즘은 알려지지 않았으나, 모두 FCA-FY 복합체와는 독립적으로 기능할 것으로 예상되고 있다. 화성 제어 유전자 중에서 가장 빨리 유전자의 클로닝이 보고된 LD와 유전자의 클로닝이 완성되지 않은 FLD에 대해서는 불행히도 그 작용 메커니즘에 대해 거의 논의되지 않는다. 연구의 진행 상황은 이처럼 제각각이지만, 자율적인 제어 경로의 요소는 모두 *FLC* 유전자의 전사 또는 성숙 mRNA의 축적을 억제한다는 점에서 공통점이 있다고 생각할 수 있다.

이에 대해 춘화 의존 제어 경로는 일단 활성화된 *FLC* 유전자의 전사를 억제하는 경로이다. 이 경로의 유전자 중, *VRN1* 유전자, *VRN2* 유전자의 기능이 결실하면 저온 처리에 의한 *FLC* 유전자의 일시적인 전사 억제는 보이지만, 그 상태를 안정하게 유지할 수 없게 된다. VRN2는 Zinc-finger를 포함한 폴리콤 그룹 단백질(polycomb group protein, PcG)[동일한 애기 장대의 상동성유전자(homolog)로서, FIS2, EMF2가 알려져 있다]이고, 크로마틴 구조의 리모델링을 통해 *FLC* 유전자의 전사 억제 상태를 유지하는 인자인 것으로 생각된다[15]. VRN1은 배열 비특이적인 DNA 결합단백질로 간주되지만, 그 작용 메커니즘은 불분명하다[16]. VRN1, VRN2과 같은 *FLC* 유전자의 전사 억제 상태의 유지에 관련된 인자가 동정된 반면, *FLC* 유전자의 전사 억제 상태의 확립에 관여하는 인자는 현재 불분명하다. 춘화에 관여하는 유전자로는 *VRN3* 유전자를 비롯한 미지의 유전자들이 남아있기 때문에, 그러한 것들 속에서 발견될 가능성을 기대할 수 있다.

광주기에 의한 제어 경로로 분류되는 *FHA* 유전자(=*CRY2* 유전자), *FT* 유전자, *FE* 유전자의 돌연변이는 단독으로는 *FLC* 유전자의 발현에 영향을 주지 않지만, 자율적 경로의 *fca* 돌연변이, *fpa*

돌연변이에 있어서 발현 증가를 현저하게 항진한다는 것으로 알려져 있다[17]. 이것은 *FLC* 유전자의 발현 제어에는 아직 밝혀지지 않은 제어 경로 사이의 크로스토크가 존재한다는 것을 나타낸다. 또한 *FLC* 유전자의 기능 상실 돌연변이는 일주기 생체시계의 주기를 단축하는 것으로 보고되고 있다[18]. 복수의 제어 경로가 교차하는 요충지인 *FLC* 유전자의 기능은 아직 규명되어야 하는 측면이 남아 있는지를 엿보게 한다.

9.4.2 *FLC* 유전자의 발현 제어 영역

FLC 유전자의 발현 제어 영역에 대해서는, C24 계통 유래의 약 6kb(제2엑손까지 포함)의 게놈 단편을 중심으로 한 분석이 보고되고 있다[19]. 또한, 다양한 계통의 대립 유전자 사이에서 제어 배열을 비교하는 연구도 진행되고 있어, 흥미로운 자연적인 돌연변이도 처음으로 발견되고 있다[20,21].

9.5 화성 경로 통합 유전자

최근 들어, 화성에 촉진적으로 일하는 비교적 소수의 유전자, *FT* 유전자, *SOC1* 유전자, *LFY* 유전자의 전사 조절 단계에서 화성을 제어하는 복수의 경로가 통합된다는 견해가 주장되었고[22,25], 그러한 유전자에 대하여 화성 경로 통합 유전자라는 이름이 주어졌다[1]. 다음은 화성 제어에 대한 기여도가 높은 *SOC1* 유전자와 *FT* 유전자를 다룬다. 이 두 유전자와 각 제어 경로의 관계는 완전히 동등하다고 할 수 없고, 자율적 경로와 춘화 의존 경로의 수렴점인 FLC의 제어 표적으로는 *SOC1* 유전자가 더 중요하다. 한편, *FT* 유전자는 광주기 경로의 CO의 가장 중요한 제어 표적인 것으로 생각된다[23,25-27](그림 9.2).

9.5.1 MADS-box 패밀리 유전자 *SOC1*

MADS-box 패밀리 유전자인 *SOC1* 유전자는 원래 *AGL20*(*AGAMOUS-LIKE20*) 유전자라고 불리고 있던 유전자이지만, 광주기 경로의 가장 중요한 제어 인자 CO의 제어 표적으로서 동정되었다[23]. 또한, 화성 억제 인자 FLC에 의해 발현이 억제되는 유전자이기도 한 것이 밝혀졌다[24,26]. 더욱이, 광주기 경로, *FLC* 유전자에 수렴하는 자율 경로와 춘화 의존 경로와는 독립적으로 또 하나의 제어 경로가 되는 지베렐린 경로의 중요한 제어 표적인 것으로 보고되고 있다[28]. 그러므로 *SOC1* 유전자는 4개의 주요 경로의 모든 것에 의해 제어를 받는 유전자이다(그림 9.2).

SOC1 유전자의 프로모터 분석 결과[27], FLC에 의한 전사 억제는 CO에 의한 전사 활성을 방해하는 것을 보여 주며, 이것이 장일 조건에 의한(CO를 통해) 화성 촉진이, 춘화에 의한 *FLC* 유전자의 전사 억제를 겪은 후에만 발생하지 않는 이유라고 생각된다(그림 9.3).

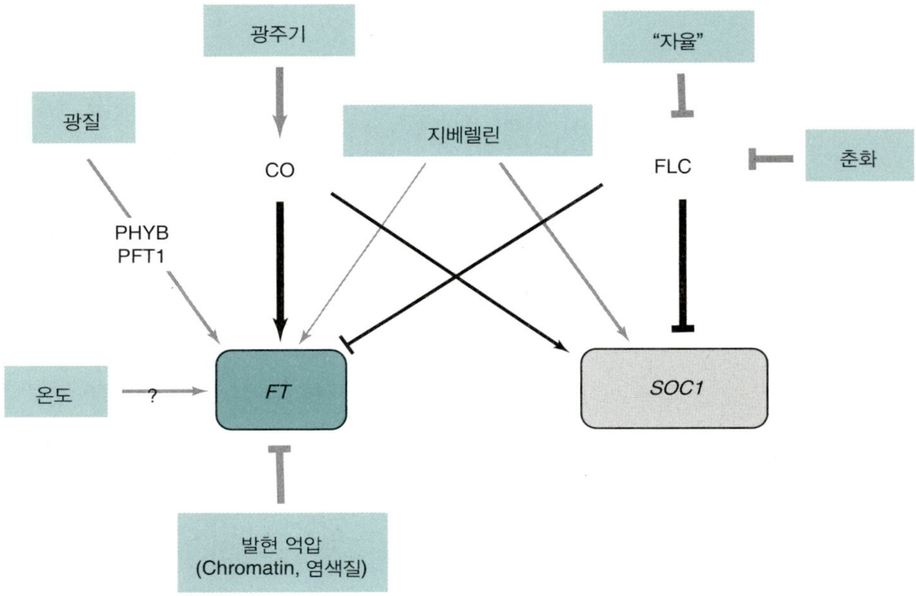

그림 9.2 화성 경로 통합 유전자인 *SOC1* 유전자와 *FT* 유전자의 발현 제어. 광주기 경로(광주기)의 제어인자 CO와 자율적 경로와 춘화의존경로의 수렴점에 위치하고 있는 FLC는 *SOC1* 유전자와 *FT* 유전자의 발현 제어에 관여하고 있다. 전자는 *FT* 유전자, 후자는 *SOC1* 유전자의 제어에 더욱 크게 관여하고 있다. *SOC1*1 유전자의 발현 제어에는 지베렐린 경로가, *FT* 유전자의 발현 제어에는 광질과 생육온도와 같은 외부 환경요인에 의한 제어 경로가 관여하고 있다. 또한, 단일조건에서의 염색질 구조를 통한 발현 억제기구도 관여한다. 화살표와 T자는 각각 전사 활성화와 전사억제를 표시하고 있고, 선의 두께는 상대적 기여도를 나타낸다.

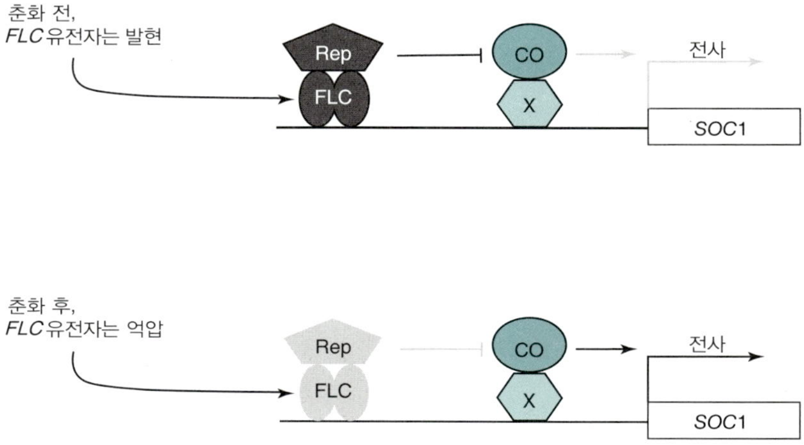

그림 9.3 FLC와 CO에 의한 *SOC1* 유전자의 전사 제어. *SOC1* 유전자의 프로모터에는 FLC와 CO의 각각을 포함한 복합체의 결합 부위가 존재한다. FLC와 CO에 함께 의존한 경우(춘화 전)에는 FLC가 CO 복합체에 의한 전사 활성화를 방해한다. 한편, FLC가 존재하지 않는 경우(춘화 후)에는 CO 복합체에 의해 전사 활성화가 일어난다.

9.5.2 PEBP/RKIP 패밀리 단백질을 코딩하는 *FT* 유전자

FT 유전자가 코딩하는 단백질은 포스파티딜 에탄올 아민 결합단백질(PEBP) 패밀리에 속한다[26,29,30]. PEBP 패밀리는 지금까지 알려진 생화학적 활성 중 한 특성에 의해 Raf1 키나아제 억제 단백질(RKIP) 패밀리라고도 불리지만, 그 패밀리의 단백질이 일반적으로 그러한 활성을 갖는 것은 아니다. FT는 매우 강력한 화성 촉진 인자이지만[29,30], 그 생화학적 기능은 알 수 없다.

FT 유전자는 일주기 생체시계와 CO를 통해 광주기 경로의 가장 중요한 제어 대상으로 간주되고 있다[31,32]. *SOC1* 유전자와 마찬가지로 FLC에 의한 전사 억제를 받지만[23,27], *SOC1* 유전자의 발현 제어에 중요한 기여를 하는 지베렐린 경로의 역할은 작은 것으로 생각된다[28]. *FT* 유전자는 지금까지 별로 분석될 수 없었다. 생육 온도와 광질과 같은 외부 환경 요인에 의한 화성의 제어에 있어서도 중요한 제어 대상일 가능성이 지적되어 왔다[1]. 또한 단일조건에서는 크로마틴 구조를 통한 발현 억제가 중요한 역할을 갖고 있는 것이 밝혀져 왔다. 이것에 관해서는 총설[1,4]을 참조해 주기 바란다. 이와 같은 것들 중, 생육 온도에 의한 화성 제어에는 지금까지 자율적 경로로 된 경로의 유전자가 관여하여(단, *FLC* 유전자를 통하지 않음), 발현량이 명료한 온도 의존성을 나타내는 것으로부터 *FT* 유전자는 제어 표적 중 하나로 생각되고 있다[33]. 한편, 광질에 따라 화성의 제어는 다른 식물의 그늘(적색광/원적색광 비율이 낮음)로부터, 모든 음지 회피 반응의 일부를 이루는 것이다. 음지 회피 반응을 관련된 광수용체인 phyB의 결실 돌연변이에서는 단일과 장일과 같은 어떤 조건에서도 야생형보다 빨리 피는 것으로 알려져 있었지만, 최근의 분석에서 phyB 결실 돌연변이에서는 *FT* 유전자의 mRNA 양이 증가하고 있는 것이 밝혀졌다[34]. phyB와 *FT* 유전자를 묶는 인자의 후보로서는 전사인자로 생각되는 PFT1가 동정되어, phyB는 *FT* 유전자의 전사를 촉진하는 기능을 가진 PFT1의 활성을 억제한다는 도식이 주장되고 있다[35]. 흥미롭게도, phyB 결실 돌연변이의 *FT* 유전자의 발현 증가와 빨리 피는 표현형에는 온도 의존성이 있어, 24°C에서는 야생형과 차이가 명확하지만, 16℃에서는 차이가 발견되지 않는다. 이 경우에도 온도에 대한 반응은 *FLC* 유전자를 통하지 않는다고 생각할 수 있다[34]. 향후 생육 온도에 의한 제어 경로와의 관련을 포함하여 음지회피 반응의 화성 촉진 기구의 규명이 기대된다.

FT 유전자에 대해 주목할 만한 것은 애기장대(장일 식물)나 벼(단일 식물)와 같이 광주 반응이 전혀 다른 두 식물종에 있어서도, 화성 촉진 인자로서의 기능이 보존되고 있는 것이 있다[36,37]. 한편, 벼에서 *SOC1*와 *LFY* 유전자의 상동유전자들은 화성 제어로서의 역할이 보고 되고 있지 않다.

9.6 SOC1와 FT의 화성에서의 역할

화성 경로 통합 유전자는 화성을 강력하게 촉진하는 유전자이지만, 화성에 대한 역할의 생화학 실태에 대해서는 사실 거의 밝혀져 있지 않다. 경단분열조직에서 주로 발현하는 MADS-box 패밀리 단백질 SOC1는 다른 MADS-box 패밀리 단백질과 복합체를 형성하고, 아마도 꽃눈 분열 조직 유전자의 전사 제어에 관련된다고 생각되고 있다[1]. 최근 들어, SOC1과 높은 상동성을 갖는 다른

MADs-box 패밀리 단백질인 AGL24가 SOC1과 *LFY* 유전자를 묶는 링크일 가능성이 보고되었다[39]. 그 검증을 포함하여 SOC1을 포함한 복합체와 그 제어 대상의 식별은 이후의 중요한 과제이다. 한편, FT에 대해서는 앞서 설명한 것과 같이 생화학적 기능에 대해서는 단서가 없다. 그러나 필자의 그룹은 *FT* 유전자에 의한 화성 촉진에는 또 하나의 화성 유전자인 *FD* 유전자의 기능을 필요로 하는 것, *FD* 유전자는 경단부에서 특이적으로 발현하는 것, 전사인자로 생각되는 FD는 FT와 단백질 간의 상호작용을 갖는 것, FD의 제어 대상 중 하나는 꽃눈 분열 조직 유전자인 *AP1* 유전자인 것, 그리고 *AP1* 유전자의 전사 촉진을 포함한 FD의 활성은 FT 기능을 필요로 하는 것 등에 대한 연구를 진행하고 있다(阿部, 山本, 小林, 荒木 등이 발표 준비 중). 이러한 점에서 경단 분열조직의 세포에서 단백질 간의 상호작용을 통해 전사인자인 FD의 활성을 조절하고 꽃눈 분열 조직 유전자인 *AP1* 유전자의 전사를 촉진하는 것이 FT의 기능 중 하나라고 생각된다. 흥미롭게도, *FT* 유전자는 유일하게 잎에서만 발현한다[40]. 발현 장소(잎?)와 단백질이 기능하는 것으로 생각되는 장소(경단)의 공간적인 차이점에 대한 의문점이 해소되기를 기대한다.

9.7 마무리

여기에서 기술한 것으로부터도 엿볼 수 있듯이, 화성을 제어하는 유전적 프로그램의 개요는 밝혀져 왔지만, 분자 메커니즘에 대한 이해는 어떤 단계에 있어서도 많이 불충분하다. 각 단계의 분자 메커니즘의 규명이 향후 중요한 과제인 것은 논할 필요도 없을 것이다. 이러한 연구 중에서 화성 제어라는 관심을 넘어선 새로운 패러다임이 태어나기를 기대한다.

참고 문헌

1. Simpson GG, Dean C (2002) Arabidopsis, the rosetta stone of flowering time? Science 296: 285-289
2. 荒木崇 (2000) 花成制御の遺伝学的枠組み. 岡田清孝, 町田泰則, 松岡信 (監修) 新版 植物の形を決める分子機構. 秀潤社, 東京. pp138-149
3. 小林恭士, 荒木崇 (2001) 花成制御における転写調節. 岩渕雅樹, 篠崎一雄 (編) 植物ゲノム機能のダイナミズム. シュプリンガー・フェアラーク東京, 東京. pp57-63
4. 荒木崇 (2001) 花成制御機構に関する最近の知見. 植物の生長調節 36: 131-142
5. 荒木崇 (2002) 長日植物における花成制御. 蛋白質核酸酵素 47: 1535-1540
6. Koornneef M, Hanhart CJ, van der Veen JH (1991) A genetic and physiological analysis of late flowering mutant in *Arabidopsis thaliana*. Mol. Gen. Genet. 229: 57-66
7. Martinez-Zapater JM, Somerville CR (1990) Effect of light quality and vernalization on late-flowering mutants of *Arabidopsis thaliana*. Plant Physiol. 92: 770-776
8. Michaels SD Amasino RM (1999) *FLOWERING LOCUS C* encodes a novel MADS-box domain protein that

acts as a repressor of flowering. Plant Cell 11: 949-956

9. Johanson U, West J, Lister C, Michaels S, Amasino R, Dean C (2000) Molecular analysis of *FRIGIDA*, a major determinant of natural variation in *Arabidopsis* flowering time. Science 290: 344-347

10. Sheldon CC, Burn JE, Perez PP, Metzger J, Edwards JA, Peacock WJ, Dennis ES (1999) The *FLF* MADS box gene: a repressor of flowering in *Arabidopsis* regulated by vernalization and methylation, Plant Cell 11: 445-458

11. Zhang H, van Nocker S (2002) The *VERNALIZATION INDEPENDENCE 4* gene encodes a novel regulator of *FLOWERING LOCUS C*. Plant J. 31: 663-673

12. Zhang H, Ransom C, Ludwig P, van Nocker S (2003) Genetic analysis of early flowering mutants in *Arabidopsis* defines a class of pleiotropic developmental regulator required for expression of the flowering-time switch *FLOWERING LOCUS C*. Genetics 164: 347-358

13. Noh Y-S, Amasino RM (2003) *PIE1*, an ISWI family gene, is required for *FLC* activation and floral repression in *Arabidopsis*. Plant Cell 15: 1671-1682

14. Simpson GG, Dijkwel PP, Quesada V, Henderson I, Dean C (2003) FY is an RNA 3'-end processing factor that interacts with FCA to control the *Arabidopsis* floral transition. Cell 113: 777-787

15. Gendall AR, Levy YY, Wilson A, Dean C (2001) the *VERNALIZATION 2* gene mediates the epigenetic regulation of vernalization in *Arabidopsis*. Cell 107: 525-535

16. Levy YY, Mesnage S, Mylne JS, Gendall AR, Dean C (2002) Multiple roles of *Arabidopsis VRN1* in vernalization and flowering time control. Science 297: 243-246

17. Rouse DT, Sheldon CC, Bagnal DJ, Peacock WJ, Dennis ES (2002) FLC, a repressor of flowering, is regulated by genes in different inductive pathways. Plant J. 29: 183-191

18. Swarup K, Alonso-Blanco C, Lynn JR, Michaels SD, Amasino RM, Koornneef M, Millar AJ (1999) Natural allelic variation identifies new genes in the *Arabidopsis* circadian system. Plant J. 20: 67-77

19. Sheldon CC, Conn AB, Dennis ES, Peacock WJ (2002) Different regulatory regions are required for the vernalization-induced repression of *FLOWERING LOCUS C* and for the epigenetic maintenance of repression. Plant Cell 14: 2527-2537

20. Cazzani S, Gendall AR, Lister C, Dean C (2003) Analysis of the molecular basis of flowering time variation in *Arabidopsis* accessions. Plant Physiol. 132: 1107-1114

21. Michaels SD, He Y, Scortecci KC, Amasino RM (2003) Attenuation of *FLOWERING LOCUS C* activity as a mechanism for the evolution of summer-annual flowering behavior in *Arabidopsis*. Proc. Natl. Acad. Sci. USA 100: 10102-10107

22. Blazquez MA, Weigel D (2000) Integration of floral inductive signals in *Arabidopsis*. Nature 404: 889-892

23. Samach A, Onouchi H, Gold SE, Ditta GS, Schwarz-Sommer Z, Yanofsky MF, Coupland G (2000) Distinct roles of CONSTANS target genes in reproductive development of *Arabidopsis*. Science 288: 1613-1616

24. Lee H, Suh SS, Park E, Cho E, Ahn JH, Kim SG, Lee JS, Kwon YM, Lee I (2000) The AGAMOUS-LIKE 20 MADS domain protein integrates floral inductive pathways in *Arabidopsis*. Genes Dev. 14: 2366-2376

25. Araki T (2001) Transition from vegetative to reproductive phase. Curr. Opin. Plant Biol. 4: 63-68

26. 荒木崇 (2000) 花成を抑制する複数の経路を統合する遺伝子. 化学と生物　38: 826–829

27. Hepworth SR, Valverde F, Ravenscroft D, Mouradov A, Coupland G (2002) Antagonistic regulation of flowering-time gene *SOC1* by CONSTANS and FLC via separate promoter motifs. EMBO J. 21: 4327-4337

28. Moon J, Suh SS, Lee H, Choi KR, Hong CB, Paek NC, Kim SG, Lee I (2003) The *SOC1* MADS-box gene integrates vernalization and gibberellin signals for flowering in *Arabidopsis*. Plant J. 21: 4327-4337

29. Kobayashi Y, Kaya H, Goto K, Iwabuchi M, Araki T (1999) A pair of related genes with antagonistic roles in mediating flowering signals. Science 286: 1960-1962

30. Kardailsky I, Shukla VK, Ahn JH, Dagenais N, Christensen SK, Nguyen JT, Chory J, Harrison MJ, Weigel D (1999) Activation tagging of the floral inducer *FT*. Science 286: 1962-1965

31. Suarez-Lopez P, Whetatley K, Robson F, Onouchi H, Valverde F, Coupland G (2001) *CONSTANS* mediates between the circadian clock and the control of flowering in *Arabidopsis*. Nature 410: 1116-1120

32. Yanovsky MJ, Kay SA (2002) Molecular basis of seasonal time measurement in *Arabidopsis*. Nature 419: 308-312

33. Blazquez MA, Ahn JH, Weigel D (2003) A thermosensory pathway controlling flowering time in *Arabidopsis thaliana*. Nat. Genet. 33: 168-171

34. Halliday KJ, Whitelam GC (2003) Changes in photoperiod or temperature alter the functional relationships between gene phytochromes and reveal roles for phyD and phyE. Plant Physiol. 131: 1913-1920

35. Cerdan PD, Chory J (2003) Regulation of flowering time by light quality. Nature 423: 881-885

36. Kojima S, Takahashi Y, Kobayashi Y, Monna L, Sasaki T, Araki T, Yano M (2002) *Hd3a*, a rice ortholog of the *Arabidopsis FT* gene, promotes transition to flowering downstream of *Hd1* under short-day condition. Plant Cell Physiol. 43: 1096-1105

37. Hayama R, Yokoi S, Tamaki S, Yano M, Shimamoto K (2003) Adaptation of photoperiodic control pathways produces short-day flowering in rice. Nature 422: 719-722

38. 早間良輔, 島本功 (2002) 短日植物の花成時期を制御する分子機構. 蛋白質核酸酵素 47: 1541-1546

39. Yu H, Xu Y, Tan EL, Kumar PP (2002) *AGAMOUS-LIKE 24*, a dosage-dependent mediator of the flowering signals. Proc. Natl. Acad. Sci. USA 99: 16336-16341

40. Takada S, Goto K (2003) TERMINAL FLOWER2, a HETEROCHROMATIN PROTEIN1-Like protein of *Arabidopsis*, counteracts the activation of *FLOWERING LOCUS T* by CONSTANS in the vascular tissues of leaves to regulate flowering time. Plant Cell 15 in press

찾아보기

[기호]

β-카테닌 118
σ 인자 40

[번호]

2성분 조절 체계 157, 171
5-비스인산 185

[영문]

A

AAPK 109
ABA 105
ABC 모델 30, 86
ABH1 110
ABP1 127
ABRE 101, 111
AGL20 27, 237
Agrobacterium tumefaciens 147
AHP 140
AKIP1 110
APRR 171
AREB/ABF 111
ARF 7, 132, 180, 228
ARR1 139, 161, 162
ARRM 도메인 139, 162
ASK 130
AUX1 54, 72, 126
AUX/IAA 패밀리 7, 10, 16, 99, 132, 180
AXR1 72, 131
A형 반응 조절자 139, 163

B

BAK1 65, 117
BCC1 206
BES1 118
bHLH 169, 173
BIN2 118
BRI1 116, 117
BRS1 117
bZIP 97, 106, 111
BZR1 118
B형 반응 조절자 139, 163, 171

C

Ca^{2+}-ATPase 209
Ca^{2+} 신호전달계 87
Ca^{2+} 채널 85, 109, 203, 209
CCT 도메인 171
Cholodny-went 가설 50, 53, 210
CKO 152
CKX 152
CO 27, 170, 171, 234, 237
COI1 181
COP9 시그날로좀 10, 131, 177
COP 유전자군 177
CRE1 137, 161, 163
CSN5 서브유닛 177
CTR1 65, 226
Cullin 130, 131, 180

D

DELLA 단백질 99, 100
DET 유전자군 177
Dicer 32
DNA 마이크로어레이 74, 100, 106, 170

E

E1 130, 179
E2 130, 179
E3 130, 179
EF-hand 모티프 204, 207
ELF3 169
EPA 236
ETR1 72, 136, 159

F

F-box 99, 130, 169, 180
FCA 234
FE 234
FLC 27, 234
FT 27, 170, 234
FUS 유전자군 177
FVE 234
FY 234

G

GAI 98
GAMYB 28
GARP 도메인 139, 162
GI 170
GID2 99
GNOM 228
GRAS 패밀리 51, 98
GSK3 118
GTPase 110
G 단백질 110, 188, 214

H

His-Asp 인산 릴레이 제어 시스템 157, 171
HKD 도메인 225
homeodomain 86
HPt 인자 136, 157, 161
HY5 179
HYH 179

I

IP_3 109, 85, 209

ISWI 패밀리 236

K

K^+ 수송체 197
K^+ 채널 197

L

Leucine-rich repea 117
Leucine-zipper 117
LFY 28, 237
lid 복합체 179
LOV 도메인 6, 13, 18, 21, 169

M

MADS-box 29, 70, 235
MAP 키나아제 61, 84, 191, 207, 226
MAP 키나아제 캐스케이드 61, 158, 182, 191, 213
methylerythritol phosphate 93
microRNA 32
MPN 도메인 179
MYB 86, 111
MYC 86, 111

N

NACK1 217
NACK-PQR 경로 219
NAD 탈수소효소 80
Na^+/H^+ 교환 단백질 55, 196
NEP 39
NPK1 215
NQK1 219
NRK1 219

P

P450 모노산소화효소 115
PCI 도메인 179
PEP 39
phy3 20
PH 도메인 225
PIF3 4, 169, 174
PIN 7, 54, 126, 132, 210
PIN1 228
PIN3 16
polycomb group protein, PcG 27
PRA2 120
PR 유전자 87
PX 도메인 225
P형 H^+-ATPase 198

R

Raf1 226
Ras 110
RBX1 130, 180
RGA 98
RING finger 도메인 179
RNA 결합성 단백질 110
RNA 중합효소 38
RPK1 110

S

SAD1 110
SCF 10, 130, 169, 177, 180
SKP1 180

SLR1 98
SNARE 복합체 52
SNF1 109
SOC1 27, 235, 237
SOS1 196
SRK2A 109
super-chrome 20

T

TCH 유전자군 206
TIR1 130, 180
Ti 플라스미드 147
TOC1 169, 172
TRAB1 111
$tRNA^{Glu}$ 43

V

V-ATPase 198
VIP 복합체 236
VP1/ABI3 111

W

WAK 키나아제 65
WD40 단백질 86
Wnt/wingless 신호전달 118

Z

Zinc-finger 27, 170, 236
ZTL 168

[국문]

ㄱ

건조 스트레스 225
격막형성체 213
경정분열조직 25
과산화물제거효소 79
광수용체 3, 13, 27, 94, 168, 239
광수용체 피토크롬 161
광 신호전달 167, 173
광 형태형성 4, 7, 10, 119, 131, 177
광 형태형성계 171
괴사 73
굴광성 6, 13
굴중성 49, 203
극성 수송 125
기계 수용 채널 203
꽃눈 분열조직 결정유전자 28
꽃눈 형성 25, 181

ㄴ

니코티아나민 72

ㄷ

단백질 키나아제 C 185, 186

ㄹ

라스트 38
리간드 의존성 채널 203

ㅁ

막 관통형 수용체 키나아제 61, 65, 117
메발론산 경로 93
메틸에리트리톨 인산 경로 93
모상체 81, 85, 227

ㅂ

반응기 228
반응 조절자 136, 157, 171
방어 유전자 59, 61
배출 캐리어 54, 125, 126
백색체 37
병해저항성 65, 122, 197
부정근 형성 125
분열 조직 25, 52, 85, 200, 239
브라시노스테로이드 8, 31, 65, 115
브라시놀라이드 9, 115
빛과 색소체 분화 프로그램 37

ㅅ

사이클린 62
사이토키닌 71, 112, 121, 127, 135, 145, 160, 164
산화 환원 제어 시스템 81
살리실산 59, 61, 63, 65, 87
삼량체 G 단백질 34, 110
삼투압 반응 138
색소체 37, 44, 50, 93
세포성점균 147
세포주기 177, 178, 182
세포질 분열 장치 213
수송 캐리어 125
수퍼옥사이드 79
슈트 51
스트레스 내성 115, 121
스트레스 반응 106, 112, 158, 177, 181, 185
시아노박테리아 38, 159, 167
시토크롬 P450 55
신호 수용 도메인 157

ㅇ

아밀로플라스트 50, 207
아스코르빈산 82
아포토시스 84
아포플라스트 73
안토시아닌 82, 86
앱시스산(ABA) 87, 101, 105, 191, 225
에티오플라스트 38, 41
에틸렌 59, 61, 65, 70, 81, 87, 101, 122, 127, 136, 159, 226
엘리시터 59, 60, 63, 197
염 스트레스 195, 225
엽록체 광의존성 운동 6, 13
엽신 굴곡 시험 118
오옥신 15, 53, 70, 87, 99, 112, 118, 121, 125, 135, 207
원색소체 37, 39, 41
유도성 전신 저항성 60
유비퀴틴 결합효소 130, 179
유비퀴틴 리가아제 99, 130, 179
유비퀴틴 활성화효소 130, 179
유사 반응 인자 167, 171
유입 캐리어 54, 125
이노시톨 인지질 185
이삭 발아 106

이소펜테닐아데닌 138, 145
이차 메신저 203, 223, 226
이차 정방향 굴성 16
익스팬신 16, 55
인돌아세트산 125
인지질 52, 109, 185
일주성 리듬 172
일차 정방향 굴성 16

ㅈ

자스몬산 59, 64, 74, 181
저분자량 G 단백질 120, 188
저항성 유전자 59, 61
전사인자형 반응 조절자 139
전신 획득 저항성 60, 61, 63, 121
접촉 자극 203, 206, 207
정아우성 125, 132, 135, 181
제아틴 135, 138, 145, 146, 151, 152
종자 저장 단백질 74
중력 자극 49, 207
중력 형태형성 50
지베렐린 10, 27, 28, 93, 189

ㅊ

총상화서 30
춘화 26

ㅋ

카우렌 93, 95
칼모듈린 55, 207, 209
크립토크롬 3, 27, 168
키네신 213, 217
키네틴 135

ㅌ

튜블린 214
틸라코이드 38, 42

ㅍ

페그 50
편차 성장 16, 49, 51
포스파디딘산 인산 가수분해효소 191
포스파티딘산 52, 186, 189, 191, 223, 226
포스파티딜 이노시톨 3-키나아제 188
포스파티딜 이노시톨-4 185
포스파티딜 이노시톨 4-키나아제 188
포스파티딜 이노시톨 인산 키나아제 187
포스파티딜콜린 223
포스포 리파아제 A_2 52, 197
포스포 리파아제 C 185, 189
포스포 리파아제 D 189, 223
포토트로핀 3, 6, 13, 17, 168
폴리콤 그룹 단백질 27, 236
프로테아좀 10, 99, 118, 130, 178
피토크롬 3, 17, 21, 27, 41, 94, 164, 168, 172

ㅎ

항산화 물질 79, 81, 82, 84, 87
항상성 75, 95, 195
호메오도메인 단백질 86
화서 25, 30
화성 233
화성 억제 인자 234
활성 산소 55, 59, 79

황백화 69
히스티딘 키나아제 136, 140, 157